全国高等学校计算机教育研究会"十四五"规划教材

网络存储技术

U0230169

王盛邦 编著

清华大学出版社
北 京

内 容 简 介

存储技术是最近几年 IT 行业最热门的技术之一。本书共 8 章,全面深入地介绍了网络存储的基本原理、体系结构、设计方法及实例分析,主要内容包括存储技术发展概况、存储介质、独立磁盘冗余阵列、存储文件系统、网络附接存储、存储区域网、虚拟存储和云存储。

本书以网络存储技术与应用为出发点,循序渐进、深入浅出,提供了大量实用内容,每章都配置了相当多的实践应用类习题,其中不乏研究分析、应用类习题,题材丰富,集实用性、综合性、挑战性于一身。

本书可作为高等学校网络存储类课程的教材,也可供网络存储相关从业人员学习参考。

本书封面贴有清华大学出版社防伪标签,无标签者不得销售。

版权所有,侵权必究。举报:010-62782989,beiqinquan@tup.tsinghua.edu.cn。

图书在版编目(CIP)数据

网络存储技术/王盛邦编著. —北京:清华大学出版社,2023.1

ISBN 978-7-302-62316-8

Ⅰ.①网… Ⅱ.①王… Ⅲ.①计算机网络—信息存贮 Ⅳ.①TP393.0

中国国家版本馆 CIP 数据核字(2023)第 001983 号

责任编辑:汪汉友
封面设计:常雪影
责任校对:郝美丽
责任印制:杨 艳

出版发行:清华大学出版社

网 址:http://www.tup.com.cn,http://www.wqbook.com

地 址:北京清华大学学研大厦 A 座 邮 编:100084

社 总 机:010-83470000 邮 购:010-62786544

投稿与读者服务:010-62776969,c-service@tup.tsinghua.edu.cn

质量反馈:010-62772015,zhiliang@tup.tsinghua.edu.cn

课件下载:http://www.tup.com.cn,010-83470236

印 装 者:大厂回族自治县彩虹印刷有限公司

经 销:全国新华书店

开 本:203mm×260mm 印 张:20.75 字 数:556 千字

版 次:2023 年 3 月第 1 版 印 次:2023 年 3 月第 1 次印刷

定 价:79.00 元

产品编号:091018-01

前 言
PREFACE

近年来,每年全球的数据存储量以 50%～100% 的速度迅速增长,依托大数据分析、移动通信和社交平台技术的新型应用程序逐渐兴起,对网络存储空间的需求迅速膨胀,对现有的存储技术提出了严峻挑战。

在大数据时代,数据的价值不可估量。存储系统作为数据的载体和驱动力量,已经成为大数据基础架构中最为关键的核心,是 IT 技术赖以生存和发挥效能的基础。目前,存储技术人才十分匮乏,我国情况更为严重。面对现代科技的快速发展,要未雨绸缪,大力开展网络存储人才培养。基于此目的,本书得以出版,力求以通俗易懂的形式,介绍网络存储技术的相关研究和应用成果。

本书共 8 章,第 1 章介绍信息存储技术的发展,展望了信息存储技术的发展趋势;第 2 章介绍各类信息存储介质以及一些存储介质性能测试工具;第 3 章介绍独立磁盘冗余阵列(RAID)技术,包括 RAID 的级别、组合 RAID 等及阵列性能测试工具;第 4 章介绍存储文件系统,包括本地文件系统、网络文件系统、分布式文件系统和移动终端文件系统;第 5 章介绍网络附接存储,即 NAS 及 NAS 集群;第 6 章介绍存储区域网(SAN),包括 FC-SAN、IP-SAN、光纤通道技术、光纤协议、SAN 组网技术等内容;第 7 章介绍虚拟存储,包括虚拟存储的原理、拓扑结构、实现模式、虚拟存储应用管理工具、虚拟化平台 VMware vSphere 等内容;第 8 章介绍云存储,包括容器、OpenStack 和 AWS。

为了巩固所学知识,本书提供了大量的工程应用实践案例,这些案例以实验题目形式分布在各章的习题之中。

在本书的编写过程中,编者参阅了大量资料,借鉴了许多工程实践经验。此外,清华大学出版社的编校人员也为本书的顺利出版做了大量的工作。中山大学、广州新华学院为本书出版给予了大力支持。在此,对所有为本书的顺利出版提供帮助的人士及所有被引用文献的作者致以敬意,并表示衷心的感谢!

由于编者水平有限,不足之处在所难免,在使用本书的过程中,如果发现错误和不当之处,编者将不胜感激。

编　者
2023 年 2 月

学习资源

目　录
CONTENTS

第1章 信息存储技术的发展

信息的传递可以跨越时间和空间。跨越空间的信息传递称为通信或传输。例如,远隔万里的朋友在通电话时进行的就是跨越空间的信息传递。跨越时间的信息传递称为记忆、存储。例如,人们在诵读屈原的《离骚》时,进行的就是跨越时间的信息传递。

信息传递一般是时空(时间和空间两个维度)结合的,如纸质书、电子书等,单独的通信和存储是两个极端情况。通信是信息在空间维中传递,存储是信息在时间维中传递,它们都是信息传递不可或缺的环节。通信是传播知识,存储是积累知识,它们是促进人类文明发展的双翼,缺一不可。

此处,存储是指信息的记录,是一种伴随人类活动出现的技术。如何进行数据存储是人类千百年来不断进行实践和探索的主题。

1.1 古代的信息存储

原始人类用绳子、树枝和石头等原始工具记录数据,用绘画和符号记录发生的事件。在我国宁夏大麦地岩画考古发现中出现的象形文字如图1-1所示。

图 1-1 象形文字

石器时代文字的特点是,保存时间特别长,容量很小,没有移动性,无通信功能。

在纸问世之前,古人最早依靠结绳记事;后来,发明了文字并将其刻画、书写在甲骨、简帛上面,或铸刻在青铜器物上面。如图1-2所示,简是中国古代用来记录文字的工具,最早起源于商代,从春秋到东汉末年是简牍最盛行的时期,在纸张发明后,竹木简牍又与纸张并行数百年,直至东晋末年简牍制度才最终结束。由于简太笨重,帛太昂贵,所以直到纸张的发明才大大地促进了文化的传播与发展。

简的特点是保存时间长,记载的信息量有所增加,分量有所减少。

纸的发明极大地方便了信息的储存和交流。它便于携带,制作所需的原材料容易获得,对推动文化传播和世界文明的发展具有划时代意义,是中华民族对世界文明的巨大贡献。

图1-3所示的经文是《夏小正》,载于《大戴礼记》的《夏小正传》中。它用夏历的月份,分别记载着12个月的天文、气象、物候和农事,是融天文、气象、物候和农事于一炉的混合历。

图 1-2　简　　　　　　　　图 1-3　纸上的文字

1.2　现代的信息存储

存储器(memory)是计算机系统中的"记忆"设备,用于存放程序和数据。计算机中输入的原始数据、计算机程序、中间运行结果和最终运行结果等信息全部保存在存储器中,并可根据控制器指定的位置存入和取出。自世界上第一台计算机问世以来,计算机的存储器件也在不断地发展,从早期的汞延迟线、磁带、磁鼓、磁芯,到现在的半导体存储器、磁盘、光碟、纳米存储等,无不体现着科学技术的发展与进步。存储的发展经历了以下几个关键的技术。

(1) 计数电子管。这是一种于 20 世纪中期出现的电子存储装置,容量为 256～4096b,其中 4096b 的选数管有 10in[①] 长,3in 宽。因为成本太高,所以并没有获得广泛使用。

(2) 穿孔纸带。这是一种早期的数据存储介质。该技术是由 Basile Bouchon 于 1725 年发明的,当时主要用于保存印染布上的图案。但是关于它的第一个真正的专利权,是 Herman Hollerith 在 1884 年 9 月 23 日申请的。这个发明用了将近 100 年,直到 20 世纪 70 年代中期,人们仍用穿孔纸带进行数据的输入和输出。

穿孔纸带最著名的应用是 FORTRAN 语言的纸质打孔卡,如图 1-4 所示。直到 20 世纪 70 年代,不少计算机设备仍以纸质打孔卡作为数据处理介质,世界各地都有科学系或工程系的大学生拿着大叠卡片到当地的计算机中心递交作业程序,一张卡片代表一行程序,然后耐心排队等着自己的程序被计算机中心的大型计算机处理、编译并执行。一旦执行完毕,就会印出附有身份识别的报表,放在计算机中心外的文件盘里。如果最后印出一大串程式语法错误之类的信息,学生就得进行修改并重新去计算机中心执行一次程序。

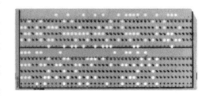

图 1-4　FORTRAN 语言的纸质打孔卡

(3) 磁带。早在 20 世纪 20 年代,德国就诞生了用于记录声音的发明——磁带,同时磁带也是存储发明中最"古老"的一个,也是最特殊的一个。

磁带是所有存储器设备发展中单位存储信息成本最低、容量最大、标准化程度最高的常用存储介质之一,具有互换性好、易于保存的特点。近年来,由于采用了具有高纠错能力的编码技术和即写即读的

---

① 1in≈25.4mm。

通道技术,大大提高了磁带存储的可靠性和读写速度。

　　从 1951 年起,磁带就被作为数据存储设备使用的,在 20 世纪 70 年代末,出现了小型的盒式磁带,播放时长为 90min 的盒式磁带每一面可以记录约 660KB 的数据,如图 1-5 所示。

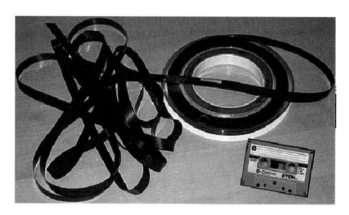

图 1-5　盒式磁带

　　通常所说的磁带一般为盒式磁带,往往被认为已经被淘汰,但它的生命力远比想象中顽强,随着数据和存储环境的不断发展,由于其具有高密度和低能耗的特点,所以目前依然被广泛使用。

　　磁带库是基于磁带的备份系统,不但能提供基本的自动备份和数据恢复功能,而且具有更先进的技术性能。它的存储容量可达到数百拍字节(PB),可以实现连续备份、自动搜索磁带,也可以在驱动管理软件的控制下实现智能恢复、实时监控和统计,可实现整个数据存储备份过程的完全自动化。

　　(4)磁鼓。随着存储器设备发展,第一台磁鼓存储器于 1953 年被作为外存储器应用于 IBM701 计算机上,容量大约 10KB,如图 1-6 所示。磁鼓是利用铝鼓筒表面涂覆的磁性材料进行数据存储的。它利用电磁感应原理进行数字信息的记录(写入)与再生(读出),由鼓筒、磁头、读写及译码电路和控制电路等主要部分组成。鼓筒旋转速度很高,因此存取速度非常快。它采用了饱和磁记录技术,所用磁头从固定式发展到浮动式,所用磁性材料也从磁胶发展到电镀的连续磁介质,这些都为磁盘存储器的出现打下了基础。

图 1-6　磁鼓

　　磁鼓最大的缺点是利用率不高,一个硕大的圆柱体只有表面一层可用于存储,而磁盘的两面都利用来存储,利用率显然要高得多。因此,当磁盘存储器出现后,磁鼓就被淘汰了。

（5）磁盘存储器。

① 硬盘存储器。世界上第一台硬盘存储器是由 IBM 公司在 1956 年发明的,其型号为 IBM 350 RAMAC(random access method of accounting and control)。它的总容量只有 5MB,共使用了 50 个直径为 24in 的磁盘。1968 年,IBM 公司发明了温彻斯特(Winchester)技术。该技术是将高速旋转的磁盘、磁头及其寻道机构等全部密封在一个无尘的封闭体中,形成一个头盘组合件(HDA)。HAD 内部与外界环境隔绝,可避免灰尘的污染。此外,温彻斯特技术采用了小型化的轻浮力磁头浮动块,盘片表面涂润滑剂,并实行接触起停,这是绝大多数现代硬盘的原型。1979 年,IBM 发明了薄膜磁头,进一步减轻了磁头质量,使更快的存取速度、更高的存储密度成为可能。20 世纪 80 年代末,IBM 公司发明了 MR(magneto resistive,磁阻磁头),这是对存储器设备发展的又一重大贡献,这种磁头在读取数据时对信号变化相当敏感,使盘片的存储密度比以往提高了数十倍。1991 年,IBM 生产的 3.5in 硬盘使用了 MR 磁头,使硬盘的容量首次达到了 1GB。从此,硬盘容量开始进入了吉字节时代。IBM 还发明了 PRML(partial response maximum likelihood,局部响应最大拟然)信号读取技术,使信号检测的灵敏度大幅提高,从而大幅度提高了记录密度。

② 软盘存储器。另一种磁盘存储设备是软盘,如图 1-7 所示。软盘从早期的 8in 软盘、5.25in 软盘发展到 3.5in 软盘,主要为数据交换和小容量备份之用。其中,3.5in 的 1.44MB 软盘占据计算机的标准配置地位近二十年,之后出现过 24MB、100MB、200MB 的高密度过渡性软盘和软驱产品。然而,由于 USB 接口的闪存出现,软盘已经退出存储器发展历史舞台。

研究表明,当今的数据信息约 80% 保存在磁盘中。磁盘已成为当今数据存储的主流,不仅用于各种计算机和服务器,在磁盘阵列和各种网络存储系统中也是基本的存储单元。当今的存储技术可谓是"磁器时代"。

（6）光碟。20 世纪 60 年代,荷兰皇家飞利浦(简称飞利浦)公司的研究人员开始使用激光光束进行记录和重放信息的研究并于 1972 年研究成功。1978 年,飞利浦公司将激光视盘(laser vision disc,LD)系统投放市场。图 1-8 所示为一张光碟。

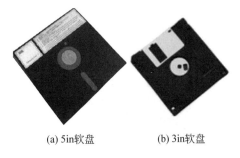

(a) 5in软盘　　(b) 3in软盘

图 1-7　软盘

图 1-8　光碟

从 LD 的诞生至计算机用的 CD-ROM,经历了 LD-激光视盘、CD-DA 激光唱盘、CD-ROM 这 3 个阶段。随着光碟技术的突飞猛进,出现了 DVD、D9、D18、蓝光技术。VCD 光碟标准容量有 700MB,DVD 光碟的容量有 4.7GB、8.5GB、9.7GB、17GB 等。

英国南安普顿大学的科学家最新开发出了一种新的"五维数据存储"数据存储技术。该技术利用玻璃中的微型纳米结构进行信息编码。基于这一技术,标准尺寸的光碟能保存约 360TB 的数据,在 190℃ 的环境中可保存长达 138 亿年。

对于这种光碟存储信息的方式,可以将其与普通 CD 进行对比。CD 光碟上有凹凸不平的线条,可以被激光读取。当激光探测到凸起时,那么就代表数据"1",而如果没有凸起,那么就代表数据"0"。这是一种二维的数据表达方式。基于这种方式,CD 可以保存音乐、图书、照片、视频、软件等信息。然而,由于这些微小凸起位于 CD 表面,因此很脆弱,容易发生物理磨损,氧化、高温、高湿的环境下都会对光碟上的数据造成破坏。

五维光碟能使用位于盘片内的微型物理结构(即"纳米格栅")保存信息,通过读取折射的激光可以表达 5 种数据状态。利用激光技术,设备可以知道纳米格栅的方向、激光折射的强度,以及用 X、Y、Z 轴表示的空间位置。因此,相对于传统光碟,五维光碟的数据存储密度更大;五维光碟存储的数据量可以达到保存 128GB 数据的蓝光光碟的近 3000 倍。

(7)闪存芯片和卡式存储。20 世纪中叶出现了固态硅芯片。可将闪存(flash)芯片用 USB 接口接入主机总线的小型便携存储设备就是优盘(又称闪盘)。

如图 1-9 所示,优盘容量有多种,如 1GB、2GB、4GB、8GB、16GB、32GB、64GB、128GB、256GB、512GB、1TB 等。使用时,不需要驱动器,无外接电源,即插即用,带电插拔。通过 USB 接口连到计算机的主机后,可像对普通硬盘一样对其进行格式化、复制、删除等操作。优盘可与计算机之间很方便地转移数据文件,实现便携式移动存储。优盘的存取速度快(约为软盘速度的 15 倍),可靠性好(可擦写达100 万次),数据可保存 10 年。

早在 1995 年,USB 接口就已出现在个人计算机上,但由于缺乏软件及硬件设备的支持,USB 接口都闲置未用。1998 年后,随着微软在 Windows 98 中内置了对 USB 接口的支持模块,加上 USB 设备的日渐增多,USB 接口才逐步走进了实用阶段。

(8)磁盘阵列。由于单块磁盘所能提供的容量和速度远远无法满足需求,所以磁盘阵列技术应运而生。磁盘阵列是由很多磁盘组合成的一个容量巨大的磁盘组,它利用个别磁盘提供数据所产生加成效果提升整个磁盘系统效能。利用这项技术,可将数据切割成许多区段,分别存放在各个硬盘上。

(9)大型网络化硬盘阵列。随着磁盘阵列技术的发展和 IT 系统需求的不断升级,大型网络化磁盘阵列出现了。图 1-10 是一个现代大型存储设施。

图 1-9 优盘 图 1-10 现代大型存储设施

(10)纳米存储。纳米(nanometer,nm)是一种长度单位,1nm = 0.001μm,约为 10 个原子的长度。假设一根头发的直径为 0.05mm,把它径向平均剖成 5 万根,每根的厚度即约为 1nm。

2002 年 9 月,美国威斯康星州大学的科研小组在室温条件下通过操纵单个原子,研制出原子级的硅记忆材料,其存储信息的密度是目前光碟的 100 万倍。这是纳米存储材料技术研究的一大进展。研究报告称,新的记忆材料构建在硅材料表面上。研究人员首先使金元素在硅材料表面升华,形成精确的原子轨道;然后再使硅元素升华,使其按上述原子轨道进行排列;最后,借助于扫描隧道显微镜的探针,从这些排列整齐的硅原子中间隔抽出硅原子,被抽空的部分代表"0",余下的硅原子则代表"1",这就形成了相当于计算机晶体管功能的原子级记忆材料。整个试验研究在室温条件下进行。在室温条件下,一次操纵一批原子进行排列并不容易。更为重要的是,记忆材料中硅原子排列线内的间隔是一个原子大小。这保证了记忆材料的原子级水平。新的硅记忆材料与目前硅存储材料存储功能相同,而不同之处在于,前者的体积为原子级,利用其制造的计算机存储材料体积更小、密度更大。这可使未来计算机微型化,且存储信息的功能更为强大。

1.3　网络时代的信息存储

目前,每年全球的数据存储量以 $50\%\sim100\%$ 的速度增长,依托大数据分析、移动通信和社交平台技术的新型应用程序逐渐兴起,对网络存储空间的需求迅速膨胀,对现有的存储技术提出了严峻挑战。

存储系统是整个信息技术(information technology,IT)系统的基石,是 IT 技术赖以存在和发挥效能的基础平台。网络存储已经成为 IT 界的前沿热点。面对源源不断的数据流和不断变化增长的系统和支持硬件,传统的数据存储架构(单一的服务器存储结构的直连存储形式)已经显得有些力不从心。网络的发展为数据存储提供了新的解决方案,网络的互连互通以及其所具有的开放性、可拓展性等特性不仅为日益增加的信息流提供了足够的存储空间,更为重要的是,它为信息的利用提供了最为快捷、方便的通道。于是,网络存储必将成为继计算机浪潮和互联网浪潮之后的第三次发展浪潮。

1.3.1　网络存储技术

目前,存储技术发生了巨大变化,已进入了网络存储的时代。NAS(network attached storage,网络附接存储)、SAN(storage area network,存储区域网)是存储领域近来十分引人注目的技术。一方面,它能为网络上的应用系统提供丰富、快速、简便的存储资源;另一方面,它能共享存储资源并对其实施集中管理,成为当今存储管理和应用模式。

目前的存储解决方案主要有直接附接存储(DAS)、网络附接存储(NAS)、存储区域网(SAN)。

如图 1-11 所示,DAS 是将存储设备通过 SCSI 接口或光纤通道直接连接到一台计算机上,每个新的应用服务器都需要有自己的存储器。这样一来,数据处理会变得复杂,随着应用服务器的不断增加,网络系统效率会急剧下降。由于输入输出问题是整个网络系统效率低下的瓶颈问题,所以将数据从通用的应用服务器中分离出来以简化存储管理是众多解决办法中的一种较好的解决途径。

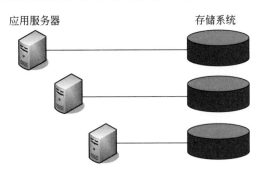

图 1-11　DAS 存储器

当服务器在地理位置上比较分散,很难进行远程连接时,直接附接存储是一种比较好的,甚至可能是唯一的解决方案。利用直接附接存储的另一个原因可能是企业决定继续保留已有的传输速率并不很高的网络系统。

直接附接存储依赖服务器主机操作系统进行数据的 I/O 读写和存储维护管理,数据备份和恢复要求占用服务器主机资源(包括 CPU、系统 I/O 等),数据流需要通过主机回流到服务器连接着的磁带机(库),数据备份通常占用服务器主机资源 20%～30%,因此许多企业用户的日常数据备份常常在深夜或业务系统不繁忙的时段进行,以免影响正常业务系统的运行。直接附接存储的数据量越大,备份和恢复的时间就越长,对服务器硬件的依赖性和影响就越大。

直接附接存储与服务器主机之间的连接通道通常采用小型计算机系统接口(small computer system interface,SCSI)连接。通过并行的 SCSI,可相对快速地访问 SCSI 硬盘。随着服务器的 CPU 处理能力越来越强、存储硬盘空间越来越大、阵列的硬盘数量越来越多,SCSI 通道将会成为数据输入输出的瓶颈;由于服务器主机 SCSI ID 资源有限,造成了能够建立的 SCSI 通道连接数量限制。

无论是直接附接存储、服务器主机的扩展、从一台服务器扩展为多台服务器组成的群集(cluster)或存储阵列容量的扩展,都会造成业务系统的停机,给企业带来经济损失,对于银行、电信、传媒等行业要求提供"7×24 小时"服务的关键业务系统是不可接受的。并且直接附接存储或服务器主机的升级扩展,只能由原设备厂商提供,往往受原设备厂商限制。

将存储器从应用服务器中分离出来进行集中管理称为存储网络(storage network),如图 1-12 所示。

存储网络具有一定的统一性,形散神聚,在逻辑上完全一体,实现了数据集中管理,容易扩充(即收缩性很强),同时具有容错功能,整个网络无单点故障的优点可通过 NAS 和 SAN 技术实现。

NAS 技术是用户通过 TCP/IP 访问数据,采用 NFS、HTTP、CIFS 等标准文件共享协议实现共享,如图 1-13 所示。SAN 技术是采用光纤通道(fiber channel,FC)技术,通过光纤通道交换机连接存储阵列和服务器主机,建立专用于数据存储的区域网络,如图 1-14 所示。

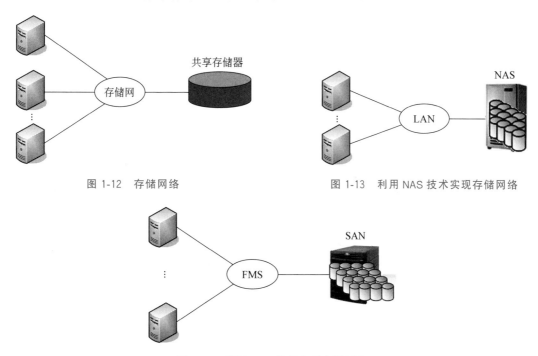

图 1-12　存储网络　　　　　　　　　　　图 1-13　利用 NAS 技术实现存储网络

图 1-14　利用 SAN 技术实现存储网络

通过比较可以看出,在 SAN 结构中,文件管理系统(file management system,FMS)还是分布在每个应用服务器上;而 NAS 则是每个应用服务器通过网络共享协议(如 NFS、CIFS)使用同一个文件管理系统。也就是说,NAS 和 SAN 存储系统的区别是 NAS 有自己的文件管理系统。

NAS更注重应用、用户和文件以及它们共享的数据。SAN更关注磁盘、磁带以及与之可靠连接的基础结构。

1.3.2 存储的分类

根据服务器类型的不同,可将存储可分为封闭系统的存储和开放系统的存储,封闭系统主要指大型计算机,如AS400等服务器;开放系统指基于包括Windows、UNIX、Linux等操作系统的服务器;开放系统的存储分为内置存储和外挂存储;开放系统的外挂存储可根据连接的方式的不同分为DAS和光纤通道交换网附接存储(fabric attached storage,FAS);开放系统的FAS根据传输协议的不同又分为NAS和SAN。存储的分类如图1-15所示。

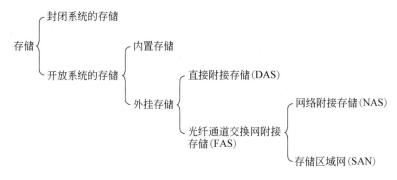

图1-15 存储的分类

1.3.3 虚拟化存储

伴随着网络存储的不断发展,需求与技术的自然选择使网络存储进入了一个高级阶段——存储虚拟化。虚拟存储技术的提出是一项全新的战略性存储理念,它彻底变革了存储部署、应用与管理方式,被业界公认为是目前存储领域中功能完善且丰富的网络存储解决方案。

1.3.4 云存储

云存储是在云计算(cloud computing)概念上延伸和发展出来的一个新的概念,是一种新兴的网络存储技术。它是一种通过集群应用、网络技术、分布式文件系统等功能,将网络中大量不同类型的存储设备通过应用软件集合起来进行协同工作,共同对外提供数据存储和业务访问功能的系统。云存储技术是典型的虚拟存储技术。

1.3.5 软件定义的存储

软件定义存储(software defined storage,SDS)是一种数据存储方式,所有与存储相关的控制工作都依赖相对于物理存储硬件的外部软件。这个软件不是作为存储设备中的固件,而是在一个服务器或者作为操作系统或虚拟机监视器(hypervisor或virtual machine monitor,VMM)的一部分。

软件定义存储是一个较大的行业发展趋势,这个行业还包括软件定义网络和软件定义数据中心(software defined data center,SDDC)。和SDN情况类似,SDS可以保证系统的存储访问能够得到更加精准和灵活地管理。SDS是从硬件存储中抽象出来的,这意味着它可以变成一个不受物理系统限制的共享池,便于最有效地利用资源。它还可以通过软件和管理进行部署和供应,也可以通过基于策略的自动化管理来进一步简化。

1.4　信息存储技术的发展趋势

在 1957 年出现了硬盘,20 世纪 70 年代出现了 SAN,20 世纪 80 年代出现了 NAS,2006 年出现了对象存储技术。从存储技术的发展历程可以看出,它正在不断地向上并和应用结合。这些技术不是代次替换,而是场景扩展的,因此现在硬盘、SAN、NAS 等技术仍然广泛部署在对应的场景中。在各种技术发展的过程中,关注其出现的时间线,可以发现,大约每隔 10 年就会有新技术出现。下一个在存储发展趋势的技术会是什么呢? 在未来,网络存储将在以下几方面得到发展。

1. 基于无限带宽的存储系统

无限带宽(InfiniBand)是被用来取代 PCI 总线的新 I/O 体系结构。无限带宽把网络技术引入 I/O 体系,形成一个 I/O 交换网络结构,主机系统通过一个或多个主机通道适配器(host channel adapter, HCA)连接到 I/O 交换网上,存储器、网络通信设备通过目标通道适配器(target channel adapter,TCA)连接到该 I/O 交换网上。

无限带宽体系结构把 IP 网络和存储网络合二为一,以交换机互连和路由器互连的方式支持系统的可扩展性。服务器端通过 HCA 连接到主机内存总线上,突破了 PCI 的带宽限制,存储设备端通过 TCA 连接到物理设备上,突破了 SCSI 和 FC-AL 的带宽限制。

在无限带宽体系结构下,可以实现不同形式的存储系统,包括 SAN 和 NAS。基于无限带宽 I/O 路径的 SAN 存储系统有两种实现途径:其一是 SAN 存储设备内部通过无限带宽 I/O 路径进行数据通信,无限带宽 I/O 路径取代 PCI 或高速串行总线,但与服务器/主机系统的连接还是通过 FC I/O 路径;其二是 SAN 存储设备和主机系统利用无限带宽 I/O 路径取代 FC I/O 路径,实现彻底地基于无限带宽 I/O 路径的存储体系结构。

2. 直接存取文件系统

作为一种文件系统协议,直接存取文件系统(direct access file system,DAFS)可以在大量甚至过量负载时有效地减轻存储服务器的计算压力,提高存储系统的性能。DAFS 把远程直接存储器访问(remote direct memory access,RDMA)的优点和 NAS 的存储能力集成在一起,全部读写操作都直接通过 DAFS 的用户层(RDMA 驱动器)执行,从而降低了网络文件协议带来的系统负载。

DAFS 的基本原理是通过缩短服务器读写文件时的数据路径来减少和重新分配 CPU 的计算任务。它提供内存到内存的直接传输途径,使数据块的复制工作不需要经过应用服务器和文件服务器的 CPU,而是在这两个物理设备预先映射的缓冲区中直接传输。也就是说,文件可以直接由应用服务器内存传输到存储服务器内存,而不必先填充各种各样的系统缓冲区和网络接收器。DAFS 可以直接集成到 NAS 存储服务器中,一方面实现高性能的数据传输,另一方面也可以更好地支持 Oracle 等数据库管理系统。

今后的 NAS 存储系统或将采用 DAFS 技术提高系统性能,并且在性能和价格上与 SAN 存储系统进行有力的竞争。

3. 网络附接存储安全盘

网络附接存储安全盘(network attached secure disk,NASD)是卡内基梅隆大学研究的网络存储项目。它是一个类似 NAS 存储设备的智能磁盘驱动器,但将管理、文件系统语义和存储转发分离,仅实现基本的存储元语,由文件管理器实现文件系统的高层管理部分。它对外提供以太网、ATM 等数据通信接口与 IP 网络相连,或者通过 FC 接口连接到 SAN 上。

NASD 设备嵌入了低层的磁盘管理功能并提供了可变化长度的对象存储接口。在客户端可以直接存取 NASD 设备中的存储资源。文件管理器负责每个客户对 NASD 设备存储资源的存取控制和检查工作。存储管理器则负责 NASD 存储资源的映射管理和 RAID 管理等工作。因为网络通信可以通过公用数据网络采用普通的通信协议完成,因而 NASD 需要提供安全机制,目前采用的是基于私钥或公钥验证技术的安全机制。

4. 统一虚拟存储

统一虚拟存储将不同厂商的 FC-SAN、NAS、IP-SAN、DAS 等各类存储资源整合起来,形成一个统一管理、监控和使用的公用存储池。虚拟存储的实质是资源共享,因此,统一虚拟存储的任务有两点:其一是如何进一步增加可共享的存储资源的数量;其二是如何通过有效的机制在现有存储资源基础上提供更好的服务。

从系统的观点看,存储虚拟化有基于主机的虚拟化存储、基于存储设备的虚拟化存储以及基于网络的虚拟化存储 3 种途径。统一虚拟存储的实现只能从虚拟存储的实质出发,因此,单一存储映像的方法可能是虚拟存储的发展方向。

NAS 和 SAN 是目前网络存储的主流技术,二者在不同的应用领域各有所长,还出现了二者相互融合的趋势。随着 SAN 在 IP 网络中的成功应用,由于其低廉的成本,加上虚拟存储技术的广泛应用,使得 SAN 极有可能成为网络存储的主导方向,而存储虚拟化、数据高可用和容灾支持将会是 SAN 的关键技术。

回顾存储发展历史,存储技术也再不断地更新换代,由易到难,遵循从简单到复杂,由低级到高级的事物发展规律。

通过唯物辩证法可以知道,一切事物总是在不断发展变化的。随着计算机技术的不断更新和计算机应用领域的不断拓展,存储系统经历了从"石器时代"到"磁器时代",从本地存储到云存储的发展史,充分体现了马克思主义的哲学观。

内因是事物发展变化的根本原因,外因通过内因起作用。促使存储系统更新换代的动力有多个方面,最主要的应该是满足现代社会日益增长的信息存储需求。

不论是学习存储技术,还是其他科学知识,都要有国家使命感、民族精神、家国共担,利用所学的知识,投入到为国家、社会的贡献中。

新技术的出现往往是因为人们的"需要",人们的需求是驱动新事物发展的原动力,所以必须始终坚持用发展的观点看问题,学会用长远眼光来看待事物更替。展望未来,一定会出现更先进的存储技术。

习题 1

一、选择题

1. 信息的处理过程包括( )。
    A. 信息的获得、收集、加工、传递、施用
    B. 信息的收集、加工、存储、传递、施用
    C. 信息的收集、加工、存储、接收、施用
    D. 信息的收集、获得、存储、加工、发送
2. 现代信息技术的主要特征是以数字技术为基础,以计算机为核心,采用( )进行信息的收集、传递、加工、存储、显示与控制。
    A. 通信技术　　　　B. 计算机技术　　　　C. 电子技术　　　　D. 人工智能

3. 下列说法不恰当的是( )。

    A. 2013年以来,科学家在不断推动"五维数据存储"技术的优化发展,最终要实现商用

    B. 五维光碟的数据存储密度比传统光碟大,它存储的数据量约为蓝光光碟的3000倍

    C. 在通过五维光碟长期保存数据信息情况下,未来的人类可通过云端服务器上的软件,解读过去的数据信息

    D. 五维数据存储技术对图书馆和博物馆来说很有潜力,但五维光碟的读取设备面市遥遥无期

二、判断题

1. 计算机掉电后,ROM中的信息会丢失。 ( )

2. 计算机掉电后,外存中的信息会丢失。 ( )

3. 应用软件的作用是扩大计算机的存储容量。 ( )

4. 任何存储器都有记忆能力,其中的信息不会丢失。 ( )

5. 通常硬盘安装在主机箱内,因此它属于主存储器。 ( )

6. 光碟属于外存储器,也属于辅助存储器。 ( )

7. 与硬盘相比,计算机内存储器的存储量更大。 ( )

8. 计算机中的所有信息都是以ASCII码的形式存储在机器内部的。 ( )

9. 在进行文字信息处理时,各种文字符号都是以二进制数的形式存储在计算机中的。 ( )

10. 计算机存储器中的ROM只能读出数据不能写入数据。 ( )

11. ROM和RAM的最大区别是,ROM是只读,RAM可读可写。 ( )

12. 和内存储器相比,外存储器的特点是容量小、速度快、成本高。 ( )

13. 内存储器是用来存储正在执行的程序和所需的数据。 ( )

14. 存储容量单位常用符号KB表示,4KB表示存储单元有4000B。 ( )

15. 和外存相比,内存的主要特点是存取速度更快。 ( )

16. 存储器的功能是计算机记忆和暂存数据。 ( )

17. 内存储器和外存储器的主要特点是内存储器由半导体大规模集成电路芯片构成,存取速度快、价格高、容量小,不能长期保存数据。外存储器是由电磁转换或光电转换的方式存储数据,容量高、可长期保存、价格相对较低,但存取速度较慢。 ( )

18. 按在微型计算机系统中所起的作用不同,存储器可分为主存储器、辅助存储器和高速缓冲存储器。 ( )

19. 按存储介质的材料及器件的不同,存储器可分为半导体存储器、磁表面存储器、光碟驱动器。 ( )

20. 衡量计算机存储容量的单位通常是字节。 ( )

21. 存储器是用来存储数据和程序的。 ( )

22. 外存储器比内存储器容量大,但工作速度慢。 ( )

23. 只能读取,但无法将新数据写入的存储器是RAM存储器。 ( )

24. 计算机的性能主要取决于硬盘的性能。 ( )

25. 硬盘装在机箱内面,属于内存储器。 ( )

26. 计算机的存储系统一般指主存储器和辅助存储器。 ( )

27. 硬盘属于计算机的存储部件。 ( )

28. 磁盘驱动器属于存储设备。 ( )

29. 在内存中,有一小部用于永久存放特殊的专用数据,对它们只取不存,这部分内存中文全称为只读存储器(ROM)。 ( )

30. 计算机中的存储容量以比特为单位。　　　　　　　　　　　　　　（　　）

31. 随机存储器(RAM)只能读不能写。　　　　　　　　　　　　　　（　　）

32. 大部分内存储器对数据可存可取,这部分内存储器称为随机存储器(RAM)。（　　）

33. 随机存储器又分为 DRAM 和 SRAM,当前 PC 使用最多的是 SRAM。（　　）

34. 相对于内存储器,外存储器的特点是容量大、速度慢。　　　　　　（　　）

35. 优盘也属于磁性存储介质。　　　　　　　　　　　　　　　　　（　　）

36. 内存、外存、优盘、缓存这 4 种存储装置中,访问速度最快的是内存。（　　）

37. 要使用外存储器中的信息,应先将其调入内存。　　　　　　　　　（　　）

三、简答题

1. 阅读相关文献资料,了解目前网络存储的技术与未来的发展方向。

2. 比较硬盘和光碟在存储特性上异同,写出 3 个主要相同点和不同点。

3. 简述现代计算机系统中的多级存储器体系结构。

4. 据统计,每天有 10.9 亿用户打开微信,3.3 亿用户进行了视频通话;有 7.8 亿用户进入朋友圈,1.2 亿用户发表朋友圈,其中照片 6.7 亿张,短视频 1 亿条;有 3.6 亿用户阅读公众号里的文章,4 亿用户使用微信小程序。请分析微信所产生的巨量数据是如何存储的。

5. 普通大众几乎都离不开微信聊天,微信有没有存储聊天信息? 如果有,按每天 10 亿用户、每用户每天 20 条聊天记录计算(包括文字、文件、表情包、超链接、图片和视频),如果保存这些聊天信息,一天需要多大的存储空间?

第 2 章　信息存储介质

信息存储介质是指存储数据的载体。例如软盘、硬盘、CD、DVD、优盘、多媒体存储卡等。目前最流行的存储介质是基于与非型闪存(NAND flash)的,例如优盘、CF 卡、SD 卡、SDHC 卡、多媒体存储卡、SM 卡、记忆棒、xD 卡等。

在常见的存储介质中,卡片式存储主要应用于数字产品,机械硬盘、固态盘等磁盘式存储主要应用于 PC。此外,还有磁带、光碟等存储介质。

2.1　卡片式存储

卡片式存储设备使用半导体技术储存数据,其原理和 RAM 一样,区别是在没有电源时,存储设备内的数据也不会丢失。

2.1.1　CF 卡

CF(compact flash)卡是 SanDisk(闪迪)公司于 1994 年推出的一种与 PC 的 ATA 接口兼容的标准。CF 卡的工作电压为 3.3~5V,是一种固态产品,即工作时没有运动部件。CF 卡所用闪存(flash)技术是一种稳定的存储解决方案,不需要电池来维持其中存储的数据。CF 卡中保存的数据比传统的磁盘驱动器安全性和保密性更高。例如,与传统的磁盘驱动器和Ⅲ型 PC 卡相比,CF 卡的可靠性提高 5~10 倍,而且用电量仅为小型磁盘驱动器的 5%。这些优异的性能使得多款高端的数字照相机使用 CF 卡作为存储介质。图 2-1 所示为一款 CF 卡产品。

CF 卡由内部控制器和闪存模块两部分构成,如图 2-2 所示。CF 卡的闪存模块基本上都使用与非型闪存存储数据。内部控制器用来实现 CF 卡与主机的接口以及控制数据的传输。CF 卡内部控制器的设计完全模拟硬盘,使用标准的 ATA/IDE 接口。

图 2-1　SanDisk 公司的 32GB CF 卡

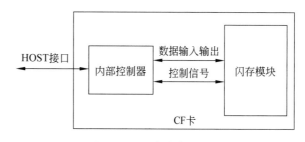

图 2-2　CF 卡的内部结构

CF 卡的存取方式有 PC Card Memory 模式、PC Card I/O 模式以及 True IDE 模式 3 种。PC Card 模式与 PC MCIA 标准兼容,True IDE 模式与 ATA 标准兼容。3 种存取方式中,在 True IDE 模式下,CF 卡与主机通信的信号最少,硬件接口最简单,软件易于实现,因此设计常采用 True IDE 模式。

CF 卡的扇区有物理寻址(CHS)和逻辑寻址(LBA)两种寻址方式。物理寻址方式使用柱面、磁头和扇区号表示一个特定的扇区,起始扇区是 0 磁道、0 磁头、1 扇区,接着是 2 扇区,一直到 EOF 扇区;接下来是同一柱面 1 头、1 扇区等。逻辑寻址方式将整个 CF 卡同一寻址。逻辑块地址和物理地址的关

系为

$$\text{LBA 地址}=(\text{柱面号}\times\text{磁头数}+\text{磁头号})\times\text{扇区数}+\text{扇区数}-1$$

CF 卡没有机械结构,因此 CF 卡的扇区寻址适宜采用逻辑寻址方式。逻辑寻址方式没有磁头和磁道的转换操作,因此在访问连续扇区时,操作速度比物理寻址方式快得多。

对于 CF 卡的操作(如读写),其实就是对 CF 卡控制器中的寄存器进行操作,所以必须对 CF 卡的寄存器十分熟悉。这些寄存器统称为任务文件(task file)寄存器,具体如下。

(1) 数据寄存器(读写),用于 CF 卡的读写操作。主机通过该寄存器向 CF 卡的数据缓存写入或从 CF 卡的数据缓存读出数据。

(2) 错误寄存器(read)和特性寄存器(write)。读操作时,此寄存器为错误寄存器,用于指明错误的原因;写操作时,此寄存器为特性寄存器。

(3) 扇区数寄存器(读写),用来记录读写扇区的数目。

(4) 扇区号寄存器(读写),用来记录读写和检验命令指定的起始扇区号或逻辑块地址(LBA)的 BIT7:0。

(5) 柱面号寄存器(读写),用来记录读写、检验和寻址命令指定的柱面号或 LBA 的 BIT23:8。

(6) 驱动器/磁头寄存器(读写),记录读写、检验和寻道命令指定的驱动器号、磁头号或 LBA 的 BIT27:24,其中 BIT6(LBA)用来设置 CF 卡扇区的寻址方式(LBA=0,采用 CHS 模式;LBA=1,采用 LBA 模式)。

(7) 状态寄存器(读)和命令寄存器(读写),读操作时,该寄存器是状态寄存器,指示 CF 卡控制器执行命令后的状态,读状态寄存器则返回 CF 卡的当前状态;写操作时,该寄存器是命令寄存器,接收主机发送给 CF 卡的控制命令。

CF 卡的读写是以一个扇区为基本单位的。在读写一个扇区之前必须先指明当前需要读写的柱面、头和扇区或 LBA 地址,然后发送读写命令。一个扇区的 512B 需要一次性连续读出或者写入。主机读写 CF 卡上一个文件的过程如下。

(1) CF 卡初始化。CF 卡上电复位和统计剩余空间的大小。

(2) CF 卡内部控制器向 CF 卡某些寄存器填写必要的信息。如向扇区号寄存器填写读写数据的起始扇区号或 LBA 地址、向扇区数寄存器填写读写数据所占的扇区个数、设置 CF 卡的扇区寻址方式等。

(3) 向 CF 卡的命令寄存器写入操作 CF 卡的命令。例如,在写操作时向 CF 卡的命令寄存器写入 30H,读操作时向 CF 卡的命令寄存器写入 20H。

(4) CF 卡有数据传输请求之后,主机读写 CF 卡的数据寄存器,从而实现从 CF 卡数据缓存读出数据或向 CF 卡数据缓存写入数据。

(5) 在执行以上操作的过程中,每执行一步,都应该检测状态寄存器,确定 CF 卡的当前状态,从而确定下一步应该执行什么操作(参考状态寄存器的 BIT 位的意义,编写检测代码)。

作为世界范围内的存储行业标准,CF 卡的应用越来越广泛,各个厂商都积极提高 CF 卡的技术,保证 CF 产品的向后兼容性,促进新一代体小质轻、低能耗先进移动设备的推出,进而提高工作效率。

虽然 CF 卡有很多优点,但是仍存在以下缺点。

(1) 容量有限。虽然 CF 卡的容量在成倍提高,但仍赶不上数字照相机像素提高的速度。目前的 3000 万像素以上产品已经是流行的高端产品最低规格,而民用主流市场也达到 5000 万像素。普通民用的 JPEG 压缩格式下,容量尚可,但是使用专业级的 TIFF(RAW)文件格式仍存不了很多图像。

(2) 体积较大。与其他种类的存储卡相比,CF 卡的体积偏大,这限制了它作为存储介质在数字化设备中的使用,现在流行的数字化设备大多放弃了 CF 卡,而改用体积更为小巧的 SD 卡。

（3）性能限制。CF 卡的工作温度一般是 0～40℃。在 0℃ 以下的环境中,民用的 CF 卡容易出现故障,即使是专业设备也不能幸免,而军用的 CF 卡耐寒能力可达－40℃。

2.1.2 SM 卡

SM(smart media)卡是由日本的东芝公司在 1995 年 11 月发布的 FM(flash memory)存储卡,韩国的三星公司在 1996 年购买了生产和销售许可,这两家公司成为主要的 SM 卡厂商。SM 卡也是市场上常见的微存储卡,一度在 MP3 播放器上非常流行。

SM 卡的尺寸为 $37×45×0.76mm^3$,由于 SM 卡本身没有控制电路,而且由塑胶制成(被分成了许多薄片),因此 SM 卡非常小巧且轻薄,在 2002 年以前被广泛应用于数字产品中,例如奥林巴斯的老款数字照相机以及富士的老款数字照相机多采用这种存储卡。由于 SM 卡的控制电路需要集成在数字化设备(例如数字照相机)中,这使得产品的兼容性容易受到影响。目前新款数字化设备已经不使用 SM 存储卡了。

2.1.3 SD 卡

SD 卡(secure digital memory card,安全数字存储卡)是一种基于半导体闪速存储器的存储介质。SD 卡由日本的松下、东芝公司及美国 SanDisk 公司于 1999 年 8 月共同开发研制。大小犹如一张邮票的 SD 记忆卡,虽然质量只有 2g,但却拥有大容量、高传输速率、高移动灵活性和高安全性的优点。SD 卡在 $24×32×2.1mm^3$ 的体积内结合了 SanDisk 闪速存储器控制与 MLC(multilevel cell,多级单元)技术和 Toshiba(东芝)公司 $0.16\mu m$ 及 $0.13\mu m$ 的与非型闪存技术,通过 9 引脚的接口界面与专门的驱动器相连接,不需要额外的电源来保持其上存储的数据。它是一体化的固体介质,没有任何运动部件,所以不用担心机械运动的损坏。SD 卡表面具有 9 个引脚,可把串行传输变成并行传输,以提高传输速度。它比 MMC 卡的读写速度快,安全性也更高。SD 卡最大的优点就是可以通过加密功能,保证数据资料的安全性。

SD 卡的结构能保证数字文件传送的安全性,也很容易重新格式化,所以有着广泛的应用领域,音乐、电影、新闻等多媒体文件都可以方便地保存到 SD 卡中。因此不少数字照相机都支持 SD 卡。SD 联合协会在 2006 年 5 月正式对外宣布了下一代存储卡规格 SD 2.0,即 SDHC(SD high capacity)标准。

SD 卡具有机械式写入保护开关,可避免至关重要的数据被意外删除。卡两侧的导槽进行了防呆设计,可防止插反方向,一个凹口可防止器械掉落或撞击时,卡跳出其插孔。金属触点也有保护措施,可避免静电引起的损坏或擦伤,如图 2-3 所示。SD 卡中各个部分的用途如下。

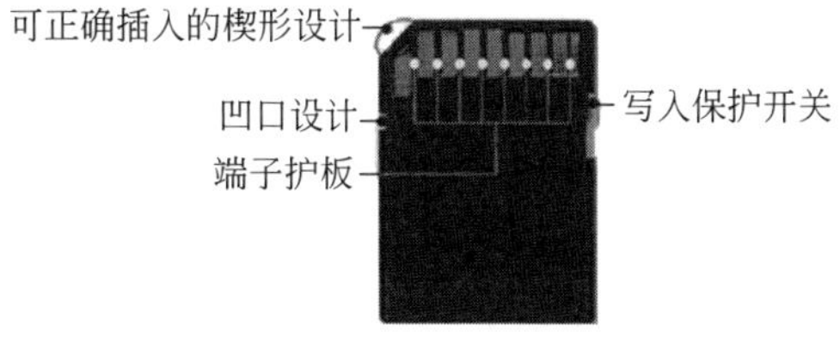

① 端子护板。保护结构可防止插入时,直接与引脚接触。

图 2-3 SD 卡的结构

② 写入保护开关。可设置滑动开关来保护数据。

③ 可正确插入的楔形设计。这种形状有助于用户插入正确的方向。

④ 凹口设计。当 SD 卡受到物理冲击时,可防止卡从主设备上掉落。

⑤ 导槽。可保证正确地插入主设备。

SD 卡家族的外观和规格参数如表 2-1 和图 2-4 所示。

表 2-1 SD 卡家族规格参数

规　格	SD 卡	miniSD 卡
宽/mm	24	20
高/mm	32	21.5
厚/mm	2.1	1.4
体积/mm³	1596	589
质量/g	约为 2	约为 1
操作电压/V	2.7～3.6	2.7～3.6
写入保护开关	有	无
端子护板	有	无
引脚个数	9	11

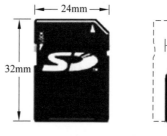
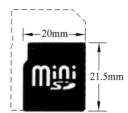

图 2-4 SD 卡和 miniSD 卡

2.1.4 记忆棒

图 2-5 记忆棒

记忆棒(memory stick)是由日本索尼公司研发的移动存储介质,如图 2-5 所示。记忆棒用在索尼的 PSP、PSX 系列游戏机、数字照相机、数字摄像机、手机和笔记本计算机上存储数据,相当于计算机的硬盘。记忆棒外形轻巧,拥有全面多元化的功能。它的极高兼容性和前所未有的通用存储介质概念,为未来高科技 PC、电视、电话、数字照相机、摄像机和便携式个人视听器材提供新一代更高速、更大容量的数字信息储存、交换媒体。

除了外形小巧、稳定性高、版权保护、使用方便等特点外,记忆棒的优势还在于可与索尼系列 DV 摄像机、数字照相机、笔记本计算机、彩色打印机、Walkman 随身听、IC 录音机、LCD 电视等兼容,通过各种转换器和附件可轻松实现与各种计算机的连接。

记忆棒的缺点是只能在索尼自家产品中使用且性价比不高。

2.1.5 多媒体存储卡

多媒体存储卡(multimedia card,MMC)由 SanDisk 和 Siemens 公司在 1997 年共同研发。与传统的移动存储卡相比,其最明显的外在特征是尺寸更加小巧,只有普通的邮票大小(约为 CF 卡的 1/5),外形尺寸为 32mm×24mm×1.4mm,质量不到 2g。这使其成为世界上最小的半导体移动存储卡,它对于越来越追求便携性的各类手持设备形成强有力的支持。MMC 在设计之初是瞄准手机和寻呼机市场,之后因其小尺寸等独特优势而迅速被引进更多的应用领域,例如数字照相机、PDA、MP3 播放器、笔记本计算机、便携式游戏机、数字摄像机乃至手持式 GPS 等。另外,由于采用更低的工作电压,驱动电压为 2.7～3.6V。MMC 比 CF 和 SM 等上代产品更加省电,目前常见的容量为 64MB 和 128MB。此外,也有 1GB 容量的产品。

MMC 的下方有个槽,以方便拔插。它的背面有编号和 7 个引脚,斜口可以防止插反,它的驱动电压为 2.7～3.6V,体积比 SM 卡还小,不怕冲击,可反复读写 30 万次,如图 2-6 所示。

图 2-6 多媒体存储卡
(MMC)的背面

　　多媒体卡特别适合移动电话和数字影像及其他移动终端。这种携带方便、可靠性高、质量轻的标准
数据载体能存储高达 1GB 的数据,相当于 64 万页书的信息量。对于只读应用,多媒体卡采用 ROM 或
闪存技术;对于读写兼有的应用,多媒体卡则采用闪存技术。

2.1.6　xD 卡

　　xD 卡(xD picture card)是由日本的奥林巴斯和富士公司联合推出的一种新型存储卡,具有极其紧
凑的外形。外观尺寸仅为 $20 \times 25 \times 1.7 \text{mm}^3$,质量约为 2g,是目前存储卡领域尺寸最小的产品,如图 2-7
所示。xD 卡采用单面 18 引脚的接口,理论上图像存储容量可达 8GB。富士与
奥林巴斯公司于 2004 年联合推出了存储容量最高达 1GB 的 xD 卡,而且其读写
速度也更高(读取速率约为 5MB/s,写入速率约为 3MB/s),可以满足大数据量
写入且功耗也更低。此外,xD-Picture 存储卡不仅可以通过读卡器与 PC 连接,
而且可以通过 CF 转接适配器接入数字化设备的 CF 卡接口。

　　在使用时,尽量不要用读卡器格式化 xD 卡,否则可能会造成 xD 卡的格式
错误,使其无法存储文件,造成死机现象。在用读卡器传输文件时,应该使用复

图 2-7　xD 卡

制操作,不要进行剪切操作;而做删除操作时,只能通过数字化设备自身的删除功能,不然也会造成存储
卡的故障。

2.1.7　高容量 SD 存储卡

　　高容量 SD 存储卡(high capacity SD memory card,SDHC)最大的特点就是高容量(2～32GB)。

2006 年 5 月 SD 协会发布了最新版的 SD 2.0 的系统规范,其中规定了
SDHC 容量为 2～32GB 的新规范。另外,SD 协会规定 SDHC 必须采用
FAT32 文件系统,这是因为之前在 SD 卡中使用的 FAT16 文件系统所支
持的最大容量仅为 2GB,不能满足 SDHC 的要求。所有大于 2GB 容量的
SD 卡必须符合 SDHC 规范,规范中指出 SDHC 至少需符合 Class 2 的速度
等级,并且在卡片上必须有 SDHC 标志和速度等级标志。在市场上有一些
品牌提供的 4GB 或更高容量的 SD 卡并不符合以上条件,例如缺少 SDHC
标志或速度等级标志,这些存储卡不能被称为 SDHC,如图 2-8 所示。严格

图 2-8　高容量 SD 存储卡

地说,它们是不被 SD 协会所认可的,这类卡在使用中很可能出现与设备的
兼容性问题。

　　数字化设备将数据保存在磁介质或者光存储介质上。如果将数字化设备比作 PC 的主机,那么存
储卡就相当于 PC 的硬盘。存储卡除了可以记录多种类型的文件,通过 USB 和计算机相连,就成了一
个移动硬盘。

2.2　磁盘式存储

　　目前,人们常说的磁盘通常是指硬盘,它是计算机主要的存储介质之一,由一个或者多个铝或者玻
璃材质的碟片组成。在碟片外均匀覆盖有铁磁性材料。

　　硬盘分为固态盘(solid state disk,SSD)、机械硬盘(hard disk drive,HDD)、混合式硬盘(hybrid
hard disk,HHD)3 种。其中,SSD 为新款硬盘,HDD 为传统硬盘,HHD 为基于传统机械硬盘的新硬
盘。SSD 采用闪存颗粒进行存储,HDD 采用磁性碟片进行存储,HHD 是一种把磁性硬盘和闪存颗粒
集成到一起的硬盘。绝大多数硬盘都是固定硬盘,被永久性地密封固定在硬盘驱动器中。

除上述 3 种硬盘之外,还有一种液态硬盘(即液态轴承硬盘)。相对于机械硬盘,液态硬盘仅仅改变了机械部分,并不是存储介质液态化,其轴承采用的是油膜而不是滚珠,存储原理与传统机械硬盘相同,本质上是传统硬盘的升级版。

2.2.1 微型硬盘

微型硬盘(MD/MICRoDRIVE)是美国 IBM 公司推出的一种体积非常微小的硬盘式大容量数据存储设备。在数字照相机发展初期,由于缺少大容量的存储介质,曾一度阻碍了发展,IBM 公司结合自己在硬盘制造方面的优势,推出了与 CF 卡Ⅱ型接口一致的微型硬盘,刚推出时容量便高达 340MB,经过一年多的发展,容量已达到 1GB,使数字照相机以 AVI 格式拍摄动态影像时不必再用秒计算。从理论上讲,只要支持 CF 卡Ⅱ型接口的数字照相机也支持微型硬盘,但实际上有些机型如爱普生 PC-3000 虽然采用Ⅱ型接口,却不支持微型硬盘。目前支持微型硬盘的数字照相机有卡西欧 QV3000EX、佳能 PowerShot S20、G1 等机型。

相对于同时期的闪存产品,微型硬盘的优势是同样单价可买到的记忆容量非常大,读写速率高,存储量大。独立包装销售版本的 MicroDrive 使用的是 CompactFlash Type Ⅱ 规格的存储卡接口,相对于 Type Ⅰ,其厚度稍厚一些,但仍可以在大部分新型的数字设备(主要是数字照相机)上使用。除了做成存储卡的版本外,MicroDrive 也可以内置方式应用在一些有大容量存储需求的电子设备上,例如个人数字助理(PDA)、随身音乐播放器、笔记本计算机或甚至功能比较强大的移动电话上。图 2-9 所示为一款微型硬盘,大小如一枚 1 元硬币。

图 2-9　微型硬盘

2.2.2 机械硬盘

机械硬盘就是常见的普通硬盘,主要由盘片、磁头、主轴及控制电动机、磁头控制器、数据转换器、接口、缓存等几部分组成。

1. 硬盘的外部结构

硬盘的外部结构可以分成电源接口、数据接口、主从设置跳线器、控制电路板等部分,如图 2-10 所示。

图 2-10　硬盘的外部结构

（1）接口。接口包括电源接口和数据接口两部分,其中电源接口用于与主机电源相连,为硬盘正常工作提供电力。数据接口是硬盘数据与主板控制芯片之间进行数据传输交换的通道,通过数据电缆可与主板接口相连。数据接口主要分成 IDE 接口、SATA 接口和 SCSI 接口 3 类,其中 IDE 接口已经退出市场。

（2）控制电路板。大多数的控制电路板都采用贴片式焊接,包括主轴调速电路、磁头驱动与伺服定位电路、读写电路、控制与接口电路等。在电路板上还有一块 ROM 芯片,里面固化的程序可以进行硬盘的初始化,执行加电和启动主轴电动机,加电初始寻道、定位以及故障检测等,在电路板上还安装有容量不等的高速数据缓存芯片。

（3）固定面板。固定面板就是硬盘正面的面板,它与底板结合成一个密封的整体,保证硬盘盘片和机构的稳定运行。在面板上有产品标签,标签上有产品型号、产品序列号、产品、生产日期等信息。此外还有一个防尘透气孔,作用是使硬盘内部气压与大气压保持一致。

2. 硬盘的内部结构

在硬盘的内部结构中,磁头盘片组件是构成硬盘的核心,它封装在硬盘的净化腔体内,包括有浮动磁头组件、磁头驱动机构、盘片、主轴驱动装置及前置读写控制电路这几个部分,如图 2-11 所示。

(a) 磁盘的内部结构

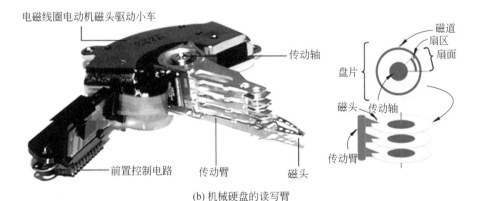

(b) 机械硬盘的读写臂

图 2-11　硬盘内部结构

（1）磁头组件。磁头组件是硬盘中最精密的部位之一,由读写磁头、传动臂、传动轴 3 部分组成。磁头是硬盘技术中最重要、最关键的一环,由集成工艺制成的多个磁头的组合。它采用了非接触式头、盘结构,加电后在高速旋转的磁盘表面移动,与盘片之间的间隙只有 $0.1 \sim 0.3 \mu m$,这样可以获得很好的数据传输率。现在转速为 7200 转每分钟(常记为 RPM[①])的硬盘盘片之间的间隙一般都低于 $0.3\mu m$,以利于读取信噪比较大的信号,提供数据传输率的可靠性。

硬盘是利用特定磁粒子的极性来记录数据的。磁头在读取数据时,将磁粒子的不同极性转换成不同的电脉冲信号,再利用数据转换器将这些原始信号变成计算机可以使用的数据,写的操作正好与此相反。

(2)磁头驱动机构。硬盘的寻道是用移动磁头,而移动磁头则需要该机构驱动才能实现。磁头驱动机构由电磁线圈电动机、磁头驱动小车、防振动装置构成,高精度的轻型磁头驱动机构能够对磁头进行正确的驱动和定位,并在很短的时间内精确定位系统指令指定的磁道。其中电磁线圈电动机包含着一块永久磁铁,这是磁头驱动机构对传动臂起作用的关键,磁铁的吸引力足以吸住并吊起拆硬盘使用的螺丝刀。防振动装置的作用是当硬盘受强烈振动时,对磁头及盘片起到一定的保护使用,避免磁头将盘片刮伤。

(3)盘片。盘片是硬盘存储数据的载体,现在硬盘盘片大多采用铝金属薄膜材料,这种金属薄膜有比较高的存储密度、高剩磁及高矫顽力等优点。机械硬盘中所有的盘片都装在同一个旋转轴上,每张盘片之间是平行的,在每个盘片的存储面上有一个磁头,磁头与盘片之间的距离比头发丝的直径还小,所有的磁头联接在一个磁头控制器上,由磁头控制器负责各个磁头的运动。

(4)主轴组件。主轴组件包括轴承和驱动电动机等。随着硬盘容量的扩大和存取速度的提高,主轴电动机的转速度也在不断提升,于是出现了采用液态轴承电动机技术,它有利于降低硬盘工作噪声。磁头可沿盘片的半径方向运动,加上盘片几千转每分钟的高速旋转,磁头就可以定位在盘片的指定位置上进行数据的读写操作。信息通过离磁性表面很近的磁头,由电磁流来改变极性方式被电磁流写到磁盘上,信息可以通过相反的方式读取。

(5)前置控制电路。前置电路控制磁头感应的信号、主轴电动机调速、磁头驱动和伺服定位等,由于磁头读取的信号微弱,将放大电路密封在腔体内可减少外来信号的干扰,提高操作指令的准确性。

硬盘的控制电路位于硬盘背面,如图 2-12 所示。

硬盘控制电路主要由主控制芯片、电动机驱动芯片、缓存芯片、数字信号处理芯片、硬盘 BIOS 芯片(一般集成在主控芯片中)、晶

图 2-12 硬盘的控制电路

振、电源控制芯片等组成,其中主控制芯片负责硬盘数据读写指令等工作,数字信号处理则是将硬盘磁头前置控制电路读取出数据经过校正及变换后,经过数据接口传输到主机系统,至于高速数据缓存芯片是为了协调硬盘与主机在数据处理速度上的差异而设的。缓存对磁盘性能所带来的作用是毋庸置疑的,在读取零碎文件数据时,大缓存能带来非常大的优势,这也是为什么在高端 SCSI 硬盘中早就有结合 16MB 甚至 32MB 缓存(或更高)的产品。

硬盘常见的一些性能指标如下。

(1)主轴转速。硬盘的主轴转速是决定硬盘内部数据传输率的决定因素之一,它在很大程度上决定了硬盘的速度,同时也是区别硬盘档次的重要标志。从目前的情况来看,7200RPM 的硬盘具有性价比高的优势,是国内市场上的主流产品,而 SCSI 硬盘的主轴转速已经达到 10000RPM 甚至 15000 RPM 了,但由于价格原因让普通用户难以接受。

---

① RPM(revolutions per minute,每分钟的转数)是一种衡量转速快慢的单位。

（2）寻道时间。该指标是指硬盘磁头移动到数据所在磁道而所用的时间,单位为毫秒(ms)。平均寻道时间则为磁头移动到正中间的磁道需要的时间,与平均访问时间有所不同。硬盘的平均寻道时间越小性能则越高,现在一般的平均寻道时间为10ms以下。

（3）单碟容量。单碟容量是衡量硬盘性能相当重要的参数之一,在一定程度上决定着硬盘的档次。硬盘是由多个存储碟片组合而成的,而单碟容量就是一个存储碟所能存储的最大数据量。硬盘厂商在增加硬盘容量时,可以通过两种方法:一种方法是增加存储碟片的数量,但受到硬盘整体体积和生产成本的限制,碟片数量都受到限制,一般都在5片以内;而另一种方法就是增加单碟容量。目前的IDE和SATA硬盘最多只有4张碟片,用增加碟片来扩充容量满足不断增长的存储容量的需求是不可行的。只有提高每张碟片的容量才能从根本上解决这个问题。现在的大容量硬盘都采用的是新型GMR巨阻型磁头,磁碟的记录密度大大提高,硬盘的单碟容量也相应提高了。目前主流硬盘的单碟容量大都在500GB以上,例如西部数据公司最新的WD系列硬盘的最高单碟容量可达4TB。单碟容量的一个重要意义在于提升硬盘的数据传输速度,而且也有利于生产成本的控制。硬盘单碟容量的提高得益于数据记录密度的提高,而记录密度同数据传输率是成正比的,并且新一代GMR磁头技术确保了这个增长不会因为磁头的灵敏度的限制而放慢速度。单碟容量越高,它的数据传输率也将会越高,其中WD系列硬盘就是一个明显的例证。

（4）潜伏期。该指标表示当磁头移动到数据所在的磁道后,等待所要的数据块转动到磁头下方(有时比半圈多些,有时比半圈少些)所需的时间,其单位为毫秒。平均潜伏期就是碟片转半圈的时间。

（5）硬盘表面温度。该指标表示硬盘工作时产生的温度使硬盘密封壳温度上升的情况。这项指标厂家并不提供,一般只能在各种媒体的测试数据中看到。硬盘工作时产生的温度过高将影响薄膜式磁头的数据读取灵敏度,因此硬盘工作表面温度较低的硬盘有更稳定的数据读、写性能。最高温度不能高于500℃。

（6）道至道时间。该指标表示磁头从一个磁道转移至另一磁道的时间,单位为毫秒。

（7）高速缓存。该指标指在硬盘内部的高速存储器。目前硬盘的高速缓存一般为2～8MB,SCSI硬盘的更大。最好选用缓存为8MB以上的硬盘。

（8）全程访问时间。该指标指磁头开始移动直到最后找到所需要的数据块所用的全部时间,单位为毫秒。而平均访问时间指磁头找到指定数据的平均时间,单位为毫秒。通常是平均寻道时间和平均潜伏时间之和。平均访问时间大部分都是用平均寻道时间所代替的。

（9）最大内部数据传输率。该指标名称又称为持续数据传输率(sustained transfer rate),单位为兆比特每秒(Mb/s)。它是指磁头至硬盘缓存间的最大数据传输率,一般取决于硬盘的盘片转速和盘片线密度(指同一磁道上的数据容量)。注意,在这项指标中常使用兆比特每秒(Mb/s)为单位。因为1B=8b,所以如果将以兆比特每秒为单位的数据转换为以兆字节每秒为单位的数据,就必须将前者除以8。例如,某硬盘的最大内部数据传输率为683Mb/s,经过单位转换后约为85.37MB/s。

（10）平均故障间隔时间(mean time between failures,MTBF)。该指标是指硬盘从开始运行到出现故障的最长时间,单位是小时(h)。一般硬盘的MTBF至少为3×10^5h。这项指标在常见的技术特性表中并不提供,需要时可到具体生产该款硬盘的公司网址中查询。

（11）外部数据传输率。该指标也称为突发数据传输率,它是指从硬盘缓冲区读取数据的速率,常以数据接口速率代替,单位为兆字节每秒(MB/s)。目前主流的硬盘已经全部采用SATA150接口技术,外部数据传输率可达150MB/s。

（12）S.M.A.R.T(self-monitoring analysis and reporting technology,自动监测分析及报告技术)。这项技术指标可使硬盘监测和分析自己的工作状态和性能,并将其显示出来。用户可以随时了解硬盘的运行状况,遇到紧急情况时,可以采取适当措施,确保硬盘中的数据不受损失。采用这种技术以后,硬盘的可靠性得到了很大的提高。

硬盘的存储容量和接口速率标准的发展真可谓"日新月异",不过其内部结构却没有发生根本性的变化,依旧是经典的温彻斯特结构。这样一来,在其他配件的运行速度高速发展的同时,硬盘日益成为整体性能的最大瓶颈。一般来讲,要提升硬盘的实际读写性能无非是从几个主要方面去改进:一是提升硬盘主轴的转速,二是增加硬盘的单碟容量,三是增加硬盘的读写缓存容量,最后就是提高硬盘的外部接口速率。提升硬盘主轴的转速无疑是改善硬盘读写性能最有效的方法。例如 WD 系列 1TB 硬盘与希捷酷鱼早期转速为 7200RPM、容量为 250GB 的 SATA 硬盘相比,在两者单碟容量相差不大的情况下,将硬盘主轴转速度从 7200RPM 提升到了 10000RPM,随机访问时间就从 13.8ms 缩短到 8.0ms,持续传输速度从 50MB/s 提升到了 77.5MB/s,性能提升非常明显。从开机启动进入 Windows 桌面、安装或者启动 Office 等大型应用软件、启动和载入游戏软件等日常的操作,就可以明显感觉到计算机的整体速度大大加快,整体性能明显提升,其使用效果有时甚至比更换上高性能 CPU 或者高档显卡还要好。所以,高转速的硬盘对于提升计算机整体性能很有帮助。提高硬盘的单碟容量虽然可以在一定程度上改善硬盘的持续传输速度,但是对处理突发传输任务时的读写性能帮助不大。此外,由单碟容量提升带来的磁道数目增加在一定程度上会影响硬盘的随机寻址速度,所以对硬盘的实际读写性能提升非常有限。增加硬盘读写缓存只是让硬盘在执行大文件的复制任务时读写传输曲线能够变得平滑,避免大起大落,从而使平均读写速度稍高一点,对于日常软件读写操作的实际性能提升不太明显。

2.2.3　液态硬盘

液态硬盘如图 2-13 所示。其技术核心是用油膜轴承,即以油膜代替滚珠进行润滑,此项技术过去一直被应用于精密机械工业。液态硬盘的优势和传统硬盘相比十分明显。第一是减噪、降温,避免了滚珠和轴承金属面的直接摩擦,也就把硬盘的噪声和发热量降到了最低。第二是减振,油膜可以有效减小振动,让硬盘的抗振能力提高。第三是减少磨损,随着磨损的减少,可提高硬盘的可靠性,延长使用寿命。

图 2-13　液态硬盘

液态硬盘实际上是属于机械硬盘,它的速度较慢,但容量很大,价格也比较便宜,适用于仓储,安装程序。

2.2.4　混合式硬盘

混合式硬盘(hybrid hard disk)是一种基于传统硬盘的新型硬盘,除了具有硬盘必备的碟片、电动机、磁头等机械零件,还内置了与非型闪存颗粒,可以达到与固态盘接近的读取性能,如图 2-14 所示。

美国的希捷公司是业界首家提供混合存储解决方案的厂商,其 Adaptive Memory 技术高效识别最常用的数据并将其存储在与非型闪存中。这种方法通过减少硬盘的读写次数提高性能,不同的是,混合式硬盘是将闪存模块直接整合进硬盘来提高性能。由于台式计算机的硬盘存储了很多数据,通常需要更长的寻道时间,而混合式硬盘是在与非型闪存中访问启动数据,从而减少了碟片的旋转,使硬盘耗电量降低,对于电池续航能力要求较高的笔记本计算机非常适合。

图 2-14　混合式硬盘

混合式硬盘集固态盘和传统硬盘的优势于一身,使开机时间、应用程序负载和系统的总体响应能力得到极大提高,且价格合理、性能强劲、性能接近固态盘。

由于一般混合式硬盘仅内置 8GB 的多级单元(multi level cell,MLC)闪存,因此成本不会大幅提高。由于混合式硬盘采用了传统硬盘的设计,避免了固态盘容量小的缺点。通常使用的闪存是与非型闪存。混合式硬盘是处于传统硬盘和固态盘之间的一种解决方案。

2.2.5　固态盘

固态盘(solid state disk,SSD),简称固盘,是用闪存芯片或其他非易失存储器件制成的硬盘,控制单元和存储单元是它的两个组成部分。它的使用方法、接口的规范和定义都与传统硬盘完全一致,在外形和尺寸上也与传统硬盘相似,而且在军事、车载、视频监控、工控、网络监控、医疗、航空导航设备等领域常常可以看到固态盘的身影,如图 2-15 所示。

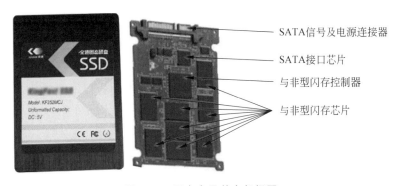

图 2-15　固态盘及其内部视图

1. 固态盘的分类

固态盘的存储介质分为两种,闪存(flash)芯片或动态随机(存取)存储器(dynamic random access memory,DRAM)。由于固态盘采用闪存作为存储介质,所以读取速度比传统硬盘快,又由于不用磁头,所以寻道时间几乎为 0。

(1)基于闪存的固态盘。通常所说的固态盘一般是指基于闪存的固态盘(IDE flash disk,serial ATA flash disk)。它采用闪存芯片作为存储介质,可以被制作成笔记本硬盘、微硬盘、存储卡、优盘等样式。这种固态盘最大的优点就是移动性好,数据保护不需要电源,能适应各种环境,深受个人用户欢迎。一般情况下,它的擦写次数约为 3000 次。例如,当存储容量为 64GB 时,在 SSD 的平衡写入机理下,可擦写的总数据量为 $3000 \times 64\text{GB} = 192000\text{GB} = 192\text{TB}$。如果每天写入的数据远低于 10GB,以 10GB 来算,可以不间断使用 52.5 年;当存储容量为 128GB 时,可以不间断使用 105 年。因而它像传统硬盘一样,理论上可以无限读写。

(2) 基于 DRAM 的固态盘。基于 DRAM 的固态盘采用 DRAM 作为存储介质,应用范围较窄。它仿效传统硬盘的设计,可被绝大部分操作系统的文件系统工具进行卷设置和管理,可通过工业标准的 PCI 和 FC 接口连接主机或者服务器,可以单独或磁盘阵列方式使用。它是一种高性能的存储器,而且使用寿命很长,美中不足的是需要独立电源来保护数据安全。目前,基于 DRAM 的固态盘仍是非主流的存储设备。

2. 固态盘的组成

固态盘是由存储单元、主控制器以及接口 3 部分组成。存储单元用于存储数据,主控制器用于记录数据存储位置和进行数据操作,接口用来与计算机进行数据交换。衡量固态盘性能高低主要通过 3 个元件:存储颗粒、主控芯片和缓存芯片。

固态盘的随机读写速度极快。例如,7200RPM 的传统硬盘的寻道时间一般为 12~14ms,而固态盘可以轻易达到 0.1ms 甚至更低。固态盘没有电动机和风扇等运动部件,工作时没有噪声,功耗也低于传统硬盘。与常规 1.8in 硬盘相比,固态盘质量小得多,仅为 20~30g。

固态盘的工作温度范围比较宽,消费级产品为 0~70℃,工业级产品为 -40~85℃。目前的传统硬盘均为磁碟型,数据都存储在磁碟扇区中,而使用闪存存储的固态盘,外观和传统硬盘有明显区别。目前,很多厂家都已经发布过多款固态盘,它是发展的大方向。

在提高存储设备读写性能的同时,也要保证系统的稳定性。固态盘的性能与产品设计的相关性很大。由于固态盘的垃圾回收机制不同,其性能也会随着写入量的增加而发生变化,因此固态盘在出厂以前一般都要经过许多专业的测试,以确保产品的正确性和读写稳定性。此外,还要确保性能测试的可再现性,即每次使用的测试标准都相同。

3. 固态盘的优点

与传统硬盘相比,固态盘具有以下突出优点。

(1) 数据存取速度快。固态盘的访问时间为 35~100ms,约为传统硬盘的 100 倍。由于固态盘没有磁头,读取方式是快速随机的读取,延迟非常小,对需要进行大量读写的环境能减少整个系统的响应时间,可以提升数据中心的吞吐率。曾有人做过实验,两台相同配置的计算机,使用固态盘开机仅需 18s,而使用传统硬盘需要 31s,几乎有一半的差距。

(2) 固态盘更加抗振耐摔,这是因为固态盘内没有活动着的机械部件,因此不会有相应的机械故障。即使在快速移动或者反转翻移的情况下都不会产生任何问题,这是电子硬盘所不能比拟的。

(3) 工作无噪声,发热小。

(4) 如果固态盘的数据不小心遭到损坏,以目前的数据修复技术要从损坏的芯片中恢复数据非常困难。这一点不如传统硬盘。

(5) 固态盘与传统硬盘的物理特性,相比起电子硬盘,固态盘的体积较小,质量也较方便随身携带。

(6) 固态盘数据不受磁性的影响。而传统硬盘驱动器依靠磁力将数据信息写入磁盘,所以可以使用强磁体从而可以擦除硬盘中的信息。

4. 固态盘的系统架构

固态盘的硬件包括主控制器、存储介质(闪存芯片、缓存芯片)、接口等。从软件来看,固态盘内部的固件负责从接口到存储介质的数据读写,以及一些可靠性管理调度算法。

(1) 主控制器。主控制器是固态盘的主要控制芯片,负责固态盘中各个部件的指挥、运算和协调,

FTL(flash translation layer,闪存转换层)算法的运行。主控制器的 CPU 和普通的嵌入式设备相似,缓存控制器负责控制 DRAM 和缓存等。闪存控制器负责把上位机指令转化为与非型闪存可以识别的指令,并完成 ECC(error correction code,差错控制编码)纠错和控制闪存的读写,CPU 要能够在并行处理时负载均衡。

(2) 存储介质。闪存具有非易失性,闪存芯片主要为或非型闪存(NOR flash)和与非型闪存(NAND flash)。或非型闪存的容量较小,为 1～16MB,通常用于代码存储介质。与非型闪存的单位成本更低、性能更高,可以像传统硬盘一样升级,主要应用于数据存储。因此,固态盘存储介质多为与非型闪存,已被广泛应用于移动设备、企业级服务器,以及各种高性能存储系统中。闪存的基本存储单元是一种双层浮栅 MOS 管,被捕获电子的数量就像一个静电屏蔽,最终会改变晶体管的阈值电压。通过仔细调节电子的数量,可以产生多个阈值电压并将其转换成数字域。根据存储位数,目前,与非型闪存可以分为 SLC(single level cell,单级单元)、MLC(multi level cell,多级单元)、TLC(triple level cell,三级单元)和 QLC(quadruple level cell,四级单元)4 种,其存储单元如图 2-16 所示。

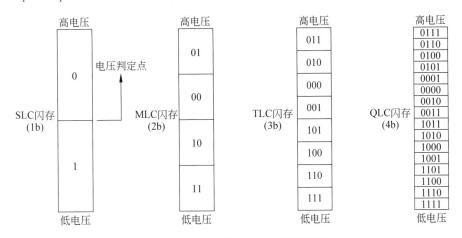

图 2-16 SLC、MLC、TLC、QLC 闪存存储单元

图 2-16 中,SLC、MLC、TLC、QLC 颗粒是按单位存储电荷区分的,一个单元(cell)存储一位电荷数据就是 SLC 颗粒、两位就是 MLC,以此类推,4 位电荷数据就是 QLC。

5. 闪存转换层

对固态盘的研究主要是根据与非型闪存的特性进行缓冲区和 FTL(flash translation layer,闪存转换层)的研究。由于闪存芯片具有特性"写前擦除"(在写入之前必须先擦除物理块)、以块为单位进行擦除、以页为单位进行读写等特性,擦除开销大于写开销,写开销大于读开销。而物理块的擦除次数有限制,一个物理块擦除超过一定次数后,其可靠性会下降。因此,对缓冲区管理和闪存转换层的研究主要围绕着如何利用有限的硬件资源提高固态盘的性能、可靠性、稳定性以及使用寿命等方面。FTL 位于文件系统与物理芯片之间,可将对闪存的操作虚拟成对传统硬盘 512B 扇区的操作。通过转换,可使上层系统像操作传统硬盘一样操作固态盘。通常情况下,闪存转换层主要由地址映射(address mapping)、磨损均衡(wear leveling)、差错校验(error checking and correction,ECC)、坏块管理(bad block management)、垃圾回收(garbage collection)等模块组成。

FTL 算法是固态盘固件的核心部分,直接决定了固态盘的可靠性和耐用性。此外,主机逻辑地址到闪存物理地址空间的翻译也由其完成。

6. 差错校验

擦写磨损、读取干扰、编程干扰等原因可造成闪存的比特反转。当擦除次数增加时,会因内存中的氧化物层遭到破坏而使捕获电子的能力越来越弱,出错概率增大。因此,出现了差错检验技术,纠错码也从最初的海明码逐渐变为广泛应用的 BCH 码(Bose-Chaudhuri-Hocquenghem code)。随着闪存技术向高 3D 堆叠和 QLC 技术的发展,低密度奇偶校验(low-density parity-check,LDPC)码引起了广泛的关注,因为它更接近香农极限。

由于与非型闪存具有不支持"原地更新"且擦除次数有限等特点,所以长期使用后作为缓存使用的固态盘性能会明显下降。

2.2.6 闪盘

闪盘是一种不需要物理驱动器的微型高容量移动存储产品,它采用的存储介质为闪存。闪盘的接口有 USB、IEEE 1394、E-SATA 等,采用 USB 接口的闪盘简称优盘。闪盘不需要额外的驱动器,将驱动器及存储介质合二为一,只要连接计算机的 USB、IEEE 1394、E-SATA 等接口,就可独立地存储读写数据。闪盘仅有拇指般大小,质量约 20g,特别适合随身携带,如图 2-17 所示。

图 2-17　闪盘

USB(universal serial bus,通用串行总线)诞生于 1995 年,标准由 USB 标准协会 USB-IF(USB implementers forum,USB 实施者论坛)制定。USB 经历了第一代的 USB 1.0 低速(low speed,1.5Mb/s)、USB1.1 全速(full speed,12Mb/s)、逐步 USB 2.0 高速(high speed,480Mb/s)标准。随着大容量移动硬盘、高清视频、大型软件等大数据文件的盛行,对数据的传输速率要求越来越高,USB 2.0 已经较难满足大数据传输速率的要求,于是 USB-IF 在 2008 年发布了 USB 3.0 超高速(super speed,5.0Gb/s)标准。这些标准可以向下兼容 USB 1.1。

从外观上来看,USB 2.0 接口通常是白色或黑色,而 USB 3.0 则为蓝色接口,传输电缆最长可达3m。从 USB 接口的引脚上看,USB 2.0 采用 4 引脚,而 USB 3.0 则采取 9 引脚,相比而言 USB 3.0 功能更强大。

与 USB 2.0 相比,USB 3.0 的性能在多方面都有大幅提升,USB 2.0 接口与 USB 3.0 接口对比如表 2-2 所示。目前最新的是 USB 4.0 协议,可直连 CPU 的 PCIe 总线,最大速度可达 40Gb/s,使用Type-C 接口,兼容 DP 视频协议、PD 快充协议等,最高支持 100W 供电。

表 2-2　USB 2.0 接口与 USB 3.0 接口对比

对 比 指 标	USB 2.0 接口	USB 3.0 接口
传输速率	低速：1.5Mb/s 全速：12Mb/s 高速：480Mb/s	低速：1.5Mb/s 全速：12Mb/s 高速：480Mb/s 超高速：5Gb/s

续表

对 比 指 标	USB 2.0 接口	USB 3.0 接口
数据接口	半双工接口,2 线差分信号,数据流单向传输	全双工接口,4 线差分信号与 USB 2.0 信号分离,数据流可双向并发传输
电缆信号线数量	两条信号线,全部用于低速、全速、高速	6 条信号线。其中,4 条超高速线,2 条非超高速线
总线特点	每次通信都是由主机发起,从机(也称为设备)不能主动发起通信,只能被动的应答主机的请求	主机也可以和集线器通信,支持主从切换,同一台设备,在不同场合下,可以在主机和从机之间切换
电源管理	支持激活和挂起两种电源管理模式	除支持激活和挂起两种电源管理模式外,还支持空闲和睡眠两种电源管理模式
总线供电	最高 5V/500mA	最高 5V/900mA
端口状态	可硬件检测连接事件状态,系统软件使用端口命令可使端口进入使能状态	可硬件检测连接事件状态,并将其带入操作状态,为超高速数据传输做准备
数据传输类型	控制、批量、中断和同步	包括超高速的 USB 2.0 传输类型,同时批量传输时具有数据流传输能力

固态盘是采用很多闪存芯片和 DRAM 芯片组成,而闪盘也是使用闪存芯片。其区别主要如下。

(1) 速度。闪盘的读写速度比固态盘快很多。

(2) 体积。固态盘的体积比闪盘大。

(3) 性能。闪盘的稳定性比固态盘高很多,固态盘的技术不如闪盘成熟,所以性能会随存储量的增多而下降。与闪盘相比,固态盘的抗振能力好得多。

(4) 容量。闪盘的容量一般比固态盘大。

(5) 价格。固态盘的价格比闪盘贵很多。

2.2.7　光纤硬盘

光纤硬盘是指采用 FC-AL(fiber channel arbitrated loop,光纤通道仲裁环)接口模式的磁盘,由于通过光学物理通道进行工作而命名,现在也支持铜线物理通道,如图 2-18 所示。FC-AL 使光纤通道直接作为硬盘连接接口,为高吞吐量性能密集型系统的设计者开辟了一条提高 I/O 性能水平的途径,它的出现大大提高了多硬盘系统的通信速度。目前高端存储产品使用的都是 FC 接口的硬盘。

作为串行接口,FC-AL 的峰值速率可达 2Gb/s 甚至 4Gb/s。通过光学连接设备,最大传输距离可以达到 10km。通过 FC-loop,可以连接 127 台设备,也就是为什么基于 FC 硬盘的存储设备通常可以同时连接几百甚至千块硬盘提供大容量存储空间。

图 2-18　光纤硬盘

光纤硬盘以其优越的性能、稳定的传输在企业存储高端应用中担当重要角色。最早普及使用的光纤接口带宽为 1Gb/s,随后出现了 2Gb/s 的带宽光纤产品。现在的带宽标准是 4Gb/s 标准,目前普遍厂商都已经采用 4Gb/s 的相关产品。8Gb/s 的光纤产品也将在不久的将来取代 4Gb/s 的光纤成为市场主流。

4Gb/s 标准是以 2Gb/s 标准为基础延伸的传输协议,可以向下兼容 1Gb/s 和 2Gb/s 标准,所使用的光纤线材、连接端口也都相同,这意味着使用者在导入 4Gb/s 的设备时,不需要为了兼容性问题更换旧有的设备,不但可以保护既有资产,也可以采取渐进式升级的方式,逐步淘汰已有的 2Gb/s 设备。

在使用光纤连接时,光纤硬盘具有热插拔性、高速带宽(4Gb/s)、远程连接等特点。在搭建较大规模的存储网络系统时,光纤硬盘是最好的选择。但是,由于售价较高,所以光纤硬盘通常用于由高端服务器搭建的集中存储系统。

因为使用了更高密度的磁盘,提高了转速,所以光纤硬盘内部的数据传输率速比传统硬盘高得多。此外,由于接口速度高,可使瞬间数据传输率很高,这对服务器很有必要。

光纤硬盘的可持续性数据传输率高达 171MB/s;由于使用了垂直记录技术,磁通密度可高达 225GB/in²;此外,光纤硬盘还提供了高达 4Gb/s 的 FC 接口。

光纤硬盘是为提高多硬盘存储系统的速度和灵活性而开发,它的出现大大提高了多硬盘系统的通信速度,支持 FC 接口的高端工作站、服务器,支持 FC 接口的磁盘阵列系统,多用于集中存储系统。

2.3 磁盘阵列

独立磁盘冗余阵列(redundant arrays of independent disks,RAID)简称磁盘阵列,是由很多价格较便宜的磁盘组成的一个容量巨大的磁盘组,它利用个别磁盘提供数据所产生加成效果提升整个磁盘系统效能。利用这项技术,将数据切割成许多区段,分别存放在各个硬盘上,如图 2-19(a)所示。

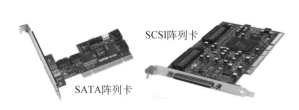

(a) 由48块硬盘组成的磁盘阵列   (b) 不同接口的磁盘阵列卡

图 2-19　硬盘阵列与阵列卡

磁盘阵列还能通过奇偶校验在硬盘发生故障时读出数据,并在数据置入新硬盘时进行修复。

磁盘阵列分为外接式的磁盘柜、内接式的磁盘阵列卡以及软件仿真 3 种。

(1) 外接式的磁盘柜常被用在大型服务器上,可进行热插拔电源,产品价格较贵。

(2) 内接式的磁盘阵列卡简称阵列卡,如图 2-19(b)所示,价格便宜,但是需要较高的安装技术,适合技术人员操作。通过磁盘阵列卡搭建的磁盘阵列,能够提供在线扩容、动态修改阵列级别、自动数据恢复、驱动器漫游、超高速缓冲等功能。它能提供性能、数据保护、可靠性、可用性和可管理性的解决方案。阵列卡由专用的处理单元来进行操作。

(3) 利用软件仿真的方式,是指通过网络操作系统自身提供的磁盘管理功能将连接的普通 SCSI 卡上的多块硬盘配置成逻辑磁盘,组成磁盘阵列。软件仿真的磁盘阵列可以提供数据冗余功能,但是磁盘子系统的性能会有所降低,有的降低幅度还比较大,甚至高达 30%,因此会拖累计算机的运算速度,从而不适合大数据流量的服务器。

磁盘阵列是由若干硬盘驱动器按照一定要求组成的一个整体,并由主控制器进行管理。通过使用磁盘阵列,可提高存储容量;多台硬盘驱动器可并行工作,可提高数据传输率;通过校验和冗余算法,可提高数据的安全性。

作为高性能、高可靠的存储技术,独立磁盘冗余阵列在今天已经得到了广泛的应用,它将一个个单独的磁盘以不同的组合方式形成一个逻辑磁盘,减少了错误、提高了存储系统的性能与可靠性。

如图 2-20 所示,RAID 技术突破了单盘容量的限制。关于 RAID 技术详见第 3 章。

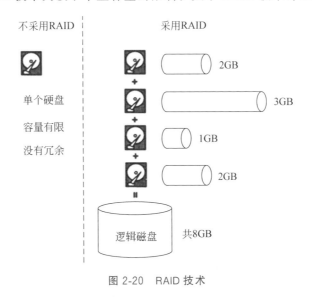

图 2-20 RAID 技术

2.4 磁带

盘式磁带是由飞利浦公司于 1963 年发明的,并于 20 世纪 70 年代开始流行。一些计算机使用它来存储常规数据,功能类似硬盘。一盘 90min 的录音磁带,每一面可以存储 0.7～1MB 的数据,如图 2-21 所示。

磁带库是像自动加载磁带机一样的基于磁带的备份系统,磁带库由机械手臂和多个驱动器和槽组成,并可由机械手臂自动实现磁带的装填与退出。多个驱动器可以并行工作,也可以分别指向不同的服务器进行备份,存储容量达到皮字节(PB,$1PB=1\times10^6GB$)。

磁带库可实现连续备份、自动搜索磁带等功能,可在管理软件的支持下实现智能恢复、实时监控和统计,是集中式网络数据备份的主要设备,如图 2-22 所示。

图 2-21 录音磁带

图 2-22 磁带和磁带库

在网络系统中,磁带库通过 SAN(storage area network,存储区域网)可形成网络存储系统。

2.5 光碟

小型光碟(compact disc,CD)又称 CD 光碟,是一种完全不同于磁性载体的光学存储介质(例如,磁光碟和普通的音乐光碟),它用聚焦的氢离子激光束处理记录介质的方法存储和再生信息。

光碟中存储的是数据的光学信息,分为 CD-ROM、DVD-ROM 等只读的光碟 CD-RW、DVD-RAM 等可擦写的光碟,如图 2-23 所示。

光碟是利用激光进行读写的一种辅助存储器,可以存放各种文字、声音、图形、图像和动画等多媒体数字信息。它的诞生结束了以录像带为代表的音像时代。

光碟按使用功能不同可分为 LD、CD、DVD 和 HVD 等。

(1) LD(laser disc,激光视盘):1958 年发明,直径为 12in,只能读出,不能写入。

(2) CD(即 audio CD,音乐光盘):1979 年发明,直径为 5in,最大容量为 700MB,支持读写。

(3) DVD(digital video disc,数字通用光碟):1995 年发明,直径为 5in,最大容量为 8.5GB,支持读写。

(4) HVD(high-definition versatile disc,高清通用光盘):代表了中国高清数字视频的未来,直径为 5in,最大容量为 3.9TB。

如图 2-24 所示,光碟库是一种带有自动换盘机构(机械手)的光碟网络共享设备,一般由放置光碟的光碟架、自动换盘机构(机械手)和驱动器 3 部分组成。

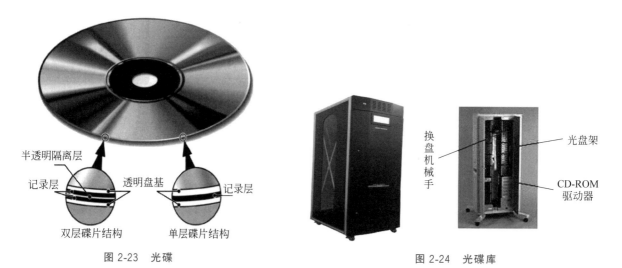

图 2-23　光碟　　　　　　　　　　　　　　　　　图 2-24　光碟库

近年来,由于单张光碟的存储容量大大增加,光碟库与常见的磁盘阵列、磁带库等存储设备相比,价格和性能优势越来越明显。作为存储设备,光碟库已在各个领域开始使用,例如银行的票据影像存储、保险机构的资料存储,以及其他所有的大容量近线存储(near-line storage)的场合。

任何事物都是矛盾的统一体,矛盾是事物发展、变化的根本动力,存储介质也不例外。存储介质的成本、容量和输入输出速率之间的关系既矛盾又统一。追求存储介质的低成本、大容量、高速度是人们的目标。信息社会每天都会产生天量数据,对存储容量存在巨大的需求,而大容量带来的是运维成本的提高,对数据输入输出速率的要求越来越大。

目前,人们仍在努力进行通用存储器的创新,SRAM、DRAM 和闪存必然会被替代。虽然下一代存储技术可能仍然不够完美,但是它们可以结合存储器的传统优势,满足人们日益增长的存储需求。

2.6　存储设备的接口

硬盘接口是硬盘与主机系统之间的连接部件,是硬盘缓存和主机内存之间传输数据的通道。硬盘接口不同,硬盘与计算机之间的连接速度也不相同。在整个系统中,硬盘接口的优劣直接影响程序运行的快慢和系统性能的好坏。从整体上看,硬盘接口分为 IDE、SATA、SCSI 和光纤通道 4 种,IDE 接口的硬盘多用于家庭,以及部分服务器,SCSI 接口的硬盘主要应用于服务器,由于光纤通道接口的硬盘价格昂贵,所以只用在高端服务器上。SATA 接口的硬盘已相当普及,有着广泛的前景。IDE 和 SCSI 接口又可以细分出多种具体的接口类型,且各自拥有不同的技术规范,具备不同的传输速度,例如 ATA100 和 SATA,Ultra160 SCSI 和 Ultra320 SCSI 都代表着一种具体的硬盘接口,各自的速度差异也较大。

2.6.1　集成驱动电接口

集成驱动电接口(integrated drive electronics interface,IDE 接口)的本意是把"硬盘控制器"与"盘体"集成在一起的硬盘驱动器,如图 2-25 所示。盘体与控制器集成在一起后,减少了硬盘接口的电缆数目与长度,数据传输的可靠性得到了增强,硬盘制造会变得更容易,因为硬盘生产厂商也不需要担心自己的硬盘是否与其他厂商的控制器兼容。对用户而言,硬盘安装起来更为方便。IDE 接口技术从诞生至今一直在不断发展,在性能不断提高的同时,价格也在不断降低,兼容性更是其他类型的硬盘无法相比的。

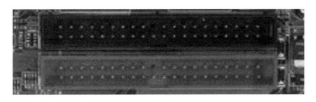

图 2-25　IDE 接口

IDE 接口主要用于与硬盘和光驱相连,采用的是 16 位并行数据传送方式。一个 IDE 接口只能接两个外部设备,因此在实际的应用中习惯用 IDE 来称呼最早出现 IDE 类型硬盘 ATA-1,这种类型的接口随着接口技术的发展已经被淘汰,其后发展出的更多类型的硬盘接口,例如 ATA、Ultra ATA、DMA、Ultra DMA 等接口都属于 IDE 硬盘。

IDE 接口优点是价格低廉、兼容性强、性价比高,缺点是数据传输速率低、线缆的最大长度过短、连接设备数量少。

2.6.2　小型计算机系统接口

小型计算机系统接口(small computer system interface,SCSI)又称 SCSI 接口,是一种与 IDE (ATA)完全不同的接口,IDE 接口是普通 PC 的标准接口,而 SCSI 并不是为硬盘专门设计的接口,而是一种广泛应用于小型计算机上的高速数据传输技术。SCSI 接口具有应用范围广、多任务、带宽大、CPU占用率低、可热插拔等优点,但较高的价格使得它很难像 IDE 接口那样普及,因此 SCSI 接口的硬盘主要应用于中端服务器、高端服务器、小型计算机和高档工作站。

SCSI 接口目前常用有 68 引脚和 80 引脚两种接口规格。二者的区别在于 68 引脚的 SCSI 接口需要单独电源接口,不支持热插拔,只能用于机箱内部;80 引脚的 SCSI 接口不需要电源接口,支持热插拔,可用于高端服务器和存储设备,一般情况下,磁盘阵列所用均为80引脚带热插拔的 SCSI 接口,如图 2-26 所示。

图 2-26　SCSI 接口

SCSI 接口是用于计算机和智能设备进行通信的系统级接口,具备与硬盘、软驱、光驱、打印机、扫描仪等多种类型外设的通信能力。SCSI 通过 ASPI 使驱动器和计算机内部安装的 SCSI 适配器通信。

2.6.3　串行先进技术总线附属接口

串行先进技术总线附属接口(serial advanced technology attachment interface,SATA)又称串行 ATA 接口或 SATA 接口,使用 SATA 接口的硬盘又称为串口硬盘。SATA 接口是一种计算机总线标准,主要用于主板和硬盘及光驱等大量存储设备之间的数据传输,是 PC 硬盘接口标准的发展趋势。SATA 接口采用串行连接方式,总线使用嵌入式时钟信号,具备了更强的纠错能力,能对传输的指令进行检查,如果发现错误,会自动矫正,在很大程度上提高了数据传输的可靠性。此外,SATA 接口还具有结构简单、支持热插拔的优点。

SATA 接口完全不同于并行 ATA 接口,在进行数据传输时具有非常多的优点。在 SATA 接口以连续串行的方式传送数据时,一次只会传送 1 位,这样可以减少 SATA 接口的引脚数,使连接电缆数变少,效率得到提高。实际上,SATA 接口仅用 4 个引脚就能完成所有的工作,分别用于连接电缆、连接地线、发送数据和接收数据;同时,这样的架构还能降低系统能耗、减小系统复杂性。

另外,SATA 接口的技术起点更高、发展潜力更大,SATA 1.0 定义的数据传输率可达 150MB/s,这比目前最新的并行 ATA 接口(即 ATA/133)所能达到 133MB/s 的最高数据传输率还高,而在 SATA 2.0 的数据传输率将达到 300MB/s,最终 SATA 将实现 600MB/s 的最高数据传输率。硬盘电源 SATA 接口线及物理接口如图 2-27(a)所示。

SATA 接口使用嵌入式时钟信号,具备更强的纠错能力,如果发现错误会自动矫正,这在很大程度上提高了数据传输的可靠性。

NVM Express(NVMe)又称非易失性内存主机控制器接口规范(non-volatile memory host controller interface specification,NVMHCIS),是一个逻辑设备接口规范。近几年,许多存储设备生产厂家都推出了基于 NVMe 协议的固态盘产品,此处的 express,指的是通道或是规范(类似于 PCIe 中的 e)。PCIe 实际上是通道协议,属于总线协议,能够直接连接 CPU,因而几乎没有延迟,在物理表现上就是主板上的 PCIe 接口。在固态盘领域,M.2 接口是一个与 SATA 接口对应的名词术语。根据主控制器执行的协议不同,M.2 接口的固态盘可又细分为支持 NVMe 协议和支持 AHCI 协议的固态盘。支持 NVMe 协议的固态盘传输速率可达 2TB/s 以上,而支持 STAT 协议的固态盘传输速率仅约为 500MB/s。采用 NVMe 协议的固态盘及主板上的 M.2 接口如图 2-27(b)和图 2-27(c)所示。

(a) 硬盘的电源及SATA接口

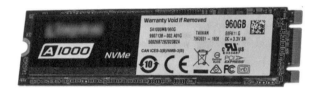

(b) NVMe协议的固态盘

(c) 主板的M.2接口

图 2-27　SATA 接口与 M.2 接口

2.6.4　串行小型计算机系统接口

串行小型计算机系统接口(serial attached small computer system interface,SAS)又称串行 SCSI 接口(serial attached SCSI),它由并行 SCSI 接口演化而来,是由 ANSI INCITS T10 技术委员会开发并维护的一种为硬盘、光驱等周边设备的数据传输而设计的新型接口标准。

与并行方式相比,串行 SCSI 接口的传输速度更快速,配置更简易。此外,串行 SCSI 接口可与支持 SATA 接口的设备兼容,且两者可以使用相类似的电缆,其外观如图 2-28 所示。

2.6.5　光纤通道接口

光纤通道(fiber channel,FC)技术最早应用于存储区域网(SAN)。FC 接口是光纤对接的一种接口标准形式,其他的常见类型为 ST、SC、LC、MTRJ 等。

图 2-28　SAS 接口

FC 开发于 1988 年,最早是用来提高硬盘传输带宽的协议,侧重于数据的快速、高效、可靠传输。到 20 世纪 90 年代末,FC-SAN 开始得到大规模的广泛应用。

和 SCIS 接口一样,光纤通道技术也不是为硬盘,而是为网络系统设计的,但是随着存储系统对存储速度要求的增加,才逐渐应用到硬盘技术领域。光纤通道硬盘是为提高多硬盘存储系统的速度和灵活性而开发,它的出现大大提高了多硬盘系统的通信速度。光纤通道的主要特性有支持热插拔、带宽大、可远程连接、可连接的设备数量大等。

FC 接口的硬盘定位于高端存储系统,可靠性和性能高。FC 硬盘采用 40 引脚的插头,如图 2-29 所示。

光纤通道接口位于硬盘 PCB 板,用于为硬盘提供电源和控制硬盘数据的输入输出。使用 FC 接口的硬盘采用电缆而不是光纤连接。FC 接口的硬盘性能非常高,吞吐量是各类硬盘中最高的,常用于高端存储领域,可满足可靠性要求高、需长时间频繁访问的应用需求;它支持冗余双端口,最多支持 127 台设备;它支持各种增强型功能,适应多硬盘应用环境。

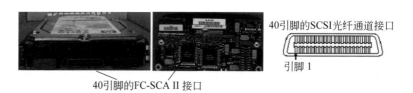

图 2-29 FC 硬盘及其接口

各种硬盘接口的比较如表 2-3 所示。

表 2-3 各种硬盘接口的比较

接口类型	IDE	SATA	SCSI	SAS	FC
传输方式	并行	串行	并行	串行	串行
主流接口速率	100MB/s、133MB/s	300MB/s、600MB/s	320MB/s	3GB/s、6GB/s	2GB/s、4GB/s、8GB/s
转速/RPM	7200	5900/7200	15000	15000	10000/15000
寻址能力	2	1	16	128	1600 万
连接器	40 引脚	7 引脚	68 引脚、80 引脚	14 引脚	铜轴电缆和光导纤维
是否双通道	否	否	是	是	是
拓扑结构	总线	点对点	总线	用扩展器实现的点对点	环路、光纤
工作方式	半双工	半双工	半双工	全双工	全双工
最大设备数	2	1 或 15（带端口倍增器）	16	16256	127 个光纤集线器 1600 万个光纤通道交换机
线缆长度	0.4m	1m	12m	6m	30m（铜轴电缆）、10km（光纤）
热插拔	不支持	支持	支持	支持	支持
应用	普通 PC	低端工作站	中高端工作站	中高端工作站	高端工作站

2.7 常用存储介质的性能测试工具

在计算机中普遍使用的硬盘存储着很多重要的数据，是重要的硬件之一。硬盘类型众多，使用之前可对硬盘进行性能检测。下面介绍几款测试工具。

1. CrystalDiskMark

CrystalDiskMark 是一个测试硬盘或者存储设备的小工具，可以测试存储设备大小及读写速度，如图 2-30 所示。

在 CrystalDiskMark 中，可以选择测试次数，测试文件大小和测试对象。单击 All 按钮，可以进行一次性检测所有项目；或选择 SEQ、512K 和 4K 选项进行测试。通过该工具，还可以测试优盘的读写速度。显示内容选择提供 MB/s、GB/s、IOPS 或 us(延迟)4 个显示选项。

使用参数及意义如下。

（1）SEQ：连续做硬盘的读写检测(1024K 位元组)。

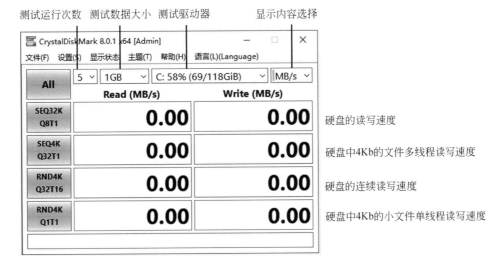

图 2-30　CrystalDiskMark 的界面

（2）512K：随机进行读写硬盘检测（512K 位元组）。

（3）4K：随机做读、写硬盘检测（4K 位元组）。

如果需要保留检测资料，选中"文件"｜"复制"，就可以将检测的数据复制到文档中。选中"文件"｜"退出"，结束硬盘读写速度的检测。

2. Hard Disk Sentinel PRO

Hard Disk Sentinel PRO 是 Hard Disk Sentinel（硬盘哨兵）的专业版，是一个 SSD 和 HDD 监测和分析工具，可在多种操作系统上运行，能够查找、测试、诊断和修复硬盘驱动器问题，报告和显运行状况，发现性能下降情况和故障。图 2-31 是 Hard Disk Sentinel PRO 的主界面。

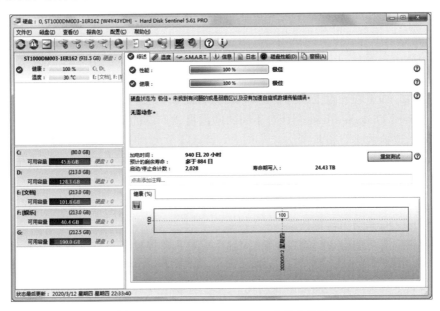

图 2-31　Hard Disk Sentinel PRO 的主界面

Hard Disk Sentinel PRO 具有下列特点。

(1) 易于使用的界面。所有信息都显示在应用程序的主窗口中。能通过导航访问所有硬盘、分区等信息。提供直观的用户界面,通过使用绿色、黄色、红色等不同颜色显示信息,以指示问题的不同级别。

(2) 硬盘管理。控制高级电源管理级别并调整硬盘的自由落体控制灵敏度能够可靠地检测到“自由落体”坠落,并能确保磁盘的磁头在撞击前停止工作,以最大限度地提高硬盘性能和数据安全性。

(3) 备用。提供多种自动备份方法,通过 FTP(甚至通过电子邮件)传输文件,将数据备份到本地计算机、LAN 服务器或远程服务器。可以使用第三方工具创建存档或刻录 CD、DVD 媒体。可以管理网络中远程计算机的电源状态,因此可以自动打开和关闭远程计算机,例如备份服务器。

(4) 面向开发人员的 API 接口。使用 API,可以从软件中查询检测到的硬盘信息。这样第三方软件就可以记录、显示或以其他方式处理检测到的硬盘驱动器信息,包括其温度、健康状况等。

(5) 远程监控。提供广泛的远程监控功能。可以通过 Web 浏览器远程检查硬盘状态,甚至可以通过移动电话或 PDA 进行检查。

(6) Instant S.M.A.R.T.分析。硬盘 Sentinel 可与所有串行 ATA、NVMe、SCSI、SAS 和大多数 USB 硬盘驱动器、SSD 和混合驱动器(SSHD)通信,以检测其状态和温度。启动应用程序时会立即显示硬盘状态,无须长时间分析硬盘。它显示硬盘的当前和最高温度。它读取所有常规和特定供应商的属性并监视其值。对于高级用户,还会显示所有原始数据,包括开机时间和读写错误数。硬盘 Sentinel 解释了与 S.M.A.R.T 相关的性能。并显示性能和运行状况百分比、总功率开启时间和估计的剩余寿命。

(7) 硬盘硬件和软件测试。通过使用 Hard Disk Sentinel,可以启动硬件硬盘自检。这些测试可用于有效地查找所有硬盘问题,因为内置硬件方法用于验证硬盘组件(例如磁头、伺服、短自检中的内部缓冲区)。扩展自检还可以验证整个硬盘表面,查找并修复所有薄弱区域并重新分配可能的坏扇区。

(8) 噪声测试。进行硬盘噪声、性能和温度测试。较长的测试可用作对硬盘进行非常深度和密集的压力测试,并验证是否需要采取额外的散热措施。

(9) 增强的硬盘测试。使用密集的硬盘测试方法验证硬盘表面,以显示和修复硬盘问题。表面重新初始化会将所有扇区重置为出厂默认状态。可以使用不同的破坏性和非破坏性测试来重新刷新任何硬盘驱动器,固态盘甚至是存储卡的状况。

(10) 记录。硬盘 Sentinel 记录所有 S.M.A.R.T.参数中的所有降级,并在这种情况下发出警报以最大化数据保护。例如,如果在硬盘上找到新的坏扇区,将能收到通告。

(11) 警报。Hard Disk Sentinel 会针对不同的问题提供广泛的警报。它可以通过电子邮件或短信将警告发送到手机,或播放声音警报等。

提供在硬盘故障,硬盘过热或健康降级时关闭计算机的选项。此选项可以与警报组合使用,以防止进一步的数据丢失。

(12) 硬盘详细信息。检测并显示有关硬盘的所有信息,从修订号和缓冲区大小到它具有的所有功能,并显示最大可用空间和当前传输模式。

通常,硬盘健康状况可能会逐日缓慢下降。S.M.A.R.T.监控技术可以通过检查磁盘驱动器的临界值来预测硬盘故障。与其他软件相比,Hard Disk Sentinel 可以检测并报告每个磁盘问题。它对磁盘故障更加敏感,可以显示有关硬盘预期寿命和发现的问题(如果有)的更好和更详细的信息。与“传统”方法相比,这是一种更复杂的预测故障方法:检查 S.M.A.R.T. 仅属性阈值和值。

该软件显示当前的硬盘温度并记录最高和平均硬盘温度。这可用于检查高硬盘负载下的最高温度。

其他类似工具可参考如鲁大师、驱动精灵等。

3. PCMark

PCMark 是一款基准测试软件,可定量分析整机的性能(包括固态盘和传统硬盘)。

PCMark 的测试数据量非常大,测试结果具有重要的参考价值。PCMark 的版本 8 和 10(简记为 8/10) 提供了 5 个测试功能模块,分别为家用(home)测试、创作(creative)测试、工作(work)测试、存储(storage)测试和应用(applications)测试,可根据实际需要选择合适的模式进行测试。与上一代产品相比,PCMark 8/10 有几个明显的变化:首先是存储测试被独立出来,测试项目也针对固态盘和传统硬盘的特性进行了优化,固态盘的优势会得到充分体现。在早期的 PCMark 版本中,存储测试默认设置是不会运行的,在 PCMark 8/10 中,它被提升到与 3 种应用场景平行的地位。该测试会对目标分区进行读写操作,模拟用户在日常使用中玩游戏、看图片、进行文档载入和保存等场景。存储测试分为 10 个项目,其中包括《魔兽世界》《战地 3》游戏的载入、Photoshop 的图片载入和保存,以及 Office 套件的使用等。这些项目都是在后台运行的,用户只能等待测试结果。

PCMark 10 的界面如图 2-32 所示。

图 2-32　PCMark 10 的界面

4. HD Tune Pro 硬盘检测工具

HD Tune 硬盘检测工具是小巧易用的硬盘工具软件,其主要功能有硬盘传输速率检测,健康状态检测,温度检测及磁盘表面扫描等。另外,还能检测出硬盘的固件版本、序列号、容量、缓存大小以及当前的 Ultra DMA 模式等。

HD Tune Pro 是 HD Tune 的收费版本,提供了 AAM 控制、磁盘擦写、文件基准测试等更加全面的硬盘检测功能,为用户提供了更加全面的硬盘信息,如图 2-33 所示。

在 HD Tune Pro 的"基准检查"选项卡中,单击"开始"按钮,可以马上执行检测操作,HD Tune Pro 将花费一段时间检测硬盘的传输、存取时间、CPU 占用率,以便直观地判断硬盘的性能。如果在系统中安装了多个硬盘,可以通过主界面上方的下拉菜单进行切换,包括移动硬盘在内的各种硬盘都能够被 HD Tune Pro 支持。可以通过 HD Tune Pro 的检测了解硬盘的实际性能与标称值是否吻合,了解各种移动硬盘设备在实际使用上能够达到的最高速度。

如果希望进一步了解硬盘的信息,可以单击切换到"信息"选项卡,软件将提供系统中各硬盘支持的功能与技术标准等详细信息。例如,可以通过该选项卡了解硬盘是否能够支持更高的技术标准,从多方

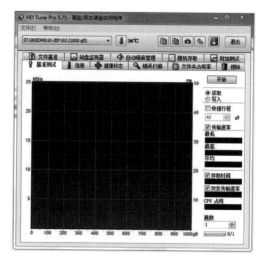

图 2-33　HD Tune Pro 的主界面

面评估如何提高硬盘的性能。此外,单击切换到"健康状态"选项卡,可以查阅硬盘内部存储的运作记录,评估硬盘的状态是否正常。如果怀疑硬盘有可能存在不安全因素,还可以切换到"错误扫描"选项卡,检查一下硬盘上是否开始有存取问题。

习题 2

一、选择题

1. 常用的存储设备介质包括(　　　)。

    A. 硬盘　　　　　　　　B. 磁带　　　　　　　　C. 光碟　　　　　　　　D. 软盘

2. 常用的存储设备包括(　　　)。

    A. 磁盘阵列　　　　　　B. 磁带机　　　　　　　C. 磁带库　　　　　　　D. 虚拟磁带库

3. 以下指标,(　　　)可以衡量硬盘的可靠性。

    A. NCQ　　　　　　　　B. TCQ　　　　　　　　C. 平均无故障时间　　　D. 平均访问时间

4. SCSI 硬盘接口速率发展到 320MB/s,基本已经达到极限,SCSI 硬盘的下一代产品的接口为(　　　)。

    A. SAS　　　　　　　　B. FC-AL　　　　　　　C. SATA　　　　　　　　D. PATA

5. SATA 2.0 接口规范定义的数据传输速率为(　　　)。

    A. 133MB/s　　　　　　B. 150MB/s　　　　　　C. 300MB/s　　　　　　D. 600MB/s

6. 下列硬盘接口,传输速率最快的是(　　　)。

    A. SAS　　　　　　　　B. FC　　　　　　　　　C. SATA　　　　　　　　D. IDE

7. 下列硬盘接口中,与 SAS 硬盘的接口兼容的是(　　　)。

    A. ATA　　　　　　　　B. SATA　　　　　　　　C. SCSI　　　　　　　　D. FC

8. 用于定义当磁头移动到数据所在的磁道后,等待所需要的数据块继续转动到磁头下的时间参数是(　　　)。

    A. 平均寻道时间　　　　B. 平均潜伏时间　　　　C. 平均等待时间　　　　D. 平均移动时间

9. 固态盘的优势不包括(　　　)。

    A. 启动快　　　　　　　B. 价格低　　　　　　　C. 读取数据延迟小　　　D. 功耗低

10. 固态盘的存储介质是(　　)。

　　A. 磁介质盘片　　　　　　　　　　　　B. 磁带介质

　　C. DRAM　　　　　　　　　　　　　　D. NAND flash 芯片

二、简答题

1. 启动系统可以从 FC 接口的硬盘上启动吗?

2. 与 SCSI 接口的硬盘相比,FC 接口的硬盘有什么优缺点?

3. FC 接口的硬盘只有一种接口类型吗? 是什么?

4. FC 接口的硬盘只能接在磁盘柜的光纤架上才能使用吗? 这个架子对于所有 FC 接口的硬盘都是通用的吗? 有没有其他的方式连接 FC 接口的硬盘?

5. 在没通电情况下,一台里面有 200 多个硬盘的磁盘柜正面倒在地上,则磁盘完好的概率是多少? 会全部损坏吗?

6. 固态盘如何与传统硬盘在一起使用? 有什么使用区别?

7. 使用固态盘安装操作系统需要注意的事项有哪些?

8. 如何给固态盘安装操作系统?

9. 如何延长固态盘的寿命?

10. 如何判断固态盘不工作了?

11. 目前的智能手机都采用什么存储介质?

12. 简述 Android 和鸿蒙系统的数据存储方式。

13. 同一块硬盘,装满文件时的质量与空置时的质量是否相同? (分加电与不加电两种情况,已知电子质量为 9.1×10^{-31} kg,电子的电量为 1.6^{-19} C)

14. 为什么计算机换了固态盘后会变快? 它比传统硬盘强在哪里?

三、实验题

1. 准备希捷混合式硬盘(例如 ST4000DX001 SSHD 4TB 3.5in 台式机混合式硬盘)、传统硬盘、固态盘各一块,利用工具 PCMark 10、SysMark(硬件效能评估工具,自行下载掌握)对以上 3 种存储设备使用以下测试和基准进行开机测试、应用程序测试和就绪时间测试。

应用程序加载测试使用自动宏实现,启动并加载常用的应用程序和相关数据,包括 Acrobat Reader、iTunes、Quick Time、Internet Explorer、Office、Photoshop 和 Premier Elements。

就绪时间测试用以衡量存储设备从通电后启动到开始向操作系统传输数据所需要的时间。

根据测试数据画出折线图(或柱状图),并对这 3 种存储设备的性能进行分析。

2. 下载并安装硬盘性能测试工具,如 HD Tune Pro、CrystalDiskMark 等,分别对同一款硬盘进行测试,比较不同工具的测试结果,并对受测硬盘的性能进行分析。

3. 选用同一时期出厂的性能与存储容量相近的传统硬盘和固态盘,分别对其性能测试、比较和分析。

4. 准备 USB 2.0 和 USB 3.0 接口的固态盘各一块,在具有 USB 3.0 接口的主机上测试这两种接口的传输性能。

5. 选取一款固态盘(如台电公司的腾龙 1TB 固态盘),然后通过不同的测试工具进行如下操作,其中工具 CrystalDiskInfo(硬盘健康状况检测工具)、AS SSD Benchmark(固态盘性检测工具)和 TXBENCH(SSD/HDD 存储性能检测工具)须自行下载掌握。

(1) CrystalDiskInfo 读取硬盘的身份信息,查看容量、固件类型、通电次数等信息,说明对这些信息的理解。

（2）CrystalDiskMark 测试持续读写速度是多少？

（3）AS SSD Benchmark 测试持续读写速度是多少？

（4）TXBENCH 测试持续读写速度是多少？

（5）文件复制实测，将总容量约为 20GB 的视频文件从传统硬盘复制到固态盘，再将视频文件由固态盘复制到桌面，记录其写入和读出的速度，分析单独的测试和实际应用中写入速度和读出速度存在差距的原因。

6. NVMe 与 STAT 接口的固态盘，读写操作时的传输速率相差 4 倍，分析其原因。分别选取两款存储容量差不多、相同厂商的固态盘，通过测试工具进行传输速率实测。并从性价比等方面讨论 NVMe 接口的固态盘是否会取代 STAT 接口的固态盘？

第 3 章　独立磁盘冗余阵列

3.1　RAID 概述

独立磁盘冗余阵列(redundant arrays of independent disks，RAID)简称盘阵或磁盘阵列(disk array)，是一种把多块独立的硬盘(物理硬盘或闪存芯片等)按不同的方式组合起来形成一个虚拟的硬盘(逻辑硬盘)，从而提供比单个硬盘更高存储性能和提供数据备份的技术。组成磁盘阵列的不同方式称为 RAID 级别(RAID level)。在用户看起来，组成的磁盘组就像是一个硬盘，用户可以对它进行分区、格式化等操作。总之，对磁盘阵列的操作与单个硬盘一模一样。不同的是，磁盘阵列的存储速度要比单个硬盘快很多，而且引入了冗余数据来提供不同程度的容错保障，以实现可靠性存储。因阵列系统具有部署相对简单、可靠性较高、并发数据访问好等特点，已被广泛应用到大规模存储系统中。

1. RAID 技术的特点

RAID 技术的三大特点如下。

(1) 在容量和管理上，易于灵活地进行容量扩展，"虚拟化"使可管理性极大的增强。

(2) 在性能上，"磁盘分块"技术带来性能的提高。

(3) 在可靠性和可用性上，通过冗余技术和热备份、热切换，提升了可靠性。

热备份盘是一个不参与磁盘阵列但是加电上线的盘，一旦磁盘阵列中的盘出现问题，它就可以自动替换进入磁盘阵列，是一种"自动换盘"技术。

热切换也称热插拔(hot plug)，是允许在不关闭系统、不切断电源的情况下取出和更换损坏的硬盘，从而提高系统对灾难的及时恢复能力、扩展性和灵活性。

2. 磁盘阵列的关键概念和技术

磁盘阵列中主要有 3 个关键概念和技术：镜像(mirroring)、数据条带(data stripping)和数据校验(data parity)。

(1) 镜像。镜像是将数据复制到多个磁盘，一方面可以提高可靠性，另一方面可并发从两个或多个副本读取数据来提高读性能。

(2) 数据条带。数据条带是将数据分片保存在多个不同的磁盘，多个数据分片共同组成一个完整数据副本，这与镜像的多个副本是不同的，它通常用于性能考虑。数据条带具有更高的并发粒度，当访问数据时，可以同时对位于不同磁盘上数据进行读写操作，从而获得非常可观的 I/O 性能提升。

(3) 数据校验。数据校验是利用冗余数据进行数据错误检测和修复，冗余数据通常采用海明码、异或操作等算法来计算获得。利用校验功能，可以很大程度上提高磁盘阵列的可靠性、鲁棒性和容错能力。

RAID 主要利用数据条带、镜像和数据校验技术来获取高性能、可靠性、容错能力和扩展性，根据运用或组合运用这 3 种技术的策略和架构，可以把磁盘阵列分为不同的等级，以满足不同数据应用的需求。磁盘阵列技术经过不断的发展，已拥有了从 RAID 0～RAID 7 共 8 种基本的 RAID 级别。另外，还有一些基本 RAID 级别的组合形式，如 RAID 10(RAID 0 与 RAID 1 的组合)，RAID 50(RAID 0 与 RAID 5 的组合)等。不同的 RAID 级别代表着不同的存储性能、数据安全性和存储成本。RAID 通常是由在硬盘阵列中的 RAID 控制器或计算机中的 RAID 卡来实现的。

磁盘阵列技术在不断发展的同时也给云存储技术带来了巨大的技术支撑,主要表现高效的 I/O 性能和系统的可靠性这两方面。

3.2 条带化技术

条带化技术是一种自动将 I/O 的负载均衡到多个物理磁盘上的技术,即将一块连续的数据分成很多个小部分并把它们分别存储到不同的磁盘上。这样一来,就能使多个进程同时访问数据的多个不同部分而不会造成磁盘冲突。当需要对这种数据进行顺序访问时,可以获得最大程度上的 I/O 并行能力,从而获得非常好的性能。数据从第一块磁盘传输完毕后,第二块磁盘就能确定下一段数据的传输。相比之下,单个磁盘的读写就慢得多,所以条带化技术在现代的数据库和某些磁盘阵列中得到了广泛的应用。

为什么要进行条带化管理呢? 当多个进程同时访问一个磁盘时,大多数磁盘系统都对访问次数(IOPS,每秒进行的 I/O 操作)和数据传输率(TPS,每秒传输的数据量)有限制。当达到这些限制时,后面访问磁盘的进程就需要等待,这就是磁盘冲突。

避免磁盘冲突是优化 I/O 性能的一个重要目标,而 I/O 性能的优化与其他资源(如 CPU 和内存)的优化有着很大的区别,I/O 优化最有效的手段是将 I/O 性能进行最大限度的平衡。

图 3-1 所示为一个未经条带化处理的连续数据分布情况,图 3-2 所示为一个已经被条带化处理的连续数据分布情况,通过比较可以发现,图 3-2 中对连续数据的读写都有最大并发能力。

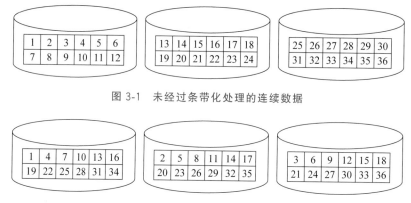

图 3-1　未经过条带化处理的连续数据

图 3-2　经过条带化处理的连续数据

由于条带化技术在 I/O 性能问题上的优越表现,以至于在应用系统所在的计算环境中的多个层次或平台都涉及了条带化的技术,如操作系统和存储系统这两个层次中都可能使用条带化技术。

当对数据做条带化处理时,数据被切成一个个小数据块,这些小数据块分布存储在不同的硬盘上。可见,影响条带化效果的因素有两个,一是条带大小(stripe size),即数据被切成的小数据块的大小,另一个是条带宽度(stripe width),即数据被存储到多少块硬盘上。

条带宽度是指同时可以并发读或写的条带数量。这个数量等于磁盘阵列中的物理硬盘数量。例如一个经过条带化处理的磁盘阵列中有 4 块物理硬盘,则该磁盘阵列的条带宽度就是 4。通过增加条带宽度,可以增加磁盘阵列的读写性能。很明显,通过增加更多的硬盘,也就增加了可以同时并发读或写的条带数量。在其他条件相同的前提下,一个由 8 块 500GB 硬盘组成的磁盘阵列比一个由 4 块 1TB 硬盘组成的磁盘阵列具有更高的传输性能。

条带大小也被称为 block size、chunk size、stripe length 或者 granularity(粒度)。这个参数指的是写在每块磁盘上的条带数据块的大小。条带大小对性能的影响比条带宽度难以量化得多。如果减小条带大小,则文件会被分成更多、更小的数据块。这些数据块会被分散到更多的硬盘上存储,因此提高了传输的性能,但是由于要多次寻找不同的数据块,磁盘定位的性能就会下降。如果增加条带大小,则会降低传输性能,提高定位性能。

条带技术相关概念包括数据块(data chunk)、校验块(parity chunk)、编码条带(stripe)、编码(encode)、解码(decode)等。

数据块是阵列系统中用来存取数据的最小逻辑单元,磁盘阵列的数据块大小一般为 2~512KB(或者更大),其数值是 2^nB($n=1,2,3,\cdots$),即 2KB、4KB、8KB、16KB。用户存放的数据通常被分为多个数据块,并且通过磁盘阵列的系统控制层根据逻辑地址并发地写入对应的磁盘阵列设备中。在用户读取数据时,也可通过磁盘阵列系统控制层在相应的设备上进行多通道并发读取。

校验块是由同一个条带内来自不同磁盘设备的多个数据块通过异或运算产生的冗余数据。校验块用于保护数据块,以保证在发生数据故障的情况下(在容错能力范围内),依然能恢复故障数据。

编码条带是一组来自不同磁盘设备的数据块和校验块构成的集合,该集合的元素在各自的磁盘内通常具有相同的逻辑偏移地址。

编码是指同一条带内所有的数据块通过依照一定规则的运算(如异或运算、有限域运算等)产生特定校验块的过程。

解码是编码操作的逆过程,是指由同一个条带内相关的校验块和部分数据块通过一定规则的运算(如异或运算、有限域运算等)产生特定数据块的过程。

条带大小不同,文件存储的情况差异较大,如图 3-3 所示。

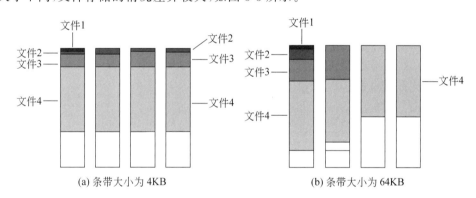

(a) 条带大小为 4KB　　　　(b) 条带大小为 64KB

图 3-3　不同条带大小时连续数据的存储情况

这是一个由 4 块硬盘组成的 RAID 0 阵列,图 3-3(a)的条带大小为 4KB,图 3-3(b)的条带大小为 64KB。图 3-3(a)中的每一条细格表示 4KB 大小。

图 3-3 中文件 1 大小是 4KB,文件 2 大小 20KB,文件 3 大小为 100KB,文件 4 大小为 500KB。

从图 3-3 中可以看到,不同条带大小对"中型大小"的文件影响很大。不论条带是 4KB 还 64KB,大小为 4KB 的文件 1 都分布在一块硬盘的一个数据块上,而对于大小为 500KB 的文件 4,无论条带是 4KB 还是 64KB,都会被分布在 4 块硬盘上。

但是对于大小为 20KB 的文件 2,如果采用 64KB 的条带,则会被分布在一块硬盘上,而不是像采用 4KB 的条带那样分布在 4 块硬盘上。同理,如果采用 64KB 的条带,则大小为 100KB 的文件 3 会被分布到 2 块硬盘上,而采用 4KB 的条带时则文件 3 会分布到 4 块硬盘上。可以看到,增加条带大小可以明显增加定位性能。在上边的例子中,条带宽度理所当然是 4。

图 3-4 是使用 16KB 条带时文件的存储情况,可以对应参考理解。

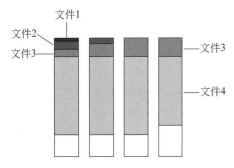

图 3-4　使用 16KB 条带时文件的存储情况

条带大小应该如何设置呢？最好的办法是尝试不同组合，根据应用的不同得到自己的经验规律。另外，不要过高估计不同条带大小的性能差异。它有可能会差距很大，尤其是设置成 4KB 和 256KB 这样的相对极端数值，但对于相差不大的数值，它们的性能差异可能就不明显。对于大多数应用的经验是，当读写大量的小文件时，采用的条带大小大些；当快速访问少量的大文件时，采用的条带大小小些；如果要平衡这两者，最好采用中间值。

条带技术将磁盘阵列的各数据块分散到各成员盘上，输入输出的聚合程度比单个磁盘要高很多。

3.3　磁盘阵列的级别

磁盘阵列技术分为几种不同的级别，分别可以提供不同的速度、容错能力、校验块放置策略等。根据实际情况选择适当的磁盘阵列级别可以满足用户对存储系统可用性、性能和容量的要求。

常用的磁盘阵列级别主要有以下几种：RAID 0、RAID 1、RAID 2、RAID 3、RAID 4、RAID 5、RAID 6，以及新标准的 RAID 7。此外，还有混合 RAID 级别 RAID 01、RAID 10 和 RAID 50 等。

3.3.1　RAID 0

RAID 0 是无容错的条带化磁盘阵列，它代表了所有磁盘阵列级别中最高的存储性能。整个逻辑盘的数据是被分条（stripped）分布在多个物理磁盘上，可以并行读写，提供最快的速度，每个磁盘执行属于它自己的那部分数据请求，要求至少两个磁盘。它将磁盘逻辑条带化，再将数据块（大小可以根据实际情况来调整）分别写到不同的磁盘上，使磁盘的逻辑存储顺序按照图 3-5 中顺序来存储数据，即 D0、D1、D2、D3、D4、D5、D6 等。这样一来，所有的 I/O 访问将会被分担到每个磁盘驱动器上，从而大大提高了 I/O 效率。通过 RAID 0 可以获得更大的单个逻辑盘的容量；通过对多个磁盘的同时读取，可以获得更高的存取速度。

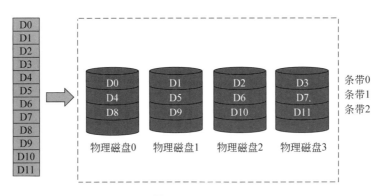

图 3-5　RAID 0

RAID 0 并不是真正的 RAID 结构，不产生冗余数据，数据存储效率 100%。RAID 0 连续地分割数据并对多个磁盘进行并行读写，因此具有很高的数据传输速率。但是，RAID 0 在提高性能的同时并没有提高数据可靠性，如果一个磁盘失效，就会影响整体数据，磁盘阵列的整体可靠性仅为单台设备的 1/N。因此 RAID 0 不可应用于对数据可靠性需求较高的关键应用。

3.3.2 RAID 1

RAID 1 是一种带镜像的双工阵列,即将磁盘两两配对,形成全冗余组合,以确保数据的稳定性和可靠性。在整个镜像过程中,只有一半的磁盘容量是有效的(另一半磁盘容量用来存放同样的数据),要求设备数为偶数个,如图 3-6 所示。与 RAID 0 相比,RAID 1 首先考虑的是安全性,容量减半、速度不变。

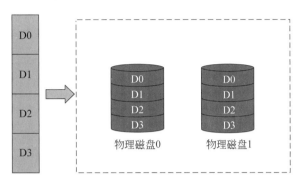

图 3-6 RAID 1

RAID 1 是通过数据镜像实现数据冗余,在两对分离的磁盘上产生互为备份的数据的。RAID 1 可以提高读取性能,当原始数据繁忙时,可直接从镜像副本中读取数据。当一个副本发生错误时,可通过读取另一个副本来恢复丢失的数据。RAID 1 不需要编码和解码,部署相对简单,但是其存储成本是磁盘阵列中最高的。一般适用于要求数据访问性能高且不关注存储成本的应用场景,例如金融、财务以及其他要求高数据可靠性的领域。

3.3.3 RAID 2

RAID 2 是一种带海明码校验的磁盘阵列,海明码是一种具有自纠错功能的校验码。RAID 2 将一个数据字的每一位写在一块数据盘上,每个数据字的校验码写在校验盘上。读取数据时,校验码对正确的数据进行校验,对错误的数据位进行纠错。

由于海明码具有校验及自动纠错功能,因此 RAID 2 方式有了提高数据传输速率的可能。随着数据传输速率的提高,信息部的字长越长,信息部字长与校验部字长的比值就越大,数据传输就越高效;反之,信息部的字长越短,信息部字长与校验部字长的比值就越小,数据传输就越低效。因此,使用这种磁盘阵列方式只有达到特定的传输速率,才能保证不把过多的资源浪费在数据校验上。

RAID 2 是为用于影像处理或 CAD/CAM 等需要连续存取大量数据的计算机设计的,并不适合一般的多用户环境、网络服务器和 PC。由于校验盘数量太多、开销太大、成本昂贵,目前已基本不再使用,如图 3-7 所示。

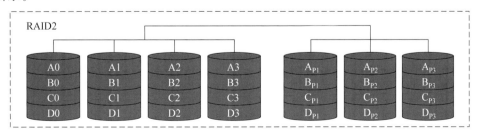

图 3-7 RAID 2

3.3.4 RAID 3

RAID 3 是一种带奇偶校验的并行传输阵列,它采用了相对简单的校验码来保证数据的完整性。它将数据块分割成条带(按位交叉)后分别存储在各个数据盘上,然后将计算出的校验码写入专用的校验磁盘,供每次读操作时进行校验。由于在一个硬盘阵列中,多个硬盘同时出现故障的概率很小(更换一个新硬盘后,系统可以重新恢复完整的校验容错信息),所以一般情况下,使用 RAID 3 的安全性可以得到保障。RAID 3 至少需要 3 块磁盘。与 RAID 0 相比,RAID 3 的读写速度较慢。由于使用的容错算法和分块大小决定了 RAID 使用的应用场合,所以在通常情况下,RAID 3 比较适合视频编辑、硬盘播出机、大型数据库等文件大且安全要求较高的应用,如图 3-8 所示。

图 3-8   RAID 3

由于 RAID 3 对系统资源的消耗较大,因此基本不用软件方式实现。此外,由于 RAID 3 按条带存储,无逻辑单元,因此不论 I/O 操作的数据量大小,都必须对整个条带进行校验位的计算并将结果写入校验盘。从而每次读写都要牵动整个组,每次只能完成一次 I/O 操作,这是 RAID 3 的最大缺点。

3.3.5 RAID 4

RAID 4 是一种带独立的数据磁盘与共享的校验磁盘(independent data disks with shared parity disk)的磁盘阵列,其技术和 RAID 3 基本一样,只是条带单位不同,它是以块为单位。为了设计方便,块的大小一般以一个文件为单位,即一个文件写在一个磁盘里面,这样做的好处是相关内容聚合在一个磁盘上,不像 RAID 3 那样分布在各个磁盘上,缺点是会牺牲并发读写特性,如图 3-9 所示。

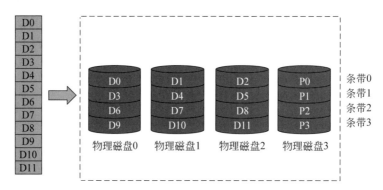

图 3-9   RAID 4

在 RAID 4 中有一块专用的校验磁盘,用于存储校验块数据,因此至少使用 3 个磁盘。它将数据分为更大的块,然后并行传输到各个成员磁盘,同时将计算出的 XOR 校验数据存放到专用的校验磁盘上。RAID 4 具有较高的读取性能和较低的写入性能,存储效率为$(N-1)/N$。当单个磁盘发生故障时,可通过其他磁盘及校验磁盘进行修复。

由于所有的检验数据集中放置在同一个磁盘内,所以数据的更新等操作会造成校验磁盘成为磁盘阵列系统 I/O 性能的瓶颈,易发生数据磁盘与校验磁盘争写的问题。由于校验的粒度太粗,所以发生磁盘失效之后的数据重建比较复杂。除此之外,还存在控制器结构复杂的问题。由于使用同一个共享的冗余磁盘存放块校验信息,因此读取块的速度不高,仅与单磁盘相当。基于以上原因,RAID 4 的使用并不广泛。

3.3.6 RAID 5

RAID 5 是一种带分布式奇偶校验的磁盘阵列,是 RAID 4 的升级版,是一种兼顾存储性能、数据安全和存储成本的存储解决方案,也是目前最常用的磁盘阵列方式。RAID 5 不对存储的数据进行备份,而是把数据和相应的奇偶校验信息存储到组成 RAID 5 的各个磁盘上。当磁盘阵列中的某个磁盘发生损坏后,可利用剩下的数据和相应的奇偶校验信息修复被损坏的数据,如图 3-10 所示。

图 3-10 RAID 5

如图 3-10 所示,P0 为校验块,由数据块 D0、D1 以及 D2 经过异或操作计算产生。当上述任意一个数据块丢失时,例如 D0 丢失,可通过读取其他剩余数据块 D1、D2 和校验块 P0,再对这些数据进行异或运算重新计算恢复得到 D0。

可以将 RAID 5 理解为 RAID 0 和 RAID 1 的折中方案,虽然都可以为磁盘阵列系统提供数据安全保障,但保障程度比镜像低,磁盘空间利用率比镜像高。RAID 5 具有和 RAID 0 相似的数据读取速度,只是多了一个奇偶校验信息,写入速度也比单个磁盘的写入速度稍慢。由于多个数据对应一个奇偶校验信息,所以 RAID 5 的磁盘空间利用率比 RAID 1 高,存储成本相对较低。

RAID 5 没有单独指定的奇偶校验磁盘,而是交叉地存取数据并将奇偶校验信息存放到所有磁盘上。在 RAID 5 上,读写指针可同时对磁盘阵列中的存储设备进行操作,提供了更高的数据流量,所以 RAID 5 更适合随机读写的小数据块。RAID 3 每进行一次数据传输都涉及磁盘阵列中所有的存储设备,而 RAID 5 中大部分数据传输只对一块磁盘进行,且可以并行操作。在 RAID 5 中有"写损失",即每进行一次写操作都会产生 4 个实际的读写操作,即读旧的数据、读出奇偶信息、写入新的数据、写入奇偶信息。

但 RAID 5 对控制器的要求很高,既要求控制器具备快速传输能力,又要求有很强的计算能力。由于 RAID 5 只能保证发生单盘故障时不影响整个存储系统,所以一旦发生两块磁盘同时发生故障,便无法恢复数据。虽然大部分 RAID 级别都只能保证单盘故障的容错性,但 RAID 5 具有较高的读出性能,中等的写入性能,是应用比较广泛的一种磁盘阵列。

3.3.7 RAID 6

RAID 6 是一种带有独立数据磁盘的磁盘阵列,它所带的数据磁盘带有两种独立的分布式校验方案。它是在 RAID 5 的基础上发展而成的,因此它的工作模式与 RAID 5 有异曲同工之妙。RAID 5 将校验码写入一个磁盘,而 RAID 6 将校验码写入两个磁盘,因此后者增强了磁盘的容错能力。RAID 6 允许两个磁盘同时发生故障,磁盘阵列中的磁盘数量最少要 4 个。若磁盘数量为 $N+2$ 个,则存储效率为 $(N-2)/N$。

RAID 6 的每个磁盘都存有两个校验值,而 RAID 5 只能为每个磁盘提供一个校验值,由于校验值的使用可以达到恢复数据的目的,因此多增加一位校验位,数据的恢复能力就会得到增强,如图 3-11 所示。在增加了一位校验位后,会带来新的问题,例如需要更加复杂的控制器进行控制,降低磁盘的写入能力,以及需要占用一定的磁盘空间。RAID 6 有很高的数据有效性和可靠性,特别适用于可靠性要求很高的领域。随着技术的不断完善,RAID 6 将得到更加广泛的应用。

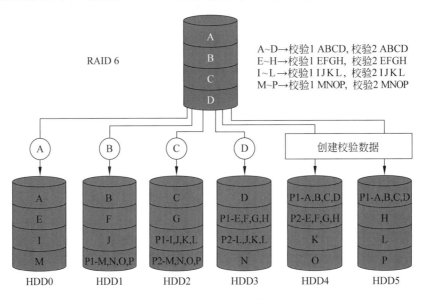

图 3-11　顺次写入 A、B、C、D 时的 RAID 6 情形

3.3.8 RAID 7

RAID 7 是一种最优化的异步高速输入输出和数据传输(optimized asynchrony for high I/O and data transfer rates)磁盘阵列,是一种新的 RAID 标准。它与以前的 RAID 级别有明显的不同,可以理解成一个独立的"存储计算机",RAID 7 自身带有智能化实时操作系统和用于存储管理的软件工具,可以完全独立于主机运行,不占用主机的 CPU 资源。

RAID 7 具有最优化的高速数据传送磁盘结构,所有的输入输出操作均是同步进行、分别控制的,这就提高了系统的并行性和系统存取数据的速度。RAID 7 的每个磁盘都带有高速缓冲存储器,实时操作系统可以使用任何实时操作芯片实现不同实时系统的需要,如图 3-12 所示。RAID 7 允许使用简单网络管理协议(simple network management protocol,SNMP)进行管理和监视,可以对校验区指定独立的传送信道以提高效率。RAID 7 可以连接多台主机,当多用户访问系统时,访问时间几乎接近于 0。如果发生系统断电,会把高速缓冲存储器内的数据全部丢失,因此 RAID 7 需要和 UPS 一起工作。此外,RAID 7 系统的成本很高。

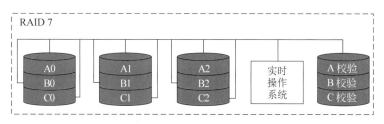

图 3-12 RAID 7

3.3.9 组合 RAID

不同级别的 RAID 可以在性能、冗余、价格等方面做不同程度的折中,组合出不同级别的磁盘阵列,目的是扬长避短,产生具有优势特性的混合磁盘阵列级别。下面重点介绍 RAID 10、RAID 01 和 RAID 50。

1. RAID 10 和 RAID 01

RAID 10 结合 RAID 0 和 RAID 1 磁盘阵列技术,为两层磁盘阵列结构,要求存储设备的总数是不少于 4 的偶数,如图 3-13(a)所示。顶层结构为 RAID 0,负责条带化数据,对外提供访问;底层结构为 RAID 1,负责将顶层条带化后的数据进行备份以及数据保护。其存储效率与 RAID 1 相同,适用场景与 RAID 1 类似,因具有条带化的 RAID 0,能进一步提升原有底层 RAID 1 的访问性能。

RAID 01 至少需要 4 块磁盘来构成。它实际上是将两个 RAID 0 系统进行镜像,综合了 RAID 0 和 RAID 1 的技术,如图 3-13(b)所示。其容灾性能等同于 RAID 5,冗余度等同于 RAID 1。由于具有 RAID 0 的性能,它具有很高的输入输出速度。

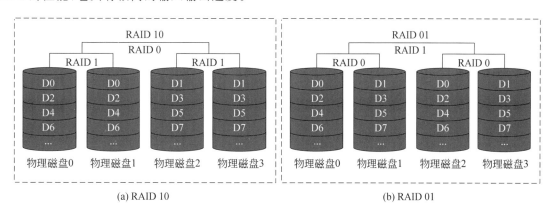

(a) RAID 10　　　　　　　　　(b) RAID 01

图 3-13 RAID 10 和 RAID 01

RAID 10 是先做镜像,然后再做条带;RAID 01 则是先做条带,然后再做镜像。

若磁盘阵列中都有 6 块磁盘,则 RAID 10 是先将盘分成 3 组镜像,然后再对这 3 个 RAID 1 做条带;RAID 01 则是先利用 3 块盘做 RAID 0,然后将另外 3 块盘作为 RAID 0 的镜像。

下面,以图 3-13 所示的由 4 块磁盘组成的磁盘阵列为例介绍 RAID 10 和 RAID 01 在安全性方面的差异。

（1）RAID 10。这种情况下，假设当 D0 盘损坏，在剩下的 3 块盘中，只有当 D1 盘发生故障时，才会导致整个磁盘阵列失效，可计算出故障率为 1/3。

（2）RAID 01。这种情况下，仍然假设 D0 盘损坏，这时左边的条带将无法读取。在剩下的 3 块盘中，D2、D3 盘中的任何一个损坏，都会导致整个磁盘阵列失效，可简单计算故障率为 2/3。

由此可见，RAID 10 比 RAID 01 在安全性方面强。

在正常的情况下，RAID 01 和 RAID 10 数据存储的逻辑位置是完全一样的，而且每一个读写操作所产生的输入输出量也是一样的，所以两者在读写性能上没什么区别，但是当磁盘出现故障时（例如前面假设的 D0 损坏时）可以发现，这两种情况下的读取性能是不同的，RAID 10 的读取性能将优于 RAID 01。

2. RAID 50

RAID 50 具有 RAID 5 和 RAID 0 的共同特性。它先是各用 3 个磁盘组成两组 RAID 5，再把两组 RAID 5 组建成 RAID 0，如图 3-14 所示。利用 RAID 5 的校验来纠错和重建资料，利用 RAID 0 的高速来提升系统性能。RAID 50 需要至少 6 个磁盘，如果每组 RAID 5 中各损坏一个磁盘，数据可以顺利恢复。

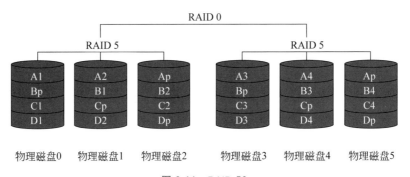

图 3-14　RAID 50

RAID 等级的不同主要是对数据存储要素（速度、容量、容错性）的不同取舍，各有各的应用场景。

（1）速度。RAID 通过在多个磁盘上同时存储和读取数据来大幅提高存储系统的数据吞吐量。在 RAID 中，可以让很多磁盘驱动器同时传输数据，而这些磁盘驱动器在逻辑上又是一个磁盘驱动器，所以使用 RAID 可以达到单个磁盘驱动器几倍、几十倍甚至上百倍的速率。

（2）容量。可以将多个磁盘连接起来，对比传统的单个磁盘存储，RAID 将存储的量级拔高了一个台阶。但依旧有其局限性，因为 RAID 始终是放在单台计算机上，计算机上的磁盘卡槽不可能无限增加，磁盘数量也不可能一直增多。

（3）容错性。不同等级的 RAID 使用不同的数据冗余策略，保证数据的容错性。比如最简单的 RAID 1 就是数据在写入磁盘时，将一份数据同时写入两块磁盘，这样任何一块磁盘损坏都不会导致数据丢失，而插入一块新磁盘就可以通过复制数据的方式自动修复，具有极高的可靠性。

在 RAID 阵列中，磁盘与阵列存在"部分"与"整体"的关系。

整体和部分的辩证关系如下。

（1）整体和部分是相互区别的。整体居于主导地位，整体统率着部分，具有部分所不具备的功能；部分处于被支配的地位，部分服务于整体。在磁盘阵列中，阵列处于主导地位，磁盘则处于被支配地位，并受阵列管理。

（2）整体和部分又是相互联系、密不可分的。整体是由部分构成的，离开了部分，整体就不复存在。

部分的功能及其变化会影响整体的功能,关键部分的功能及其变化甚至对整体的功能起决定作用。阵列是由磁盘组成的,离开了磁盘,阵列不复存在,而磁盘的功能及其变化会影响整个阵列的功能。

（3）磁盘与阵列的部分与整体的辩证关系,启发人们要树立全局观念,立足于整体,统筹全局。必须重视部分的作用,搞好局部,推动整体的发展。在抗击新冠疫情时,全社会就像一台"磁盘阵列",各地区各部门各行业的工作都息息相关,各环节务必紧紧咬合,才能高效运转。既独立作战,又不各自为战,要协调配合、相互支持、彼此补位,才能最终战胜疫情。

3.4　RAID 卡

3.4.1　RAID 卡概述

RAID 卡就是用来实现磁盘阵列功能的板卡,通常由 I/O 处理器、硬盘控制器、硬盘连接器和缓存等一系列组件构成,如图 3-15(a)所示。RAID 卡主要解决了两个功能:一是通过不同的 RAID 级别实现容错功能,二是可以让很多磁盘驱动器同时传输数据,而这些磁盘驱动器在逻辑上又是一个磁盘,从而实现单个的磁盘驱动器几倍、几十倍甚至上百倍的速率。

磁盘阵列有硬件和软件两种实现方式。通过硬件实现磁盘阵列的设备称为硬 RAID 卡,它是一种独立的硬件设备。主板上集成的 RAID 芯片也属于硬 RAID 卡,但是有人称其为半硬 RAID 卡。通过软件进行模拟的磁盘阵列称为软 RAID 卡,这种方式占用的 CPU 资源较多,因此绝大部分服务器设备都使用硬件方式实现。

按照磁盘接口的不同,磁盘阵列分为 SCSI RAID、IDE RAID 和 SATA RAID 3 种。其中,SCSI RAID 主要用于要求高性能和高可靠性的服务器和工作站,而台式机中主要采用 IDE RAID 和 SATA RAID。

RAID 技术问世时是基于 SCSI 接口(称为 SCSI RAID)的,主要面向服务器等高端应用,价格较高。在市场的推动下,由于 PC 中 IDE 设备的价格大幅降低、性能大幅提高,因而 RAID 技术被移植到 IDE 接口上,推出了基于 IDE 接口的 RAID 应用(称为 IDE RAID)。SATA RAID 是诞生不久的 RAID 方式,它与 IDE RAID 类似,最大的优点是低成本,其他方面和 IDE RAID 接近,以逐步取代 IDE RAID。

目前,通过主板上集成的 SATA RAID 独立 I/O 芯片提供 RAID 功能已越来越普遍,因其价格低廉而广泛应用于塔式或机架式 RAID 系统中,在操作系统安装前就能提供 RAID 支持。它不占用主板的板卡插槽资源,只需 SATA 接口即可,无须另外安装 RAID 卡,且支持硬盘热插拔。图 3-15(b)是一款 SATA RAID 芯片。

(a) Adaptec 71605Q　　(b) SATA RAID 独立芯片 PromisePCD20375

图 3-15　两款 RAID 卡

顾名思义,硬盘热插拔就是带电插拔(hot swap),即在不停机的情况下更换时插拔硬盘。当有一个硬盘出现故障损坏的情况下,阵列存储器可以不用关机,直接带电拔出故障硬盘并换上新硬盘。磁盘阵列在硬盘出现故障时,一般情况下故障盘的相应指示小灯会显现异常并伴随自动鸣叫警示,提示硬盘发生故障,需要及时更换。

3.4.2 SCSI RAID 卡的工作原理

RAID 卡有自己的 CPU、缓存,通过集成或借用主板上的 SCSI 控制器来管理硬盘,属于智能化设备。RAID 卡的分类一般根据集成的 SCSI 控制器的不同进行划分。如果没有集成 SCSI 控制器,而是借用主板上的 SCSI 控制器来管理硬盘,则为零通道 RAID 卡。根据 RAID 卡集成的 SCSI 控制器的通道数量不同,可以分为单通道、双通道、三通道的 RAID 卡。还可以按照 SCSI 控制器的标准来划分RAID 卡的种类,如 Ultra Wide、Ultra2 Wide、Ultra160 Wide。

RAID 卡处理器是一个 PCI 从设备,用于接收并执行来自系统的命令。同时占用 PCI 中断,代表SCSI 磁盘子系统向系统提出中断请求,请求占用 PCI 总线,返回对系统命令的响应,如输送 SCSI 硬盘上的数据,其结构如图 3-16 所示。

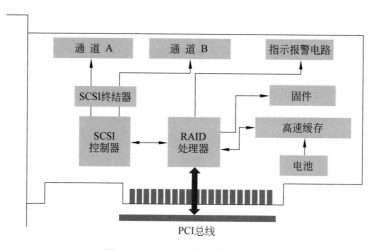

图 3-16 RAID 卡处理器的结构

RAID 处理器通过执行闪存中的固件(firm ware,即写入 EPROM(可擦写可编程只读存储器)或EEPROM(电可擦可编程只读存储器))中的程序控制 SCSI 控制器、高速缓存以及指示报警电路来实现RAID 卡的功能,其运作流程如下。

(1) 初始化 RAID 卡寄存器。

(2) 读取 NVRAM 的上次 RAID 参数,与硬盘实际信息进行比较,显示结果。

(3) 发送配置提示、响应 HOST 命令进入配置界面。

(4) 提供配置菜单、将用户提供的 RAID 卡参数、RAID 参数存入 NVRAM。

(5) 根据 RAID 参数,通过 SCSI 控制器对硬盘进行初始化写操作。

(6) 完成配置。

(7) 等待主机发出读写操作命令。

1. 高速缓存

高速缓存(cache)是 RAID 卡与外部总线交换数据的场所,RAID 卡先将数据传送到缓存,再由高速缓存和外边数据总线交换数据。它是 RAID 卡电路板上的一块存储芯片,与硬盘盘片相比,具有极快的存取速度,实际上就是相对低速的硬盘盘片与相对高速的外部设备(例如内存)之间的缓冲器。高速缓存的大小与速度是直接关系到 RAID 卡的实际传输速度的重要因素,大的高速缓存能够大幅度地提高数据命中率从而提高 RAID 卡整体性能。RAID 卡提高磁盘读写性能的另一方法是利用磁盘的高速缓存,如图 3-17 所示。对于磁盘 I/O 来说,如果没有高速缓存,就直接从硬盘读写;如果有高速缓存,则首先从高速缓存读写。

RAID 卡高速缓存的作用是回写和预读。回写是通过暂时将数据存放在高速缓存,从而推迟将数据写到慢设备(如硬盘,磁带机)的一种工作方式。

2. 预读

预读可提高计算机系统中读取硬盘的性能,尤其是在读取含有大量文件碎块的文件时。具有良好预读功能的 RAID 卡能在很随机的读取中,识别出读取磁盘的规律,通过这个规律将系统要读取的数据放在高速缓存中;主要有 Read ahead、Pre-Fetch 两种方式。

(1) Read ahead 方式。由于硬盘数据经常是以一簇连续的硬盘扇区组织起来的,所以有时如把系统请求的扇区随后的一个扇区里的数据同时读进来是有价值的。

(2) Pre-Fetch 方式。当 RAID 卡发现系统要读的是先前已经读过的数据时,便将这一个数据块的数据写到高速缓存里。

RAID 总线结构如图 3-18 所示。

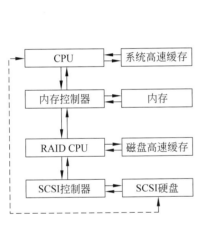

图 3-17　RAID 功能运作流程

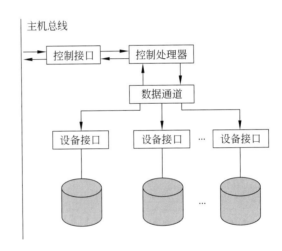

图 3-18　RAID 总线结构

关于 RAID 卡、半硬 RAID 体验,可参见习题 3 实验题的第 1 题。

3.5　基于软件的 RAID

基于软件的 RAID,就是 RAID 的所有功能都是由操作系统与 CPU 来完成,没有第三方的控制、处理/与 I/O 芯片。这样,有关 RAID 的所有任务的处理都由 CPU 来完成,显然这是效率最低的一种 RAID。由于全软 RAID 是在操作系统下实现 RAID,不能保护系统盘,即系统分区不能参与实现 RAID。有些操作系统,RAID 的配置信息存在系统信息中,而不是存在磁盘上,当系统崩溃,需重新安装时,RAID 的信息也会丢失。尤其是全软 RAID 5 是 CPU 的增强方式,会导致 30%～40%的 I/O 功能降低,所以在服务器中不建议使用全软 RAID。目前常用的操作系统,包括 Windows、Linux 等,都支持软件 RAID。

3.5.1　Linux 下基于软件的 RAID

mdadm(multiple devices admin,简称 MD)是 Linux 下的一款标准的软件 RAID 管理工具,能完成

所有的软 RAID 管理功能。mdadm 的特点如下。

（1）能够诊断、监控和收集详细的阵列信息。

（2）是一个单独集成化的程序而不是一些分散程序的集合，因此对不同 RAID 管理命令有共通的语法。

（3）支持的 RAID 级别有 RAID 0、RAID 1、RAID 4、RAID 5 以及 RAID 6。

（4）可以基于多块硬盘、分区以及逻辑卷来创建 RAID。对于硬件实现 RAID 来说，就只能是基于多块硬盘。

（5）已创建的软件 RAID 对应于/dev/md$n$，其中 n 表示的是第 n 个 RAID，如第 1 个创建的 RAID 对应/dev/md0，第 2 个创建的 RAID 就对应/dev/md1，该名字根据需要可以自行更改。

（6）RAID 的信息保存在/proc/mdstat 文件中，或者通过 mdadm 命令来查看。

（7）能够执行几乎所有的功能而不需要配置文件（也没有默认的配置文件）。如果需要一个配置文件，mdadm 将帮助管理它的内容。

mdadm 不采用/etc/mdadm.conf 作为主要配置文件，它完全可以不依赖该文件也不会影响阵列的正常工作。该配置文件的主要作用是方便跟踪软 RAID 的配置。对该配置文件进行配置是有好处的，但不是必需的，推荐对该文件进行配置。建立方法如下：

```
mdadm -D -s > /etc/mdadm.conf
```

或

```
mdadm --detail --scan > /etc/mdadm.conf
```

（8）mdadm 是命令行工具，要求超级用户（root）的权限。

mdadm 命令基本语法：

```
mdadm [mode] [options]
```

其中，参数［mode］有下列 7 种。

　　Assemble：将以前定义的某个阵列加入当前在用阵列。

　　Build：Build a legacy array，每个 device 没有 superblocks（超级块）。

　　Create：创建一个新的阵列，每个 device 具有 superblocks。

　　Manage：管理阵列，比如 add 或 remove。

　　Misc：允许单独对阵列中的某个 device 做操作，比如抹去 superblocks 或终止在用的阵列。

　　Follow or Monitor：监控 RAID 1、4、5、6 和 multipath 的状态。

　　Grow：改变 RAID 容量或阵列中的 device 数目。

而［options］选项的参数较多，主要介绍如下几个。

　　-f：fail，将一个磁盘设置为故障状态。

　　-l：LEVEL，设置磁盘阵列的级别。

　　-r：移除故障设备。

　　-a：添加新设备进入磁盘阵列。

　　-S：停止一个磁盘阵列。

　　-v--verbose：显示细节。

-D--detail：打印一个或多个 md device 的详细信息。

-x--spare-devices：指定一个备份磁盘，也就是指定初始阵列的冗余 device 数目即 spare device 数目。

-n：指定磁盘的个数。

-A--assemble：加入一个以前定义的阵列。

-B --build：创建一个没有超级块的阵列(build a legacy array without superblocks)。

-C --create：创建一个新的阵列。

-F --follow,--monitor：选择监控(monitor)模式。

-G --grow：改变激活阵列的大小或形态。

-I --incremental：添加一个单独的设备到合适的阵列，并可能启动阵列。

--auto-detect：请求内核启动任何自动检测到的阵列。

-h --help：帮助信息，用在以上选项后，则显示该选项信息。

--help-options：显示更详细的帮助。

-V --version：打印 mdadm 的版本信息。

-b --brief：较少的细节。用于--detail 和--examine 选项。

-Q --query：查看一个 device，判断它为一个 md device 或是一个 md 阵列的一部分。

-E --examine：打印 device 上的 md superblock 的内容。

-c --config：指定配置文件，默认为/etc/mdadm.conf。

-s --scan：扫描配置文件或/proc/mdstat 以搜寻丢失的信息。配置文件是/etc/mdadm.conf。

一般 Linux 没有安装 mdadm，因而需要下载安装。在 Ubuntn 下的安装命令如下：

```
sudo apt-get install mdadm
```

此后就可以进行创建阵列等操作。例如：

创建阵列：

```
sudo mdadm --create --verbose /dev/md0 --level= 5 --raid-devices=4 /dev/sd[bcde]
```

查看阵列：

```
sudo mdadm -D /dev/md0
cat /proc/mdstat
```

删除阵列：

```
sudo mdadm --stop /dev/md0
```

对于创建好 RAID，需要将 RAID 的信息保存到 /etc/mdadm.conf 文件中，这样在操作系统重启时，系统就会自动加载此文件来启用 RAID。命令如下：

```
# mdadm -D --scan > /etc/mdadm.conf
# cat /etc/mdadm.conf
```

相关实验见习题 3 实验题的第 2 题。

3.5.2 Windows 下基于软件的 RAID

在 Windows 2000 中,引入了基本磁盘和动态磁盘这两个概念,并将它们用于 Windows 系统的管理员工具。大多数 PC 都将硬盘配置为基本磁盘,只有注重提高性能和可靠性的高级用户才会使用动态磁盘。

(1) 基本磁盘上的分区包括主分区、扩展分区和逻辑驱动器(逻辑驱动器即逻辑分区,又称为简单卷),其中主分区最多有 4 个。扩展分区是一种特殊的主分区,可容纳多个逻辑驱动器(最多 128 个)。一个基本磁盘只能有一个扩展分区,因此一块基本磁盘上最多可以有 4 个主分区或者 3 个主分区加一个扩展分区。基本磁盘上的分区不能与其他分区共享或拆分数据,每个分区都可看作该硬盘上的一个独立单元。

(2) 动态磁盘只有卷(动态卷)或卷集,没有分区的概念,卷与基本磁盘上的主分区类似,但是在一块动态磁盘可以容纳大量(大约 2000 个)的卷。在 Windows 中,动态磁盘不但可以方便地改变卷的大小,而且可以将多个独立动态磁盘上的卷视为一个卷(跨区卷)使用,如图 3-19 所示。

(a) 基本磁盘   (b) 动态磁盘

图 3-19 基本磁盘与动态磁盘

磁盘阵列就是动态磁盘的一种体现。它可以将数据拆分到多个磁盘(RAID 0)以提高性能,也可以在多个磁盘之间镜像数据(RAID 1)以提高可靠性。

在默认情况下,用户使用的都是基本磁盘。将新磁盘连入系统或在全新磁盘上初次安装系统时,会被初始化为基本磁盘(组 RAID 时除外)。如果有需要,在系统安装完成后可通过磁盘管理工具将其无损地转为动态磁盘。从基本磁盘转换成动态磁盘后,除非重新创建卷或者使用一些磁盘工具(例如分区助手),否则不能将它无损转变回去。由于是有损地转换,所以转回基本磁盘前必须备份数据。

若要将两块 500GB 的硬盘划分为一个 800GB 的分区和一个 200GB 的分区,就只能使用动态磁盘实现,这是因为基本磁盘不能跨硬盘进行分区。动态磁盘实现跨越物理磁盘分区管理的功能与 RAID 有点类似。

与基本磁盘相比,动态磁盘有以下不同。

1. 可以任意更改磁盘容量

动态磁盘在不重新启动计算机的情况下可更改磁盘容量大小,而且不会丢失数据,而基本磁盘若不使用 PQMagic 等特殊磁盘工具软件改变分区容量就会丢失全部数据。

2. 磁盘空间的限制

动态磁盘可被扩展到磁盘中不连续的磁盘空间,还可以创建跨磁盘的卷集,将几个磁盘合为一个大卷集,而基本磁盘的分区必须是同一磁盘上的连续空间,分区的最大容量是磁盘的容量。

3. 卷集或分区个数

在一个动态磁盘上可创建的卷集个数没有限制,而在一个基本磁盘上最多只能分 4 个区。

动态磁盘只能在 Windows 系统中使用,其他的操作系统无法识别。

如果要将基本磁盘升级为动态磁盘,最少需要 1MB 没有被分配的磁盘空间。升级方法是右击"磁盘管理"界面右侧的磁盘盘符,在弹出的快捷菜单中选中"动态磁盘"选项。在升级过程中,会重新启动计算机,重启次数=磁盘分区数量－1(例如磁盘分了 4 个区,那就需要重启 3 次)。升级过程会自动完成,在此期间,磁盘中的数据不会丢失。

如果要将动态磁盘转回基本磁盘,必须先备份从动态磁盘转换为基本磁盘的所有卷,然后在命令提示符窗口通过自带系统维护工具(diskpart 命令)实施转换。磁盘分区实用程序(diskpart 命令)是一个用于管理 Windows 操作系统中硬盘的命令行工具,是 MS-DOS 操作系统中 FDisk 的替代工具。

因为大部分用户的磁盘都是基本磁盘,为了实现基于软件的 RAID,必须将其转换为动态磁盘,具体方法是,在"控制面板"窗口中选中"管理工具",在弹出的"计算机管理"窗口中选中"磁盘管理",通过"查看"菜单将其中的一个窗口切换为磁盘列表。这时就可以通过右键菜单将磁盘转换为动态磁盘。

在动态磁盘中,分卷称为卷。这个卷又分简单卷、跨区卷、带区卷、镜像卷和 RAID 5 卷,如图 3-20 所示。它的盘符一般是 DISK1、DISK2 等类似排序,不受字母排序限制,此外,也可以自己定义卷名称。用户可以管理很多个卷,也可以将不同硬盘分到一个卷,实现共同管理数据。动态磁盘具有很高的数据管理容错能力,例如在 RAID 5 模式下,当某个硬盘出现故障时,操作系统会自动读取另一个硬盘的数据,以保证数据的安全;而基本磁盘就没有如此高的数据保护能力,当硬盘损坏时,系统会立刻崩溃,无法挽救系统。

| (a) 简单卷 | (b) 条带卷 | (c) 跨区卷 | (d) 镜像卷 | (e) RAID 5卷 |

图 3-20 Windows 的卷类型

(1) 简单卷:和分区功能一样,简单卷包含单一磁盘上的磁盘空间。当系统中有两个或两个以上的动态磁盘并且两个磁盘上都有未分配的空间时,能够选择跨区卷或带区卷这两种分卷方式。

(2) 跨区卷:跨区卷用于将来自多个磁盘的未分配空间合并到一个逻辑卷中。

(3) 带区卷:带区卷用于组合多个(2~32 个)磁盘上的未分配空间到一个卷。当上述系统中的两个动态磁盘容量一致时,会看到另一个分区方式。

(4) 镜像卷:镜像卷是单一卷的两份相同副本,每份副本各在一个硬盘上,即 RAID 1。

(5) RAID 5 卷:当拥有 3 个或 3 个以上的动态磁盘时,就可以使用更加复杂的 RAID 方式——RAID 5,此时在分卷界面中会出现新的分卷形式。

RAID 5 卷相当于带奇偶校验的带区卷,即 RAID 5 方式。

可以把 RAID 5 理解成一种使用磁盘驱动器的方法,即将一组磁盘驱动器用某种逻辑方式联系起来,在逻辑上作为一个磁盘驱动器(即磁盘阵列)使用,一般应用于 SCSI 接口。

使用 RAID 5 后,除了数据被分散写入各个硬盘外,也会建立一份奇偶校验数据信息并保存在不同硬盘上(带校验的带区卷)。

RAID 5 方式的特点如下。

(1) 磁盘性能高(低于带区卷)。

(2) 利用率没有带区高(总共要有一块物理磁盘做校验),假如有 N 块磁盘,则它的利用率为 $(N-1)/N \times 100\%$。

(3) 由于需要计算校验位,所以写入性能有所下降,读取性能有所提高。

(4) 当一块磁盘损坏时,另一块磁盘中的数据会自动恢复,因此安全性高。

如图 3-21 所示,在跨区卷进行数据存储时,只有在第一块物理分区被占用完后才会使用第二块物理分区的剩余空间;在带区卷进行数据存储时,会将所要存储的数据平均分散到具有相同类型的动态磁盘的相同分区;在镜像卷进行数据存储时,只能使用两块物理磁盘,但是可同时向两块物理磁盘存入相同的数据。

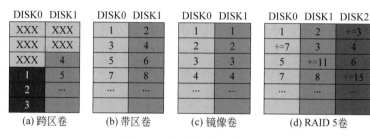

图 3-21 卷数据存储情况

RAID 5 卷至少需要 3 块硬盘,其中的一块用于存储校验信息,其他磁盘上的数据都是平均分配。相关实验见习题 3 实验题的第 3 题。

3.6 基于硬件和基于软件的 RAID 技术比较

目前,基于硬件的 RAID 解决方案比基于软件的 RAID 技术在使用性能和服务性能上略胜一筹,在可检测和修复多位错误、RAID 保护的可引导阵列、错误磁盘自动检测、剩余空间取代和阵列重建、共有或指定的剩余空间、彩色编码报警等许多方面优于后者。此外,它还提供从单一控制实施的对多 RAID 安装、多操作系统远程检测和管理的能力。

从安装过程来看,两种 RAID 解决方案的安装过程都比较容易,安装耗时也相差无几;从 CPU 占用率看,基于硬件的 RAID 显然能够减少 CPU 的中断次数,同时降低主 PCI 总线的数据流量,使系统的性能产生一个提升;从 I/O 资源占用角度看,两种解决方案的差别并不算很大。基于硬件的 RAID 方案仅在减少 RAID 5 阵列在降级模式的运行时间和平行引导阵列的能力两方面有一定优势。另外,在硬件解决方案中,可以用 RAID 01 取代 RAID 1 来提高性能。尽管基于硬件的 RAID 方案具有优势,但是在产品的价格上仍然无法与基于软件的 RAID 抗衡,这是因为后者完全免费的。尽管如此,硬件解决方案的价格也不是不可接受的,一般情况下,只需增加少许投资即可获得一套基于硬件的入门级 RAID 解决方案。此外,在计算总拥有成本时,还必须考虑基于软件的 RAID 解决方案的隐性成本,例如用户生产效率、管理成本和重新配置的投资等。这些成本综合起来,往往会超过基于硬件的 RAID 解决方案所需的投资。

现在,任务密集型数据已应用于各种商业活动。为了使数据获得更好的保护,许多企业已经开始利用 RAID 技术。优秀的 RAID 解决方案一般都具有较高的可行性、友好的用户界面和简单的热键,可使用户在第一次使用时就能非常方便地运行系统。此外,还要为高级用户进行优化配置提供方便。

在使用系统功能或者 RAID 软件来实现 RAID 时,由于没有独立的硬件和接口,所以需要占用一定的系统资源(CPU、硬盘接口速度),并且受到操作系统稳定性的影响。在软件 RAID 中不能提供硬盘热插拔、硬盘热备份、远程阵列管理、可引导阵列支持等功能。不过,新一代 SATA 接口的软 RAID 可支持热插拔、热备份配置。

通过独立或主板集成的 RAID 硬件在使用时不需要占用其他硬件资源,稳定性和速度都比基于软件的 RAID 强,所以对服务器来说,最好是使用 RAID 硬件来提高计算机的性能。

3.7　性能检测与管理工具

3.7.1　文件系统的检测工具

IOzone 是一个文件系统检测工具,可从其官网下载。它可在不同的操作系统和文件系统中测试 write、re-write、read、re-read、random read、random write、random mix、backwards read、record rewrite、strided read、fwrite、frewrite、fread、mmap 等模式下硬盘的性能。在 Linux 平台上测试时,测试文件的大小一定要大于内存(一般为内存的两倍),否则会把读写的内容存入缓存,使结果失真。

1. IOzone 各项测试的定义

(1) write:测试写入新文件的性能。当写入一个新文件时,不仅需要存储文件中的数据,还包括定位存储介质中数据具体存储位置的额外信息。这些额外信息被称为元数据,其中包括目录信息、所分配的空间和一些与该文件有关但又并非该文件所含数据的其他数据。受这些额外信息影响,write 的性能通常会比 re-write 的性能低。

(2) re-write:测试写入已存在的文件的性能。当一个已存在的文件被写入时,所需工作量会较少,因为此时元数据已经存在,所以 re-write 的性能通常比 write 的性能高。

(3) read:测试读取已存在的文件的性能。

(4) re-read:测试读取最近读过的文件的性能。re-read 性能会高些,这是因为操作系统通常会缓存最近读过的文件数据。这个缓存可以被用于读以提高性能。

(5) random read:测试读取文件中的随机偏移量的性能。许多因素都可能影响这种情况下的系统性能,例如操作系统缓存的大小、磁盘数量、寻道延迟等。

(6) random write:测试写入文件中随机偏移量的性能。同样,有许多因素可能影响这种情况下的系统性能,例如操作系统缓存的大小、磁盘数量、寻道延迟等。

(7) random mix:测试读写文件中随机偏移量的性能。许多因素可能影响这种情况下的系统性能运作,例如操作系统缓存的大小、磁盘数量、寻道延迟等。这个测试只有在吞吐量测试模式下才能进行。每个线程或进程运行读或写测试。这种分布式读写测试是基于 round robin 模式的,因此最好使用多于一个线程或进程执行此测试。

(8) backwards read:测试使用倒序读取文件的性能。这种读文件的方法可能看起来有点奇怪,但是有些应用适合这种测试。例如,MSC Nastran 是一个使用倒序读文件的应用程序的一个例子。它所读的文件都十分大(大小从吉字节级别到太字节级别)。尽管许多操作系统使用一些特殊实现来优化顺序读文件的速度,很少有操作系统会注意并增强倒序读文件的性能。

(9) record rewrite:测试写与覆盖写文件中特定块的性能。如果这个块足够小(比 CPU 数据缓存小),则测出来的性能将会非常高;如果这个块比 CPU 数据缓存大而比转换检测缓冲区(translation lookaside buffer,TLB)小,则测出来的是另一个阶段的性能;如果比此二者都大,但比操作系统缓存小,则得到的性能又是一个阶段;若大到超过操作系统缓存,则又是另一番结果。

(10) strided read:测试跳跃读取文件的性能。例如,在 0 偏移量处读 4KB,然后在间隔 200KB 处读 4KB,再在间隔 200KB 处读取 4KB,如此反复。此时的模式是读取 4KB,间隔 200KB 并重复这个模式。这是一个典型的应用行为,当文件中使用了某个特定的数据结构并且需要访问这个数据结构特定区域的应用程序常常这样做。

许多操作系统并没注意到这种行为或者针对这种类型的访问做一些优化。同样,这种访问行为也可能导致一些性能异常。如在一个数据碎片化的文件系统里,应用程序的跳跃会导致某个特定的磁盘成为性能的瓶颈。

(11) fwrite：测试调用库函数 fwrite() 写入文件的性能。这是一个执行缓存与阻塞写操作的库例程。缓存位于用户空间内。如果一个应用程序想要写很小的传输块，fwrite() 函数中的缓存与阻塞 I/O 功能能通过减少实际的操作系统调用并在调用时增加传输块的大小来增强应用程序的性能。这个测试是写一个新文件，所以需要写入元数据。

(12) frewrite：测试调用库函数 frewrite() 写入文件的性能。这也是一个执行缓存与阻塞写操作的库例程。缓存位于用户空间内。如果一个应用程序想要写很小的传输块，frewrite() 函数中的缓存与阻塞 I/O 功能可以通过减少实际的操作系统调用并在调用时增加传输块的大小来增强应用程序的性能。由于这个测试是写入已存在的文件，无需元数据操作，所以测试的性能会高些。

(13) fread：测试调用库函数 fread() 读取文件的性能。这是一个执行缓存与阻塞读操作的库例程。缓存在用户空间之内。如果一个应用程序想要读很小的传输块，fread() 函数中的缓存与阻塞 I/O 功能能通过减少实际的操作系统调用并在调用时增加传输块的大小从而增强应用程序的性能。

(14) mmap：许多操作系统支持 mmap() 的使用来映射一个文件到用户地址空间。映射之后对内存的读写将与文件同步。这使应用程序能十分方便地将文件当作内存块使用。一个例子是内存中的一块将同时作为一个文件保存在于文件系统中。

2. IOzone 的用法

IOzone 语法如下。

```
iozone [-s filesize_Kb][-r record_size_Kb][-f[path]filename]
       [-itest][-E][-p][-a][-A][-z][-Z][-m][-M][-tchildren][-h][-o]
       [-l min_number_procs][-u max_number_procs][-v][-R][-x]
       [-d microseconds][-F path1 path2...][-V pattern][-jstride]
       [-T][-C][-B][-D][-G][-I][-H depth][-k depth][-Umount_point]
       [-S cache_size][-O][-K][-L line_size][-gmax_filesize_Kb]
       [-n min_filesize_Kb][-N][-Q][-P start_cpu][-c][-e][-bfilename]
       [-J milliseconds][-X filename][-Y filename][-w][-W]
       [-y min_recordsize_Kb][-q max_recordsize_Kb][-+mfilename]
       [-+u][-+d][-+p percent_read][-+r][-+t][-+A #]
```

由于参数过多，下面仅列出了部分参数的用法。

(1) -R：产生 Execl 格式的输出日志。

(2) -a：全面自动模式，使用的块大小为 4KB～16MB，当文件大于 32MB 时会自动停止使用低于 64KB 的块大小测试，这将节省测试时间。

(3) -A：由于测试时间过长，该参数告诉 IOzone 不介意等待，即使在文件非常大时也希望进行小块的测试。

(4) -b：输出结果时将创建一个兼容 Excel 的二进制文件。

(5) -B：使用 mmap() 文件。这将使用 mmap() 接口来创建并访问所有测试用的临时文件。一些应用程序倾向于将文件当作一个内存块使用。这些应用程序对文件执行 mmap() 调用，然后就可以用读写内存的方式访问该块来完成文件 I/O。

(6) -c：计算时间时将运行 close() 所用的时间包括进来。

(7) -C：显示吞吐量测试中每个客户传输的字节数。

(8) -d ♯：穿过"壁垒"时允许存在微秒级的延迟。在测试吞吐量时所有线程或进程在执行测试前都必须挂起在一道"壁垒"之前。通常情况下,所有线程或进程在同一时间被释放。这个参数允许在释放每个进程或线程之间有一个微秒级的延迟。

(9) -D:对 mmap 文件使用 msync(MS_ASYNC)。告诉操作系统在 mmap 空间的所有数据需要被异步地写入磁盘。

(10) -i ♯:用来选择测试项,例如 read/write/random,其中 ♯ 的含义如下:

```
0=write/rewrite
1=read/re-read
2=random-read/write
3=read-backwards
4=re-write-record
5=stride-read
6=fwrite/re-fwrite
7=fread/re-fread
8=random mix
9=pwrite/re-pwrite
10=pread/re-pread
11=pwritev/re-pwritev
12=preadv/re-preadv
```

测试格式为

```
-i #
```

比如测试写的格式为

```
-i 0
```

如果是测试读和写,则格式为

```
-i 0 -i 1
```

(11) -＋u:挂载点。

(12) -f:指定测试文件的名字。

(13) -q:指定最大文件块大小(这里的-q 64k 包括了 4KB、8KB、16KB、32KB、64KB)。

(14) -r:指定一次写入或读出的块大小(与-q 有别,-r 64k 只进行 64KB 的测试)。

(15) -s:指定测试的文件大小。通常情况下,测试的文件大小要求至少是系统高速缓存容量的两倍以上,这样,测试的结果才是真实可信的。如果小于高速缓存容量的两倍,文件的读写测试读写的将是高速缓存的读写速度,测试结果会大打折扣。

(16) -n:指定最小测试文件大小。

(17) -g:指定最大测试文件大小。

(18) -C:显示每个结点的吞吐量。

(19) -c:测试包括文件的关闭时间。

(20) -F:file1 file2 ……指定多线程下测试的文件名。

例如,下面测试命令:

```
iozone -i 0 -i 1 -f /iozone.tmpfile -Rab /test-iozone.xls -g 8G -n 4G -C
```

表示对 iozone.tmpfile 下的文件进行全面测试,最小测试文件为 4GB,最大测试文件为 8GB,进行 read、write 测试,显示每个结点的吞吐量,最后将测试结果写入文件 test-iozone.xls。

又如命令

```
iozone -a -n 512m -g 4g -i 0 -i 1 -i 5 -f /mnt/iozone -Rb ./iozone.xls
```

表示对 mnt/iozone 下的文件进行全面测试,最小测试文件为 512MB,最大测试文件为 4GB,测试 read、write 和 strided read 性能,生成测试文件 iozone.xls。

3.7.2 I/O 性能测试工具

Iometer 是 Intel 公司开发的一款免费、开源的磁盘性能测试工具,主要用于在 Windows 和 Linux 操作系统中对磁盘和网络的 I/O 性能进行测试,如图 3-22 所示。

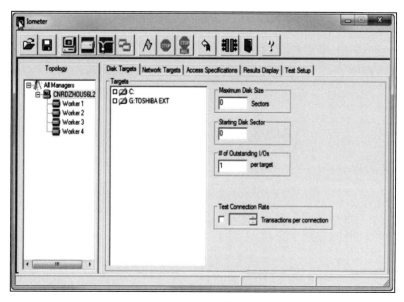

图 3-22 Iometer 的主界面

和其他磁盘工具相比,它不但可以测试 I/O 速率和平均 I/O 响应时间,而且可以通过更改参数的设置来模拟磁盘系统在万维网服务器(web server)、文件服务器(file server)和联机事务处理服务器(online transaction processing server,OLTP server)等真实环境中的读写性能。

在 Iometer 主界面中,工具栏共有 13 个按钮,从左到右依次如下。

📂:打开已有的测试配置文件。

💾:保存现有的测试配置文件,默认文件名为 iometer.icf。

🖥:新增一个负载生成器(Dynamo 支持多现程,默认运行一个)。

🖵:新增 Disk Worker。

📠:在已选定的主机下,新增 Network Worker。

📋:选中一个 Disk Worker 或 Network Worker,单击该按钮,可复制一个完全一样的 Worker。

🖊:开始测试按钮。

: 停止当前测试并保存测试结果。

: 中断所有测试,表明在生成 iobw.tst 测试文件。

: 将 Worker 配置复位。

: 删除 Topology 窗口下的 Manager 和 Worker。

: 退出软件。

: 显示 Iometer 的帮助信息。

Iometer 用于测定在可控制的负荷下计算机 I/O 系统的性能。Iometer 不但可以作为工作负载生成器进行输入输出操作,以便增加系统的 I/O 负荷,而且可作为测量工具检查和记录 I/O 性能和对系统的影响。它可用于模拟包括基准测试程序在内的任意程序的磁盘和网络 I/O 负载或者综合的整体 I/O 负载。

Iometer 可用于检测磁盘和网络控制器的性能、总线的带宽和延迟、附带驱动器的网络吞吐量、共享总线的性能、系统级的硬件驱动性能,以及系统级的网络性能。

Iometer 包含控制程序 Iometer 和负载生成器 Dynamo 两部分。

控制程序 Iometer 使用图形用户接口,可以配置负载,设置操作参数,启动和停止测试。Iometer 可告诉 Dynamo 做什么,搜集分析数据,将分析数据输出到文件中。在某一时刻,只能有一个 Iometer 副本运行,典型的情况是运行在服务器上。

负载生成器 Dynamo 没有用户界面,当接收到 Iometer 发来的命令后,会执行相应的 I/O 操作并且记录性能信息,然后将数据返回给 Iometer。它可以有多个副本同时运行,典型的情况是服务器上运行一个副本,每个客户端各运行一个副本。Dynamo 是多线程的,每个副本都可以模拟多客户程序的工作负载。Dynamo 中每个运行的副本称为 Manager(管理者);副本中的线程称为 Worker(工作者)。

Iometer 具有如下功能。

- 测试磁盘或网络控制器的性能。
- 测试传输带宽及反应能力。
- 测试连接设备的网络吞吐量。
- 测试负荷分担性能。
- 测试系统级的硬件性能。
- 测试系统级的网络性能。

由于在 Linux 系统中使用 Iometer 没有用户界面,所以需要借助 Windows 的用户界面。首先下载 Linux 版的 Iometer 安装程序,进入 src 目录后,利用 dynamo 执行程序,执行以下命令:

```
./dynamo -i windows 主机 ip -m linux 主机 ip
```

然后,下载 Windows 版的 Iometer 安装程序。在安装完成之后,在 Windows 中启动 Iometer,就能看到 Linux 系统中的磁盘。

测试步骤大致如下。

(1) 添加一个 Worker,自动命名为 Worker1(黄色图表表示逻辑盘,如果是物理磁盘,图表为蓝色)。

(2) 选择要测试的磁盘(如 sdb)。

(3) 在 Access Specifications 选项卡中选中 default 并添加至左侧栏内,default 的设置可以通过 edit 调整。

（4）在 Results Display 选项卡中选中页面更新频率，一般选择每 5～10s 刷新一次。

（5）在 Test Setup 选项卡中可以设置测试时间以及其他一些复杂功能，测试时间一般设为 5min。

（6）单击 Iometer 主界面上工具栏的绿色小旗按钮 ，就可以开始测试。

下面是一个简单的本地 I/O 性能测试过程。

（1）启动 Iometer，在 Windows 中单击 Iometer 图标，在 Iometer 启动的同时会自动运行 Dynamo. exe，在 Iometer 中会产生一个 Manager。Iometer 通过 Dynamo 来生成多种 I/O 测试，每个 Dynamo 都称为 Manager。每个 Manager 下又有多个 Worker，Worker 为 Dynamo 的线程，比如 Worker1 用于测试磁盘的 I/O 性能，Worker2 用于测试网络的 I/O 性能。

（2）在 Results Display 页中设置 Update Frequency（Seconds）设置多长时间统计一次测试结果，如果不设置，则在测试期间不显示测试结果，在测试结束后在测试结果文件中也将没有数据。

（3）测试项设置。

- Total I/Os per Second：数据存取速率，该值越大越好。
- Total MBs per Second：数据传输速率，该值越大越好。
- Average I/O Response Time：平均响应时间，该值越小越好。
- CPU Utilization：CPU 占用率，越低越好。

（4）开始测试。单击工具栏中的 按钮，选择一个用于保存测试结果的文件后开始测试，一般每次测试运行 10min 即可。

使用 Iometer 时，需要需要注意以下几点。

（1）Maximum Disk Size（参见图 3-22）表示生成的测试样本空间的大小，如果设置为 0，则 Iometer 会将该分区的所有剩余空间都用于生成 iobw.tst 文件，这个过程时间会比较长；如果要生成指定大小的样本空间，例如 4GB，则要先计算一下这个值，因为每个扇区的大小是 512B，那么 4GB 就需要 $2 \times 1024 \times 1024 \times 4 = 8388608$ 个扇区，因此只需要将 Maximum Disk Size 设置成 8388608 才可生成 4GB 的样本空间。也可以从其他地方复制 4GB 的 iobw.tst 文件到相应的分区，一般都会在服务器的桌面提供这个文件；如果没有，可按照这个方法生成。

（2）♯ of Outstanding I/Os（参见图 3-22）表示并发的数目，如果设置成 1，就代表并发数为 1；如果设置成 32，就代表并发数是 32。

（3）测试磁盘时，一般测试 1min 即可。

Iometer 的功能非常强大，支持许多不同的设置，应熟练掌握。

3.7.3　磁盘阵列卡管理工具

1. MegaRAID Storage Manager

MegaRAID Storage Manager（简称 MSM）是一款服务器专用的图形化管理工具，主要用于管理和监控磁盘阵列（RAID）卡，它可以查看、配置和维护所有的磁盘阵列卡的信息。

使用 MSM 可以查看磁盘数量、磁盘组数量、使用容量等统计信息，查看各个磁盘的状态，查看逻辑磁盘、磁盘组的详细状态，针对磁盘进行设置。例如设置全局热备份盘，单独的 RAID 组中的热备份盘（如果存储设备支持全局热备份），创建磁盘组，等等。

MSM 有 Windows 版和 Linux 版，在下载和安装 MSM 后，会在桌面及"开始"菜单中生成如图 3-23 所示的快捷方式，运行后会识别出本机的主机名称及

图 3-23　MSM 的桌面
快捷方式

IP 地址。

登录后即可进入 MSM 的主界面，如图 3-24 所示。MSM 界面分为上、中、下三部分。

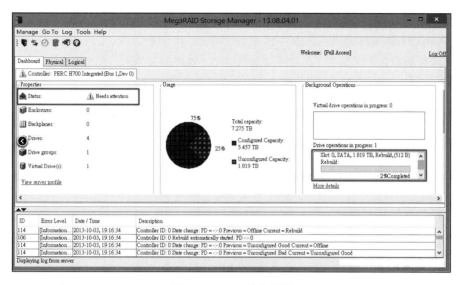

图 3-24　MSM 的主界面

MSM 的主界面上部包括菜单栏及工具按钮，工具按钮 ![工具按钮] 从左到右的作用分别是选择主机、刷新、调整、新建阵列、登出、帮助。

MSM 的主界面中部是用于交互的 Dashboard（仪表板）、Physical（物理）及 Logical（逻辑）3 个选项卡；在 Physical 选项卡中，会显示所有物理硬件及其状态属性，包括 RAID 卡、Expander、硬盘、电池（超级电容）等。在 Logical 选项卡中，会显示所有逻辑配置及其状态属性，包括 Drive Group 及 Virtual Drive 等。

MSM 的主界面下部是日志窗口，会按 ID（日志类别）、Error Level（出错级别）、Date/Time（时间日期）及 Description（内容表述）的方式排列日志。

MSM 的主要操作如下。

（1）创建 RAID 阵列。

（2）创建有 Span[①] 的阵列（如 RAID 10）。

（3）在剩余阵列空间中新建卷。

（4）删除 RAID 卷。

（5）修改 RAID 卷参数设置。

（6）初始化 RAID 卷。

（7）设置硬盘为 JBOD 状态。

（8）设置热备份盘。

（9）修复因误插拔而掉线的硬盘。

（10）导入和删除外来（Foreign[②]）阵列信息。

---

① Span 的规范名称是 JBOD 模式，它不是严格意义上的 RAID，只是将多块硬盘组成一个很大的逻辑硬盘，写入数据时，写满一块硬盘后再写入另一块，不提供容错。

② 来自其他服务器上硬盘的阵列称为外来阵列。

（11）擦除硬盘和去除单个硬盘的 Foreign 标记。

（12）将新磁盘加入已有阵列。

2．MegaCli

MegaCli 是由 LSI 公司提供的一款 RAID 卡管理工具，用于查看 RAID 卡的型号、类型、磁盘状态等信息，管理和维护磁盘阵列卡，可以进行在线添加磁盘、创建磁盘阵列、删除磁盘阵列等操作。

MegaCli 是命令行命令，常用命令如下。

（1）显示所有逻辑磁盘组信息：

```
MegaCli -LDInfo -LALL -aALL
```

（2）查看 RAID 卡信息：

```
MegaCli -AdpAllInfo -aALL
```

（3）查看所有磁盘的状态：

```
MegaCli -PDList -aALL
```

（4）查看 RAID 卡日志：

```
MegaCli -FwTermLog -Dsply -aALL
```

（5）显示 RAID 卡的型号、设置和磁盘的相关信息：

```
MegaCli -cfgdsply -aALL
```

（6）在线添加磁盘：

```
MegaCli -LDRecon -Start -r5 -Add -PhysDrv[1:4] -L1 -a0
```

（7）创建磁盘阵列，不指定热备份磁盘：

```
MegaCli -CfgLdAdd -r5 [1:2,1:3,1:4] WB Direct -a0
```

（8）创建一个 RAID 5 磁盘阵列，由物理盘 2、3、4 构成，指定磁盘阵列的热备份磁盘是物理盘 5：

```
MegaCli -CfgLdAdd -r5 [1:2,1:3,1:4] WB Direct -Hsp[1:5] -a0
```

（9）指定第 5 块磁盘为全局热备份磁盘：

```
MegaCli -PDHSP -Set [-EnclAffinity] [-nonRevertible] -PhysDrv[1:5] -a0
```

（10）指定第 5 块磁盘为某个磁盘阵列专用的热备份磁盘：

```
MegaCli -PDHSP -Set [-Dedicated[-Array1]] [-EnclAffinity] [-nonRevertible] -PhysDrv[1:5] -a0
```

（11）删除全局热备份磁盘：

```
MegaCli -PDHSP -Rmv -PhysDrv[1:5] -a0
```

（12）删除磁盘阵列：

```
MegaCli -CfgLdDel -L1 -a0
```

（13）将某块物理盘下线或上线：

```
MegaCli -PDOffline -PhysDrv [1:4] -a0
```

（14）将某块物理盘上线：

```
MegaCli -PDOnline -PhysDrv [1:4] -a0
```

（15）磁盘阵列创建完后，查看初始化同步块的进度：

```
MegaCli -LDInit -ShowProg -LALL -aALL
```

（16）以动态可视化文字界面显示 RAID 卡初始化同步块的过程：

```
MegaCli -LDInit -ProgDsply -LALL -aALL
```

（17）查看磁盘阵列的后台初始化进度：

```
MegaCli -LDBI -ShowProg -LALL -aALL
```

（18）以动态可视化文字界面显示 RAID 卡的后台初始化进度：

```
MegaCli -LDBI -ProgDsply -LALL -aALL
```

（19）查看物理磁盘的重建进度：

```
MegaCli -PDRbld -ShowProg -PhysDrv [1:5] -a0
```

（20）以动态可视化文字界面显示物理磁盘的重建进度：

```
MegaCli -PDRbld -ProgDsply -PhysDrv [1:5] -a0
```

（21）查看电池信息：

```
MegaCli -AdpBbuCmd -aAll
```

（22）查看充电状态：

```
MegaCli -AdpBbuCmd -GetBbuStatus -aALL |grep 'Charger Status'
```

（23）显示适配器个数：

```
MegaCli -adpCount
```

（24）显示适配器时间：

```
MegaCli -AdpGetTime -aALL
```

（25）显示所有适配器信息：

```
MegaCli -AdpAllInfo -aAll
```

（26）显示 BBU 状态信息：

```
MegaCli -AdpBbuCmd -GetBbuStatus -aALL
```

（27）显示 BBU 容量信息：

```
MegaCli -AdpBbuCmd -GetBbuCapacityInfo -aALL
```

（28）显示 BBU 设计参数：

```
MegaCli -AdpBbuCmd -GetBbuDesignInfo -aALL
```

（29）显示当前 BBU 属性：

```
MegaCli -AdpBbuCmd -GetBbuProperties -aALL
```

（30）查看磁盘的缓存策略：

```
MegaCli -LDGetProp -Cache -L0 -a0
MegaCli -LDGetProp -Cache -L1 -a0
MegaCli -LDGetProp -Cache -LALL -a0
MegaCli -LDGetProp -Cache -LALL -aALL
MegaCli -LDGetProp -DskCache -LALL -aALL
```

（31）设置磁盘的缓存策略：

```
MegaCli -LDSetProp WT|WB|NORA|RA|ADRA -L0 -a0
MegaCli -LDSetProp -Cached|-Direct -L0 -a0
MegaCli -LDSetProp -EnDskCache|-DisDskCache -L0 -a0
```

习题 3

一、选择题

1. 下列 RAID 技术中，无法提高读写性能的是（　　）。

    A. RAID 0　　　　　　B. RAID 1　　　　　　C. RAID 3　　　　　　D. RAID 5

2. 下列 RAID 技术中,在两块磁盘同时出现故障后仍然保证数据有效的是( )。

  A. RAID 3   B. RAID 4   C. RAID 5   D. RAID 6

3. 下列 RAID 技术中,无法提高可靠性的是( )。

  A. RAID 0   B. RAID 1   C. RAID 10   D. RAID 01

4. 下列 RAID 组中,需要的最小硬盘数为 3 的是( )。

  A. RAID 1   B. RAID 3   C. RAID 5   D. RAID 10

5. 下列说法中,不正确的是( )。(多选)

  A. 由多个磁盘组成的 RAID 称为物理卷

  B. 在物理卷的基础上可以按照指定容量创建一个或多个逻辑卷,通过 LVN(Logic Volume Number)来标识

  C. RAID 5 能够提高读写速率,并提供一定程度的数据安全,但是当有单块硬盘故障时,读写性能会大幅下降

  D. 从广义上讲,RAID 6 是指能够允许两个硬盘同时失效的 RAID 级别;从狭义上讲,RAID 6 是特指 HP 的 ADG 技术

6. 下列 RAID 技术中,采用奇偶校验方式提供数据保护的是( )。

  A. RAID 1   B. RAID 3   C. RAID 5   D. RAID 10

7. 磁盘阵列的两大关键部件为( )。(多选)

  A. 控制器   B. HBA 卡   C. 磁盘柜

8. 服务器中支持 RAID 技术的部件包括( )。

  A. 硬盘   B. 电源   C. 芯片   D. 内存

9. 硬盘的控制电路主要包含( )。

  A. RAID 控制芯片   B. 数据传输芯片

  C. 高速数据缓存芯片   D. 主控制芯片

10. 下面的 RAID 级别中,数据冗余能力最弱的是( )。

  A. RAID 5   B. RAID 1   C. RAID 6   D. RAID 0

11. 若 N 表示镜像盘的个数,则 RAID 5 级别的 RAID 组的磁盘利用率为( )。

  A. $1/N$ B. 100%   C. $(N-1)/N$ D. $1/2$

12. 若 N 表示镜像盘个数,则 RAID 6 级别的 RAID 组的磁盘利用率为( )。

  A. $N/(N-2)$ B. 100%   C. $(N-2)/N$ D. $1/2N$

13. 若 N 表示镜像盘个数,则 RAID 1 的 RAID 组的磁盘利用率为( )。

  A. $1/N$ B. 100%   C. $(N-1)/N$ D. $1/2$

14. 如果需要创建一个 RAID 10 的 RAID 组,至少需要( )块硬盘。

  A. 2   B. 3   C. 4   D. 5

15. 对于 E-mail 或者是 DB 应用,( )是不被推荐的 RAID 级别。

  A. RAID 10   B. RAID 6   C. RAID 5   D. RAID 0

16. 磁盘阵列中映射给主机使用的通用存储空间单元被称为( ),它是在 RAID 的基础上创建的逻辑空间。

  A. LUN   B. RAID   C. 硬盘   D. 磁盘阵列

17. 按照对外接口的类型不同,常见的磁盘阵列可以分为( )。

  A. SCSI 磁盘阵列 B. iSCSI 磁盘阵列 C. NAS 存储   D. FC 磁盘阵列

二、简答题

1. 在常用 RAID 级别中,哪种 RAID 级别性能最好?哪种 RAID 级别冗余程度最高?相同可用容量下,哪种 RAID 级别开销最高?

2. 若 RAID 5 中的一块磁盘失效,则 RAID 运行在什么状态?若又有一块磁盘发生故障,会进入什么状态?

3. 为以下应用场景,选择合适的 RAID 模式、条带大小(大致范围),并给出理由。

(1) 非线性编辑工作站(如专事视频编辑的 PC)。

(2) Web 服务器。

(3) 代理服务器。

(4) FTP 服务器。

三、实验题

1. RAID 卡和半硬 RAID 的体验。

【实验目的】

(1) 了解 RAID 卡和主板上集成的 RAID 芯片之间的区别。

(2) 掌握搭建磁盘阵列的方法。

(3) 了解在 Windows 和 Linux 操作系统下磁盘阵列的支持情况。

【实验环境】

(1) 一台有 RAID 卡的服务器(或 PC)。

(2) 一台有板载 RAID 芯片的 PC。

(3) 每台机器配置 3 块容量均为 500GB 的 SATA 磁盘。

【实验内容】

(1) 打开主机箱,观察独立 RAID 卡、板载 RAID 芯片,比较两者差异。

① 独立 RAID 卡一般安装在服务器上。可在开机时对 CMOS 进行设置。不同的计算机,操作方式也有所差别。本步骤所用计算机的操作方式是_____。

② 板载 RAID 芯片一般配置较高性能的 PC 上,同样是在开机时对 CMOS 进行设置。本步骤机器的操作方式是_____。

(2) 在 Windows 操作系统、Linux 操作系统(可以是实体机或虚拟机)上进行数据存取操作,观察 RAID 0、RAID 1 和 RAID 5 的作用。例如,观察硬盘能否热插拔,可关机后拔出其中一块硬盘,再开机,观察系统是否能正常启动、磁盘容量变化情况。

① Windows 操作系统(一般需要服务器版本)。

说明 Windows 的版本、安装后如何查看 RAID 信息、硬盘容量在 RAID 下的变化情况、简单的容错作用。

② Linux 操作系统。

说明 Linux 的版本、安装后如何查看 RAID 信息、硬盘容量在 RAID 下的变化情况、简单的容错作用。

③ 讨论这两种操作系统在 RAID 使用上的差别。

(3) 比较独立 RAID 卡和板载 RAID 芯片两种情况实现 RAID 的优缺点。

2. 在 Windows 中实现基于软件的 RAID。

【实验要求】

按下述要求完成实验,详细记录实验过程,记录实验中遇到的疑难问题和解决思路,并提出验证或测试实验的方法。

(1) 实验 Windows Server 操作系统平台版本是＿＿＿＿＿＿＿＿。

(2) 一般来说,硬盘上的数据主要分为三大类,一类是数据文档,例如工作文档、图片作品、音像文件、源程序等;另一大类是可以再次获得的数据,例如操作系统和常用应用软件;最后一类是临时性质的数据,例如操作系统的虚拟内存、各大应用程序的缓存,临时文件等。

根据上述分类,硬盘分区时一般要划分 4 个分区(其中一个作为系统分区)。考虑 C 盘"系统软件"、D 盘"重要数据"(RAID 1)、E 盘"有用数据"(RAID 5)、H 盘"临时数据"(RAID 0)。

C 盘无法组建 RAID,因此无保护,普通速度读写。用来存放操作系统和一些非绿色的安装型软件。作为启动盘和系统盘,可为其预留 20GB 的空间。

D 盘是镜像盘,1+1 保护,高速读、普通速度写。用来存放数据文档,此种数据文件一般数量不多,文件不大,可为其预留 10GB 的空间。

E 盘组建 RAID 5,冗余备份单盘故障可恢复,超高速读、低速写。用来存放可以直接运行的绿色软件、常用软件的安装程序备份。为其预留 40GB 的空间。

H 盘高速盘,存放临时性的文件,包括操作系统的虚拟内存、IE 临时文件(缓存)、系统临时文件、用户临时文件等。预留 20GB。但是考虑到与 C 盘保持一致,方便恢复,因此也使用 20GB 单盘,共 40GB 容量。

上述划分的磁盘空间仅供参考,可根据实际磁盘情况决定合适的大小。硬盘划分后,进行性能、存储安全性验证或测试实验。

3. Linux 系统下的 mdadm 实验。

【实验要求】

建立 4 个大小为 1GB 的磁盘,并将其中 3 个创建为 RAID 5 的阵列磁盘,1 个为热备份磁盘。要求测试热备份磁盘替换 RAID 中的磁盘并同步数据,最后要求开机自动挂载。

【实验步骤】

(1) 创建磁盘。

(2) 加载内核。

(3) 创建 RAID 5 及其热备份磁盘。

(4) 初始化时间和磁盘阵列的读写的应用相关,查询 RAID 当前重构的速度和预期的完成时间。

(5) 挂载 RAID 到/mnt 目录下,并查看是否正常。

(6) 查看 RAID 的详细信息。

(7) 模拟损坏其中的一个磁盘。

(8) 查看 RAID 的详细信息,观察磁盘替换情况。

(9) 移除损坏的硬盘,添加一个新硬盘作为热备份磁盘。

(10) 设置开机自动挂载。

4. 对基于软件的 RAID 进行配置和读写性能测试。

【实验要求】

以 Ubuntu 为实验平台,使用 mdadm 创建 RAID 0,然后使用 IOzone 软件进行读写性能测试。

5. RAID 测试实验。

【实验目的】

(1) 了解关于读写性能的概念：顺序/并发、连续/随机、大/小文件。

(2) 了解服务器中 RAID 的管理方式：BIOS 设置、软件设置。

(3) 对不同类型的 RAID 进行测试，通过测试数据理解各种 RAID 类型的特点。

(4) 将使用传统硬盘和固态盘搭建的 RAID 进行对比测试，体会两种磁盘的性能差异。

(5) 通过测试实验，了解缓存对读写性能的影响以及相关阵列辅助算法的使用。

【实验环境】

(1) RAID 服务器一台，配有独立的 RAID 卡、1TB 的硬盘 10 块、500GB 的固态盘 10 块。说明实验所用操作系统和版本。

(2) RAID 卡管理软件(安装在磁盘阵列服务器上)。

(3) Iometer 磁盘测试软件(安装在磁盘阵列服务器上)。

【实验说明】

IOPS(input/output operations per second，每秒进行读写操作的次数)多用于在数据库等场合衡量随机访问的性能。

在符合要求的 RAID 服务器上完成实验。先阅读相关的操作说明文档、熟悉测试和管理软件。经过适当的讨论后，参考文档进行相应的实验操作。

要求：分别注明使用了哪种测试软件，并给出所设测试环境的截图，根据测试结果填写相应的表格，画出所测数据的折线图。

【实验内容】

下面是一些常见类型 RAID 的基本实验。

注意：实验中，(1)～(4)要求在关闭读缓存和选择 write through 方式下进行。

(1) 根据表 3-1 进行单盘性能测试(在 RAID 卡中的设定可以是单个盘的 RAID 0、JBOD、VOLUME 方式，具体因 RAID 卡的功能而异)。

表 3-1 单盘性能测试表

条　件	参　数			
文件大小/KB	8			
并发数	1	32	1	32
访问方式	随机读		连续读	
	测试结果，折线图如图 3-25(a)所示			
硬盘组合	IOPS/(MB · s^{-1})	IOPS/(MB · s^{-1})	IOPS/(MB · s^{-1})	IOPS/(MB · s^{-1})
HDD×1				
SSD×1				
机械磁盘分析				
固态磁盘分析				
	测试结果，折线图如图 3-25(b)所示			
访问方式	随机写		连续写	

条　　件	参　　数			
硬盘组合	IOPS/(MB·s⁻¹)	IOPS/(MB·s⁻¹)	IOPS/(MB·s⁻¹)	IOPS/(MB·s⁻¹)
HDD×1				
SSD×1				
机械磁盘分析				
固态磁盘分析				
测试结果,折线图如图 3-25(c)所示				
访问方式	随机读		连续写	
硬盘组合	IOPS/(MB·s⁻¹)	IOPS/(MB·s⁻¹)	IOPS/(MB·s⁻¹)	IOPS/(MB·s⁻¹)
HDD×1				
SSD×1				
机械磁盘分析				
固态磁盘分析				
测试结果,折线图如图 3-25(d)所示				
访问方式	随机写		连续读	
硬盘组合	IOPS/(MB·s⁻¹)	IOPS/(MB·s⁻¹)	IOPS/(MB·s⁻¹)	IOPS/(MB·s⁻¹)
HDD×1				
SSD×1				
机械磁盘分析				
固态磁盘分析				
机械磁盘与固态磁盘性能比较分析				

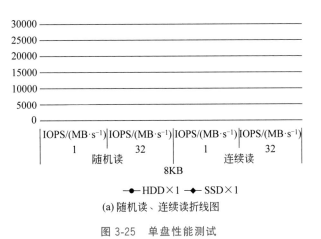

(a)随机读、连续读折线图

图 3-25　单盘性能测试

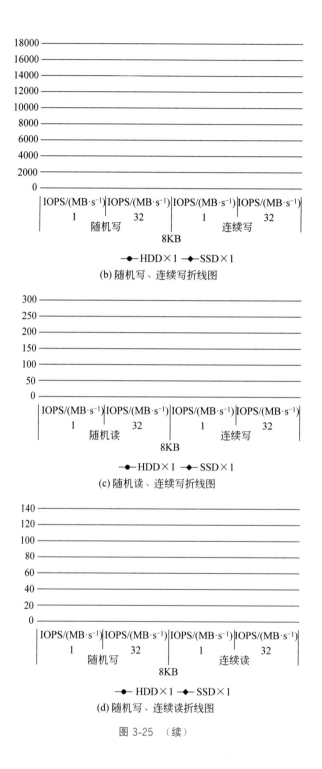

(b) 随机写、连续写折线图

(c) 随机读、连续写折线图

(d) 随机写、连续读折线图

图 3-25 （续）

（2）根据表 3-2 进行 RAID 0 组合测试。

表 3-2　多盘混合性能测试表

条　　件	参　　数			
文件大小/KB	8			
并发数	1	32	1	32
访问方式	随机读		连续读	
测试结果,折线图如图 3-26(a)所示				
硬盘组合	IOPS/(MB·s^{-1})	IOPS/(MB·s^{-1})	IOPS/(MB·s^{-1})	IOPS/(MB·s^{-1})
HDD×2				
HDD×4				
SSD×2				
SSD×4				
机械磁盘分析				
固态磁盘分析				
测试结果,折线图如图 3-26(b)所示				
访问方式	随机写		连续写	
硬盘组合	IOPS/(MB·s^{-1})	IOPS/(MB·s^{-1})	IOPS/(MB·s^{-1})	IOPS/(MB·s^{-1})
HDD×2				
HDD×4				
SSD×2				
SSD×4				
机械磁盘分析				
固态磁盘分析				
测试结果,折线图如图 3-26(c)所示				
访问方式	随机读		连续写	
硬盘组合	IOPS/(MB·s^{-1})	IOPS/(MB·s^{-1})	IOPS/(MB·s^{-1})	IOPS/(MB·s^{-1})
HDD×2				
HDD×4				
SSD×2				
SSD×4				
机械磁盘分析				
固态磁盘分析				
测试结果,折线图如图 3-26(d)所示				
访问方式	随机写		连续读	

续表

条　件	参　数			
硬盘组合	IOPS/(MB·s^{-1})	IOPS/(MB·s^{-1})	IOPS/(MB·s^{-1})	IOPS/(MB·s^{-1})
HDD×2				
HDD×4				
SSD×2				
SSD×4				
机械磁盘分析				
固态磁盘分析				
结果讨论				

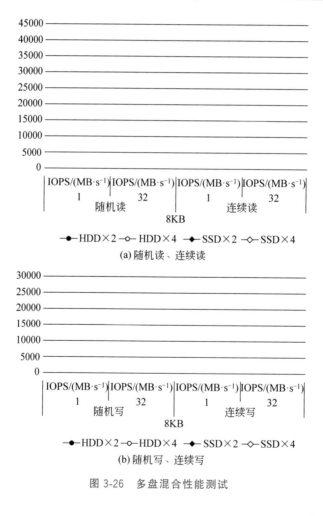

图 3-26　多盘混合性能测试

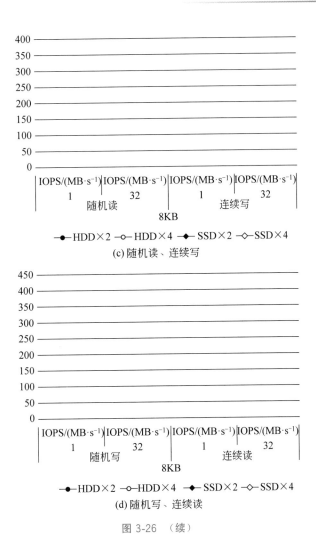

图 3-26 （续）

（3）根据表 3-3 进行 RAID 1 组合测试。

表 3-3 双盘混合性能测试表

条 件	参 数			
文件大小/KB	8			
并发数	1	32	1	32
访问方式	随机读		连续读	
	测试结果，折线图如图 3-27(a)所示			
硬盘组合	IOPS/(MB·s⁻¹)	IOPS/(MB·s⁻¹)	IOPS/(MB·s⁻¹)	IOPS/(MB·s⁻¹)
HDD×2				
SSD×2				
机械磁盘分析				
固态磁盘分析				

续表

条　件	参　数			
	测试结果,折线图如图 3-27(b)所示			
访问方式	随机写		连续写	
硬盘组合	IOPS/(MB·s⁻¹)	IOPS/(MB·s⁻¹)	IOPS/(MB·s⁻¹)	IOPS/(MB·s⁻¹)
HDD×2				
SSD×2				
机械磁盘分析				
固态磁盘分析				
	测试结果,折线图如图 3-27(c)所示			
访问方式	随机读		连续写	
硬盘组合	IOPS/(MB·s⁻¹)	IOPS/(MB·s⁻¹)	IOPS/(MB·s⁻¹)	IOPS/(MB·s⁻¹)
HDD×2				
SSD×2				
机械磁盘分析				
固态磁盘分析				
	测试结果,折线图如图 3-27(d)所示			
访问方式	随机写		连续读	
硬盘组合	IOPS/(MB·s⁻¹)	IOPS/(MB·s⁻¹)	IOPS/(MB·s⁻¹)	IOPS/(MB·s⁻¹)
HDD×2				
SSD×2				
机械磁盘分析				
固态磁盘分析				
	结果讨论			

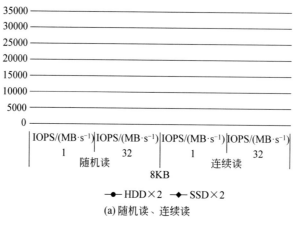

(a)随机读、连续读

图 3-27　双盘混合性能测试

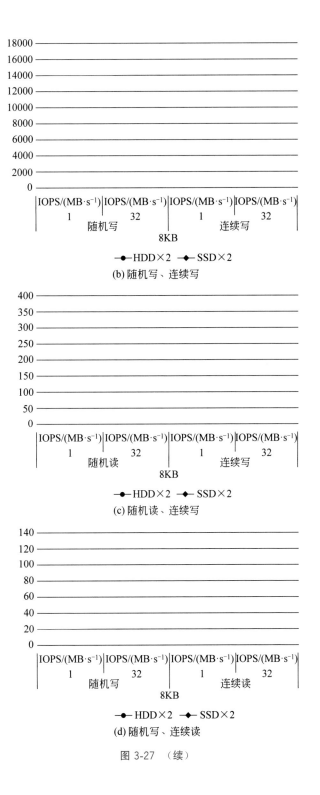

(b) 随机写、连续写

(c) 随机读、连续写

(d) 随机写、连续读

图 3-27 （续）

（4）根据表 3-4 进行 RAID 5 组合测试。

表 3-4   多盘混合性能测试表

条　　件	参　　数			
文件大小/KB	8			
并发数	1	32	1	32
访问方式	随机读		连续读	
测试结果,折线图如图 3-28(a)所示				
硬盘组合	IOPS/(MB · s^{-1})	IOPS/(MB · s^{-1})	IOPS/(MB · s^{-1})	IOPS/(MB · s^{-1})
HDD×3				
HDD×4				
SSD×3				
SSD×4				
机械磁盘分析				
固态磁盘分析				
测试结果,折线图如图 3-28(b)所示				
访问方式	随机写		连续写	
硬盘组合	IOPS/(MB · s^{-1})	IOPS/(MB · s^{-1})	IOPS/(MB · s^{-1})	IOPS/(MB · s^{-1})
HDD×3				
HDD×4				
SSD×3				
SSD×4				
机械磁盘分析				
固态磁盘分析				
测试结果,折线图如图 3-28(c)所示				
访问方式	随机读		连续写	
硬盘组合	IOPS/(MB · s^{-1})	IOPS/(MB · s^{-1})	IOPS/(MB · s^{-1})	IOPS/(MB · s^{-1})
HDD×3				
HDD×4				
SSD×3				
SSD×4				
机械磁盘分析				
固态磁盘分析				
测试结果,折线图如图 3-28(d)所示				
访问方式	随机写		连续读	

续表

条 件	参 数			
硬盘组合	IOPS/(MB·s^{-1})	IOPS/(MB·s^{-1})	IOPS/(MB·s^{-1})	IOPS/(MB·s^{-1})
HDD×3				
HDD×4				
SSD×3				
SSD×4				
机械磁盘分析				
固态磁盘分析				
结果讨论				

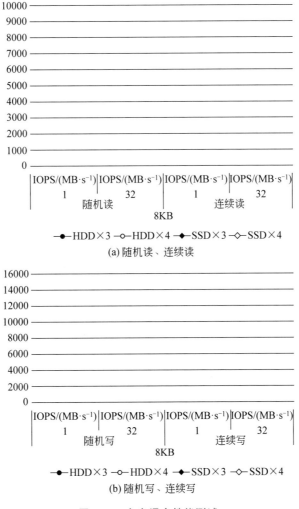

(a)随机读、连续读

(b)随机写、连续写

图 3-28 多盘混合性能测试

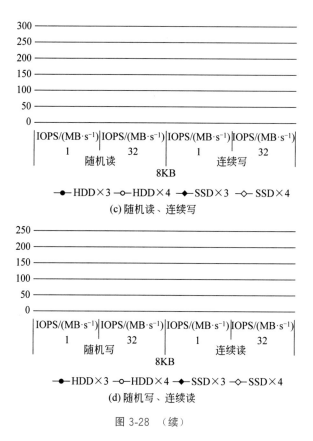

图 3-28 （续）

（5）缓存算法实验。

注意：下面实验要求开启读缓存和 write back 模式进行。

① 根据表 3-5 进行 RAID 1 组合测试。

表 3-5　RAID 1 组合测试

条　　件	参　　数			
文件大小/KB	8			
并发数	1	32	1	32
访问方式	随机读		连续读	
	测试结果，折线图如图 3-29(a)所示			
硬盘组合	IOPS/(MB · s^{-1})	IOPS/(MB · s^{-1})	IOPS/(MB · s^{-1})	IOPS/(MB · s^{-1})
HDD×2				
SSD×2				
机械磁盘分析				
固态磁盘分析				
	测试结果，折线图如图 3-29(b)所示			
访问方式	随机写		连续写	

续表

条　件	参　数			
硬盘组合	IOPS/(MB·s^{-1})	IOPS/(MB·s^{-1})	IOPS/(MB·s^{-1})	IOPS/(MB·s^{-1})
HDD×2				
SSD×2				
机械磁盘分析				
固态磁盘分析				
	测试结果,折线图如图3-29(c)所示			
访问方式	随机读		连续写	
硬盘组合	IOPS/(MB·s^{-1})	IOPS/(MB·s^{-1})	IOPS/(MB·s^{-1})	IOPS/(MB·s^{-1})
HDD×2				
SSD×2				
性能小结				
	测试结果,折线图如图3-29(d)所示			
访问方式	随机写		连续读	
硬盘组合	IOPS/(MB·s^{-1})	IOPS/(MB·s^{-1})	IOPS/(MB·s^{-1})	IOPS/(MB·s^{-1})
HDD×2				
SSD×2				
机械磁盘分析				
固态磁盘分析				
	结果讨论			

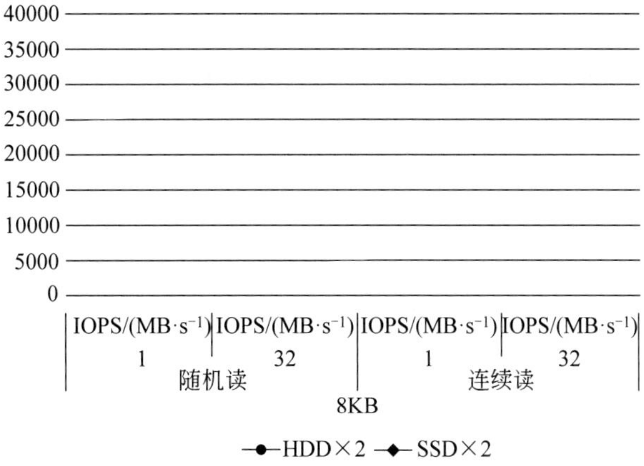

(a)随机读、连续读

图3-29 RAID 1组合测试

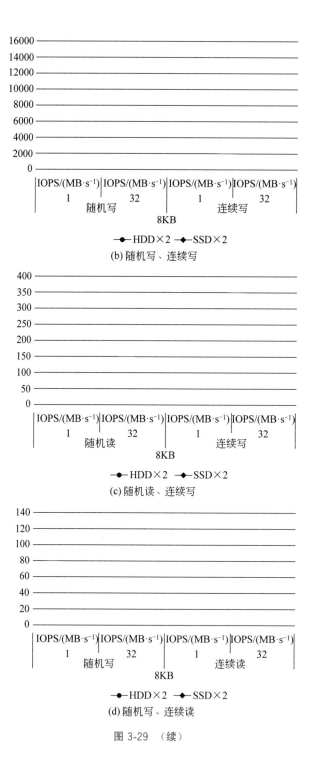

图 3-29 （续）

② 根据表 3-6 进行 RAID 5 组合测试。

表 3-6　RAID 5 组合测试

条　　件	参　　数			
文件大小/KB	8			
并发数	1	32	1	32
访问方式	随机读		连续读	
	测试结果,折线图如图 3-30(a)所示			
硬盘组合	IOPS/(MB·s^{-1})	IOPS/(MB·s^{-1})	IOPS/(MB·s^{-1})	IOPS/(MB·s^{-1})
HDD×4				
SSD×4				
机械磁盘分析				
固态磁盘分析				
	测试结果,折线图如图 3-30(b)所示			
访问方式	随机写		连续写	
硬盘组合	IOPS/(MB·s^{-1})	IOPS/(MB·s^{-1})	IOPS/(MB·s^{-1})	IOPS/(MB·s^{-1})
HDD×4				
SSD×4				
机械磁盘分析				
固态磁盘分析				
	测试结果,折线图如图 3-30(c)所示			
访问方式	随机读		连续写	
硬盘组合	IOPS/(MB·s^{-1})	IOPS/(MB·s^{-1})	IOPS/(MB·s^{-1})	IOPS/(MB·s^{-1})
HDD×4				
SSD×4				
机械磁盘分析				
固态磁盘分析				
	测试结果,折线图如图 3-30(d)所示			
访问方式	随机写		连续读	
硬盘组合	IOPS/(MB·s^{-1})	IOPS/(MB·s^{-1})	IOPS/(MB·s^{-1})	IOPS/(MB·s^{-1})
HDD×4				
SSD×4				
性能小结				
	结果讨论			

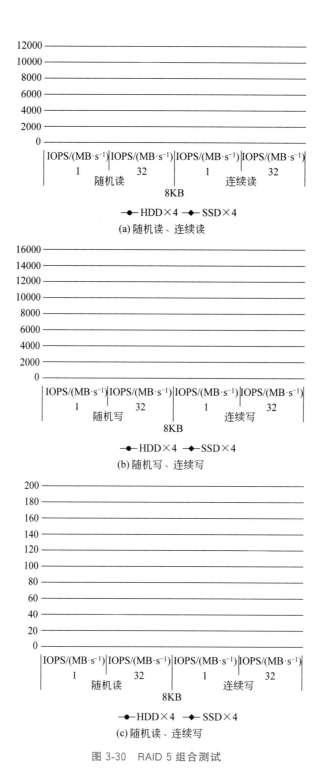

图 3-30　RAID 5 组合测试

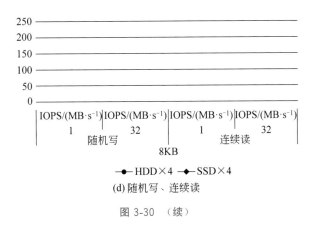

图 3-30 （续）

【实验思考】

（1）在常见的 RAID 类型基本实验中,各种 RAID 类型的特点相对于单个磁盘的性能是如何体现的?固态盘和机械硬盘在组成 RAID 之后,最终的性能效果有怎样的区别?在固态盘组成 RAID 之后,还有哪些方面需要改善?

（2）在缓存算法实验中,若开启读缓存和使用 write-back 取代 write through,则与开启之前进行对比,有哪些性能得到了提升?为什么?

6. WinHex RAID 0 分析。

WinHex 是一款以通用的十六进制编辑器为核心,用于计算机取证、数据恢复、低级数据处理以及 IT 安全性、各种日常紧急情况的高级工具,可检查和修复各种文件、恢复删除文件、硬盘损坏等造成的数据丢失等。其中内置了 RAID 和动态磁盘分析器。

在掌握 WinHex 的用法后,完成下面实验内容。

【实验要求】

（1）准备一块容量为 1TB 的硬盘,然后虚拟出 3 块容量为 1GB 的磁盘,将这 3 块磁盘做 RAID 0,将其格式化为 NTFS 格式。

（2）运行 WinHex,分析这 3 块磁盘中哪块是 RAID 0 的第一块盘和第二块盘。

7. 利用 disksim 磁盘系统模拟器进行阵列性能测试。

disksim 是一款高效、准确、可配置的磁盘系统模拟器,用于研究各种存储体系的性能,具有模块多、配置全的特点,已在许多存储系统效率及性能的研究中应用,它能很真实地模拟存储系统的工作情况。

自行掌握 disksim 的用法,完成下面实验内容。

【实验要求】

（1）掌握 disksim 工具的使用。

（2）安装 disksim 工具。

（3）配置 RAID 0、RAID 1、RAID 5 并进行阵列性能测试。在有效存储容量相同的情况下,哪种 RAID 所用的时间最少、速度最快?

（4）任意选择其中一种 RAID 模式,分析验证其参数敏感性。例如,选用 RAID 0 作为测试模式,使用单一变量的方法对敏感性进行研究,分别测试盘数和条带大小对性能的影响。然后通过条带大小一定,磁盘数改变;磁盘数一定,条带大小改变两种情况进行分析与讨论。

将以上实验过程拍成视频。

第4章 存储文件系统

4.1 文件系统概况

4.1.1 文件系统

计算机文件是以计算机磁盘为载体的存储在计算机上的信息集合,可以是文本、图片、可执行程序等。在操作系统中,文件系统主要用于管理和存取文件信息,供访问磁盘、磁盘分区或逻辑卷内的数据文件时使用。在文件系统支持下,用户可以对文件进行创建、修改、删除和访问,而不必关心存储介质上数据存放的实际地址、使用了多少数据块,以及存储介质上的那个块地址有没有被使用,只需要记住这个文件的所属目录和文件名。存储介质上的存储空间管理(分配和释放)由文件系统自动完成,对磁盘上所存文件的访问需要有文件拥有者授权才能进行,这通常也是由文件系统控制的。

对操作系统而言,如果没有文件系统,对存储设备上的信息进行访问将是一件难以想象的事情。文件系统由3部分组成:文件系统的接口、对对象进行操纵和管理的软件集合,以及对象和属性。从系统的角度看,文件系统是对文件存储设备的空间进行组织和分配,负责文件存储,对存入的文件进行保护和检索的系统。具体地说,它负责为用户建立文件、存入、取出、修改、转储文件,并在用户不再使用时撤销文件等。文件系统为操作系统提供接口,可使上层用户和应用能够透明地访问文件和设备。

文件系统包括以下功能:管理和调度文件的存储空间,提供文件的逻辑结构、物理结构和存储方法,实现文件从标识到实际地址的映射,实现文件的控制操作和存取操作,实现文件信息的共享并提供安全措施。

文件系统使用目录(或称"文件夹")用分层结构对数据进行管理。目录中保存的是指向文件的指针,所有的文件系统都维护着目录、子目录和文件的指针映射,这些内容也是文件系统的一部分。常见的文件系统有以下几种类型。

(1)磁盘文件系统。该系统是利用数据存储设备保存计算机文件的,最常用的数据存储设备是可以直接或者间接地连接到计算机上的各种磁盘驱动器。

(2)光碟文件系统。该系统用于 CD、DVD 与蓝光光碟的 ISO 9660 和 UDF 都属于光碟文件系统。

(3)闪存文件系统。该系统是一种专门用于在闪存上储存文件的文件系统。

(4)网络文件系统。该系统是一种将远程主机上的分区(目录)经网络挂载到本地系统的一种机制。

常用的文件系统如下。

- FAT(file allocation table,文件分配表);
- NTFS(new technology file system,新技术文件系统);
- exFAT(extended file allocation table,扩展文件分配表);
- ext 或 ext1(extended file system,扩展文件系统);
- ext2(second extended file system,第二代扩展文件系统);
- ext3(third extended file system,第三代扩展文件系统);
- ext4(fourth extended file system,第四代扩展文件系统);

- HFS(hierarchical file system,分层文件系统);
- APFS(apple file system,苹果文件系统);
- NFS(network file system,网络文件系统);
- GlusterFS(GNU cluster file system)开源分布式文件系统。

存储文件系统分为传统文件系统和网络文件系统。传统文件系统是面向本地主机的文件系统,它是操作系统的重要组成部分,在使用时可直接调用设备驱动程序,而网络文件系统则实现了对远端文件的透明存取。例如,著名的 NFS 就是一种基于客户-服务器模式的文件系统,客户和服务器通过远程过程调用(remote procedure call,RPC)通信。当客户端的某个进程发出操作 NFS 文件的系统调用时,内核与文件系统无关的代码会找到文件的虚结点并调用相关的操作,这些代码称为虚拟文件系统(virtual file system,VFS)。

信息时代,数据的合法使用和安全存储是信息安全的重要保障。文件是存储数据的单位,也是用户可直接操作和使用的资源,其使用权限和存储属性的设置是确保文件安全使用的关键。

4.1.2　元数据和元数据管理

1. 元数据

文件系统中的数据分为数据和元数据,数据是指普通文件中的实际数据,而元数据是描述数据属性的信息,用来完成指示存储位置、历史数据、资源查找、文件记录等功能,也就是用于描述访问权限、文件拥有者以及文件数据库的分布信息(inode)等文件的特征系统数据。例如,在集群文件系统中,分布信息包括文件在磁盘上的位置以及磁盘在集群中的位置。只有先得到文件的元数据,才能知道文件的位置、内容及相关属性,从而对文件进行操作。

例如,在 Linux 操作系统下,使用文件状态信息 stat 命令,可以显示文件的元数据如下。

```
[root@ceph-node1 ~]# stat example.txt
File: 'example.txt'
Size:72
Blocks:1
IO Block: 4096
regular file
Device: 801h/2049d
Inode: 1049962
Links: 1
Access: (0755/-rw-r--r--)
Uid: (    0/    root)
Gid: (    0/    root)
Context: unconfined_u:object_r:admin_home_t:s0
Access: 2021-02-04 22:54:25.753151000 -0500
Modify: 2020-02-25 06:44:22.000000000 -0500
Change: 2020-07-27 13:10:01.437011496 -0400 Birth: -
```

以上显示结果中主要参数含义如下。

(1) File:文件名。

(2) Size:文件大小(单位:B)。

(3) Blocks:文件所占扇区个数,这个数为 8 的倍数。通常情况下,Linux 的扇区大小为 512B,连续

8个扇区组成一个数据块（block）。

（4）IO Block：每个数据块的大小（单位：B）。

（5）regular file：普通文件（此处显示文件的类型）。

（6）Inode：文件的索引结点号。

（7）Links：硬链接次数。

（8）Access：权限。

（9）Uid：属主 id/属主名。

（10）Gid：属组 id/属组名。

（11）Access：最近访问的时间。

（12）Modify：数据改动的时间。

（13）Change：元数据改动的时间。

以上的参数均属于文件的元数据，元数据即用来描述数据的数据。

2. 元数据管理

元数据的管理方式有集中式管理和分布式管理两种方式。

（1）集中式管理。集中式管理是指在文件系统中有一个结点专门负责元数据的管理，所有元数据都存储在该结点的存储设备上。所有客户端在对文件的请求前，都要先向该元数据管理器请求元数据。大多数集群文件系统都采用集中式的元数据管理。因为集中式管理实现简单，一致性维护容易，所以在一定的操作频次内可以提供较为满意的性能，其缺点是存在单一失效的问题，若该服务器失效，则整个系统将无法正常工作。此外，当对元数据的操作过于频繁时，集中的元数据管理会成为整个系统的性能瓶颈。

（2）分布式管理。分布式管理是指元数据可存放在文件系统的任意结点并且能动态迁移。对元数据管理的职责也分布到各个不同的结点上。分布式管理解决了集中式管理的单一失效点问题，且性能不会因操作频繁而出现瓶颈。其缺点是实现和一致性维护复杂，对整体性能会有一定的影响。

4.2 本地文件系统

4.2.1 FAT/FAT32

FAT（file allocation table，文件配置表）是由美国微软公司专门为 MS-DOS 开发的一种文件系统，并在该公司所有非 Windows NT 内核的操作系统中使用。

由于 20 世纪八九十年代的计算机性能有限，而 FAT 文件系统也并不复杂，因此几乎被所有的 PC 操作系统支持，是一种十分理想的软盘①和存储卡文件系统，可以在不同的操作系统中传递数据。

FAT 文件系统的一个严重的缺点就是当文件被删除后，在写入新数据时不会将新文件整理成完整的片段，然后再写入，长期使用会使文件数据逐渐变得十分分散，从而降低了读写速度。因此需要定期进行碎片整理才能保持 FAT 文件系统的存储效率。

此外，FAT 文件系统还具有浪费存储空间、利用效率低、文件名长度受限制（不支持长文件名，只能限定在 8 个字符以内）、安全性较差等缺点。于是，为了解决 FAT 文件系统对卷大小的限制，推出了 FAT32 文件系统。因其使用了 32 位的簇地址，所以称为 FAT32。由于微软公司只使用了其中的低 28 位，因此理论上最大容量约为 8TB，但实际应用中通常不使用超过 32GB 的 FAT32 分区。Windows

---

① 20 世纪八九十年代所用的一种低容量移动存储介质。

2000 及之后的操作系统已经不直接支持对超过 32GB 的 FAT32 格式化分区。

4.2.2 NTFS

NTFS(new technology file system,新技术文件系统)是 Windows NT 环境的文件系统,NTFS 取代了老式的 FAT 文件系统。新技术文件系统是 Windows NT 家族(如 Windows 2000、Windows XP、Windows Vista、Windows 7 和 Windows 8.1、Windows 10)等的限制级专用的文件系统,这些操作系统所在的盘符的文件系统必须格式化为 NTFS。

NTFS 本身是非公开的,因此具有很高的安全性、可靠性和运行效率。与其他文件系统相比,NTFS能够通过运行时容错日志维护计算机设备的安全,并可通过对卷分区的管理和压缩,提供高效的文件共享机制。

NTFS 支持元数据,并且使用了高级数据结构,因此可以更好地改善性能、可靠性和磁盘空间利用率。此外,它还提供了若干附加扩展功能。

NTFS 可使用长文件名,并具有数据保护和恢复功能,可通过目录和文件许可确保安全性。NTFS允许文件名的长度可达 256 个字符,突破了 FAT 文件系统的"8.3"模式。NTFS 支持大硬盘,可在多个硬盘上存储文件(称为卷)。这样一来,一些大公司的数据库中的数据就可实现跨硬盘存储。通过NTFS 提供的内置安全性特征,就可控制文件的隶属关系和访问。在 Linux 系统上可以使用 NTFS-3G[①] 对 NTFS 分区进行读写,而不必担心数据丢失。

NTFS 具有 FAT 的所有基本功能,与 FAT 和 FAT32 文件系统相比,还具备以下优点:更容易从系统重置或崩溃中恢复;支持大硬盘;可对私人文件的访问进行更严格的控制;对加密以及文件和文件夹级别的压缩和磁盘碎片整理等磁盘实用程序进行了改进。

NTFS 分区主要由引导扇区、主文件表(master file table,MFT)、系统文件和文件存储区域 4 部分组成。

NTFS 文件系统的主要特点是所含数据(如系统信息)均以文件的形式存放,文件数据相关信息存储在 MFT 文件记录数组中。MFT 文件记录包括文件记录头及属性列表,文件记录头结构如表 4-1 所示。以文件或目录参照数据库的形式组织而成的 NTFS 文件系统可大致分为引导区、MFT、MFT 备份区、数据区和 DBR(DOS boot record,DOS 引导记录)备份扇区几部分。因为 NTFS 文件系统以文件形式存取数据,实际上除第一个扇区必须存放引导扇区,其他文件可以存放在任何位置,通常情况下会按照一定的习惯进行布局。NTFS 文件系统布局如图 4-1 所示。

表 4-1 MFT 文件记录头结构

偏移(十六进制)	长度/B	含 义
00~03H	4	固定值,"FILE"
04~05H	2	更新序列号的偏移
06-07H	2	更新序列号与更新数组大小(以字为单位)
08~0FH	8	日志文件序列号
10~11H	2	序列号(记录本文件记录重复使用次数)
...	...	...

---

① 一款开源的软件。

DBR引导区	用户数据	MFT区	用户数据	MFT部分记录备份	用户数据	DBR备份区

图 4-1　NTFS 文件系统布局

NTFS 文件系统的数据结构中,属性文件＄AttrDef 中存放相关的属性定义,系统定义的常用属性如表 4-2 所示。

表 4-2　系统定义的常用属性

属性类型标识	属 性 名 称	属性相关的内容描述
0x10	STANDARD_INFORMATION	含有创建/修改/最近访问文件的时间
0x20	＄ATTRIBUTE_LIST	用于存储文件的各种属性,便于访问
0x30	＄FILE_NAME	存储文件/目录名
0x40	＄OBJECT_ID	代表对象标识符,利用其直接访问文件
0x50	＄SECURITY_DESCRIPTOR	兼容用,利于共享
0x60	＄VOLUME_NAME	该属性用户存储卷名或卷标识
0x70	＄VOLUME_INFORMATION	该属性包括卷的状态等信息
0x80	＄DATA	用于存储文件的具体内容信息
0x90	＄INDEX_ROOT	B+树的根结点形式,可实现目录索引功能
0xA0	＄INDEX_ALLOCATION	该属性主要用于存储 B+树的所有子结点
0xB0	＄BITMAP	该属性主要表示为一个实体(如 VCN 的当前状态)

NTFS 文件系统是以簇为单位对文件进行组织的。NTFS 使用虚拟簇号(virtual cluster number, VCN)和逻辑簇号(logic cluster number,LCN)对簇进行定位。无论簇的大小是多少,文件记录的大小都为固定的 1KB。同时,通过逻辑簇号对整个卷中的所有簇从头到尾按照顺序进行编号,将卷因子乘以逻辑簇号,就可以得到卷上物理字节的偏移量,从而可确定物理磁盘的详细地址。虚拟簇号是对特定文件的簇从头到尾按照顺序进行编号,方便引用文件中的数据。在 NTFS 中,卷上的所有的数据信息都存储在文件中,其中包含了引导程序(即用来获取及定位文件的一种数据结构)以及位图文件(记录卷使用情况和大小),而簇的大小可根据卷的大小而变化,是由 NTFS 格式化程序自动分配的,如表 4-3 所示。

表 4-3　NTFS 卷大小和簇大小关系

分区大小/TB	每个簇的扇区数量	默认簇的大小/KB
<0.5	1	0.5
0.5~1	2	1
1~2	4	2
>2	8	4

1. 主文件表

NTFS 中最核心、最重要的系统文件是主文件表(MFT),通过 MFT 可以确定所有文件在磁盘上的详细存储位置,是 NTFS 管理磁盘的主要依据。MFT 是卷上所有文件的公共表,所有文件记录都分别对应一个文件,其中的第一个文件记录是基本文件记录,它主要存储着其他扩展文件记录的一些详细信息。MFT 是由一系列文件记录组成,仅供系统自身构架、组织文件系统使用,被称作元数据(metadata)。所有的元文件名字都是以"$"开始的隐藏文件。MFT 中的第 1～16 个元数据是最重要的,这 16 个文件均属于系统文件,也被称为元文件,存放着系统的元数据。MFT 元文件信息如表 4-4所示。

表 4-4　MFT 元文件信息

元　文　件	文　件　名	主　要　功　能
$ MFT	$ MFT 自身	存放每个文件/目录对应的文件记录
$ MFTMirr	MFT 记录的备份	将 MFT 的前 4 个系统文件进行备份,以提升系统的安全性
$ LogFile	日志文件	事务处理使用的日志文件。利用该元文件可以在系统失败后实现恢复 NTFS 系统的一致性,文件最大可达 4MB。在 NTFS 中,任何操作都可以被看作一个"事件"。事件日志一直监督着整个操作,当它在目标地发现了完整文件,就会将其标记为"已完成"。假如在复制过程中断电,事件日志中就不会记录"已完成",NTFS 可以在来电后重新完成刚才的事件
$ Voiume	卷属性定义表	记录卷标、创建时间、是否运行 chkdsk 的标志、文件系统的版本号等信息
$ AttrDef	属性定义表	记录卷所支持的各种文件属性及属性特点等信息
$ Root	卷的根目录	存储该卷根目录下所有文件及目录的索引信息
$ Bitmap	位图文件	存储卷的分配状态,该位图中的每一位代表卷中的一个簇,若该位为 1,则表示该簇已分配;若该位为 0,则表示未分配。在一个卷对应一个分区的情况下,该文件在格式化卷时,由系统一次性创建成一个能描述整个卷空间的在磁盘上连续存储的文件。若卷是跨多个磁盘的,则该文件在磁盘空间上不连续存储
$ Boot	引导文件	存放 BOOT 区中的内容信息,该文件含有 BPB(BIOS parameter block)参数表
$ BadCius	坏簇文件	记录卷的所有坏簇号,防止系统分配使用
$ Secure	安全文件	代表整个卷安全描述符的集合
$ Upcase	存放 Unicode 大小写字符转换表	由于 NTFS 文件名等是以 Unicode 形式存放的,字符比较多,因此建立该表以方便大小写字符的转换
$ Extend	作为 MFT 自身的扩展文件记录	利用此元文件可免除在创建文件时由于 MFT 的自身索引引起的无限循环
12～15		预留区域,为将来添加元文件时使用
＞15		存放其他用户文件和目录的区域

2. $ Root 文件

元文件 $ Root 是用来管理根目录的,根目录是 NTFS 中的一个普通的目录。$ Root 的文件名是"."。该文件记录了分区上全部子文件和子目录的总分布,作用十分重要。

3. $ Bitmap 文件

$ Bitmap 元文件负责管理分区上簇的使用。其引导区包括 DBR 和引导代码,通常系统会为其分配 16 个扇区,但并未完全使用。文件系统中的 MFT 区是一个连续的簇空间,只有在其他空间已全部被分配使用时,才会在此空间中存储用户文件或目录。系统在文件系统的中保存了一个它的备份,但是这个备份很小,只包含了 MFT 的前几个项。DBR 扇区的备份存储在文件系统的最后,这个扇区的大小与分区表描述的分区大小相对应,而在 DBR 描述的相应文件系统大小中不体现。与分区表描述的扇区数相比,DBR 描述的文件系统大小总是 1 个扇区。

4. $ DATA 属性

$DATA 属性在系统中比较重要。通过 $ DATA 中的数据读取信息,就可以获得文件的主要信息,从而还原与之相应数据,记录文件在磁盘上的分配位置,即 DataRun。

$DATA 属性存放着文件本身的数据内容,文件大小一般是指未命名数据流的大小。常驻的 80H 属性很简单,在属性头后就是文件的内容;非常驻的 80H 属性在属性头后的第一个未命名数据流是文件的真正数据,由 DataRun 来记录其属性体即文件数据的具体地址。DataRun 的详细含义如表 4-5 所示。其中,L 是低 4 位,表示数据流 DataRun 所占的簇数在该压缩字节中所占的字节数;N 是高 4 位,表示数据流 DataRun 的起始簇号在该压缩字节中所占的字节数目。L_1 是低 4 位,表示数据流 DataRun 所占簇数在该压缩字节中所占的字节数;N_1 是高 4 位,表示数据流 DataRun 的起始簇号在该压缩字节中所占的字节数目。

表 4-5　DataRun 的含义

DataRun 序列	字节偏移	字段长度/B	意义描述
1	0x00	1	
	0x01	L	数据流 DataRun1 所占用的簇数
	$1+L$	N	数据流 DataRun1 的起始簇号码
2	$1+L+N$	1	
	$2+L+N$	L_1	数据流 DataRun2 所占用的簇数
	$2+L+N+L_1$	N_1	数据流 DataRun2 的相对簇号码
…	…	…	与 DataRun 序列 2 的意义相同

属性头最开始的 4B 表示属性的类型,其中包含着文件名属性(如分配空间的大小、文件名及其长度、文件的最后访问时间和文件实际占用空间的大小等)、描述文件基本信息的属性(如文件的创建时间、修改时间以及文件的读写特性)等内容。

一般来说,文件系统都是通过索引文件的方式管理文件的,NTFS 也不例外。NTFS 管理文件是通过文件记录-数据的方式进行的。其文件记录的大小固定为 1KB,且都被存放在主控文件表(MFT)中。基于硬盘分布簇链(80H 属性)、文件名(30H 属性)等属性列表文件的记录,可对文件进行描述。

4.2.3　UFS

UFS(UNIX file system,UNIX 文件系统)几乎是大部分 UNIX 类操作系统默认的基于磁盘的文件系统,包括 Solaris、Free BSD、Open BSD、Net BSD、HP-UX 等,甚至 Apple 的 macOS X 也能支持 UFS。

在最初的 FFS(fast file system,快速文件系统)设计中,为了使硬盘在磁道、盘面或者柱面发生损坏后能够恢复文件系统,在文件系统初始化时会将文件系统的重要数据结构复制到磁盘的多个位置,以便在发生硬件损坏时仍能读取。UFS 也继承了这些优良特性。

　　此外,为了提高运行效率,UFS与磁盘的结构进行了完美结合,它将整个磁盘的所有逻辑柱面平均分配为若干组,每组称为一个柱面。在UFS内部就用柱面组文件系统进行分段组织和管理,每个柱面组中都有文件系统关键数据结构的备份,所有文件在各个柱面组中相对独立地存储而又有机地结合在一起。这就使磁盘中的磁头在访问文件系统中的数据时有效地减小了摆动,提高了访问效率。

　　在创建UFS时,磁盘的盘片被分成若干柱面组,每个柱面组由一个或多个相互关联的磁盘柱面组成,在文件系统的前部会有一个称为"柱面组概要"的结构对整个文件系统中的每个柱面组信息进行统计,并且在每个柱面组都用一个柱面组描述符进行管理。

　　每个柱面组又被进一步分成若干可寻址的块,以控制和组织柱面组中文件的结构,所以块是UFS中文件分配和存储的基本单位,类似于FAT和NTFS中簇的概念。

　　在UFS中,块有多种类型,每种类型的块都具有特定的功能。UFS主要具有4种类型的块:引导块、超级块、索引结点、数据块。

　　(1) 引导块。引导块用于存储引导系统时使用的信息。

　　(2) 超级块。超级块用于记录文件系统的详细信息。

　　(3) 索引结点。索引结点用于记录文件的各种信息。

　　(4) 数据块。数据块用于存储每个文件的实际内容。

　　在UFS中,块又被分成更小的单位——段。在创建UFS时,可定义段的大小,默认的段大小一般为1KB。每个块都可以分成若干段,段大小的上限就是块的大小,下限实际上为磁盘扇区大小,通常为512B。

　　在将文件写入文件系统时,首先会为文件分配完整的块,然后为不满的块的剩余部分分配某个块的一个或者多个段。对于比较小的文件,首先分配段进行存储。既可为文件分配完整的块又可为文件分配块中的段,就能减少块中未使用的空间,从而提高了磁盘的利用率。

　　在创建文件系统时,段大小的选择需要平衡时间和空间的关系,小的段大小可节省空间,但是需要更多的分配时间。通常情况下,在大型文件很多时,要提高存储效率,应为文件系统分配较大的段,当小型文件都比较多时,应为文件系统分配较小的段。

　　综上所述,UFS由若干柱面组构成,每个柱面组包含一定数量的块,每个块又由若干个段组成。段是UFS的最小存储单元。每个柱面组、块、段在文件系统中都有自身的编号,它们的起始编号都是0。

　　另外,超级块是UFS中非常重要的一个结构,其重要性类似于FAT和NTFS中的DBR,所以UFS在每个柱面组中都对超级块做了备份,但备份的位置却各不相同,在每个柱面组中都会发生一定的偏转,这是因为在原来的硬盘中每个磁道具有相同的扇区数,这就导致每个柱面组的第一个扇区都位于同一个盘面上。为了减小因故障而产生的数据损坏,将超级块的备份在每个柱面组中错位存放就可以使它们不再存储于同一个盘面,从而降低风险。在现在的新式硬盘中,每个柱面的扇区数并不相等,所以也就不存在这样的隐患,实际上UFS2已经不再考虑数据错位存放的问题。

　　(1) UFS的引导块是UFS中的第一个块,也就是0号块。它的结构因操作系统的不同而稍有区别,但一般都是由磁盘标签和引导程序组成。

　　只有当UFS中包含操作系统内核时,引导块中才会有引导程序。如果UFS中不保护操作系统内核,引导块中则没有引导程序,只有磁盘标签。

　　(2) UFS的超级块比DBR的结构复杂很多,超级块中记录着许多参数,主要包括以下几个。

　　① 文件系统的大小和状态。

② 文件系统名称和卷名称。

③ 文件系统块的大小及段大小。

④ 上次更新的日期和时间。

⑤ 柱面组的大小。

⑥ 柱面组中的数据块数。

⑦ 柱面组概要的地址。

⑧ 文件系统状态。

⑨ 最后一个挂载点的路径名。

由于超级块包含文件系统的关键数据,因此在创建文件系统时建立了多个超级块,在每个柱面组内都有一个超级块的备份。

(3) UFS 的索引结点用来存储与文件相关的除文件名以外的所有信息,包括指向文件的硬链接数、文件大小、文件的时间信息、文件属主的用户 ID、文件所属的组 ID、文件内容存放地址的块指针等重要信息,这些重要信息也被称为元数据。

UFS 的每个柱面组中都有一个自己的索引结点表。索引结点表由很多索引结点组成,每个文件或者目录使用一个索引结点。UFS1 的索引结点在文件系统创建时即被初始化,而 UFS2 的索引结点则在需要时才被初始化,所以当文件系统中的数据块不够使用时,UFS2 能够使用索引结点表中的空闲空间存放数据。

在每个柱面组的组描述符中都有一个索引结点位图,用来管理索引结点表中的索引结点使用和分配情况。如果要确定一个索引结点属于哪个柱面组,可以用当前索引结点号对每个柱面组的索引结点数做取整运算得到,而每个柱面组的索引结点数在超级块和柱面组描述符中都有记录。

(4) UFS 日志记录将组成一个完整 UFS 操作的多个元数据更改打包成一个事务。事务集记录在盘上日志中,然后应用于实际文件系统的元数据。

重新引导时,系统会废弃未完成的事务,但是对已完成的操作应用事务。文件系统将保持一致,因为仅应用了已完成的事务。即使在系统崩溃时,也仍会保持此一致性。系统崩溃可能会中断系统调用,并导致 UFS 出现不一致。

如果文件系统已经通过事务日志达到一致,则在系统崩溃或异常关机后可能不必运行 fsck 命令。目前 UFS 日志记录的性能已经提高甚至超过了无日志记录功能的文件系统的性能级别。这一改进的实现是由于启用日志记录功能的文件系统可以将对相同数据的多重更新转换为单一更新而减少了磁盘操作所需的开销。

UFS 事务日志具有以下特征。

● 它从文件系统的空闲块分配而来。

● 文件系统中,1GB 的段的大小约为 1MB,最大为 64MB。

● 填满时会不断刷新。

● 取消挂载文件系统或使用任何 lockfs 命令之后也会刷新。

● 所有 UFS 均默认启用 UFS 日志记录。

如果需要禁用 UFS 日志记录,可在/etc/vfstab 文件中或手动挂载文件系统时,向文件系统的项添加 nologging 选项。

如果需要启用 UFS 日志记录,可通过/etc/vfstab 文件,或在手动挂载文件系统时,在 mount 命令中指定-o logging 选项。可以在包括根(/)文件系统的任何 UFS 上启用日志记录。另外,fsdb 命令还包含支持 UFS 日志记录的新调试命令。

在一些操作系统中,启用了日志记录的文件系统称为日记记录文件系统。

4.2.4　Ext2/Ext3/Ext4

1. Ext 概述

Ext(extended file system,扩展文件系统),第 1 个扩展文件系统(Ext1)由 Remy Card 设计,并于 1992 年 4 月引入 Linux。采用 UFS 的元数据结构,是在 Linux 上第一个利用虚拟文件系统(VFS)实现的文件系统,在 Linux 内核版 0.96c 中首次加入支持,最大可支持 2GB 的文件系统。

第 2 个扩展文件系统(Ext2)也是由 Remy Card 实现的,是为解决 Ext 文件系统的缺陷而设计的可扩展的高性能的文件系统,也被称为二级扩展文件系统,于 1993 年 1 月引入 Linux。它借鉴了当时文件系统的先进想法。Ext2 支持的文件系统最大容量为 2TB,但是 2.6 内核将该文件系统支持的最大容量提升到 32TB。尽管 Linux 可以支持种类繁多的文件系统,但是 2000 年以前几乎所有的 Linux 发行版都用 Ext2 作为默认的文件系统。

第 3 个扩展文件系统(Ext3)是 Linux 文件系统的重大改进。Ext3 文件系统引入了日志概念,以在系统突然停止时提高文件系统的可靠性。

第 4 个扩展文件系统(Ext4)是目前最新的扩展文件系统。Ext4 在性能、伸缩性和可靠性方面进行了大量改进。Ext4 是由 Theodore Tso(Ext3 的维护者)领导的开发团队实现的,并引入 2.6.19 内核中。最值得一提的是,Ext4 支持 1EB 的文件系统。

虽然扩展文件系统已经发展到第四代,但是 Ext2/Ext3 目前仍然在用。

2. Ext 的结构

1)Ext2

Linux 操作系统中的文件除了实际的文件内容,通常会含有非常多的属性,例如文件权限(rwx)与文件属性(拥有者、组、时间参数等)。文件系统通常会将这两部分的数据分别存放在不同的块中,将权限与属性放置到索引结点(inode)中,而实际数据会放置在数据块(data block)中。

inode 与 block 块如图 4-2 所示。文件系统先格式化 inode 与 block 的块,假设某一个文件的属性与权限数据是放置到 inode4,而这个 inode 记录了文件内容的实际放置点为 2、7、10、13 这 4 个块号码,此时操作系统就能够据此来排列磁盘的阅读顺序,可以一次将 4 个块内容读出来。数据的读取就如同图中的箭头所指定的一样。这种数据存取的方法称为索引式文件系统。

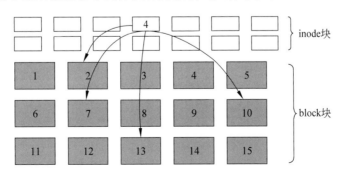

图 4-2　inode 与 block 块

文件系统一开始就将 inode 与 block 规划好了,除非重新格式化,否则 inode 与 block 固定后就不再变动。如果文件系统高达数百吉字节时,若将所有的 inode 与 block 都放置在一起将产生一些问题,因为 inode 与 block 的数量过于庞大,不容易管理。

为此,Ext2 文件系统在格式化时基本上是区分为多个块组(block group)的,每个块组都有独立的 inode、block 或 superblock 系统。这如同一个企业,有许多的部门,每个部门都有各自的联络系统,但最终都得向企业总裁汇报一样。Ext2 格式化后如图 4-3 所示。

由图 4-3 所示,每个块组包含如下信息。

- 文件系统超级块的一个副本。
- 一组块组描述符的副本。
- 一个数据块位图。
- 一组索引结点表。
- 一个索引结点位图。
- 数据块(即文件本身存放的数据区域)。

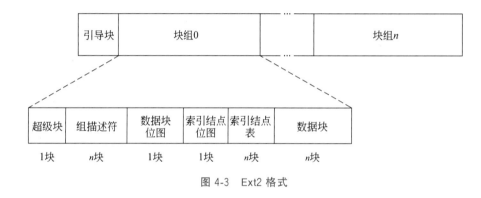

图 4-3　Ext2 格式

(1) 数据块(data block)。数据块用来放置文件内容,在 Ext2 文件系统中支持的块(block)大小有 1KB、2KB 和 4KB。在格式化时,块的大小就已固定了,且每个块都有编号,以方便索引结点(inode)记录。由于块的大小会有差异,因此导致该文件系统能够支持的最大磁盘容量与最大单一文件容量并不相同,如表 4-6 所示。

表 4-6　文件容量

块大小/ KB	1	2	4
最大单一文件限制/GB	16	256	2
最大文件系统总容量/TB	2	8	16

另外,每个块内最多只能够放置一个文件的数据。如果文件大小大于块的大小,则一个文件会占用多个块。若文件大小小于块的大小,则该块的剩余容量就不能够再被使用,从而导致磁盘空间的浪费。为了减少文件的碎片,内核会尽可能地把同一个文件的数据块存放在同一块组中。

(2) 索引结点表(inode table)。索引结点表由一连串连续的块组成,其中每个块包含索引结点的一个预定义号。索引结点的作用是记录文件的属性,同时记录此文件的数据所在的块号码。Ext2 中的索引结点主要包括如表 4-7 所示的信息,其中 __u16、__u32 数据类型分别表示长度为 16 位、32 位的无符号数。

表 4-7　Ext2 中索引结点的字段

类　　型	字　　段	描　　述
__u16	i_mode	文件类型访问权限
__u16	i_uid	所有者标识符
__u32	i_size	文件长度(单位为字节)
__u32	i_atime	上次文件访问时间
__u32	i_ctime	上次更改 inode 的时间
__u32	i_mtime	上次更改文件内容的时间
__u32	i_dtime	文件删除时间
__u16	i_gid	组标识符
__u16	i_links_count	硬链接计数器
__u32	i_blocks	文件的数据块数
__u32	i_flags	文件标志
union	osdl	特定操作系统信息
__u32[EXT2_N_BLOCKS]	i_block	指向数据块的指针
__u32	i_version	文件版本(NFS)
__u32	i_file_acl	文件访问控制列表
__u32	i_dir_acl	目录访问控制列表
__u32	i_faddr	分段地址
union	osd2	特定操作系统信息

所有索引结点的大小都相同,均为 128B,索引结点记录一个块号码要占用 4B。一个 1024B 的块可以包含 8 个索引结点,一个 4096B 的块可以包含 32 个索引结点。为了计算出索引结点表占用了多少个块,可用一个组中的索引结点总数除以每块中的索引结点数。

在 Ext2 中,索引结点是系统的基石,文件系统中的每一个文件和目录都用一个且只用一个索引结点描述。每个块组的 Ext 的索引结点都放在索引结点表中,还有一个位图,以便系统跟踪分配和未分配的索引结点。每个 Ext2 的索引结点都是一个 Ext2 索引结点结构,它的字段如表 4-7 所示。

在 Ext2 中,文件的索引结点号与相应块号之间的转换,可以从块组号和它在索引结点表中的相对位置而得出。例如,假设每个块组包含 4096 个索引结点,则对于索引结点 13031,其在磁盘上的地址这样确定:该索引结点属于第三个块组,它的磁盘地址存放在相应索引结点表的第 743(13031−4096×3)个表项中。因此,索引结点号是快速搜索磁盘上正确的索引结点描述符的关键。

(3) 超级块(super block)。超级块记录整个文件系统相关信息。记录的主要信息有以下几个:块与索引结点的总量、未使用与已使用的索引结点/块数量、块与索引结点的大小(块为 1KB、2KB、4KB,索引结点为 128B)、文件系统挂载时间、最近一次写入数据的时间、最近一次检验磁盘的时间等。

对于文件系统而言,超级块至关重要。如果超级块发生故障,文件系统就可能需要花费很多时间进行修复。一般情况下,超级块的大小为 1024B。

虽然每个块组都可含有超级块,但是实际上除了第一个块组内会含有超级块之外,后续的块组不一定含有超级块,而若含有超级块则该超级块主要是作为第一个块组内超级块的备份,这样可以进行超级块的救援。

(4)组描述符(group descriptor)。在块组中,紧跟在超级块后面的是组描述符表,其中的每一项称为组描述符,其数据结构共 32B。它是用来描述某个块组的整体信息的,如该组块组位图的位置、组块 inode 位图位置、组块 inode 表的位置等。

组描述符表可能占多个数据块。组描述符就相当于每个块组的超级块,一旦某个组描述符遭到破坏,则整个块组将无法使用,所以组描述符表也可像超级块那样在每个块组中进行备份,以防遭到破坏。组描述符表所占的块和普通的数据块一样,在使用时会被调入块高速缓存。

(5)数据块位图(block bitmap)。若要新增文件,就会用到块。在一般情况下,会选择空块来记录新文件的数据。空块的确定需要通过块位图的辅助功能,从块位图中可以知道哪些数据块位图是空的,因此系统就能够很快速的找到可使用的空间来处理文件。

同理,如果删除文件,这些文件原本占用的数据块位图号码就要释放出来,此时在块位图中相对应到该块号码的标志就需要修改成为"未使用",这就是位图的功能。

位图是位的序列,"0"表示对应的索引结点块或数据块是空闲的,"1"表示被占用。因为每个位图都必须存放在一个单独的块中,且块的大小可以是 1024、2048 或 4096,因此一个单独的位图可描述 8192、16384 或 32768 个块的状态。

(6)索引结点位图(inode bitmap)。此功能与块位图类似,只是块位图记录的是使用与未使用的块号码,索引结点位图则是记录使用与未使用的索引结点号码。

2) Ext3

Ext3 是由开放资源社区开发的日志,被设计为 Ext2 的升级版本,尽可能地方便用户从 Ext2 向 Ext3 迁移。Ext3 在 Ext2 的基础上加入了记录元数据的日志功能,也就是在目前 Ext2 的格式之上再加上日志功能。

由于文件系统都有快取层参与运作,在不使用时必须将文件系统卸下,以便将快取层的资料写回磁盘中,因此每当系统要关机时,都必须先将所有的文件系统关闭。

如果在文件系统尚未关闭前关机,则下次开机后会造成文件系统的不一致,因此必须将文件系统不一致与错误的地方进行修复,这是为了防止数据丢失而必需的操作。此工作是相当耗时的(可能要持续好几个小时),特别是大容量的文件系统。此外,也不能百分之百保证所有的资料完整无缺。为了克服此问题,出现了日志式文件系统(journal file system,JFS)。在日志的帮助下,每个数据结构的改变都会被记录下来,日志机制保证了在每个实际数据修改之前,相应的日志已经写入硬盘。正因为如此,在系统突然崩溃时,在重启数秒后就能恢复出一个完整的系统。

作为日志文件系统,Ext3 本身不处理日志,而是利用日志块设备(journaling block device,JBD,又称 JBD 的通用内核层)。JBD 的软件部分相当复杂。Ext3 调用 JBD 例程以确保在系统万一出现故障时它的后续操作不会损坏磁盘数据结构。由于 JBD 通常把 Ext3 所做的改变记入日志时使用同一磁盘,因而它与 Ext3 一样易受系统故障的攻击。为此,JBD 也必须保护自己免受可能引起日志损坏的任何系统故障。实际上,在断电时,JBD 有可能出现其他问题,尤其是孤立结点的处理方式并不完善,在多次断电或是系统崩溃后也可能带来许多类似的系统错误,这是因为其损害了元数据。JDB 有以下 3 个核心概念。

(1)日志记录(journal)。日志记录本质上是文件系统将要发出的低级操作的描述。在某些日志文件系统中,日志记录只包括操作所修改的字节范围及字节在文件系统中的起始位置。JDB 使用的日志记录由低级操作所修改的整个缓冲区组成。这种方式可能浪费很多日志空间(如当低级操作仅仅改变位图的一个位),但因为 JBD 可以直接对缓冲区和缓冲区首部进行操作,处理还是相当快的。

(2)原子操作(handle)。修改文件系统的任意一个系统调用通常都可划分为操纵磁盘数据结构的一系列低级操作。如果这些低级操作还没有全部完成系统就意外宕机,就会损坏磁盘中的数据。为了防止数据损坏,Ext3 必须确保每个系统调用以原子的方式进行处理。需要原子地完成的一组修改或写操作,这种操作称为原子操作。

(3)事务(transaction)。将每个原子操作都写入到日志之中可能不那么高效。为了得到更高的性能,JBD 将一组原子操作打包为一个事务,并将事务一次写入日志。一个事务的所有日志记录都存放在日志的连续块中,JDB 的操作单位是事务。

如图 4-4 所示,A 箭头表示正常的磁盘读写,C 箭头表示由 JBD 将元数据块额外写一份到磁盘日志中,B 箭头表示恢复时,由 JBD 将日志中的数据写回磁盘的原始位置。

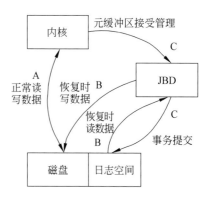

图 4-4 JBD 数据流图

日志文件系统最大的特色是,会将整个磁盘的写入动作完整记录在磁盘的某个区域上,以便有需要时可以回溯追踪。

Ext3 有 3 种日志模式,Ext3 既可以只对元数据做日志,也可以同时对文件数据块做日志,具体如下。

(1)日志(journal)。文件系统所有数据和元数据的改变都记入日志。这种模式减少了丢失每个文件所作修改的机会,但是它需要很多额外的磁盘访问。例如,当一个新文件被创建时,它的所有数据块都必须复制一份作为日志记录。这意味着所有数据块会被写两次,一次写入日志,然后再写入磁盘上的真实位置(fixed location)。这是最安全和最慢的 Ext3 日志模式。

(2)写回(writeback)。只有对文件系统元数据的改变才记入日志,这是最快的模式。数据块直接写入磁盘上的真实位置,这种模式不保证日志和数据的写入顺序。回写模式是 3 种模式中一致性最差的,它只保证文件系统元数据的一致性,不保证数据的一致性。

(3)预定(ordered)。只有对文件系统元数据的改变才会被记入日志,以保证在元数据写入日志前文件系统写入真正的存储位置。相比于写回模式,这种模式提供了更高的一致性保护(数据和元数据都保证一致性)。这是默认的 Ext3 日志模式。

3)Ext4

Ext4 继承自 Ext3,引入了区段树数据结构与纳秒级时间戳等新特性,支持 1EB 的文件系统大小和 16TB 的大文件,扩展了索引结点结构,提供了更快的文件访问速度,其被广泛应用于预装了 Android 系统的智能移动终端上。

Ext4 克服了 Ext3 查找大文件时效率不高、稳定性不强等缺点。Linux 和 UNIX 的文件系统在存储数据时采取间接数据块映射记录文件数据的数据块,过大的文件会占用过多的映射块。若对大文件进行修改,映射块与数据块都会被记录与修改,严重影响效率。为此,Ext4 引入了区段树(extent tree)数据结构。此结构中的每个结点由一个名为 ext4_extent_header 的长度为 12B 的数据结构与多个 extent 组成。索引结点偏移 0x28 处最多记录 1 个头部与 4 个 extent,头部以 2B 长度的魔数 OxF30A 开头,记录了本结点中有效 extent 数量、最大 extent 数量与当前结点在树状结构中的层数。extent 分为索引 extent(ext4_extent_idx)与叶结点 extent(ext4_extent)。如果层数不为 0,则为索引 extent,其记录了下一层结点的位置。叶结点 extent 记录了指向的数据块的数量与第一个数据块的地址。区段树结构如图 4-5 所示。

extent 是指一段连续的物理磁盘块,只需要一个 extent 数据结构就能描述一段很长的物理磁盘空

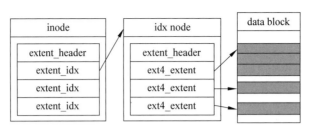

图 4-5　区段树结构

间,性价比很高。Ext4 中的 extent 数据结构的主要作用是索引,即根据逻辑块号查询文件的 extent 能够准确定位逻辑块对应的物理块号。Ext4 的 extent 在文件较小时存储在索引结点 inode 的 i_data[] 中,在文件较大时,所有的 extent 会被组织成一棵 B+树。

Ext4 在创建文件/目录时,会初始化一棵 extent tree,B+树上的每个结点,其主体包含 extent_header 和 extent_body 两部分。每个结点包含一个 extent_header 和多个 extent_body。

extent_body 分为索引结点(index node)和叶结点(leaf node)两种。索引结点用于存储到叶结点的中间路径;叶结点记录文件一段连续的逻辑块所对应的物理磁盘块范围。extent tree 如图 4-6 所示。

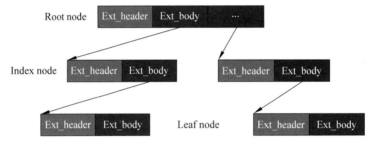

图 4-6　extent tree

Ext4 是一种针对 Ext3 的日志式扩展文件系统,它修改了 Ext3 的一些重要的数据结构,而不仅仅像 Ext3 对 Ext2 那样,只是增加了一个日志功能。Ext4 可以提供更佳的性能和可靠性,还有更为丰富的功能。

Ext4 一些重要的特点如下。

(1) Ext4 与 Ext2、Ext3 等传统 UNIX 文件系统最大的区别在于使用了 extents 而不是间接块(indirect block)来标记文件内容。extent 与 NTFS 中的运行(data run)十分相似,本质上都是指示了组成 extent 的一系列文件块的起始地址和数量,每个 extent 都为一组连续的数据块。

(2) 更大的文件系统和更大的文件。Ext4 可以极为方便地为大型磁盘阵列提供相关的操作服务。

(3) 无限数量的子目录。Ext3 目前只支持 3.2 万个子目录,而 Ext4 支持无限数量的子目录。

(4) Ext4 中的索引结点大小是 256B,而 Ext2 和 Ext3 中索引结点大小只有 128B。extent 结构的大小是 12B,前 12B 是 extent 头结构区(40~51B),所以一个索引结点中实际上可以包含 4 个 extent。

(5) "无日志"模式。使用日志就会产生额外开销,因此 Ext4 允许关闭日志,以便某些有特殊需求的用户可以借此提升性能。

本节所介绍的文件系统,不论是 FAT、NTFS,还是 Ext2、Ext3、Ext4,都还是单机文件系统。事实上绝大多数文件系统都是单机的,在单机操作系统内为一个或者多个存储设备提供访问和管理。随着互联网的高速发展,单机文件系统面临诸多挑战,具体如下。

（1）共享。无法同时为分布在多台计算机中的应用提供访问。

（2）容量。由于无法提供足够的空间来存储数据,因此数据只好分散在多个隔离的单机文件系统中。

（3）性能。由于无法满足某些应用需要的超高读写性能,因此这些应用只能进行逻辑拆分来同时读写多个文件系统。

（4）可靠性。受单台计算机的可靠性的限制,机器故障可能导致数据丢失。

（5）可用性。受单操作系统可用性的限制,发生故障或者重启等运维操作会导致系统不可用。

随着互联网的高速发展,这些问题变得日益突出,为了应对这些挑战,涌现出了一些网络文件系统。例如 NFS 可以将单机文件系统通过网络的方式同时提供给多台计算机访问。

4.3　网络文件系统

4.3.1　NFS

1. NFS 简介

NFS(network file system,网络文件系统)是美国的 Sun 公司在 1984 年开发的网络文件系统协议,它可以像访问本地文件系统一样访问网络文件系统,至今已推出 NFSv2、NFSv3 和 NFSv4 等版本,其中 NFSv4 包含 NFSv4.0 和 NFSv4.1 两个版本。它独立于操作系统,允许不同的硬件和操作系统进行文件分享。

NFS 主要分为网络协议(the protocol)、NFS 客户端(client side)和 NFS 服务器端(server side)3 部分。

NFS 客户端提供了接口,保证用户或者应用程序能像访问本地文件系统一样访问 NFS;NFS 服务器作为数据源,为 NFS 客户端提供真实的文件系统服务;而网络协议则使得 NFS 客户端和 NFS 服务器能够高效和可靠地进行通信。NFS 网络协议使用的是 RPC(remote procedure call,远程过程调用)和 XDR(external data representation,外部数据表示)机制。

NFS 使用了虚拟文件系统、特定文件系统和页高速缓存 3 个层次的功能,在自身完成特定文件系统的功能的同时,既为虚拟文件系统提供了完整的调用接口,也用到了页高速缓存来提高读写性能。就层次划分而言,与传统桌面文件系统相比,NFS 的读写操作不再需要通用块层和 I/O 调度层,而是使用了多个列表以及相关操作来进一步缓存数据,增强了读写效率。当然 NFS 也不再使用存储设备驱动,而是通过网络协议来获取和提交数据。

NFS 将远程服务器中共享的目录挂载到本地,使之可以像访问本地目录一样访问。NFS 使用 RPC 进行通信,当访问一个远程文件时,NFS 客户端会通过网络向 NFS 服务器端发送文件访问请求,NFS 服务器端的 PRC 服务在收到请求后,找到对应的 NFS 守护进程端口,然后通知 NFS 客户端,客户端得到正确的端口号后,就可以进行文件访问了。其工作原理如图 4-7 所示。

NFS 协议需要 RPC 指定客户端连接端口号。服务器在启动 NFS 时会随机取用数个端口,并主动向 RPC 注册,然后 RPC 固定使用(111 端口)来监听客户端的需求并为客户端分配连接端口。当客户端有 NFS 文件存取需求时,它向服务器端请求数据的过程如下。

（1）客户端会向服务器端 RPC(111 端口)发出 NFS 文件存取功能的询问请求。

（2）服务器端找到对应的已注册的 NFS 守护进程(daemon)后,通知客户端。

（3）客户端得到正确的端口后,就可以直接与 NFS 守护进程联机。

RPC 之所以能够找到对应的端口,是因为当服务器在启动 NFS 时会随机取用数个端口,并且主动

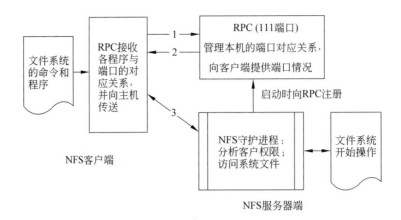

图 4-7 NFS 的工作原理

向 RPC 注册,因此 RPC 可以知道每个 NFS 的端口对应的 NFS 功能,然后 RPC 又是固定使用 111 端口来监听客户端的需求并报告客户端的端口号。

与内存文件系统、闪存文件系统和磁盘文件系统这些本地文件系统最大的不同在于,NFS 的数据是基于网络,而不是基于存储设备的,因此 NFS 在设计自己的索引结点(inode)和超级块(superblock)数据结构,以及实现文件操作函数时,无须考虑数据布局情况。同样是因为基于网络,NFS 的权限控制和并发访问的要求比本地文件系统更高,读写的缓存机制也大大有别于本地文件系统。

当两台计算机需要通过网络建立连接时,双方主机需要通过 IP、端口号等信息进行通信。当有多台客户端访问服务器时,服务器就需要记住这些计算机的 IP、端口号等信息,而这些信息是需要程序来管理的。在 Linux 中,这样的信息可以由某个特定服务自己来管理,也可以委托给 RPC 辅助管理。RPC 是远程过程中调用协议,RPC 协议为远程通信双方所需的基本信息,这样 NFS 服务就专注于如何共享数据,至于通信连接以及连接的基本信息,则全权委托由 RPC 管理。

NFS 的优点如下。

(1)节约使用的磁盘空间。本地工作站使用更少的磁盘空间,因为常用的数据存放在服务器上而且可以通过网络访问。

(2)用户不必在每个网络上的计算机中都有一个 home 目录。home 目录可以被放在 NFS 服务器上并且在网络上处处可用。

(3)节约硬件资源。光驱等即插型存储设备可以在网络上被别的计算机使用。这可以减少整个网络上的可移动设备的数量。

(4)快速部署,维护简单。

NFS 的缺点如下。

(1)直接用 NFS 挂载存储具有一定风险,容易发生单点故障,若服务器宕机,则所有客户端都不能访问。

(2)某些场景不能满足需求,大量的访问磁盘 I/O 是瓶颈。例如,在高并发的情况下 NFS 效率和性能有限。

(3)由于客户端没有用户认证机制,且数据是通过明文传送的,对数据完整性不做验证,因此安全性一般,多用于局域网中。

NFS 是运行在应用层的协议。随着 NFS 多年的发展和改进,NFS 既可以用于局域网也可以用于广域网,与操作系统和硬件无关,可以在不同的计算机或系统上运行。

NFS 有很多实际应用。常见的有以下 3 种。

（1）多台计算机共享一台光驱或者其他设备，因此通过光碟上的安装文件在多台计算机中安装软件会变得更加方便。

（2）在大型网络中，配置一台中心 NFS 服务器用来放置所有用户的 home 目录会带来便利。这些目录能被输出到网络，用户不管在哪台工作站上登录，都能得到相同的 home 目录。

（3）几台计算机可以共享/usr/ports/distfiles 目录。当需要在几台计算机上安装软件时，可直接快速访问源码而无须在每台设备上下载。

2. NFS 的部署与配置

实现 NFS 协议至少需要两个主要部分：一台服务器和一台或者更多的客户机。客户机可远程访问存放在服务器上的数据。为了正常工作，一些进程需要被配置并运行。

1）服务端配置

NFS Server 是 Linux 系统上的常用软件，但要使 NFS Server 正常工作还需要进行额外的配置。要安装 NFS 软件，服务器必须运行以下服务。

（1）nfsd NFS：用于为来自 NFS 客户端的请求服务。

（2）mountd NFS：挂载服务，用于处理 nfsd 命令递交过来的请求。

（3）rpcbind：此服务允许 NFS 客户程序查询正在被 NFS 服务器使用的端口。

在启动 NFS 服务之前，首先要启动 RPC 服务，否则 NFS 服务器无法向 RPC 服务注册。

成功安装 NFS Server 后，需要配置//etc/exports 内核文件，此文件决定 NFS 服务向哪些主机开放什么服务，开放什么样的权限。

注意：必须要先启动 RPC 服务，然后再启动 NFS 服务，如果先启动 NFS 服务，则启动 RPC 服务时会失败。

2）客户端配置

（1）客户端和服务端一样，也要安装 NFS 和 RPC 的安装包。

（2）客户端需要启动 RPC 服务，加入开机自启动，不需要启动 NFS 服务。

3）NFS 测试

第 1 步，连通性测试，用 ping 命令检查能不能连接到服务器端指定的 IP 地址：

```
ping 192.168.1.111(假设服务器的 IP 地址是 192.168.1.111)
```

第 2 步，telnet 服务器端的 111 端口：

```
telnet 192.168.1.111 111
```

第 3 步，showmount 服务器端：

```
showmount -e 192.168.1.111
```

第 4 步，挂载，文件共享：

```
mount -t nfs 192.168.1.111:/data/ /mnt
```

第 5 步，查看是否挂载成功：

```
df -h
```

启动 RPC 服务并检查：

```
/etc/init.d/rpcbind start
```

设置开启自启并检查：

```
chkconfig rpcbind on
chkconfig --list rpcbind
```

挂载并测试（挂载/data 到/mnt 目录下）：

```
mount -t nfs 192.168.137.7:/data /mnt
```

3. NFS 的配置文件格式

NFS 的配置过程相对简单。这个过程只需要对/etc/rc.conf 文件作一些简单修改。

1）在 NFS 服务器端，确认/etc/rc.conf 文件中以下开关是否都配上

命令如下：

```
rpcbind_enable="YES"
nfs_server_enable="YES"
mountd_flags="-r"
```

只要 NFS 服务器被置为 enable，mountd 就能自动运行。

2）在客户端，确认下面这个开关出现在 etc/rc.conf 中

命令如下：

```
nfs_client_enable="YES"
```

/etc/exports 文件指定了哪个 NFS 应该输出（有时被称为"共享"）。/etc/exports 里面每行指定一个输出的文件系统和哪些计算机可以访问该文件系统。在指定计算机访问权限的同时，访问选项开关也可以被指定。

NFS 配置文件：

```
/etc/exports(默认为空)
```

NFS 服务器读取/etc/exports 配置文件，该文件可以设定哪些客户端可以访问 NFS 共享文件系统。该文件的书写原则如下。

（1）空白行将被忽略。

（2）以"♯"开头的内容将为注释。

（3）配置文件中可以通过符号转义换行。

（4）每个共享的文件系统需要独立一行条目。

（5）客户端主机列表需要使用空格隔开。

（6）配置文件中支持通配符。

3）/etc/exports 的格式

/etc/exports 的格式如下：

［共享目录］［客户端 1 选项（访问权限，用户映射，其他）］［客户端 2 选项（访问权限，用户映射，其他）］

其中参数含义如下。

（1）共享目录：共享目录是指 NFS 中需要共享给客户机使用的目录。

（2）客户端：客户端是指网络中可以访问这个 NFS 输出目录的计算机，以 IP 地址或主机名或域名表示。例如，指定 IP 地址的主机 192.168.0.200，或指定子网中的所有主机 192.168.0.0/24，或指定域名的主机 david.bsmart.cn，或指定域中的所有主机 *.bsmart.cn，甚至可以用"*"表示所有主机。例如：

/home/ljm/ *.gdfs.edu.cn (rw,insecure,sync,all_squash)

表示共享/home/ljm/目录，*.gdfs.edu.cn 域中所有的主机都可以访问该目录，且有读写权限。

（3）选项：选项用来设置输出目录的访问权限、用户映射等，如 ro（只读）、rw（读写）等，如表 4-8 所示。

表 4-8　权限选项

	选项	功　　能
读写权限	rw	可读写的权限
	ro	只读的权限
映射选项	root_squash	将 root 用户及所属组都映射为匿名用户或用户组（默认设置）
	no_root_squash	与 root_squash 取反，即客户端用 root 用户访问该共享文件夹时，root 用户不会映射成匿名用户
	all_squash	将远程访问的所有普通用户及所属组都映射为匿名用户或用户组（nfsnobody）
	no_all_squash	与 all_squash 取反（默认设置）
	anonuid=xxx	将远程访问的所有用户都映射为匿名用户，并指定该用户为本地用户（UID=×××）
	anongid=xxx	将远程访问的所有用户组都映射为匿名用户组账户，并指定该匿名用户组账户为本地用户组账户（GID=×××）
其他选项	secure	限制客户端只能从小于 1024 的 TCP/IP 端口连接 NFS 服务器（默认设置）
	insecure	允许客户端从大于 1024 的 TCP/IP 端口连接服务器
	sync（同步）	将数据同步写入内存缓冲区与磁盘中，效率低，但可以保证数据的一致性
	async（异步）	将数据先保存在内存缓冲区中，必要时才写入磁盘
	hide	在 NFS 共享目录中共享其子目录
	no_hide	在 NFS 共享目录中共享其子目录
	wdelay	检查是否有相关的写操作，如果有则将这些写操作一起执行，这样可以提高效率（默认设置）
	no_wdelay	若有写操作则立即执行，应与 sync 配合使用
	subtree_check	若输出目录是一个子目录，则 NFS 服务器将检查其父目录的权限（默认设置）
	no_subtree_check	即使输出目录是一个子目录，NFS 服务器也不检查其父目录的权限，这样可以提高效率

/etc/exports 配置例子：

```
/zhang (rw) wang (rw,no_root_squash)
```

表示共享服务器上的根目录(/)只有 zhang 和 wang 两台主机可以访问,且有读写权限。

```
/home/share/ .gdfs.edu.cn (ro,sync,all_squash,anonuid=student,anongid=math)
```

表示共享目录/home/share/,*.gdfs.edu.cn 域中的所有主机都可以访问,但只有只读的权限,所有用户都映射成服务器上的 uid 为 student、gid 为 math 的用户。

4）NFS 的常用命令

常用的 NFS 命令主要有 exports、showmount、rpcinfo、mount、umount 等,其参数及含义如表 4-9 所示。

表 4-9　NFS 常用命令

命　令	参　数	含　义
exports	-a	全部挂载或卸载文件/etc/exports 中的内容
	-i<文件>	指定配置文件
	-r	更新配置重新读取/etc/exports
	-u	卸载指定的目录
	-o	使用指定的参数
	-v	显示共享详细情况
showmount	-a 或--all	以 host:dir 这样的格式来显示客户主机名和挂载点目录
	-d 或--directories	仅显示客户端挂载的目录名
	-e 或--exports	显示 NFS 服务器的输出清单
	-h 或--help	显示帮助信息
	-v 或--version	显示版本信息
	--no-headers	禁止输出描述头部信息
rpcinfo	-p(probe,探测)	列出所有在 host 用 portmap 注册的 RPC 程序,如果没有指定的 host,就查找本地上的 RPC 程序
	-n(port number,端口号)	根据-t 或者-u,使用编号为 port 的端口,而不是由 portmap 指定的端口号
	-u(UDP)	UDP RPC 调用 host 上程序 program 的 version 版本,并报告是否接收到响应
	-t(TCP)	TCP RPC 调用 host 上程序 program 的 version 版本(如果指定的话),并报告是否接收到响应
	-b(broadcast,广播)	向程序 program 的 version 版本进行 RPC 广播,并列出响应的主机
	-d(delete,删除)	将程序 program 的 version 版本从本机的 RPC 注册表中删除。只有 root 特权用户才可以使用这个选项
mount(nfs)	-t	指定设备的文件系统类型
	-r	以只读方式加载设备
umount	-t	仅卸载选项中所指定的文件系统
	-r	若无法成功卸载,则尝试以只读的方式重新挂入文件系统

例如：

```
exportfs -rv
```

用于全部重新 export 一次。

```
exportfs -au
```

用于全部卸载。

```
showmount -e IP
```

用于查看 NFS 服务器上共享了哪些目录。

```
showmount -a IP
```

用于在 NFS Server 上显示已经挂载 NFS 服务器的客户机。

rpcinfo 命令主要是利用 RPC 调用，访问 RPC 服务器，显示其响应信息，查询已注册的 RPC 服务。rpcinfo 语法如下：

```
rpcinfo -p [host];rpcinfo [-n port] -u |-t host program[version]
```

显示已注册到本地系统的所有 RPC 服务：rpcinfo。
显示本地系统中注册到 rpcbind 协议版本 2 的所有 RPC 服务：rpcinfo -p。

```
mount -t nfs hostname(or IP):/directory /mount point 挂载
umount /本地挂载目录(本地 client 卸载方法,但用 exports -au 为 server 卸载)
```

NFS 权限分析，由于共享数据实际是存储在 NFS 服务器上的，所以所有的操作实际是以服务器本机账户进行的，只是服务器会根据不同的情况将远程客户端的访问账户转换为不同的服务器本机账户。

客户端使用普通用户连接服务器时，默认情况下，如果客户端使用的账户的 UID 在服务器上也有相同账号的 UID，则服务器将使用服务器本机上该 UID 账户进行读写操作；如果客户端访问服务器所使用的 UID 不在服务器上，则该服务器自动将账号转换为 nobody 账号。此外，如果服务器端对共享属性配置了 all_squash 选项，则服务器会根据 anonuid 选项的值，将所有的账户自动转换为匿名账号。

客户端使用 root 连接服务器时，默认会将 root 转换为服务器上的 nfsnobody 账号，如果服务器端对共享属性配置了 no_root_squash 选项，则服务器会将远程 root 账户转换为本机 root 账户进行读写操作。

NFS 之所以备受瞩目，除了它在文件共享领域上的优异表现外，还有一个关键原因在于它在 NAS 存储系统上应用。NAS、DAS 和 SAN 在存储领域的竞争中，NFS 发挥了积极的作用，这更使得 NFS 越来越被广泛关注。

4.3.2 CIFS

CIFS(common internet file system，通用互联网文件系统)协议是由微软的会话消息块(send message block，SMB)协议修改扩充而来的网络共享协议，它使程序可以访问远程 Internet 计算机上的文件并要求此计算机的服务。在 Windows 操作系统上经常使用的网上邻居、共享打印机等通信都是通过 CIFS 协议实现的。CIFS 使用客户-服务器模式,它与 HTTP、FTP 等大部分网络文件传输协议一样,支持文件的传输和浏览;此外 CIFS 对文件操作更为灵活、方便、直观,它支持网络上丰富的文件交互操作。客户程序请求远程服务器上的服务器程序为它提供服务。服务器获得请求并返回响应。CIFS 是公共的或开放的 SMB 协议版本,可以看作应用程序协议如文件传输协议和超文本传输协议的一个实现。

在 Windows 主机之间进行网络文件共享是通过使用微软公司自己的 CIFS 服务实现的。

CIFS 有以下功能。

(1)访问服务器本地文件并读写这些文件。

(2)与其他用户一起共享一些文件块。

(3)在断线时自动恢复与网络的连接。

(4)使用统一码(unicode)文件名。文件名可以使用任何字符集,而不局限于为英语或西欧语言设计的字符集。

CIFS 协议不仅拥有丰富的交互功能,而且协议本身是开放式的,与平台无关,因此得到个人用户和企业用户的广泛应用。在 UNIX 下也有对应的应用程序实现该协议,使得使用 UNIX 操作系统的计算机在安装 samba 后可以方便地同使用 Windows 的计算机进行交互。

一般情况下,CIFS 可以比 FTP 更好地控制文件。它提供了潜在的更直接地服务器程序接口,这比使用 HTTP 的浏览器更好。CIFS 最典型的应用是 Windows 用户能够从"网上邻居"中找到网络中的其他主机并访问其中的共享文件夹。

CIFS 协议是微软 SMB 的开源版本,是 SMB 协议的扩展。采用客户-服务器模式,是一个典型的请求-响应式应用协议。

SMB 协议最初是运行在 NBT(NetBIOS over TCP/IP)上的,采用 137(UDP)、138(UDP)和 139(TCP)端口进行通信。而在微软推出加强版的 SMB(即 CIFS)之后,可以直接运行在 TCP/IP 上,可以不采用 NBT 层,并且使用 TCP 445 端口。

CIFS 消息主要由 SMB 基础头部、SMB 命令头部以及可变长度的数据块 3 部分组成。如图 4-8 所示。

CIFS 协议将客户端和服务器之间的复杂的操作、数据都编码在 CIFS 消息中。由图 4-8 可知,每一个 CIFS 消息中都包含一个 SMB 命令头部并

| TCP 头部 |
| NetBIOS 头部 |
| SMB 基础头部 |
| SMB 命令头部 |

图 4-8　CIFS 消息的头部

根据需要填充数据区,其中 SMB 命令头部中携带命令字段,代表服务器与客户端之间交互操作的内容。CIFS 命令消息是成对出现的,包含 request 和 response 消息。客户端请求数据时采用包含命令字段的 request 消息,服务器收到该消息后,执行相关操作并回复客户端对应命令的 response 消息,这样就完成了一次命令交互过程。

下面描述 CIFS 客户端登录服务器并下载一个文件的过程,如图 4-9 所示。

(1)首先是客户端用一个随机端口(比如 1329)向 CIFS 服务器的 445 端口发起 TCP 连接,建立 TCP 的三次握手。

(2)客户端向服务器发送自身的协商参数,比如版本信息、采用的算法等,服务器找到匹配项后回复确认。

(3)客户端向服务器发起一个用户认证。服务器根据认证信息决定是否为客户端提供相应服务,并回复确认。

(4)客户端认证成功后,选择文件下载。

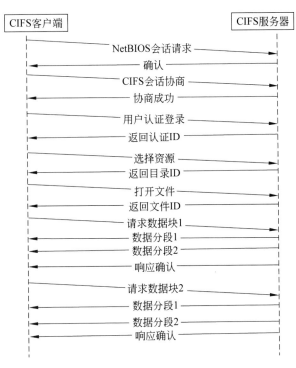

图 4-9　CIFS 的文件下载过程

CIFS 与 NFS 区别如下。

（1）CIFS 面向网络连接的共享协议，对网络传输的可靠性要求高，常使用 TCP/IP。而 NFS 是独立于传输的，可使用 TCP 或 UDP。

（2）NFS 缺点之一，是要求客户端必须安装专用软件。而 CIFS 集成在操作系统内部，无须额外添加软件。

（3）NFS 属无状态协议，而 CIFS 属有状态协议；NFS 受故障影响小，可以自恢复交互过程，CIFS 则不能；从传输效率上看，CIFS 优于 NFS，没用太多冗余信息传送。

（4）两协议都需要文件格式转换，NFS 保留了 UNIX 的文件格式特性，如所有人、组等；CIFS 则完全按照 Windows 的风格。

在实际应用中，当 Linux 需要挂载 Window 上的目录时，常需要使用 samba 和 VM tools 等工具。而使用 CIFS 是最简单用法，它不需要安装任何额外工具，是 Windows 和 Linux 自带功能。

在 Windows 端使用时，首先在 Windows 上建立共享文件夹，如目录 E:\nfs，用户：everyone，权限：所有权限，实现命令如下：

```
mk e:\nfs
net share myshare=e:\nfs  /GRANT:everyone,all
```

这样就完成 Windows 端设置。

在 Linux 端，例如 Ubuntu，默认时是支持 CIFS 文件系统的，不需要做任何配置。直接使用 mount 命令挂载即可。在确保 Linux 系统可以用 ping 命令连接 Windows 系统的前提下，使用如下命令：

```
#mount -t cifs -o username=everyone,password='' //192.168.88.77/nfs /mnt
```

其中用户名 username 与 Windows 设置的一致,密码 password 为空,192.168.88.77 为 Windows 系统的 IP 地址,mnt 为 Linux 系统下的挂载目录位置。通过命令:

```
#ls /mnt
```

就可查看到 Windows 上的共享目录。

下面以基于 CentOS 的 CIFS(samba)文件系统搭建为例进行介绍。

(1) 系统环境。

系统平台: CentOS 64 位。

samba 版本: samba-4.2.10-7.el7_2.x86_64。

samba 服务器的 IP: 10.3.194.155。

SELINUX=disabled。

iptables stop。

(2) 安装。将自动安装好相关依赖包 samba-common、libsmbclient,命令如下:

```
yum install -y samba samba-client samba-winbind-clients.x86_64 cifs-utils.x86_64
```

samba-common 主要提供 samba 服务器的设置文件与设置文件语法检验程序 testparm,samba-client 是客户端软件,主要提供 Linux 主机作为客户端时,所需要的工具指令集;samba 是服务器端软件,主要提供 samba 服务器的守护程序、共享文档、开机默认选项。

(3) 启动。

```
service smb start
```

(4) 配置。

samba 的配置文件为/etc/samba/smb.conf,主要由 GlobalSettings 和 Share Definitions 两部分组成。

在[global]下写入:

```
include = registry
```

则可利用 net conf 来对 samba 进行配置:

```
netconfaddsharetest
smbpasswd-aroot
```

客户端挂载:

```
mount-tcifs-ousername="root",password="123456"//10.3.194.155/test/mnt/samba/
```

(5) 验证。

① 客户端挂载 CIFS 文件系统。

此时服务器端状态,命令:

```
net conf list
```

此时客户端状态,命令:

```
df -h
```

读者可根据命令执行结果分析。

② 服务器端卸载文件系统挂载的云硬盘。此时服务器端状态:(服务器端共享的文件系统挂载了云硬盘,现在卸载云硬盘)。

由 net conf list 查得云硬盘 test,然后执行命令:

```
net conf delshare test
```

再执行

```
net conf list
```

此时,test 已经不在。

实际上,需要客户端先 umount,服务器端才能卸载 CIFS 服务盘。当然,可以使用 -l 参数强制 umount:

```
umount -l /test
```

然后,执行 df.test 便卸载了。

注意:

● 客户端需要重新 mount 才能使用。

● 服务器端重启 service,客户端可以恢复。

● 服务器端 net conf delshare 后,已连接的客户端仍然能使用服务。

CIFS 协议的自身的特点影响了 CIFS 应用在广域网中传输效率。CIFS 在传输大数据时具有以下特点。

(1) 短控制消息多且交互频繁。由图 4-9 可发现 CIFS 协议在建立会话连接时有很多控制交互出现,例如会话的请求、协商、认证等,此外在具体的数据传输时也有请求和响应控制消息,例如客户端在每请求一块数据时都要发送 request 控制消息,服务器在发送完该块数据后也会响应客户端 response 控制消息。

(2) 为了保证 CIFS 协议的时序,控制消息一般按时序单独发送,由于数据量小,因此不仅增加了 CIFS 数据传输的整体延迟,而且带宽的总体利用率也很低,不能充分发挥传输层 TCP 能提供的数据传输潜力。

(3) 短消息丢失将加大总体延迟。因为 TCP 判断分组丢失的依据是数据报文的失序到达。但是 CIFS 短控制消息在交互过程中其后没有数据发送,因此该短控制消息的发送者要等待重传定时器 (RTO)超时之后再进行重传丢失的分组。RTO 要比 RTT 大很多,所以总延迟将加大。

(4) 大数据分块传输。CIFS 应用协议将大数据分隔为块数据来传输,采用请求-响应模式传输大块数据。例如进行 CIFS 下载时,客户端一次操作只能请求一块数据,等服务器发送完该块数据并响应客户端之后,客户端再请求下一块数据,如图 4-10 所示。传输两块数据之间需要等待的时间至少是一个 RTT,所以加大了总延迟。

CIFS 应用协议的特性不适应广域网的高延迟,一方面是因为 CIFS 应用协议在建立会话连接时以

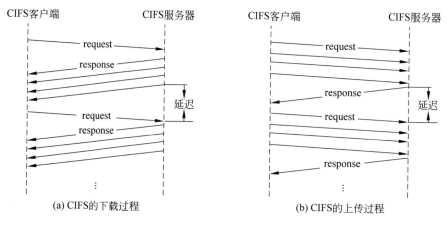

图 4-10　CIFS 的上传、下载过程

及数据传输时频繁的交互,另一方面在因为广域网中单连接的低效率问题。因此可从这两个角度出发来设计加速策略。

4.4　分布式文件系统

计算机通过文件系统管理和存储数据,进入大数据时代后,获取的数据以指数级增长,单纯通过增加硬盘来扩展计算机文件系统的存储容量,已经不能满足数据日益增长的需求,因而引入了分布式文件系统。

分布式文件系统(distributed file system,DFS)是指文件系统管理的物理存储资源不一定直接连接在本地结点,而是通过计算机网络与结点(可简单地理解为一台计算机)相连;或是若干不同的逻辑磁盘分区或卷标组合在一起而形成的完整的有层次的文件系统。DFS 为分布在网络上任意位置的资源提供一个逻辑上为树状结构的文件系统,从而使用户访问分布在网络上的共享文件更加简便。单独的DFS 共享文件夹的作用是相对于通过网络上的其他共享文件夹的访问点。

分布式文件系统可以有效解决数据的存储和管理难题:将固定于某个地点的某个文件系统,扩展到任意多个地点的多个文件系统,众多的结点组成一个文件系统网络。每个结点可以分布在不同的地点,通过网络进行结点间的通信和数据传输。使用分布式文件系统时,无须关心数据是存储在哪个结点上或者是从哪个结点获取的,只需要像使用本地文件系统一样管理和存储文件系统中的数据。分布式文件系统是建立在客户-服务器技术基础之上的,一个或多个文件服务器与客户机文件系统协同操作,这样客户机就能够访问由服务器管理的文件。

分布式存储按其存储接口分为文件存储、块存储和对象存储 3 种。分布式文件系统例如谷歌公司的 GFS、分布式表格系统 Google Bigtable,亚马逊公司的对象存储 AWS(Amazon Web Services),阿里公司的 TFS 等,此外,还有 Ceph、swift、Lustre、GlusterFS 等开源的分布式存储系统。

分布式文件存储系统主要存储普通文件、图片、音视频等非结构化数据。可以采用 NFS 和 CIFS 等协议访问,共享方便。

4.4.1　GlusterFS

GlusterFS(GNU cluster file system)是一种全对称的开源分布式文件系统,也是 Scale-Out 存储解决方案 Gluster 的内核。它具有强大的横向扩展能力,通过扩展能够支持数皮字节的存储容量和处理数千个客户端。GlusterFS 借助 TCP/IP 或 InfiniBand RDMA 网络将物理分布的存储资源聚集在一起,使用单一全局命名空间来管理数据,没有中心结点,所有结点全部平等、配置方便、稳定性好。

什么是 Scale-Out 存储解决方案?由于许多存储系统开始建设时限于经验、成本控制等原因显得比较简单,但当日后需要进行系统扩展时就会变得相当复杂。升级存储系统最常见的原因是需要更多的容量,以支持更多的用户、文件、应用程序或连接的服务器。但是存储系统的升级不只是需要容量,还需要同步增加带宽和计算能力。如果没有足够的 I/O 带宽,将出现用户或服务器的访问瓶颈;没有足够的计算能力,常用的存储软件如快照、复制和卷管理等服务都将受到限制。目前常见的系统扩展方式有Scale-Up(纵向扩展)和 Scale-Out(横向扩展)两种。

(1) Scale-Up(纵向扩展)主要是利用现有的存储系统,通过不断增加存储容量来满足数据增长的需求,如图 4-11(a)所示。这种方式只增加了容量,而带宽和计算能力并没有相应的增加,因此整个存储系统很快就会达到性能瓶颈,从而需要继续扩展。

(2) Scale-Out(横向扩展)架构的升级通常是以结点为单位的,每个结点往往包含容量、处理能力和I/O 带宽。一个结点被添加到存储系统后,系统中的 3 种资源会同时升级,如图 4-11(b)所示。

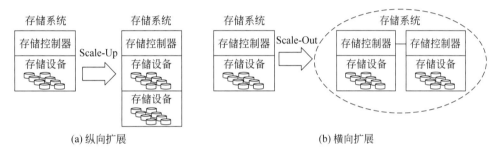

图 4-11　存储系统纵向扩展和横向扩展

由此可见,容量增长和性能扩展(即增加额外的控制器)是同时进行。而且 Scale-Out 架构的存储系统在扩展之后,从用户的视角看起来仍然是一个单一的系统,这一点与将多个相互独立的存储系统简单的叠加在一个机柜中是完全不同的。Scale-Out 方式使得存储系统的升级工作大大简化,用户能够真正实现按需购买,降低总拥有成本(total cost of ownership,TCO)。

GlusterFS 支持运行在任何标准 IP 网络上标准应用程序的标准客户端,可以在全局统一的命令空间中使用 NFS、CIFS 等标准协议来访问应用程序。GlusterFS 使得用户可摆脱原有的独立,高成本的封闭存储系统能够利用廉价的存储设备来部署可集中管理、横向扩展、虚拟化的存储池,存储容量可扩展至太字节或皮字节级。

GlusterFS 的总体架构如图 4-12 所示,它主要由存储服务器(brick server)、客户端以及 NFS/Samba 存储网关组成,支持 TCP/IP 和 InfiniBand RDMA 高速网络互连。客户端可通过原生GlusterFS 协议访问数据,其他没有运行 GlusterFS 客户端的终端可通过 NFS、CIFS 标准协议通过存储网关访问数据(存储网关提供弹性卷管理和访问代理功能)。GlusterFS 一般用于 Linux 系统的存储访问,但是可以通过 NFS 等接口完成 Windows 系统对其访问。RDMA(remote direct memory access,远程直接数据存取)是为了解决网络传输中服务器端数据处理的延迟而产生的技术。

GlusterFS 主要应用在集群系统中,具有很好的可扩展性。软件的结构设计良好,易于扩展和配置,通过各个模块的灵活搭配以得到针对性的解决方案。可解决网络存储、联合存储(融合多个结点上的存储空间)、冗余备份、大文件的负载均衡(分块)等问题。存储结点组成底层存储集群,存储结点就是存储服务器或者计算结点的存储磁盘,存储结点可以平滑扩展。客户端提供了用户的接口,并且可以通

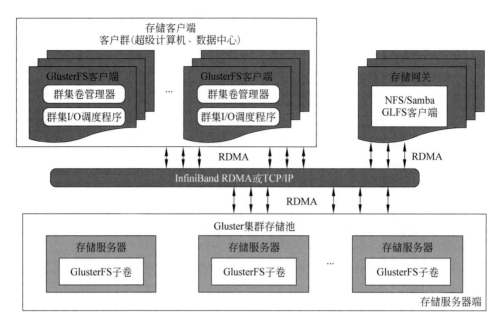

图 4-12   GlusterFS 的总体架构

过客户端采用命令进行系统管理。

存储服务器主要提供基本的数据存储功能,由于 GlusterFS 架构中没有元数据服务器组件,客户端弥补了没有元数据服务器的问题,承担了更多的功能,包括数据卷管理、I/O 调度、文件定位、数据缓存等功能,利用 FUSE(file system in user space)模块将 GlusterFS 挂载到本地文件系统之上,实现 POSIX 兼容的方式来访问系统数据。

1. GlusterFS 卷类型

为了满足不同应用对高性能、高可用的需求,GlusterFS 支持分布式卷、条带卷、复制卷、分布式条带卷、分布式复制卷、条带复制卷、分布式条带复制卷共 7 种卷。GlusterFS 卷类型实际上可以分为 3 种基本卷和 4 种复合卷,每种类型的卷都有其自身的特点和适用场景。

GlusterFS 分布式文件系统中的逻辑卷与其他文件系统不同,整个存储集群的空间相当于一个大的存储磁盘,GlusterFS 可以从客户端对存储空间进行分配控制。传统的磁盘在使用时需要对存储的磁盘进行分区,而 GlusterFS 用户可以灵活的裁剪磁盘的大小,而在整个分布式文件系统中,有全局命名空间,有类似于传统文件系统的树状文件布局。数据的分布由底层文件系统完成,用户在分布式文件系统和传统文件系统中感受不到区别。

(1) 分布式卷(distribute volume)。基于 Hash 算法将文件分布到所有存储服务器,只是扩大了磁盘空间,不具备容错能力。由于分布式卷使用本地文件系统,因此存取效率不但没有提高,反而会因为网络通信的原因使使用效率降低,除此之外,本地存储设备的容量有限制,因此管理超大型文件时会有一定难度。图 4-13 所示为分布式卷,其中 File1 和 File2 存放在服务器 1,而 File3 存放在服务器 2,存放在服务器里的文件都是随机存储。

(2) 条带卷(stripe volume)。与 RAID 0 模式类似,该模式的系统只是简单地根据偏移量将文件分成 N 块(N 个 stripe 结点时),然后发送到每个服务器结点。服务器结点把每一块都作为普通文件存入本地文件系统中,并用扩展属性记录了总的条带数(stripe-count)和每一块的序号(stripe-index)。条带数必须等于 volume 中 brick 所包含的存储服务器数,文件被分成数据块,以 Round Robin(轮询调度,是

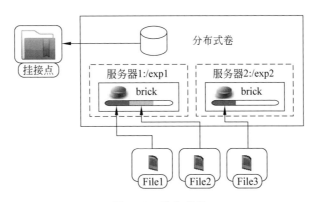

图 4-13　分布式卷

一种以轮询的方式依次将一个域名解析到多个 IP 地址的调度不同服务器的计算方法)的方式存储在 brick 服务器中,并发粒度是数据块,支持超大文件,大文件的读写性能高。

　　brick 是 GlusterFS 中的最基本存储单元,表示为一个机器上的本地文件系统导出目录,可以通过主机名和目录名来标识。

　　如图 4-14 所示,条带卷将文件存放在不同服务器中,File 被分割为 6 段,其中 1、3、5 放在服务器 1 中,2、4、6 放在服务器 2 中。

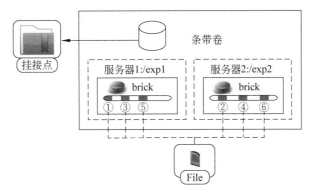

图 4-14　条带卷

　　(3) 复制卷(replica volume)。文件同步复制到多个 brick 上,相当于 RAID 1,即同一文件在多个镜像存储结点上保存多份,每个被复制子结点有着相同的目录结构和文件,具有容错能力,写性能下降,读性能提升。被复制(replicated)模式,也称为 AFR(auto file replication,自动文件复制)。复制卷也是在容器存储中较为推崇的一种。如图 4-15 所示,File1 同时存在服务器 1 和服务器 2,File2 也是如此,相当于服务器 2 中的文件是服务器 1 中文件的副本。

　　Replicated 模式一般不会单独使用,经常是以"Distribute＋Replicated"或"Stripe＋Replicated"的形式出现的。如果两台计算机的存储容量不同,就会产生木桶效应,即系统的存储容量由容量小的计算机决定。在这种模式下,复制数必须等于卷中 brick 所包含的存储服务器数,因此可用性高。在创建一个两两互为备份的卷后,存储池中一块硬盘发生损坏,虽然不会影响数据的使用,但是最少需要两台服务器才能创建分布镜像卷。

　　在 Replicated 模式下,读写数据时有如下扩展属性。

　　读数据时,系统会将请求均衡负载到所有的镜像存储结点上,在文件被访问时同时就会触发自我修

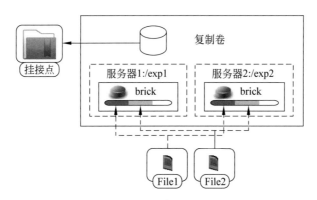

图 4-15　复制卷

复机制,这时系统会检测副本的一致性(包括目录、文件内容、文件属性等)。若不一致则会通过"更新日志"(ChangeLog)找到正确版本,进而修复文件或目录属性,以保证一致性。

　　写数据时,以第一台服务器作为锁服务器,先锁定目录或文件,写"更新日志"记录该事件,再在每个镜像结点上写入数据,确保一致性后,擦除更新日志记录,解开锁。

　　如果互为镜像的多个结点中有一个镜像结点出现了问题,读写请求都可以正常的进行,并不会受到影响。而问题结点被替换后,系统会自动在后台进行同步数据来保证副本的一致性。系统并不会自动地找另一个结点进行替代,而是需要人工新增结点来进行,所以必须及时发现这些问题,不然可靠性就很难保证。

　　(4) 分布式条带卷(distribute stripe volume)。分布式条带卷中的 brick 所包含的存储服务器数必须是 stripe 的倍数(大于或等于 2 倍,即最少需要 4 台服务器才能创建),兼具 distribute 和 stripe 卷的特点。每个文件分布在 4 台共享服务器上,通常用于大文件访问处理。

　　如图 4-16 所示,将文件存到不同的服务器时,File 被分割成 4 段,1、3 在服务器 1(exp1)中,2、4 在服务器 1(exp2)中。服务器 2(exp3)1、3 存放服务器 1(exp1)中的备份文件,服务器(exp4) 2、4 存放服务器 1(exp2)中的备份文件。

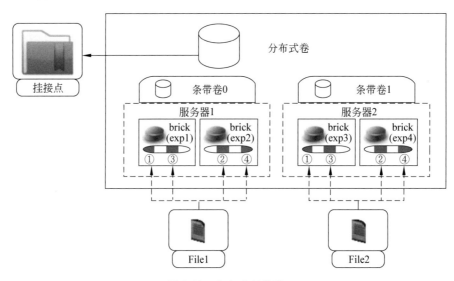

图 4-16　分布式条带卷

（5）分布式复制卷（distribute replica volume）。分布式复制卷中的 brick 所包含的存储服务器数必须是 replica 的倍数（最少需要 4 台服务器才能创建），兼顾分布式和复制式的功能，可以在两个或多个结点之间复制数据。

如图 4-17 所示，将文件备份随机存放在服务器时，服务器 1（exp1）存放 File1 文件，服务器 1（exp2）存放 File2 文件。服务器 2（exp3）存放 File1 的备份文件，服务器 2（exp4）存放 File2 的备份文件。

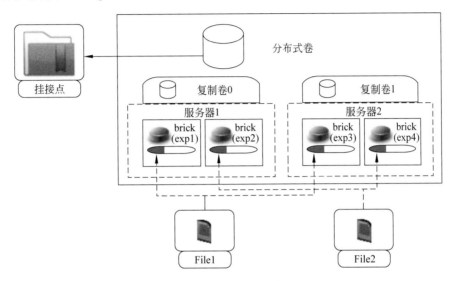

图 4-17　分布式复制卷

（6）条带复制卷（stripe replica volume）。类似 RAID 10，同时具有条带卷和复制卷的特点，最少需要 4 台服务器才能创建。

如图 4-18 所示，将文件分割并备份随机存放在不同的服务器时，File 被分割 4 段，1、3 存放在服务器 1（exp1）上，2、4 存放在服务器 2（exp4），服务器 1（exp3）上的存放服务器 2（exp4）的备份文件，服务器 2 上的（exp2）存放服务器 1（exp1）的备份文件。

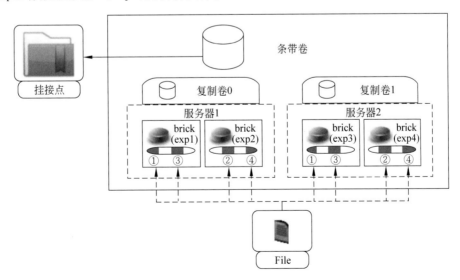

图 4-18　条带复制卷

（7）分布式条带复制卷(distribute stripe replica volume)。分布式条带复制卷分布条带数据在复制卷集群,是 3 种基本卷的复合,通常用于类 Map Reduce 应用,至少需要 8 台服务器才能创建。

如图 4-19 所示,将文件分割并备份随机存放在不同服务器时,File 被分割成 4 段,1、3 存放在服务器 1(exp1)中,2、4 存放在服务器 2(exp3)中。服务器 1(exp2)存放服务器 1(exp1)的备份文件,服务器 2(exp4)存放服务器 2(exp3)的备份文件。

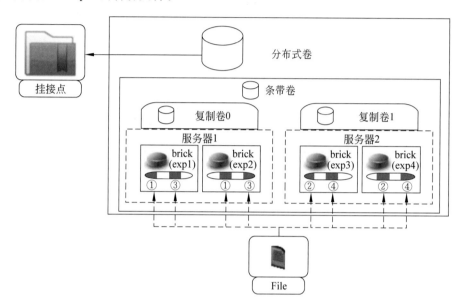

图 4-19　分布式条带复制卷

2. GlusterFS 的四大组成模块

GlusterFS 是根据 FUSE 提供的接口实现的一个用户态的文件系统,主要包括 gluster、glusterd、glusterfs 和 glusterfsd 四大模块组成。FUSE 是一个可加载的内核模块,其支持非特权用户创建自己的文件系统而不需要修改内核代码。通过在用户空间运行文件系统的代码与内核进行桥接;Gluster 服务器是数据存储服务器,即组成 GlusterFS 存储集群的结点;Gluster 客户端是使用 GlusterFS 存储服务的服务器,例如 KVM、OpenStack、LB RealServer 和 HA node。

（1）gluster。gluster 是命令行执行工具,主要功能是解析命令行参数,然后把命令发送给 glusterd 模块执行。

GlusterFS 客户端提供了非常丰富的命令用来操作结点、卷,表 4-10 给出了常用的一些命令。在与容器对接过程中,需要创建卷、删除卷,以及设定卷的配额等功能,并且后续这些功能也需要 REST API 化,方便通过 HTTP 请求的方式来操作卷。

表 4-10　GlusterFS 客户端常用命令

命　　令	功　　能	命　　令	功　　能
gluster peer probe	添加结点	gluster volume delete	删除卷
gluster peer detach	移除结点	gluster volume quota enable	开启卷配额
gluster volume create	创建卷	gluster volume quota enable	关闭卷配额
gluster volume start	启动卷	gluster volume quota limit-usage	设定卷配额
gluster volume stop	停止卷		

（2）glusterd。glusterd 是一个管理模块，处理 gluster 发过来的命令，处理集群管理、存储池管理、brick 管理、负载均衡、快照管理等。集群信息、存储池信息和快照信息等都是以配置文件的形式存放在服务器中，当客户端挂载存储时，glusterd 会把存储池的配置文件发送给客户端。

（3）glusterfsd。glusterfsd 是服务端模块，存储池中的每个 brick 都会启动一个 glusterfsd 进程。此模块主要是处理客户端的读写请求，从关联的 brick 所在磁盘中读写数据，然后返回给客户端。

（4）glusterfs。glusterfs 是客户端模块，负责通过 mount 挂载集群中某台服务器的存储池，以目录的形式呈现给用户。当用户从此目录读写数据时，客户端根据从 glusterd 模块获取的存储池的配置文件信息，通过 DHT 算法计算文件所在服务器的 brick 位置，然后通过 InfiniBand RDMA 或 TCP/IP 方式把数据发送给 brick，等 brick 处理完，给用户返回结果。存储池的副本、条带、Hash、EC 等逻辑都在客户端处理。

在使用 glusterfs 提供的存储服务之前，需要先挂载存储池，向挂载点写数据，会经过 FUSE 内核模块传给客户端，客户端检查存储池的类型，然后计算数据所在服务器，最后通过 socket 或 rdma 与服务器通信。

3. GlusterFS 安装部署

一般情况下，在企业中采用的是分布式复制卷，因为有数据备份，数据相对安全。网络要求全部千兆以太网环境，GlusterFS 服务器至少有两块网卡，其中一块网卡需要绑定，供 Gluster 使用，剩余一块用于分配和管理网络 IP 和系统管理。若条件允许，使用万兆交换机并为服务器配置万兆网卡，存储性能会更好。网络方面如果安全性要求较高，可以多网卡绑定。

（1）安装 GlusterFS 前的环境准备。做好服务规划，确定主机数（采用不同的卷对主机数有最低要求，服务器不少于 2 台，每台都需要安装 GlusterFS）及操作系统（一般选用 CentOS）、IP 地址、主机名、硬盘等。安装前首先关闭 iptables 和 selinux。

（2）安装 GlusterFS。GlusterFS 软件包安装（每台服务器都执行），并启动 GlusterFS 服务，全部 GlusterFS 主机均须格式化磁盘：

```
#yum -y install centos-release-gluster
#yum -y install glusterfs glusterfs-server glusterfs-fuse
```

如果是客户端只需要 glusterfs glusterfs-fuse 即可。

（3）在每台主机上按需创建硬盘池，供分布式存储使用。创建的硬盘要用 xfs 格式来格式化硬盘，若用 Ext4 格式化硬盘，大于 16TB 的空间就无法格式化。所以这里要用 xfs 格式化磁盘（CentOS 7 默认的文件格式就是 xfs），并且 xfs 的文件格式支持皮字节级的数据量。

在各台主机上创建挂载块设备的目录，挂载硬盘到目录；将分布式存储主机加入信任主机池。

（4）创建 GlusterFS 卷。在 GlusterFS 的 5 种卷中，大部分会用分布式的条带卷和分布式复制（可用容量＝总容量/复制份数）。

（5）配置 GlusterFS 卷。

完成上述操作后，就可以进行卷管理等常规操作。下面是一些操作实例。

（1）创建集群（任意结点上执行一下操作，向集群中添加结点。假设是在 node-1 执行，将 node-2 加入集群中，则

```
[root@node-1 ~]# gluster peer probe node-2
```

（2）如果要从集群中去除结点，可以执行如下命令，但该结点中不能存在卷中正在使用的 brick。

```
gluster peer detach 结点名称
```

（3）创建分布式卷，命令格式如下：

```
gluster volume create volume_name replica 2 node1:/data/br1 node2:/data/br1
```

其中参数含义如下。

① volumn_name：卷名。

② node1：结点名。

③ replica：文件保存的份数。

④ /data/br1：结点上的目录，这个目录最好是一个单独的分区（分区类型最好为逻辑卷的方式，这样易于操作系统级别的存储空间扩展），默认不能使用 root 分区进行创建卷，如需要 root 分区创建卷添加 force 参数。

下面使用/opt/brick 作为单独分区的挂载目录。

```
#mkdir /opt/brick
```

（4）创建副本 2 的复制卷。

```
[root@node-1~]# gluster volume create app-data replica 2 node-1:/opt/brick node-2:/opt/brick force
```

（5）列出卷。

```
[root@node-1 ~]# gluster volume list
app-data
```

（6）启动卷。

```
[root@node-1~]# gluster volume start app-data
```

（7）查看卷信息。

```
[root@node-1~]# gluster volume info app-data
```

（8）打开 GlusterFS 磁盘限额，假设限制大小是 10GB，也可以不用设置。

```
[root@node-1 ~]# gluster volume quota app-data enable
[root@node-1 ~]# gluster volume quota app-data limit-usage / 10GB
[root@node-1 ~]# gluster volume status
```

（9）配置客户端使用卷。GlusterFS client 端有 3 种客户端使用方式：Native mount、NFS 和 Samba。下面使用 Native mount 挂载 gluster volume 到 node-1 和 node-2 结点的本地目录/gfs-share 下：

```
#mount -t glusterfs node-1:app-data /gfs-share
```

（10）查看挂载情况。

```
[root@node-128 ~]# df -h | grep gfs-share
```

（11）设置开机自动挂载。

```
vim /etc/fstab
node-1:/app-data  /gfs-share glusterfs  defaults 0 0
```

（12）使用 mount -a 检测并挂载测试。

```
[root@node-1 ~]#cd /gfs-share
[root@node-1 ~]#touch file{1..9}.txt
```

分别在 node-1 和 node-2 上验证，发现在两个结点的 brick 里面都存在 9 个测试文件。

作为一种开源的分布式存储组件，GlusterFS 具有非常强大的扩展能力，同时也提供了非常丰富的卷类型，能够轻松实现皮字节级的数据存储。GlusterFS 目前主要适用大文件存储场景，对于小文件尤其是海量小文件（小于 1MB），存储效率和访问性能都表现不佳。企业主要应用场景主要有虚拟机存储、云存储、内容云、大数据等。

4.4.2　Ceph

Ceph 是一款开源统一的分布式文件存储系统，其目标是解决数据存储问题中的规模过大和存储结点的分布式问题。大规模的含义是指能够供皮字节级的数据的写入和读取，分布式是指存储集群中有成千上万数量的结点协同工作提供服务。

Ceph 存储群集是分布式对象存储。面向客户端的不同存储服务在存储群集上进行分层。Ceph 对象网关服务使客户端可以使用基于 REST 的 HTTP 接口（与 Amazon 的 S3 和 OpenStack 的 Swift 协议兼容）访问 Ceph 存储群集。Ceph 块设备服务使客户端可以将存储群集作为块设备进行访问，这些设备可以使用本地文件系统进行格式化并装载到操作系统中，也可以用作虚拟磁盘以在 Xen、KVM、VMWare 或 QEMU 中操作虚拟机。最后，Ceph 文件系统（CephFS）将整个存储群集上的文件和目录抽象作为 POSIX 兼容文件系统进行提供，可以直接在 Linux 客户端的文件系统中装载。

1. Ceph 架构

Ceph 在统一的系统中为用户提供了对象（object）、块（block）、文件（file）3 种接口，这 3 种接口分别对应着对象存储服务、块存储服务、文件存储服务，其架构如图 4-20 所示。

在 Ceph 系统内部，这些不同的存储服务都基于可靠、自主的分布式对象存储（reliable，autonomic distributed object store，RADOS）底层。RADOS 层中运行着多个守护进程，每个守护进程执行特定任务，是 Ceph 的核心之一。监控器（monitor，MON 进程）管理整个集群范围的结点信息，对象存储设备（object-based storage device，OSD 进程）负责检索和存储对象、数据校验恢复和心跳检测，元数据服务器（metadata server，MDS 进程）在文件级存储服务中维护每个文件的元数据。

librados 是一个允许应用程序直接与 RADOS 通信的 C 语言库，可通过访问 RADOS 完成各种操作。将 librados 进行再次封装可以得到集成块存储、对象存储和文件存储的接口。

块存储是目前最流行的存储方式之一。块表示字节的连续序列，Ceph 块存储将数据块划分为一组

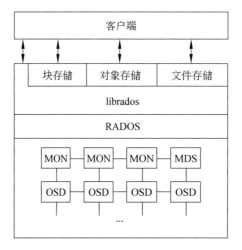

图 4-20　Ceph 架构

大小相等的对象,然后以分布式模式条带化到 RADOS 集群中。Ceph 对象存储将大文件分割为小的对象,为了方便用户执行各种操作,可兼容 Swift 和 S3 标准。Ceph 为用户提供了 POSIX 兼容的文件系统接口,与前两种存储方式不同,使用 MDS 守护进程来分离元数据和数据,可有效降低操作复杂性。

　　Amazon S3 是指 Amazon 公司的 Simple Storage Service,是互联网存储解决方案。该服务旨在降低开发人员进行网络规模级计算的难度。Amazon S3 提供了一个简单 Web 服务接口,可用于随时在 Web 上的任何位置存储和检索任何数量的数据。此服务让所有开发人员都能访问同一个具备高扩展性、可靠性、安全性和快速价廉的数据存储基础设施。Swift 是 OpenStack 开源云计算项目的子项目之一,被称为对象存储,提供了强大的扩展性、冗余和持久性。对象存储,用于永久类型的静态数据的长期存储。

　　从 RADOS 的名称可以看出,其主要特性是可靠、自动恢复和分布式。

　　(1) 可靠。RADOS 的主要设计目标即为提供一个可靠的存储空间,为存放到 RADOS 中的对象数据提供容灾服务。RADOS 提供跨 OSD 的容灾服务。即同一个对象,会在 RADOS 中以副本或者纠删码(erasure coding,EC)的方式存放在多个 OSD 上面。当其中的任意 OSD 发生磁盘损坏、网络中断等故障时,RADOS 会自动重建对象的冗余数据,保证数据的可用性。

　　(2) 自动恢复。RADOS 中各个结点会自动完成副本重建的操作。当任意 OSD 发生故障时,MON 通过心跳机制确认其故障的发生,然后更新 OSDMap。更新后的 OSDMap 将故障的 OSD 的状态标记为"out",然后向集群内的所有其他 OSD 广播新版的 OSDMap。OSD 们收到 OSDMap 的更新后,会得知、确认有 OSD 发生了故障。每个 OSD 会独立的判断故障的 OSD 是否与其有关,包括是否有数据需要重建冗余,是否有操作需要重试等。然后相互协调,完成对于 OSD 故障的响应。以上操作都是自动完成,不需要客户端或者运维人员的干预。

　　(3) 分布式。Ceph 是纯分布式的,体现在两方面。其一,Ceph 内部的 MON 和 OSD 都是集群模式运行的,不存在任何单点的故障;其二,Ceph 内部的 MON 与 MON 之间、OSD 与 OSD 之间都是完全对等,没有中心控制系统,也没有 I/O 瓶颈,是完全横向扩展的。

　　RADOS 在 Ceph 中处于最核心的位置,是 Ceph 负责实现存储资源整合的子系统,该系统将多个存储设备(磁盘)上的空间整合为一个统一的命名空间,这一命名空间通过对象的方式来组织数据。

RADOS 的存储逻辑架构如图 4-21 所示。RADOS 集群主要由两种结点组成。一种是负责数据存储和维护功能的 OSD,另一种则是若干负责完成系统状态监测和维护的 MON(monitor)。OSD 和 MON 之间相互传输结点的状态信息,共同得出系统的总体工作运行状态,并形成一个全局系统状态记录数据结构,即 cluster map。

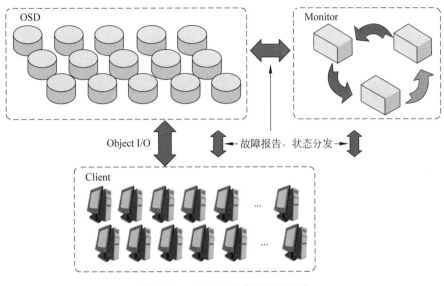

图 4-21　RADOS 的存储逻辑架构

1) MON(monitor)集群监控

运行在服务器端的驻留进程,以集群的方式运作,负责监视整个集群的运行状况,这些集群信息都由维护集群成员的守护进程 MON 来提供。它通过组成监控集群来保证自己的高可用,监控集群通过 Paxos 算法来实现自己数据的一致性(Paxos 算法是基于消息传递且具有高度容错特性的一致性算法,是目前公认的解决分布式一致性问题最有效的算法之一)。同时它提供了整个存储系统的结点信息等全局的配置信息,主要包括 monitor map(MON 集群的状态)、OSD map(OSD 集群的状态)和 MDS map(MDS 集群的状态)。monitor map 包括有关 monitor 结点端到端的信息,其中包括 Ceph 集群 ID、监控主机名、IP 地址和端口号;OSD map 包括所有 OSD 的列表和状态;MDS map 则是所有 MDS 的列表和状态。在 Ceph 集群中有多个 Monitor 结点时,Monitor 结点数应为奇数,最低的要求是至少有一个 Monitor 结点,通常在设计 Monitor 结点数量推荐值为 3,即为 3 个 Monitor 结点。MON 的信息可以通过 ceph mon dump 命令查看。

2) OSD

RADOS 对象是数据存储的基本单元,默认大小为 4MB。如图 4-22 所示,一个对象由对象 ID、数据和元数据 3 部分组成。对象 ID 是对象的唯一标识;对象的数据在本地文件系统中对应一个文件;对象的元数据,以键值对形式保存在文件对应的扩展属性中。

对象ID	数据	元数据
4836	011000010101101001011 001100001010001110100	name-value

图 4-22　对象

OSD 是 Ceph 文件系统的对象存储守护进程,运行在服务器端,一个 OSD 对应一个物理硬盘,集群中有多少磁盘,就有多少个 OSD。OSD 是 Ceph 存储集群最重要的组件,OSD 将数据以对象的形式存储到集群中每个结点的物理磁盘上,完成存储用户数据的工作绝大多数都是由 OSD 守护进程来实现的。

Ceph 集群一般情况下都包含多个 OSD,OSD 的数量关系到系统的数据分布均匀性,因此其数量不应太少,至少也应该是数十上百个的量级才有助于 Ceph 的设计发挥其应有的优势。对于任何读写操作请求,客户端从 monitor 获取到信息以后,将直接与 OSD 进行 I/O 操作的交互,而不再需要 monitor 干预。因为没有其他额外的层级数据处理,数据读写过程比其他存储系统更为迅速。

Ceph 提供通过分布在多结点上的副本来实现高可用性以及容错性。在 OSD 中的每个对象都有一个主副本,若干个从副本,这些副本默认情况下是分布在不同结点上的。每个 OSD 作为某些对象的主 OSD 的同时,也可能作为某些对象的从 OSD。从 OSD 受到主 OSD 的控制,主 OSD 在磁盘故障时,OSD 守护进程将协同其他 OSD 执行恢复操作。在此期间,存储对象副本从 OSD 将被提升为主 OSD,与此同时,新的从副本将重新生成,这样就保证了 Ceph 的可靠和一致性。OSD 的信息可以通过命令 ceph osd dump 查看。

3) MDS

MDS(ceph metadata server,元数据服务器)的作用是把文件系统中所有的元数据存在内存中,为文件的访问和定位提供服务,只有在使用 Ceph 时才会使用 MDS。它主要负责 Ceph 中文件和目录的管理,确保它们的一致性,MDS 也可以像 MON 或 OSD 一样多结点部署。MDS 守护进程可以被配置为活跃或被动状态,活跃的 MDS 被称为主 MDS,其他的 MDS 进入备用状态。当主 MDS 结点发生故障时,次 MDS 结点将接管其工作并被提升为主结点。

当一个或多个客户端打开一个文件时,客户端向 MDS 发送请求,实际上就是 MDS 向 OSD 定位该文件所在的文件索引结点,该索引结点包含一个唯一的数字、文件所有者、大小和权限等其他元数据信息。元数据保存数据的属性,例如文件存储位置、文件大小和存储时间等,负责资源查找、文件记录和记录存储位置等工作。MDS 会赋予客户端读取缓存文件内容的权限,客户端根据 MDS 返回的信息定位到要访问的文件,然后直接与 OSD 执行文件交互。同样,当客户端对文件执行写操作时,MDS 赋予客户端带有缓冲区的写权限,客户端对文件写操作后提交给 MDS,MDS 会将该新文件的信息重新写入 OSD 中的对象中。

Ceph 把形成目录层次的子树映射到 MDS,只有当单个目录成为热点时,才会根据当前工作负载在多个结点之间对其进行哈希处理。MDS 集群为了适应分布式缓存元数据的特点,采用动态子树分区的策略,即横跨多个 MDS 结点的目录层级结构。在这种策略下,每个 MDS 统计和记录自己的负载情况,定期根据负载情况适当地迁移子树以实现工作流分散在每个 MDS 中。

2. Ceph IO 算法流程

Ceph 通过 CRUSH 算法实现数据的分布。CRUSH 算法是一种伪随机算法,它解决了元数据服务单点故障的问题。它可以有效地将数据对象映射到存储设备上而不依赖于一个中心的目录控制。而单点故障问题存在于 HDFS 这样的分布式文件系统中,由于 HDFS 中的 NameNode 服务存储了文件系统的元数据信息和操作日志,而 NameNode 又是单点提供服务的。一旦 NameNode 服务宕机就会影响整个存储系统的使用。

CRUSH 算法将数据映射到对象存储系统中的过程如图 4-23 所示。

由图 4-23 可以看出,Ceph 实现对象存储经过 3 个主要步骤。

(1) Ceph 客户端将用户需要读写的 File→Object 映射条带化分成等分数据,得到对象 id(oid)。

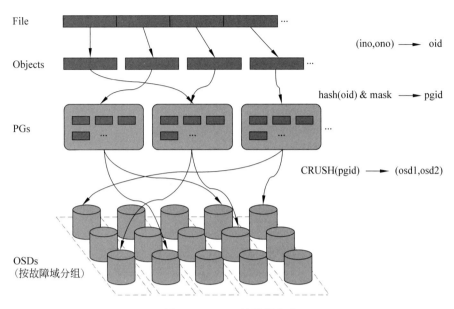

图 4-23　Ceph 的数据分布

① ino：File 的元数据，File 的唯一 id。

② ono：File 切分产生的某个 object 的序号，默认以 4MB 切分一个块大小。

③ oid：object id：ino＋ono。

（2）Object→PG 映射。对 oid 做一次哈希计算获得归置组 id（pgid）。

Object 是 RADOS 需要的对象。Ceph 指定一个静态 Hash 函数计算 oid 的值，将 oid 映射成一个近似均匀分布的伪随机值，然后和 mask 按位相与（运算符 &），得到 pgid。

① hash(oid)& mask->pgid。

② mask＝PG 总数 m（m 为 2 的整数幂）−1。

（3）PG→OSD 映射。经过一致性哈希算法 CRUSH 将文件映射到具体的 OSD。

PG（placement group）的作用是对 object 的存储进行组织和位置映射（类似于 redis cluster 里面的 slot 的概念），一个 PG 里面会有很多 object。采用 CRUSH 算法，将 pgid 代入其中，然后得到一组 OSD。

```
CRUSH(pgid)->(osd1,osd2,osd3)
```

经过以上的数据分布过程，数据就能以文件的形式存储到硬盘上了。

Ceph 是 RADOS 存储系统上的抽象层。除了对象名称外，RADOS 没有任何对象元数据概念。Ceph 允许在 RADOS 中存储的单个文件对象上对文件元数据进行分层。

除了 OSD 和监视器的群集结点角色外，Ceph 还引入了元数据服务器（MDS），如图 4-24 所示。这些服务器存储文件系统元数据（目录树以及每个文件的访问控制列表和权限、模式、所有权信息和时间戳）。

Ceph 使用的元数据在许多方面与本地文件系统使用的元数据不同。在本地文件系统中，文件由索引结点行描述，而索引结点含指向文件数据块的指针的列表。本地文件系统中的目录只是特殊文件，它们具有指向可能是其他目录或文件的其他索引结点的链接。在 Ceph 中，元数据服务器中的目录对象

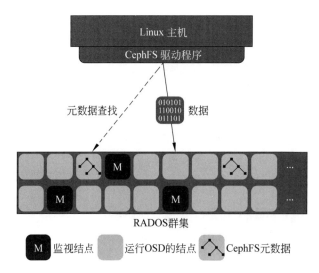

图 4-24　Ceph 文件系统中的元数据服务器

包含嵌入其中的所有索引结点。

Ceph 中的元数据服务器通常会将元数据信息缓存在内存中,并在内存外处理大多数请求。此外,MDS 使用某种形式的日记,其中更新作为日记对象向下游发送到 RADOS,并按 MDS 写出。如果 MDS 发生故障,则可以重播日记以在新 MDS 或现有 MDS 上重新生成树的故障 MDS 服务器部分。

3. 部署 Ceph

部署 Ceph 前的准备工作。

(1) 在 CentOS 7 下搭建 Ceph。

(2) 创建 Ceph。

一个 Ceph 需要至少两个 RADOS 存储池,一个用于数据,另一个用于元数据。在配置这些存储池时需要注意,为元数据存储池设置较高的副本水平,因为此存储池丢失任何数据都会导致整个文件系统失效;为元数据存储池分配低延迟存储器(像 SSD),因为它会直接影响到客户端的操作延迟。

创建 cephfs 需要的两个存储池:

```
[root@node1 ~]# ceph osd pool create cephfs_data 128
pool 'cephfs_data' created
[root@node1 ~]# ceph osd pool create cephfs_metadata 128
pool 'cephfs_metadata' created
```

使用 fs new 命令 enable 文件系统:

```
[root@node1 ~]# ceph fs new cephfs cephfs_metadata cephfs_data
new fs with metadata pool 2 and data pool 1
```

查看 cephfs 信息:

```
[root@node1 ~]# ceph fs ls
name: cephfs, metadata pool: cephfs_metadata, data pools: [cephfs_data]
```

查看 cephfs 状态：

```
[root@node1 ~]# ceph mds stat
cephfs-1/1/1 up  {0=node1=up:active}
```

可以看到运行在 node1 结点的文件系统 cephfs 的状态 up：active。

4. 挂载 Ceph

Ceph 有 kernel 或 fuse 两种挂载方式。

假设 node3 是非 mon 服务器，为了区别 mon 服务器，这里使用 node3 作为客户端(client)结点。可以用 mount 命令挂载 Ceph，或者用 mount.ceph 工具来自动解析监视器 IP 地址。

1) 挂载 kernel

首先，在 node3 上创建挂载目录：

```
[root@node3 ~]# mkdir /mnt/mycephfs
```

然后，创建一个文件保存 admin 用户的密钥：

```
[root@node3 ~]# cat /etc/ceph/ceph.client.admin.keyring
[client.admin]
AQD5ZORZsJYbMhAAoGEw/H9SGMpEy1KOz0WsQQ==
```

可以看出，用户名为 admin，密钥为 AQD5ZORZsJYbMhAAoGEw/H9SGMpEy1KOz0WsQQ==。之后，在当前目录创建一个文件 admin.secret 保存该密钥：

```
[root@node3 ~]# vi admin.secret
```

把该密钥粘贴后，执行操作：wq 保存(按键顺序为冒号、w、q)。

最后，挂载 cephfs。

node1 的 ip 为 192.168.197.154，挂载命令如下：

```
[root@node3~]#mount-t ceph 192.168.197.154:6789://mnt/mycephfs -o name=admin,secretfile=/
    root/admin.secret
```

可通过 df -h 命令查看挂载的文件系统。

至此已经完成了部署 cephfs 的整个过程，这里是把文件系统挂载到了内核空间。

2) 挂载到 fuse，即挂载到用户空间的方法

首先，安装 ceph-fuse 工具包：

```
[root@node3 ~]# yum -y install ceph-fuse
```

其次，创建挂载目录：

```
[root@node3 ~]# mkdir ~/mycephfs
```

最后，挂载 cephfs：

```
[root@node3~]#ceph-fuse -k /etc/ceph/ceph.client.admin.keyring -m 192.168.197.154:6789 ~/
mycephfs/
ceph-fuse[6687]: starting ceph client
2020-10-16 15:57:09.644181 7fa5be56e040 -1 init, newargv = 0x7fa5c940b500 newargc=9
ceph-fuse[6687]: starting fuse
```

通过命令可以看到挂载成功。

5. 卸载 Ceph

可以用 unmount 命令卸载 Ceph,例如:

```
sudo umount /mycephfs
```

4.5 移动终端文件系统

闪存是目前常用的移动设备。由于闪存具有速度快、功耗低、更轻便等优点,所以被广泛应用于平板计算机、智能手机、MP3 等各种移动设备。虽然 SSD 已经使用了 SLC、MLC 和 TLC 技术,移动设备上的闪存也已经从 eMMC 发展到 UFS,但是市场需求也在不断增长,因此提升闪存性能是存储技术研究的重点。传统的文件系统可以完美兼容硬盘和闪存,却无法充分发挥出闪存的优势。与传统文件系统不同,在 SSD 中部署的文件系统总是基于日志文件系统来设计的。这是由于闪存存储具有非就地更新的数据操作特征,在这样的情况下,日志型的文件系统可以与闪存非就地更新的特征很好地匹配。

4.5.1 Android 的文件系统

YAFFS(yet another flash file system)是专门为 NAND 快速闪存技术设计、基于日志的文件系统,其主要特点在于数据块的大小是固定的,与 NAND 快速闪存技术的存储模式一致,均是采用按页存储模式。YAFFS 可应用于 Linux 系统和嵌入式系统中,分为 YAFFS1 和 YAFFS2 两个版本。YAFFS2 是在 YAFFS1 的基础上扩展的文件系统,比 YAFFS1 具有更大的存储容量。

Android(安卓)最初使用 YAFFS 作为文件系统,由于 YAFFS 文件系统弊端很多,Android 4.4 以后的文件系统普遍升级到了 Ext4。但是,Ext4 并不是针对闪存进行优化的文件系统,难以匹配闪存设备的特性和高速率。而 F2FS(flash friendly file system,闪存友好型文件系统)是专门为闪存而设计的文件系统。华为、谷歌等公司均在自己的旗舰产品上采用了 F2FS。

1. F2FS 简介

目前的 Android 的文件系统主要是 Ext4。Ext4 是包括 Android 的许多 Linux 衍生系统的默认文件系统,但难以匹配闪存设备的特性和高速率。F2FS 是针对闪存特性而开发出来的文件系统,从 Linux 3.8 内核开始允许使用 F2FS 文件系统,可以在闪存设备上获得更高的随机存取性能,但由于其压缩率相对 Ext4 处于劣势以及初期的稳定性问题,并未得到完全广泛的应用,但其对读写能力的提升比较明显。文件系统在 Android 中的位置如图 4-25 所示。

F2FS 设计了与闪存特性相适配的数据布局、多 Log 等多个机制,显著提升了在闪存上的运行性能。

在 F2FS 中应用了日志结构档案系统的概念,使它更适合用于储存设备。相较于 Ext4,F2FS 的特点如下。

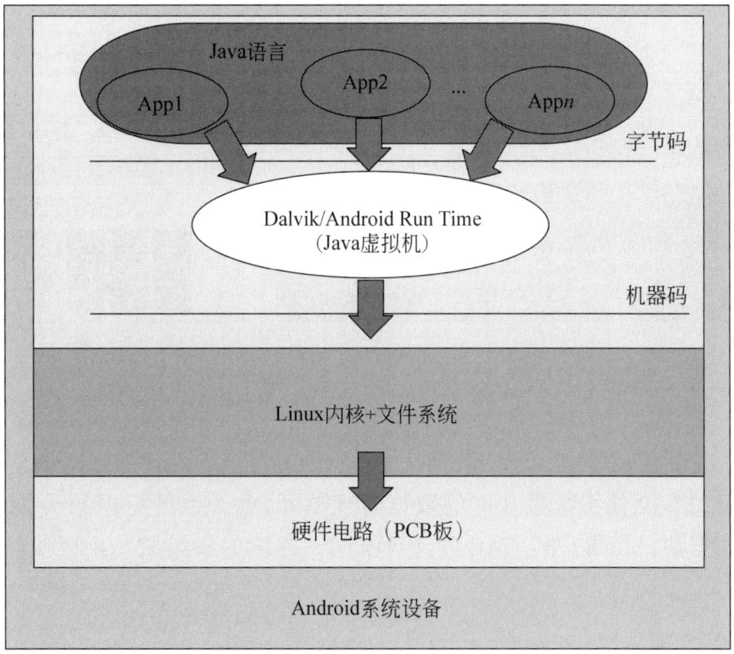

图 4-25 F2FS 在 Android 中的位置

（1）优点。更加快速的随机读写速度，降低了写的次数，从而延长了固态存储的寿命，零碎小文件的读写速度更快，降低碎片整理的开销。

（2）缺点。普及率低，可能会有兼容性问题，闪存的占用空间相对高一些，大文件读取速度波动较大。

以上的优缺点可能并不完全，但是在如今的闪存设备里，F2FS 的确有更大的优势。在闪存是 Emmc 5.0 的情况下，两种文件系统对比的结果中，手机闪存的连续读写性能 F2FS 有小幅度的提升，但随机读写性能却有着巨大的变化，尤其是随机写入性能中，F2FS 的性能翻了几番；随机读取性能上，F2FS 比 Ext4 还稍稍有些落后，不过 SQLite 的相关指标都是 F2FS 有着明显的优势。所以，从数据来看 F2FS 是优于 Ext4 的。F2FS 文件系统在随机读写性能上有巨大优势，这对手机本身有着很大的帮助，随着各大厂商逐渐开始支持这一新的文件系统，第三方 ROM 也逐渐对其做适配工作，相信 F2FS 的普及也会更加的快速，或许是今后手机存储文件系统的大趋势。

2. F2FS 的布局结构

F2FS 的布局结构如图 4-26 所示。F2FS 将整个系统逻辑空间分为元数据区域（meta area）以及主数据区域（main area）两部分。元数据区域分为超级块（superblock）、检查点（checkpoint，CP）、段信息表（segment info-table，SIT）、结点地址表（node address table，NAT）以及段总结信息表（segment summary table，SSA）。上述的元数据主要存储 F2FS 文件系统相关的信息，例如系统基本的配置参数、系统备份信息、段分配信息、数据块地址信息以及数据块使用信息等。该区域在整个系统空间最开始的数个连续节中存储，采用随机写的方式进行数据写入。为了实现数据类型的分离，主数据区域分为结点段区域（node segment）以及数据段区域（data segment）。结点段区域存储与文件属性相关的信息，例如文件名、文件大小以及文件数据地址等，而数据段区域存储文件数据的信息。根据存储信息的更新频率，上述两个区域被划分为热（hot）、温（warm）、冷（cold）3 种类型，每种类型的段区域是连续的。与元数据区域不同,主数据区域采用的是添加写方式进行数据写入。

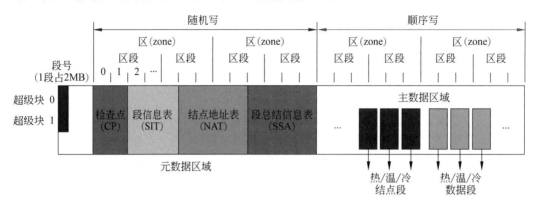

图 4-26 F2FS 的布局结构

段(segment)是 F2FS 文件系统最基本的数据管理单元,整个系统空间被分为多个段,每个段中包含了 512 个 4KB 的数据块(block),共 2MB 的连续空间。连续的段组成一个区段(section),连续的区段组成一个区(zone)。

3. F2FS 关键技术

F2FS 的关键技术是添加写技术(append-only logging)、段清理技术(segment cleaning)、多点写入技术(multi-head logging)以及检查点技术(checkpoint)。

(1) 添加写技术。传统的文件系统在进行数据更新时,不会为该数据分配新的逻辑地址,而是在原有的逻辑地址上进行更新,该更新方式被称为就地更新(inplace update)。添加写技术是一种非就地更新技术(out of place update),在进行数据更新时,系统会为待更新数据分配新的逻辑地址,并将旧的逻辑地址置为无效。通过添加写技术,当系统发生数据更新时,数据的逻辑地址是连续的,如图 4-27 所示。

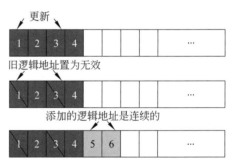

图 4-27 添加写技术示意

若写请求的数据地址是连续的,则该请求被称为顺序写请求(sequential write);反之,则称为随机写请求(random write)。闪存存储设备的顺序写请求性能是优于随机写性能的,F2FS 文件系统在主数据区域采用了添加写技术,减少了系统中随机写请求的数量,因此改善了系统的整体 I/O 性能。

(2) 段清理技术。由于在主数据区域采用了添加写技术,F2FS 需要对无效的地址空间进行回收,保证系统有足够的空闲空间进行数据的写入。段清理技术有前台(foreground)、后台(background)两种段清理机制。前台段清理机制在系统空间不足(默认设置为剩余空间小于 5%)时触发,此时系统阻塞其他的请求,直至前台段清理回收足够的系统空间为止。后台段清理机制在系统处于空闲时触发,用以提前回收空间,保证系统的正常运行。

在进行段清理时,系统首先根据不同的选择策略,从已经写满的段中进行牺牲段选择(victim selection)。F2FS 支持贪婪策略(greedy policy)和开销优化策略(cost-benefit policy)两种选择策略,前台段清理采取贪婪策略,后台段清理采取开销优化策略。贪婪策略选择无效数据块最少的段作为牺牲段,这使得一次段清理能够回收最多的可用空间。开销优化策略进行牺牲段选择时,兼顾了无效数据块的数量以及有效数据块的年龄(age)。该策略选择无效数据较多且年龄较大的段作为牺牲段。由于年龄大的数据块更新频率低,因而能够促进系统的冷、热数据分离,减少后续段清理操作的开销。

完成牺牲段的选择后,系统将对段中的有效数据进行迁移。首先,系统将标记牺牲段中的有效数据块为脏数据,告知系统需要对脏数据进行更新;然后,系统会为脏数据分配新的逻辑地址,并将其写回到闪存中。在进行脏数据的写回时,前台段清理会立即将脏数据写回,后台段清理的脏数据写回则可以被用户的请求中断。

当牺牲段中的所有有效数据完成迁移后,系统将该段注册为预空闲(pre-free)段,并在完成元数据信息的更新维护之后,将该段设置为空闲状态,完成一次段清理。

(3) 多点写入技术。F2FS根据数据的更新频率,将结点段区域以及数据段区域分为了热、温、冷3种类型,主数据区域的数据共被分为了6种类型,每种类型的数据存储在连续的段空间中,如表4-11所示。

表 4-11　主数据区域的数据类型

类型	温度	描述
结点	热	目录文件的直接结点
	温	普通文件的直接结点
	冷	间接结点
数据	热	目录文件的数据
	温	普通文件的数据
	冷	刚完成数据迁移的数据 多媒体文件的数据

F2FS将每一种数据段的当前写入地址设置为一个写入点,数据写到相应类型写入点的位置。通过多点写入技术,系统有效地将冷、热数据进行了分离。由于不同类型的数据更新频率不同,不同类型的数据段中产生无效数据块的速度也不同。热数据段中能够较快地产生大量无效数据,能够优先被选为段清理操作的目标;冷数据段可以较晚的被选为段清理操作的目标,等待段中产生更多的无效数据块。因此,在进行段清理操作时,需要迁移的数据量减少,有效地提高了段清理操作的效率。此外,由于减少了系统向闪存存储设备的写入数据量,降低了闪存存储设备数据更新的频率,有效地减少了闪存存储设备写操作次数,改善了垃圾回收效率,提高了闪存存储设备的使用寿命。

(4) 检查点技术。在出现系统异常断电或者崩溃之后,保证数据一致性是文件系统的基本性能要求。F2FS检查点是系统当前状态的一个备份,记录了系统的元数据信息,这些元数据反映了数据分配情况以及组织结构。当系统需要进行一致性维护(例如用户发出 sync 系统调用)时,F2FS会触发检查点的创建流程。首先,系统将页缓存中的脏数据写回到闪存存储设备中;其次,挂起系统中其他的写请求;然后将系统的元数据信息写回到闪存存储设备中;最后,系统将创建一个检查点结构,并将它写回到闪存存储设备中。

系统发生崩溃后,可以读取检查点中的元数据信息,对文件系统的结构进行恢复。为了保证系统恢复功能的实现,系统中会保存两个检查点,每次恢复操作会选择最新的一个有效检查点进行恢复。

4. F2FS 的特点

(1) F2FS将系统空间分为元数据区域和数据区域,在数据区域中,数据是以添加写这样的非就地更新方式进行更新写操作的;而在元数据区域中,数据是以就地更新的方式进行更新。

（2）F2FS 根据数据的更新频率,将数据区域中的结点段和数据段划分为冷、温、热 3 种类型。通过这样的方式,可以让不同更新频率的数据在空间上产生不同的区分,从而提高 F2FS 无效块清理的效率,同时也减少了向闪存存储设备的写入数据量。

4.5.2 Apple 的文件系统

1. APFS 简介

Apple 公司的 iPhone、iPad、iPod touch、Mac、Apple TV 和 Apple Watch 产品使用的是 Apple 文件系统(Apple file system,APFS)。它是一种专有文件系统,有更好的加密技术和更快的处理速度,广泛应用于。APFS 针对闪存和 SSD 储存进行了优化,具有强加密、写入时复制元数据、空间共享、文件和目录克隆、快照、快速目录大小统计功能以及原子级安全存储元和改进的文件系统基础,还具有独有的写入时复制设计,可使用 I/O 合并来达到最高性能,同时确保数据可靠性。

苹果公司的移动设备之前使用的是 HFS 和其改进版 HFS+作为文件系统,HFS+基本没有为目前流行的闪存和 SSD 作优化,存在元数据以大字节序保存、单线程访问、不支持稀疏文件、写时复制等缺点。2016 年,苹果公司宣布了新研发的 APFS 可以更好地兼容配备 SSD 的设备,并在可靠性和加密上有独特的优势。

APFS 对 HFS 和 HFS+进行了统一,是一个从底层代码开始从零打造的全新文件系统。与使用 32 位文件 ID 的 HFS+不同,APFS 可支持 64 位索引结点编号,一个卷最多可存储超过 9×10^{18} 个文件。HFS+只能同时对整个存储设备的文件系统进行初始化,APFS 提供了一种可扩展存储块分配程序(extensible block allocator),可对数据结构进行延迟初始化,进而大幅改善大容量卷的性能。

2. APFS 的结构

APFS 的结构如图 4-28 所示。在 APFS 物理磁盘之下,对应分级首先为"APFS 容器",其次为"APFS 逻辑卷"。"卷"(即分区)存在于"APFS 容器"内,多个分区共享容器的空余容量。"卷(分区)"和"命名空间"则依次分布于"APFS 容器"下。

（1）APFS 容器。APFS 容器由一个或多个磁盘(物理存储磁盘)组成,包括 Apple RAID 集,由 APFS 容器参考磁盘数量确定磁盘标识(例如 disk1)。即使有多个磁盘,也仅有一个磁盘能够识别容器(APFS 容器参考磁盘)。

（2）APFS 卷。单个容器中包含一个或多个 APFS 卷,卷没有固定大小,可以扩大或缩小。容器内所有卷可共享可用空间(未分配的),动态空间共享会影响克隆和稀疏文件。

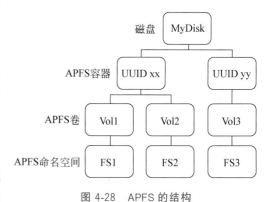

图 4-28　APFS 的结构

用于启动 macOS 的 APFS 容器必须至少包含预启动卷、VM 卷、恢复卷、系统卷和数据卷,其中前 3 个卷对用户是隐藏的。

预启动卷包含启动容器中每个系统卷所需的数据;VM 卷是被 macOS 用来交换文件储存的;恢复卷包含 recoveryOS;系统卷则包含用于启动 macOS 的所有必要文件,例如 macOS 原生安装的所有 App(之前位于"/应用程序"文件夹中的 App 现在位于"/系统/应用程序"中)。系统卷中默认不能写入进程,甚至 Apple 系统进程也不能写入,而数据卷包含可能发生更改的数据,例如用户文件夹中的任何数据,包括照片、音乐、视频和文稿、用户安装的 App(包括 AppleScript 和"自动操作"应用程序)以及用户、组织或第三方 App 安装的自定框架和监控程序等。

用户拥有且能够写入的其他位置,如"/应用程序""资源库""/用户""/Volumes""/usr/local""/private""/var"和"/tmp"。每增加一个系统卷,便会创建一个数据卷。预启动卷、VM 卷和恢复卷全为共享卷且无法复制。

系统卷通过快照捕捉。操作系统从系统卷的快照启动,而不仅仅是从可变系统卷的只读装载进行启动。

3. APFS 的关键技术

(1) 写时复制。APFS 使用写时复制(copy on write)方案生成重复文件的即时克隆。在 HFS+下,当用户复制文件时,每个数据位都会被复制,而 APFS 则通过操作元数据并分配磁盘空间来创建克隆,但是在修改复制的文件之前都不会复制任何数据位。当克隆体与原始副本分离时,只有那些改动的部分才会被保存。

写时复制提高了数据的完整性,复制的时间会变得极短且更加节省电。在其他系统下,如果卸载卷导致覆写操作中断,可能会使文件系统的部分内容与其他部分不同步,而写时复制是只将改动写入磁盘的可用空间而不是覆盖旧文件,从而避免了这个问题。在此过程中,在写入操作成功完成前,旧文件都是正式版本,只有当新文件被成功复制后,旧文件才会被清除。

(2) 空间共享。HFS+需要为每个文件系统预先分配固定大小的容量,这种做法缺乏灵活性,APFS 解决了这样的限制。APFS 包含一个名为"空间共享"的新功能,借助该功能,多个文件系统可以共享同一个物理卷上的同一块底层可用空间。也就是说,设备上的一个 APFS 容器内部可以包含多个卷(文件系统)。APFS 根据需求分配储存空间。单个 APFS 容器有多个卷时,容器的可用空间会共享,并且可按需分配到任意单独的卷。每个卷仅使用整体容器的一部分,这样一来,可用空间即容器的总大小减去该容器中所有卷已使用空间的大小。

APFS 的空间共享功能可以让用户在无须重分区就能动态、灵活地扩大或缩小卷。因此,APFS 容器内的每个卷都会显示同等的可用空间容量,而显示的容量与该容器的可用存储空间总量相等。例如,有个容量 100GB 的 APFS 容器,其中包含已用 10GB 容量的卷 A 和已用 20GB 容量的卷 B,卷 A 和卷 B 都会显示自己有 70GB(即 100GB−10GB−20GB)的可用容量。

此外 APFS 还提供了对 TRIM 的支持。TRIM 是 ATA 协议中的一个命令,可以让文件系统告诉 SSD(其实是指示 SSD 中的 FTL)哪些空间是空闲的。可用空间越多,SSD 的性能表现越好,甚至大部分 SSD 所拥有的存储容量会超过标称值。假设有一个 1TB 容量的 SSD,显示的可用空间总量为 931GB。在有更多可用空间的情况下,FTL 可以牺牲空间利用率换回更高性能和更长寿命。但 TRIM 的问题在于,只有在存在可用空间的情况下这个功能才会有用,如果磁盘即将装满,TRIM 不会带来任何效果。

(3) 服务质量。APFS 提升了整个系统在 SSD 上的性能表现,APFS 提供了 extensible block allocator(可扩展存储块分配程序)等技术,对于更大容量的 SSD 做了优化。借助 I/O QoS(服务质量)技术,APFS 的延迟得到大幅改善,对数据的不同访问被划分到不同的优先级中,APFS 会优先处理对用户感知明显的操作,用户会明显感觉自己的设备变快了。

(4) 磁盘快照。磁盘快照(snapshot)是一种瞬间备份技术。为了能在遇到问题时及时找回重要的文件,人们已经习惯进行磁盘备份。在文件克隆的原理之上,APFS 在备份方面设计了磁盘快照技术,可以记录下文件在某刻的状态,因为这种备份同样是基于增量的,只有文件发生变化的那一部分会占用更多的空间,所以用户可以更频繁地备份数据,而不用担心磁盘占满。同样,当这项技术被应用于 time

machine 之后,备份的速度和效率都会更高。

（5）加密技术。安全与隐私是 APFS 的设计基础。Apple 的很多设备和操作系统早已具备加密功能,APFS 对全磁盘加密功能和专用数据保护技术（将每个文件使用一个专用密钥进行加密）这两种功能进行整合,为文件系统元数据提供了一种统一的加密模式。APFS 支持 3 种模式的加密:不加密、统一用一个密钥加密和多密钥加密。多密钥加密内置了针对每个文件的专用密钥加密,其针对敏感元数据使用一个单独的密钥,在确保可靠性的基础上优化性能。多密钥加密可确保在设备物理安全受到威胁时,依然可以保障用户数据的完整性,但是这一切都取决于具体的硬件。APFS 加密可使用 AES-XTS 或 AES-CBC 算法。

4. APFS 的特点

APFS 针对闪存或 SSD 进行了存储优化（兼容传统机械硬盘）,提供了更强大的加密、写时复制（copy on write）元数据、空间分享、文件和目录克隆、快照、目录大小快速调整、原子级安全存储基元（atomic safe save primitives）,以及改进的文件系统底层技术。此外 APFS 还包含其他改善和新功能,例如稀疏文件、改进的 TRIM 操作,内建对扩展属性的支持等。

尽管如此,APFS 也有不尽如人意的地方。例如,APFS 不针对用户数据进行校验、没有提供数据冗余机制、无法用于启动盘、文件和目录的名称区分大小等。

4.5.3　鸿蒙的文件系统

鸿蒙操作系统是华为公司开发的一款基于微内核、面向 5G 物联网、面向全场景的分布式操作系统,与 Android、iOS 操作系统有所区别。

鸿蒙操作系统的诞生打破国外对手机操作系统的封锁,国内的手机厂商长期以来都没有自己的系统,而华为的鸿蒙系统（包括 EROFS）是真正自主研发的。从全球的操作系统看,美国的 Android 和 iOS 系统已经占据主导地位,华为鸿蒙系统有望成为全球第三大操作系统。

通过美国政府借助各种理由利用 Android 系统打压华为公司,甚至从产业链上打压我国信息及互联网产业的发展可以看出我国相关产业的劣势和短板。鸿蒙操作系统的成功,更加树立对我国科学创新自信,增强民族认同感。

1. EROFS 简介

鸿蒙所用的文件系统是 EROFS（extendable read only file system,可扩展只读文件系统）,又称为超级文件系统,是华为公司研发的一项提升手机随机读写性能的文件系统和运行机制,它提升了 Android 系统分区（相当于计算机 C 盘）的随机读性能,从系统底层提升手机流畅度,首次搭载在 2019 年 3 月 26 日发布的 P30 系列中。

（1）读写性能提升。系统 ROM 的读写性能大幅提升,远程读写性能是 samba 的 4 倍。EROFS 具有实时文件压缩能力,系统文件以不同的压缩率存储在 ROM 上,而上层应用读取时,读取和解压缩同时进行,通过高效先进的压缩算法,有效缩减了传输的文件大小,提升了读取文件的性能,而对于上层应用,解压操作并不可见。同时避免在内存紧张时低效地反复读数据、解压缩数据带来的整机卡顿问题。

（2）节省空间。EROFS 支持文件压缩存放,系统文件是以压缩后的格式存储在 ROM 上,EROFS 压缩后的数据都是按照 4KB 的数据块存储,而操作系统读写也正好是 4KB 为基本单位,使得每个 4KB 数据块解压后的数据所包含的冗余变少,更加节省空间。

（3）加固系统文件安全。EROFS 系统的文件是只读的,不可被第三方改写,因此使用 EROFS 的系统分区将更加安全。

2. EROFS 的布局

如图 4-29 所示,由于 EROFS 是只读文件系统,因此省略了 inode bitmap(结点位图)和 block bitmap(块位图)这种区域节省空间。索引结点表(inode table)是变长的,里面包含了索引结点结构体和少量的内联文件数据。xattr(扩展属性)和压缩特性都是可选的,未选择的情况下索引结点表的空间将进一步缩小。

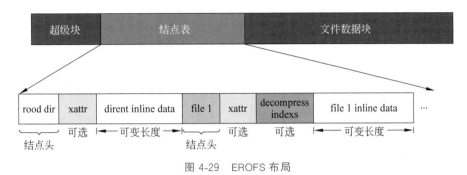

图 4-29 EROFS 布局

xattrs 提供了一种机制,用来将键值对永久地关联到文件;让现有的文件系统得以支持原始设计中未提供的功能。扩展属性是目前流行的 POSIX 文件系统具有的一项特殊的功能,可以给文件、文件夹添加额外的 Key-value 键值对,键和值都是字符串并且有一定长度的限制。xattrs 需要底层文件系统的支持,在使用扩展属性时,需要查看文件系统说明,以确定此文件系统是否支持扩展属性,以及对扩展属性命名空间等相关的支持。

EROFS 目前基本以 4KB 大小为块(block),一个文件 4KB 不对齐的结尾的部分会作为内联文件数据和 inode head(结点头)连接在一起,以提高页面缓存的利用和命中率。

下面,以根目录为例进行说明。如图 4-30 所示,EROFS 的每个目录项大小为 12B,文件名被联合在一起放在目录项的后面以节约存储空间,inode number(结点号)用 64B 大小保存。以 inode 结构体的起始,可以简单的通过 inode number×32+super block offset=paddr 来得到 inode 结构体的分区物理存放位置,缩小了 dirent 结构体的大小,因为不用保存 inode 结构体的位置。

3. EROFS 关键技术

(1) 只读特性。EROFS 被应用于 Android 的只读系统分区。以往 Android 只读系统分区使用 Ext4 文件系统的只读挂载参数和挂载 dm-verity 虚拟块设备(用于文件系统校验)来配合实现只读。这并非是一种结构上的限制,通过去除 Ext4 只读挂载选项并且不挂载 dm-verity 设备,就可以对系统分区进行写操作。因为只读,所以保证首次刷写后不会有任何更改和增加。

保障只读为整个系统的设计带来了很多好处,由于数据空间大小已经事先确定,文件系统可以消除直接 inode 或间接 inode 这样的设计,也省略掉了 inode bitmap 和 block bitmap(记录空的 block)这种区域来节省空间。直接把每个文件压缩后的数据顺序储存,然后保留压缩后每个簇对应的原始数据范围作为元数据即可。这样一来对文件的顺序访问变成了顺序读取,性能得到了很大提升。

(2) fixed output 压缩缓解读放大。一般存储器以 4KB 为最小的读写单元,要找到一个读写单元就要寻址。如果有一组数据的大小约为 5KB,压缩后占用 3.5KB 的空间。当这 3KB 的数据全部在一个单元内时,一次读写就能完成操作,但是如果这 3KB 的数据前 1.5KB 在第一个存储单元内,后 2KB 在另一个存储单元内,就需要进行至少两次读写,会导致性能的下降。

在以往 Linux 内核中使用的压缩只读文件系统 SquashFS 中,每 4KB 数据进行一次压缩。数据不

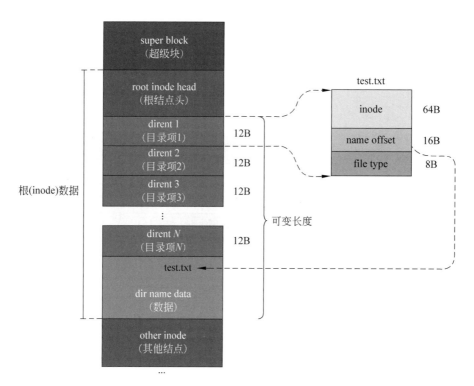

图 4-30　EROFS 目录项结构

同,压缩率也不一样,有的数据可以压缩到很小,有的数据几乎没办法压缩。这样就会压缩出很多大小不一的数据块。尽管这些数据块全部小于 4KB,然而这些数据块几乎完全不能和 4KB 单元对齐,因此读写时会造成很多的额外消耗。

例如,对于一个 128KB 的文件,SquashFS 会采用固定大小(例如 32KB)的输入,即会将每 32KB 数据压缩成不确定的大小,例如可能是 12KB;这样一来,读取文件中的任意 4KB 数据都需要至少读取完整的 12KB 压缩数据,然后解压再读取其中的 4KB,这多读取的 8BK 就是所谓的"读放大问题"。

EROFS 支持 LZ4 压缩,节约空间的同时能保证性能。EROFS 支持的是一种称为固定大小输出(fixed-sized output)文件压缩形式,压缩后的物理块的大小总是 4KB。与之对应的是固定大小输入(fixed-sized input)文件压缩形式。fixed output 压缩据说可以提高压缩率,提高缓存利用率,节省内存消耗。

一个 4KB 不对齐文件的结尾部分会作为内联文件数据和结点头连接在一起,故压缩后的物理块大小为固定值(4KB)。相比于以固定大小为输入,变长输出的固定大小输入能够有效地缓解读放大问题,降低 I/O 读取量。对于上面的情况,EROFS 采用的是固定大小为压缩输出,即可能会将这 128KB 数据的 0~7KB 压缩成 4KB,7~25KB 也压缩成 4KB,25~32KB 也压缩成 4KB,以此类推。那么读取文件中的任意 4KB 数据,只要读取最少 4KB,最多 8KB(任意 4KB 数据压缩后最多分布到两个块中)的压缩数据。与 SquashFS 相比,读放大问题明显减少了。

4. EROFS 的特点

EROFS 的元数据部分采用高内聚数据结构存储,数据部分采用普通、内联和压缩模式存储。在支持完整读取功能情况有效降低存储空间,特别适合手机、嵌入式、智能设备等对存储空间要求较高的领域、高内聚的元数据结构、内联和压缩数据模式,也可以有效地降低 I/O 负载。文件压缩可将慢设备负载压力转移到性能过剩的 CPU 上,从而达到最佳性能。

习题 4

一、选择题

1. 以下对元数据基本特点的描述,正确的是(　　)。

    A. 元数据的结构和完整性依赖于信息资源的价值和使用环境

    B. 元数据最为重要的特征和功能是为数字化信息资源建立一种机器可理解框架

    C. 元数据也是数据,可以用类似数据的方法在数据库中进行存储和获取

    D. 在编程语言上下文中,元数据是添加到程序元素如方法、字段、类和包上的额外信息

2. 下列关于文件系统的说法,正确的是(　　)。

    A. Windows 系统上 NTFS 格式的文件可以在 AIX、Solaris、Linux 等操作系统上自由使用

    B. 不同的操作系统都默认采用相同的文件系统

    C. 文件系统是软件,存储是硬件,两者没有任何关系

    D. 文件系统直接关系到整个系统的效率,只有文件系统和存储系统的参数互相匹配,整个系统才能发挥最高的性能

3. 文件系统的功能可分为(　　)三方面。

    A. 分配   B. 维护   C. 管理   D. 操作

4. 下面选项,支持 UNIX 和 Linux 的文件共享协议的是(　　)。

    A. CIFS   B. NFS   C. iSCSI   D. FCP

5. 在文件系统中,用户以(　　)方式直接使用外存。

    A. 逻辑地址   B. 物理地址   C. 名字空间   D. 虚拟地址

6. 文件系统实现按名存取主要是通过(　　)来实现的。

    A. 查找位示图   B. 查找文件目录

    C. 查找作业表   D. 内存地址转换

7. 关于 NFS 和 CIFS,正确的是(　　)。

    A. CIFS 支持绑定设备访问   B. NFS 支持 AD 用户认证

    C. CIFS 支持 AD 用户认证   D. NFS 支持绑定设备访问

8. 下面关于 CIFS 和 NFS 共享,描述不正确的是(　　)。

    A. CIFS 是一个基于网络共享的协议,对网络传输的可靠性有较高的要求,所以通常采用 TCP 协议进行传输

    B. CIFS 的一个缺点是 Windows 客户端必须安装专业的软件

    C. NFS 是一个无状态的协议,而 CIFS 是一个有状态的协议,NFS 可以从链路故障中自动恢复,而 CIFS 不能

    D. 无论 CIFS 或 NFS 协议,都需要客户端进行文件格式转换

9. 分布式文件系统的特点是(　　)。

    A. 高延迟   B. 高吞吐   C. 大容量   D. 低成本

10. Ceph 的核心是(　　)。

    A. 分布式文件系统   B. 块存储系统

    C. 关系数据库系统   D. 分布式键值(对象)存储

  E. 本地文件系统

11. 主机访问存储路径顺序为(　　)。

  A. 文件系统→应用系统→卷→I/O 子系统→RAID 控制器→磁盘

  B. 应用系统→文件系统→卷→I/O 子系统→RAID 控制器→磁盘

  C. 应用系统→文件系统→I/O 子系统→卷→RAID 控制器→磁盘

  D. 应用系统→文件系统→卷→RAID 控制器→I/O 子系统→磁盘

二、简答题

1. 文件的存储结构有哪几种,各自的特点是什么?

2. NFS、CIFS、FTP 都具有网络传输文件功能,分析其异同。

3. 一般来说,文件系统应具备哪些功能?

4. 图 4-31 所示为 Ext4 与 NTFS 的性能测试结果,请分析 Ext4 与 NTFS 在性能上的差别。

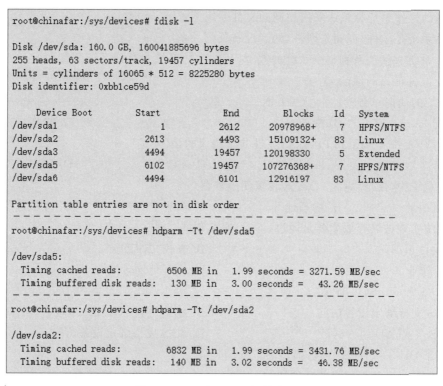

图 4-31 Ext4 与 NTFS 的性能测试

  5. 当数据量非常大,超过了单个计算机的存储能力时,需要将数据存储在不同的计算机上,这时就需要分布式文件系统来管理这些数据,请回答下列问题。

  (1) 在设计分布式文件系统时,需要注意哪些方面?

  (2) 原先存储超大文件的分布式文件系统现用来存储大规模小文件,如何对文件系统进行调整,使其针对现在文件的特点发挥更好的性能?

  (3) 为了保证分布式文件系统中的数据不丢失,通常会将多个副本存储在不同的计算机上,当用户对数据进行修改时,系统存在两种可选方案:完成一个副本的修改并给用户响应,之后待系统空闲时完成其他副本的修改;完成所有副本的修改之后给用户响应。请说明这两种方案的优劣,并说明原因。如可能请提出更好的方案。

三、实验题

1. NTFS 与 Ext4 的文件系统是不兼容的,如何在 Windows 中对 Ext4 的存储设备进行正常识读? 请使用系统分区工具 Ext2Fsd(Ext2 File System Driver for Windows,是一款免费的系统分区工具,还可以通过网络实现 CIFS 共享)进行实测。

【实验目的】

(1) 了解 NTFS 与 Ext4 文件系统,掌握其各自特点。

(2) 实现在 Windows 操作系统下挂载的 Linux 系统分区(ext2、ext3 和 ext4),可以像在 Windows 磁盘中一样在 Linux 分区中通过盘符方式进行数据读写。

【实验环境】

一台普通的安装有 Windows 和 Linux 操作系统的 PC。

【实验内容】

(1) 在 Windows 中下载并安装 Ext2Fsd(0.70 以上版本),注意 Windows 与 Ext2Fsd 版本兼容性问题。

(2) 在使用 Ext2Fsd 之前,通过 Windows 的磁盘管理功能(命令行命令:diskmgmt.msc)是否能发现 Linux 磁盘分区? 能否对其进行访问?

(3) 打开 Ext2Fsd,显示磁盘驱动器信息,有没有 Linux 磁盘分区?

(4) 将 Linux 磁盘分区设置成盘符。

(5) 刷新操作界面,有没有新盘符产生?

(6) 在 Windows 下通过盘符访问 Linux 磁盘分区。

2. 请在 CentOS 上进行 NFS 安装、配置和挂载实验。

【实验目的】

(1) 了解 NFS 文件系统,掌握其工作原理。

(2) 掌握 NFS 的部署与配置方法。

【实验环境】

安装有 CentOS 的服务器(或 PC)、客户端 PC 各一台。

【实验内容】

(1) 写出服务器端配置。

(2) 写出客户端设置。

(3) 挂载(请添加防火墙策略)。

(4) 自行设计测试策略。

3. 测试 NFS 服务器的速度。

【实验目的】

(1) 了解 NFS 协议。

(2) 掌握 NFS 速度测试方法。

【实验环境】

安装 NFS 文件系统的服务器一台,用作客户端的 PC 一台。

【实验内容】

NFS 服务器就是用 NFS 协议互相传输数据。NFS 本质上就将远程的磁盘映射到本地,让本地使用远程磁盘像在本地一样使用。

NFS 速度测试:

（1）测试系统将 1GB 数据写入本地磁盘的速度如何，只需要执行如下命令：

```
$ time dd if=/dev/zero of=/root/nfs/a bs=8k count=102400
```

记录执行结果。

传输数据：_____，写速度：_____。

（2）远程服务器测试速度。

在客户端挂载 NFS，然后测试一下速度。在一台主机上挂载了 NFS 提供的目录，两台实验机器在同一个内网中，目录挂载在/root/nfs-client 目录中，执行上面同样的命令，就能测试出写速度。

记录执行结果。

传输数据：_____，写速度：_____。

测试结论：_____。

思考：能否通过 NFS 的传输速度优化，例如先写内存，再写磁盘？请加以测试。

4. NFS 目录共享实验。

【实验目的】

（1）了解 NFS 协议。

（2）掌握 NFS 目录共享方法。

【实验环境】

NFS 的服务器一台，用作客户端的 PC 一台。

【实验内容】

建立 NFS 环境，假设服务器端为 NFS_Server，其 IP 地址为 192.168.1.4；客户端为 NFS_Client，其 IP 地址为 192.168.1.5。

（1）将/tmp 共享使用，让所有的人都可以存取。

（2）针对不同范围将同一个目录开放不同的权限。将一个公共的目录/www/onair 共享出去，但是限定局域网络 192.168.1.0/24 且加入 Allentunsgroup 的用户才能够读写，其他来源则只能读取。

【实验测试】

写出测试结果。

5. NFS 权限设置实验。

【实验目的】

（1）了解 NFS 协议。

（2）掌握 NFS 权限设置方法。

【实验环境】

NFS 的服务器一台，用作客户端的 PC 一台。

【实验内容】

假设 NFS 服务器的 IP 为 192.168.8.5，客户端的 IP 为 192.168.8.7。按实验要求写出配置，并进行测试。

（1）NFS 服务器的/home/share 目录可读写，并且不限制用户身份，共享给 192.168.8.0/24 网段内的所有主机。

（2）NFS 服务器的/home/zhidata 目录仅共享给 192.168.8.7 这台主机，以供该主机上面的 ta 这个用户来使用，也就是说 ta 在 192.168.8.5 和 192.168.8.7 上均有账号，且账号均为 ta。

（3）NFS 服务器的/home/upload 目录作为 192.168.8.0/24 网段的数据上传目录，其中/home/upload 的用户和所属组为 nfs-upload，它的 UID 和 GID 均为 222。

(4) NFS 服务器的/home/nfs 目录的属性为只读,可提供除了网段内的工作站外,向 Internet 也提供数据内容。

6. CIFS 协议在广域网中的传输性能测试。

【实验目的】

(1) 了解 CIFS 协议,掌握其工作原理。

(2) 掌握 CIFS 协议在广域网中传输性能的测试方法。

【实验环境】

CIFS 在 TCP/IP 体系结构中属于应用层协议,本实验测试单流 TCP 和 CIFS 应用层协议在广域网中的传输性能。实验的过程如下。

测试环境如图 4-32 所示,网关 A、B 分别为客户端和服务器端所在网络的边缘路由器。客户端和服务器分别运行 Windows 系统,并安装文件共享(采用 CIFS 协议)服务。在两个网关之间采用 WANem(基于 Linux 操作系统的广域网模拟器)来模拟广域网特性(延迟、带宽等)。

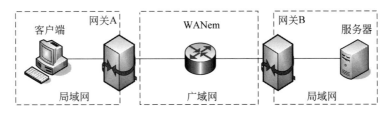

图 4-32 广域网 CIFS 测试环境

【实验内容】

测试的内容如下。

(1) TCP 采用默认配置,即窗口为 64KB,在单用户模式下,分别测试 CIFS 应用在 100ms、200ms、300ms、400m 和 500ms 延迟下传输大文件(10GB)的数据传输速率,并测试实际吞吐量。

(2) 打开 RFC 1323(TCP Extensions for High Performance)选项,即窗口扩大因子、MTU 等选项,本实验设置扩大因子为 2,即窗口为 256KB,MTU 为 1500B。

将测试结果以图 4-33 所示样式进行展示,并开启 TCP 优化的比较。根据图 4-33(a)可知,经过 TCP 优化后性能改善情况;然而由图 4-33(b)可知,这种优化对 CIFS 协议的性能改善情况。

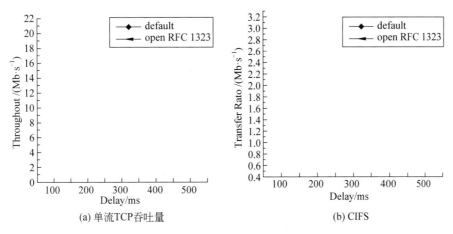

图 4-33 CIFS 协议在广域网中的传输性能

本实验建议使用网络模拟器 WANem。先行熟悉 WANem,并掌握其使用方法。

下面是 WANem 网络模拟器的简介。

WANem(Wide Area Network emulator,广域网仿真器)是一种模拟网络环境的工具,包括网络延迟、丢包、抖动、数据损坏、乱序等环境的模拟。

WANem 对安装环境要求很低,PC、VMware 的 Workstation 需要把物理网卡选择桥接模式,XenServer 可以直接安装。

WANem 的安装步骤为,直接把 ISO 文件挂载安装,WANem 本身就是一个 Linux 虚拟机,需要配置 IP 地址静态或者 DHCP。配置好 IP 地址后可以在浏览器中登录 Web 管理界面 http://192.168.1.42/WANem/,注意大小写。

WANem 的使用方法如下。

进入系统后直接会打开 WANem 的配置页面。

局域网中主要是配置 Basic Mode 和 Advanced Mode。Basic Mode 是简单的配置该网络的接入速率,带宽的大小。Advanced Mode 是配置延迟、丢包、抖动、乱序等环境。

主要配置的选项如下。

① Delay:延迟。

- Delay time 代表延迟的时间。
- Jitter 代表抖动的大小。
- Correlation 代表抖动的大小的浮动范围。

② Loss:丢包。

- Loss(%)丢包比例。
- Correlation 丢包比例浮动范围。

③ Packet Reordering:乱序。

Corruption:数据包损坏。

IP source address:源地址。

IP source subnet:源地址掩码。

IP dest address:目的地址。

IP dest subnet:目的地址掩码。

测试拓扑为 Client(VDI)-WANem-Web Server(StoreFront)。

Client 和 Server 之间经过 WANem,双方的数据需要经过 WANem 才能使 WANem 控制双向的数据流。如果测试环境都是在同一个 VLAN 里面,则不需要配置默认路由,只需要在客户端和服务器配置一条路由即可。

测试方法是在局域网中测试 VDI 和 Web Server 之间的通信。

两台设备地址 Client 的 IP 为 192.168.1.199(VDI)、Web Server 的 IP 为 192.168.1.247(Citrix StoreFront),WANem 的 IP 为 192.168.1.42。

为了使 Client 和 Server 之间的数据经过 WANem,需要手动配置一条主机路由,下一跳指向 WANem 的 IP。如果需要跨广播域的话需要添加默认路由,默认路由的下一跳必须指向 WANem 的 IP 地址。

命令如下。

客户端:

```
route add 192.168.1.247 mask 255.255.255.255 192.168.1.42 metric 1
```

服务端：

```
route add 192.168.1.199 mask 255.255.255.255192.168.1.42 metric 1
```

目的就是让客户端访问的请求经过 WANem 处理。

设置完后首先用 ping 命令测试一下是否都是通畅的,不通则说明主机路由没有设置正确,设置好路由后下面就可以测试。

模拟。这里模拟丢包在 50% 范围在 10%、延迟在 500ms 范围在 100ms 的场景。

观察实验效果。当运行 WANem 配置后,后面的丢包基本上都在 50% 左右。

7. Winhex 分析 NTFS。

【实验目的】

(1) 了解 NTFS,掌握其工作原理。

(2) 掌握 Winhex 分析工具。

【实验环境】

安装了 Windows 的 PC 一台。

【实验内容】

Winhex 是一款功能十分强大的数据恢复软件,且占用内存小,主要用来检查和修复各种文件、恢复删除文件、硬盘损坏造成的数据丢失等。同时还可以看到其他程序隐藏起来的文件和数据。

请在 Windows 下运行 Winhex,要求:

(1) 分析硬盘。

(2) 找出元文件 $MFT、$MFTMirr,分析其特点。

(3) 找出 DBR 扇区。

8. Wihex 分析 Ext4 文件系统。

【实验目的】

(1) 了解 Ext4 文件系统,掌握其工作原理。

(2) 掌握 Winhex 分析工具。

【实验环境】

安装了 Windows 的 PC 一台。

【实验内容】

在 Windows 下安装虚拟机,在虚拟机上安装 Linux,通过 Wihex 分析 Ext4 文件系统的结构。

9. GlusterFS 安装部署实践。

【实验目的】

(1) 学习分布式文件系统的原理。

(2) 掌握 GlusterFS 的部署和使用。

【实验环境】

PC 一台,要求内存不小于 8GB,可用磁盘空间大于 50GB。

安装 VMware Workstation 虚拟机软件,并在该机上创建 4 台虚拟机,在虚拟机上安装 CentOS。

基本系统：单核 CPU+1024MB 内存+10GB 硬盘。

网络选择：网络地址转换(NAT)。

关闭 iptables 和 SELinux。

预装 GlusterFS 安装软件包。

按表 4-12 规划各虚拟机。

表 4-12　各虚拟机网络配置

描　述	IP	主 机 名	需　求
GlusterFS01	192.168.200.69	GlusterFS01	多添加两块各 10GB 的 sdb 和 sdc
GlusterFS02	192.168.200.92	GlusterFS02	多添加两块各 10GB 的 sdb 和 sdc
GlusterFS03	192.168.200.93	GlusterFS03	多添加两块各 10GB 的 sdb 和 sdc
GlusterFS04	192.168.200.94	GlusterFS04	多添加两块各 10GB 的 sdb 和 sdc
WebClient	192.168.200.95	WebClient	多添加两块各 10GB 的 sdb 和 sdc

【实验内容】

1) GlusterFS 安装

(1) 修改主机名。

(2) 添加 hosts 文件实现集群主机之间相互能够解析(4 台都需要)。

(3) 关闭 selinux 和防火墙(4 台都需要)。

(4) 本地定制化 yum 源(4 台都需要)。

2) 配置 GlusterFS

(1) 启动服务(4 台都需要)。

(2) 存储主机加入信任存储池。虚拟机添加信任存储池(提示:只需要让一个虚拟机进行添加操作即可。但并不需要添加信任自己。确保所有的虚拟机的 glusterd 服务都处于开启状态)。

(3) 查看虚拟机信任状态添加结果。

(4) xfsprogs 格式化,安装 xfs 支持包(如果是 CentOS 7 已经不再需要安装)。4 台都要安装。

(5) 格式化每台虚拟机的 10GB 硬盘。Ext4 格式化 sdb(4 台都需要)。

(6) 建立挂在块设备的目录并把 sdb 磁盘挂载到此目录上。在 4 台虚拟机上执行 mkdir -p /gluster/brick1 建立挂在块设备的目录,挂载磁盘到文件系统。

(7) Ext4 格式化 sdc(4 台都需要)。

(8) 建立挂在块设备的目录并把 sdc 磁盘挂载到此目录上。在 4 台虚拟机上执行 mkdir -p /gluster/brick2 建立挂在块设备的目录,挂载磁盘到文件系统(4 台都做,步骤相同)。

(9) 4 台虚拟机加入开机自动挂载。

(10) 创建 volume 分布式卷。

创建分布式卷(在 glusterfs01 上操作)。

启动创建的卷(在 glusterfs01 上操作)。

查询 4 台虚拟机 gluster volume info 信息(在任意虚拟机上操作)。

(11) volume 的两种挂载方式。

① 以 glusterfs 方式挂载。

挂载卷到/mnt 目录下并查看(在 glusterfs01 上操作)。

在挂载好的/mnt 目录里创建实验文件(在 glusterfs01 上操作)。

在其他虚拟机上挂载分布式卷 gs1,查看同步挂载结果。

在 glusterfs01 和 02 上查询实验文件结果。

② 以 NFS 方式进行挂载。

开启 glusterfs01 的 nfs 挂载功能。

```
rpm -qanfs-utils rpcbind          #查看是否安装 nfs-utils rpcbind
/etc/init.d/rpcbind status        #查看 rpcbind 服务状态
/etc/init.d/rpcbind start         #开启 rpcbind 服务
/etc/init.d/glusterd stop         #停止 glusterd 服务
/etc/init.d/glusterd start        #开启 glusterd 服务
```

③ 在 Web Server 上进行 NFS 方式的挂载。

```
rpm -qanfs-utils                          #查看 nfs-utils 是否安装
yum -y install nfs-utils
mount -t nfs 192.168.200.69:/gs1 /mnt     #以 NFS 方式远程挂载分布式卷
```

（12）创建分布式复制卷。

在任意一台 gluster 虚拟机上进行如下操作。

```
gluster volume create gs2 replica 2 glusterfs03:/gluster/brick1 glusterfs04:/gluster/
    brick1 force
gluster volume start gs2          #启动卷
gluster volume info gs2
```

（13）创建分布式条带卷。

```
gluster volume create gs3 stripe 2 glusterfs01:/gluster/brick2 glusterfs02:/gluster/
    brick2 force
gluster volume start gs3          #启动卷
gluster volume info gs3
```

（14）进行卷的数据写入测试。

在 Web Server 上挂载创建的三种类型卷 gs1,gs2,gs3,进行数据写入测试。

① 分布式卷 gs1 的数据写入测试。

在 Web Server 上进行数据写入操作：

```
mount -o nolock -t nfs 192.168.200.69:gs1 /mnt
df -h
touch /mnt/{1..10}
ls /mnt/
```

② 在 glusterfs01 和 glusterfs02 上进行查看(查看数据到底写入了哪个盘)：

```
ls /gluster/brick1
```

结论：分布式卷的数据存储方式是将数据平均写入到每个整合的磁盘中,类似于 RAID 0,写入速度快,但这样磁盘一旦损坏没有纠错能力。

③ 分布式复制卷 gs2 的数据写入测试。

在 Web Server 上进行数据写入操作。

```
mount - o nolock - t nfs 192.168.200.69:gs2 /mnt
df - h
ls /mnt
touch /mnt/{1..10}
ls /mnt
```

④ 在 glusterfs03 和 glusterfs04 上进行查看(查看数据到底写入了哪个磁盘)。

```
ls /gluster/brick1
```

结论:分布式复制卷的数据存储方式为,每个整合的磁盘中都写入同样的数据内容,类似于 RAID 1,数据非常安全,读取性能高,占磁盘容量。

⑤ 分布式条带卷 gs3 的数据写入测试。

在 Web Server 上进行数据写入操作:

```
umount /mnt
mount - o nolock - t nfs 192.168.200.69:gs3 /mnt
df - h
dd if=/dev/zero of=/root/test bs=1024 count=262144        #创建大小为 256MB 的文件
ls
```

cp test /mnt/ #复制到/mnt 目录下:

```
ls /mnt
du - sh /mnt/test #查看大小为 256M
```

⑥ 在 glusterfs01 和 glusterfs02 上进行查看(查看数据到底是怎么存储的):

```
du - sh /gluster/brick2/test
```

结论:发现分布式条带卷,是将数据的容量平均分配到了每个整合的磁盘结点上。大幅提高大文件的并发读访问。

(15) 实验总结。

对实验进行总结,写出实验结果。

10. Ext4 与 F2FS 性能测试。

【实验目的】

(1) 了解 Ext4 与 F2FS。

(2) 掌握 blktrace 工具。

【实验环境】

选择 3 种不同的应用场景来收集实验所需要的 I/O trace 数据(自行设计或参考下面场景)。

(1) 多媒体应用。包括音视频文件的写入和播放,具体为循环播放音频文件、重复浏览照片文件、播放视频文件、复制音频文件、照片文件和视频文件等操作。

（2）Office办公软件。模拟日常的办公软件行为，包括创建、编辑、修改和复制文件，具体为文档、表格、幻灯片的编辑，复制和反复打开文档等操作。

（3）代码编辑应用。模拟编程的日常工作行为，如在 IDE 中执行代码的编写、代码的修改、代码的调试以及代码的运行等操作。

【实验内容】

先行学习和掌握 blktrace，再完成实验要求。

1）blktrace 简介

blktrace 是一个针对 Linux 操作系统内核中块设备读写请求的跟踪工具，属于内核的块设备层，通过该工具，可以获取到 I/O 请求队列的详细情况，包括读写进程名、进程号、执行时间、读写物理块号、块大小等。这些 I/O 请求在从开始到完成这段时间内产生的信息就被称为 I/O 踪迹（trace）。

2）blktrace 的使用

（1）安装 blktrace。

```
sudo apt-get install blktrace
```

其中，blktrace 用于抓取 Block I/O 相关的 log，blkparse 用于分析 blktrace 抓取的二进制 log。通过 btt 也可以用 blktrace 抓取的二进制 log。

```
sudo blktrace -d /dev/sda6 -o - | blkparse -i -
```

或者分开使用

```
sudo blktrace -d /dev/sda6 -o sda6 #生成 sda6.blktrace.x 文件
blkparse -i sda6.blktrace.* -o sda6.txt
btt -i sda6.blktrace.*
```

（2）运行 blktrace。blktrace 在运行时会在/sys/kernel/debug/block 下面设备名称对应的目录，并生成 4 个文件 droppeed/msg/trace0/trace2。

blktrace 通过 ioctl 对内核进行设置，从而抓取 log。

blktrace 针对系统每个 CPU 绑定一个线程来收集相应数据。

（3）实验步骤。为了测试出在不同的应用场景下，F2FS 和 Ext4 文件系统读写请求的多次访问情况，将分别挂载不同文件系统，使用 blktrace 工具在 3 种应用场景下，对系统读写请求的相关信息进行跟踪，并统计多次访问的次数。实验方案的具体步骤如下。

① 将固态盘格式化为 F2FS，并挂载在工作目录下。

② 分别将多媒体文件、办公文档文件、代码文件复制到工作目录中。

③ 分别播放或编辑多媒体文件、编辑办公文档文件、在 IDE 中编辑代码文件。

在此过程中使用 blktrace 记录读写请求的相关数据。每一个场景的持续时间为 10min。

④ 重复步骤③共 10 次。

⑤ 将固态盘格式化为 Ext4，并挂载在工作目录下，重复步骤(2)～(4)。

⑥ 整理、分析测试数据，提取出关键信息，验证问题分析的合理性。

（4）对实验过程中收集到的 F2FS 和 Ext4 的读写请求多次访问情况进行比较，分析两者在访问特征上的不同。

11. Glusterfs 部署实验。

【实验目的】

（1）了解 Glusterfs,掌握其工作原理。

（2）掌握 Glusterfs 的部署和使用方法。

【实验环境】

安装 CentOS Linux release 7.4.1708(Core)的服务器 4 台,用作客户端的 PC 一台。

角色	IP 地址	主机名	软件
服务器端:	192.168.1.101	NK1	glusterfs
	192.168.1.102	NK2	glusterfs-fuse
	192.168.1.103	NK3	glusterfs-server
	192.168.1.104	NK4	
客户端:			
	192.168.1.105	NK5	glusterfs,glusterfs-fuse

【实验内容】

（1）安装 Glusterfs。

（2）配置 hosts。

（3）配置时间同步。

（4）安装 epel 源。

（5）配置 yum 源。

（6）安装 glusterfs 并设置开机启动。

（7）配置 Glusterfs 服务(仅在一台结点上操作)。

① 添加 glusterfs 结点。

② 新建分布式复制卷。

③ 查看卷信息。

④ 启动卷。

（8）客户端挂载。

① 安装 glusterfs。

② 挂载 glusterfs。

③ 设置开机自动挂载。

（9）使用 fio 读写测试。

① 安装 fio。

② 随机读写测试。

③ 查看文件生成情况。

第5章 网络附接存储

5.1 NAS 概述

网络附接存储(network attached storage,NAS)是网络存储基于标准网络协议实现数据传输,是一种文件共享服务,拥有自己的文件系统,通过 NFS、SMB、CIFS、FTP 等协议对外提供文件级共享和数据备份。第一代 NAS 产品于 1999 年在市场上出现,由于当时 NAS 技术相对不够成熟,产品的功能比较有限,性能也不够稳定。2000 年之后,第二代 NAS 产品开始出现。由于广泛采用了 RAID、磁盘镜像、双机热备等新型技术,同时支持 HTTP、FTP、SMB、AFP、CIFS 等多种协议,并增强网络的安全认证机制,使得产品的性能得到了大幅提升。

NAS 包括硬盘阵列、DVD 驱动器、磁带驱动器或可移动硬盘等存储器件以及专用服务器。安装有专门操作系统的专用服务器,可充当远程文件服务器,利用 NFS、SMB/CIFS、FTP 等协议对外提供文件级的访问服务,典型拓扑如图 5-1 所示。

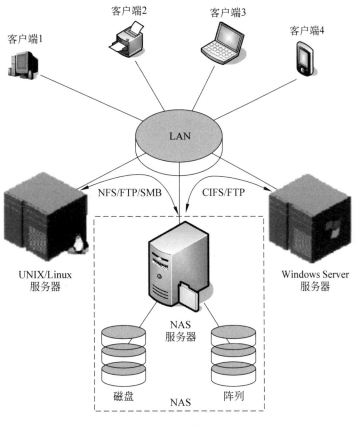

图 5-1　NAS 网络拓扑图

NAS 是一种利用可直接与网络介质相连的特殊设备实现数据存储的机制。由于这些设备都分配有 IP 地址,所以客户机通过充当数据网关的服务器可以对其进行存取访问,在某些情况下,甚至不需要任何中间介质客户机也可以对其进行直接访问。

NAS 设备可实现集中存储与备份,具有如下主要特点。

(1) 提供了一个高效、低成本的资源应用系统。由于 NAS 本身就是一套独立的网络服务器,可以使 NAS 主机、客户机和其他设备广泛分布在整个企业的网络环境中,提供可靠的文件级数据整合。可以基于已有的企业网络方便接入,具有非常好的可扩展性。

(2) 适用于需要通过网络将文件数据传送到多台客户机上的用户。在数据必须长距离传送的环境中,NAS 设备可以很好地发挥作用。

(3) 应用于高效的文件共享任务中,例如 UNIX 中的 NFS 和 Windows 中的 CIFS,其中基于网络的文件级锁定提供了高级并发访问保护的功能。采用 NFS、SMB/CIFS 提供异构网络之间的文件共享,屏蔽了操作系统和文件系统的差异。

(4) 提供灵活的个人磁盘空间服务。NAS 可以为每个用户创建个人的磁盘使用空间,方便用户查找和修改自己创建的数据资料。

(5) 有效保护资源数据。NAS 具有自动日志功能,可自动记录所有用户的访问信息。嵌入式的操作管理系统能够保证系统永不崩溃,以保证连续的资源服务,并有效保护资源数据的安全。

(6) 实现了多服务器之间的存储共享。文件共享(即文件服务器)是 NAS 最基本的应用。文件服务器通过一个文件系统管理磁盘阵列,存取磁盘阵列上的文件,并管理相应的网络安全和访问授权。

(7) 提供数据在线备份的环境。NAS 支持外接的磁带机,能有效地将数据从服务器中传送到外挂的磁带机上,保证数据安全、快捷备份。

(8) 备份和容灾。NAS 网络存储器的另一项重要功能是备份和容灾,大多数 NAS 都具有多种备份功能,包括本地备份(将计算机上的数据通过局域网备份到 NAS 中)、异地备份(将异地计算机上的数据通过广域网备份到 NAS 中)和 NAS 间备份(NAS 与 NAS 之间复制数据)等。部分 NAS 还具有一键备份功能,可将闪盘和外置硬盘等 USB 存储设备插入 NAS 的特定 USB 接口,通过备份按钮就能把 USB 存储设备上的文件备份到 NAS 中。此外,具有两个硬盘位的 NAS 可以组建 RAID 0 和 RAID 1 系统,其中 RAID 0 系统具有较好的磁盘性能,RAID 1 系统具有较好的安全性。具有 4 个硬盘位的 NAS 则可以组建更高级的 RAID 5 系统,在保障数据安全的同时还能提高磁盘性能。

NAS 可以利用现有的 IP 网络设施,以网络共享的方式(如 CIFS 和 NFS)为终端客户机提供一致的文件系统,所以 NAS 存储解决方案在数据中心是一个极佳的选择。伴随着万兆以太网的出现和投入商用,存储网络带宽大大提高了 NAS 存储的性能。NAS 摆脱了服务器和异构化架构的桎梏,在解决了足够的存储和扩展空间的同时,还提供极高的性价比。

5.2 NAS 的存储架构

5.2.1 整体结构

NAS 包括核心处理器,文件服务管理工具,一个或者多个的硬盘驱动器。NAS 强调的是网络和存储功能,所以在构造硬件结构中只考虑网络和存储两方面的问题。

NAS 在一个 LAN 中占有自己的结点。NAS 设备包括存储器件和集成在一起的简易服务器(功能服务器),可用于实现涉及文件存取及管理的所有功能。NAS 基本硬件结构如图 5-2 所示。

存储子系统主要是提供对 IDE、SCSI、SATA 技术的支持,提供工业标准 EIDE 控制器、SCSI 控制

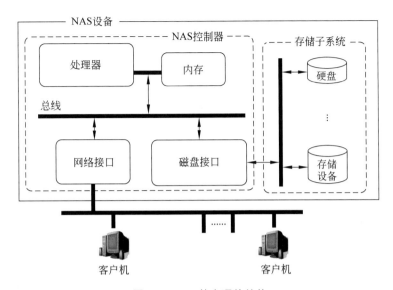

图 5-2　NAS 基本硬件结构

器、阵列控制器,使得系统可以连接光碟塔、磁盘阵列等各种设备。

网络控制模块用于实现网络适配器的功能,主要进行数据帧的生成、识别与传输、数据编译、地址译码、数据传输的出错检测和硬件故障的检测等。它最终提供一个普通网络连接口和高速光纤通道连接口,传输速率不低于 100MB/s,可使系统方便地与以太网相连或挂接在由高速光纤通道连成的 SAN 上。系统的核心操作系统和相关系统软件都可以固化在 ROM 或者闪存上,供系统启动时读取。

由于去掉了系统中不必要的系统控制以及处理功能,从而减少了系统的成本,提高了存储系统的吞吐率和通信能力。

5.2.2　NAS 软件构成

NAS 系统软件可划分为五大模块:操作系统、卷管理器、文件系统、网络文件共享和 Web 管理,如图 5-3 所示。

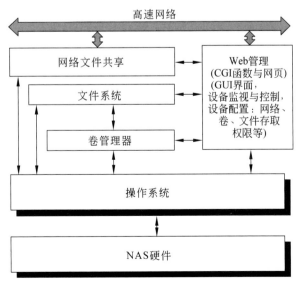

图 5-3　网络存储服务器软件组成

1. 操作系统

NAS 不依赖通用的操作系统,而是采用一个面向用户的、专门用于数据存储的简化操作系统,由于其中内置了与网络连接所需的协议,所以可使整个系统的管理和设置较为简单。NAS 操作系统通常需要实现 4 方面的功能:设备驱动功能、设备管理功能、文件共享服务功能和应用系统功能。NAS 操作系统是为文件做了优化的,具有多线程、多任务的高稳定内核。和一般服务器相比,I/O 操作要优越很多。

2. 卷管理器

卷管理器主要是进行磁盘和分区管理,包括磁盘监测、异常处理和逻辑卷的配置管理,一般应支持磁盘的热插拔、热替换等功能和 RAID 0、RAID 1、RAID 5 逻辑卷。

3. 文件系统

NAS 文件系统能支持多用户,具备日志文件系统功能,在系统崩溃或掉电重启后能迅速恢复文件系统的一致性和完整性。

4. 网络文件共享

网络文件共享一般支持 FTP、HTTP、NFS(UNIX)、CIFS(Windows 系统)、NCP(Novell 系统)、AFP(Apple 产品)等文件传输和共享协议。

5. Web 管理

Web 管理主要是包括远程监控和管理 NAS 设备的系统参数,例如网络配置、用户与组管理、卷以及文件共享权限等。

NAS 并不像普通 PC 系统一样拥有标准化的软件组件可供选择,NAS 厂商必须根据硬件自行设计软件系统。尽管设计工作是在已有资源的基础上进行的,但是难度也相当大。NAS 厂商必须对 Linux 内核进行裁剪或修改,使之可以在自身硬件上运行,同时必须自行编写设备的驱动程序和应用软件,工作量不亚于独立开发一套嵌入式操作系统。

为了提高系统性能并进行不间断的用户访问,NAS 常采用专业化的操作系统用于网络文件的访问,这些操作系统既支持标准的文件访问,也支持相应的网络协议。NAS 只保留了通用操作系统中用于数据共享的文件系统和网络连接协议,使 CPU、内存和 I/O 总线等系统资源完全用于信息资源的存储、管理和共享,使 NAS 的数据吞吐量比通用服务器大幅提高。

5.2.3　NAS 的实现架构

NAS 的实现架构分为集成式 NAS 架构和网关式 NAS 架构。集成式 NAS 的控制器和存储设备是使用 DAS 连接方式,而网关式 NAS 的控制器和存储设备是使用 SAN 连接方式。

1. 集成式 NAS 架构

集成式 NAS 架构为"NAS 头+SAN"。控制器部分俗称 NAS 头,是指将传统 NAS 机头的存储服务管理功能独立出来成为专门的存储服务器,通过基于 IP 或 FC 的接口和后端的存储区域网(SAN)直接相连,将访问频繁的数据存入 FC 磁盘,不太活跃的数据存入 SATA 磁盘,在一定程度上解决了成本和性能的矛盾,如图 5-4 所示。注意,后端的存储网络是非共享的(不需要经过交换机),可以将后端存储网络当成本地硬盘,将 IP 和 FC 接口当成总线接口,这也是集成式的 NAS 架构和网关式的 NAS 架构的主要差异。

2. 网关式 NAS 架构

网关式 NAS 架构为"NAS 网关+SAN",是指将传统 NAS 机头的存储服务管理功能独立出来成为

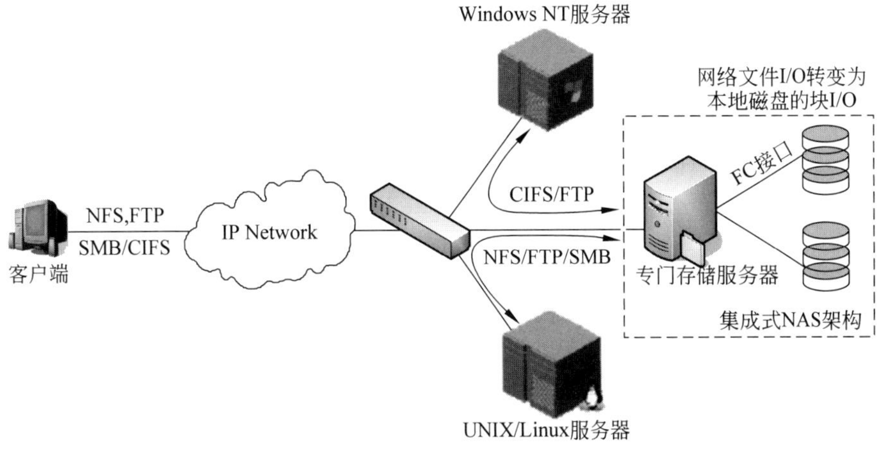

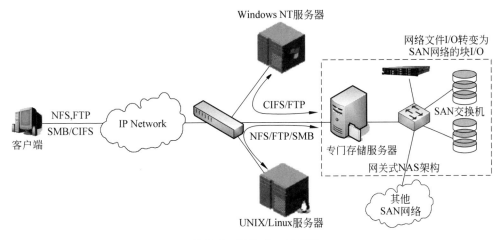

图 5-4　集成式 NAS 架构

专门的存储服务器,前端连接应用服务器设备,后端通过存储交换机(基于 IP 或 FC)和共享的 SAN 相连,初步实现 NAS 和 SAN 的融合,如图 5-5 所示。这也正迎合了目前各个主流存储厂商号称"统一存储"的提法。

图 5-5　网关式 NAS 架构

网关式 NAS 是由一个独立的控制器即 NAS 头和若干存储阵列组成。NAS 头具有网关的功能,它可以访问 SAN 环境中的存储资源。这种方案的最大优势是,客户机可以通过 IP 网络访问 SAN 的存储资源,NAS 可以通过 NFS 和 CIFS 协议处理来自客户端的文件级 I/O 请求。当网关收到客户端发来的文件级 I/O 请求,便将该请求转化为块级 I/O 请求发送到 SAN 环境中的存储阵列,存储阵列处理该请求后又发给网关,网关将块级 I/O 转换成文件级 I/O,再发给客户端,对于客户端来说,整个过程是透明的。网关式 NAS 可以充分利用 SAN 存储资源,可扩展性很强,存储阵列和 NAS 头可以根据需要独立地扩展升级。

当存储资源出现紧缺时,可对连接 NAS 头的后端进行扩容,增添存储设备。当 NAS 的处理能力需加强时,NAS 处理器可以独立升级。总之,两者之间是相对独立。

无论是集成式 NAS 架构还是网关式 NAS 架构,都需要将传统 NAS 机头的存储服务管理功能独立出来成为专门的存储服务器,而 NAS 系统即为独立存储服务器的管理系统。

作为独立存储服务器的管理系统,NAS系统承载着所有的存储服务管理功能。存储服务的管理主要涉及用户和用户组管理、底层逻辑卷资源管理、文件系统管理、共享文件夹管理、用户对资源的配额管理、用户对共享文件夹的权限管理、用户的接入认证管理、系统日志管理,以及系统状态监控等。

由于NAS系统一般是使用特别处理的剪裁后的操作系统,因此NAS的系统一般都没有其他的过于多余的功能,紧凑、高效,并且也将不必要的外部设备去掉,做到设备最大的精简,并对于存储文件、网络传输部分有所增强,如去掉显示设备、取消打印口、采用万兆以太网卡等。

5.3 NAS 协议

NAS使用了传统的以太网协议,由于都是基于操作系统的文件共享协议,所以其性能特点适合进行小文件数量级的共享存取。提供各种应用领域的异种文件共享和文件服务功能,包括内容传送和分发、统一的存储管理、技术计算以及服务。它允许企业在不使服务器停机的前提下做扩容动作,甚至可以不停机进行物理迁移。

NAS协议是用于实现网络文件系统功能的协议。网络文件系统的逻辑不是在本地运行,而是在网络上的其他远程主机结点上运行,本地端通过外部网络将读写文件的信息传递给运行在远端的文件系统。

5.3.1 NFS 协议

NFS(network file system,网络文件系统)是当前主流的异构平台共享文件系统之一,主要应用于UNIX、Linux环境,是一种实现UNIX系统之间磁盘文件共享的方法。NFS协议是一种支持客户端的应用程序通过网络存取服务器磁盘中数据的一种文件系统协议,最早是由Sun和IBM公司共同开发,现在已支持在不同类型的系统之间通过网络进行文件共享,被广泛应用于FreeBSD、SCO、Solaris等异构操作系统通过网络彼此共享目录和文件。

通过使用NFS,用户和程序可以像访问本地文件一样远程访问其他系统上的文件,使每个计算机结点都能像使用本地资源一样方便地使用网络上的资源。换言之,NFS可实现操作系统、网络架构和传输协议等不同的计算机在网络环境下进行文件远程访问和共享。

5.3.2 SMB/CIFS 协议

CIFS(common Internet file system,通用互联网文件系统)是当前主流异构平台共享文件系统之一,主要用于在Windows环境中连接Windows客户机和服务器。CIFS是微软公司整合了SMB(server message block,服务器信息块)协议后的成果,可使程序远程访问Internet上计算机的文件并申请此计算机的服务。CIFS可与支持SMB的服务器进行通信,实现共享。因此,为了让使用Windows操作系统的计算机可以和使用UNIX、Linux操作系统的计算机相互进行文件访问,CIFS协议是必要的。

CIFS采用客户-服务器模型,是在Windows系统中部署NAS设备时最常用的两种协议之一。其工作原理是让CIFS协议运行于TCP/IP之上,客户端请求远程服务器上的服务器程序为它提供服务,服务器收到请求并返回响应。

5.3.3 文件传输协议

文件传输协议(FTP)用于在Internet上控制文件的双向传输。FTP的主要作用是让用户连接一个远程计算机并查看该机上的文件,然后将其从远程计算机下载到本地计算机,或把本地计算机的文件上传到远程计算机。

NAS 系统最核心的功能是对外提供文件共享服务,因此几乎所有与 HTTP(超文本传送协议)等文件传输相关的协议均可作为 NAS 协议应用于 NAS 系统中。

异构平台之间的文件共享服务需要网络文件系统的支持,网络文件系统共享协议(如 NFS、SMB、CIFS)是 NAS 协议的根本和基础,FTP、HTTP 等其他文件传输相关的协议只是应用的补充。

5.4　NAS 文件系统

虽然 NAS 设备常被认为是一种存储架构,但是 NAS 设备最核心的功能是文件管理服务。至于通过 NFS/CIFS 共享文件,完全属于高层协议通信,根本就不在数据 I/O 路径上,所以数据的传输不可能以块来组织。正是由于这种功能上的重叠,在 SAN 出现以后,NAS 头(或 NAS 网关)设备逐渐发展起来,NAS over SAN 的方案越来越多,NAS 回归了其文件服务的本质。

由此可知,NAS 与一般的应用主机在网络层次上的位置是相同的,为了在磁盘中存储数据,就必须建立文件系统。有的 NAS 设备采用专有文件系统,而有的 NAS 设备则直接借用其操作系统支持的文件系统。由于不同的操作系统平台之间文件系统不兼容,所以 NAS 设备和客户端之间就采用通用的 NFS 或 CIFS 来共享文件。

NAS 服务器可以看成一个专门的文件管理器,主要由专为提供文件服务而优化的操作系统、相关系统软件和相关硬件组成。图 5-6 所示为 NAS 数据访问层次,前端应用服务器(UNIX、Linux 或

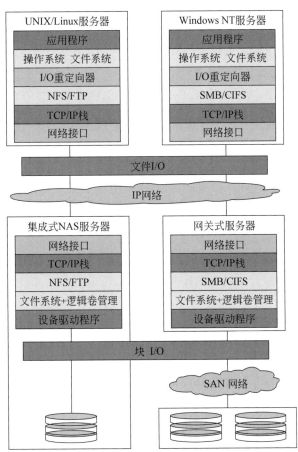

图 5-6　NAS 数据访问层次

Windows NT 服务器)利用网络文件系统(NFS、SMB 或 CIFS)映射 NAS 服务器端(即存储端)的本地文件系统(Ext3、Ext4、ReiserFS、XFS、JFS 等)到应用服务器端自己的操作系统中,这样应用服务器端就可以像访问自己的本地磁盘空间一样访问远程 NAS 服务器端的存储空间。

NAS 通过 NFS 和 CIFS 协议管理远程文件系统上的 I/O 请求处理,NAS 的 I/O 过程与块级的 I/O 过程不同。首先,请求者把一个 I/O 请求封装成 TCP/IP 报文,在网络协议栈转发,直到 NAS 设备从网络上接受这个 I/O 请求。其次,接到这个 I/O 请求后,NAS 设备将它解包转换成一种块级请求,即一种对应的物理存储请求,然后对物理资源存储池进行相对应的操作。最后,数据从物理存储池返回时,NAS 设备将块级的 I/O 封装成相应的文件协议然后把文件协议与相应的操作封装在 TCP/IP 中,最后通过网络转发出去。

5.5 NAS 资源

文件系统是操作系统用于在存储介质上组织和管理文件的方法,是负责管理和存储文件信息的软件系统。文件系统的载体为存储介质,在 NAS 系统中即为 NAS 资源,NAS 系统支持的 NAS 资源主要有磁盘及分区、磁盘阵列,以及逻辑卷。

5.5.1 磁盘及分区

传统 NAS 机头的存储池一般为直接用 IDE、SATA 或 SCSI 总线连接的本地磁盘。本地磁盘首先需要经过分区,然后每个分区才能被格式化为指定的文件系统为 NAS 系统所用。一个磁盘,既可以整体划分为一个分区,也可以划分为多个分区,分区的划分需要考虑"3P+1E"的原则(即 3 个主分区+1 个扩展分区,此处的 P 代表 primary,E 代表 extended)。

由于目前单个磁盘的容量已经突破了 1TB,所以简易的 NAS 系统可以只是独立的存储服务器,直接利用本地磁盘作为 NAS 资源,而不用后端的 SAN 存储池构建的磁盘阵列。

5.5.2 磁盘阵列

在网关式 NAS 架构中,NAS 服务器的后端通过存储交换机(基于 IP 或 FC)和共享的 SAN 相连,SAN 网络的存储池提供给 NAS 主机的,实际就是一些未建立文件系统的"虚拟磁盘"。这里的"虚拟磁盘"为根据不同的 RAID 策略,采用多块物理磁盘组成的磁盘阵列。

RAID 技术可将多个单独的磁盘以不同的组合方式形成一个逻辑硬盘,从而提高磁盘读取的性能和数据的安全性。不同的组合方式用 RAID 级别来标识。

RAID 技术经过不断的发展,现已拥有 RAID 0～RAID 5 共 6 种 RAID 级别标准。另外,其他还有 6、7、10(RAID 1 与 RAID 0 的组合)、01(RAID 0 与 RAID 1 的组合)、30(RAID 3 与 RAID 0 的组合)、50(RAID 0 与 RAID 5 的组合)等级别,不同 RAID 级别代表着不同的存储性能、数据安全性和存储成本。

5.5.3 逻辑卷

逻辑盘卷管理是 Linux 环境下对磁盘分区进行管理的一种机制,具有强大磁盘管理功能,它巧妙地把传统的物理分区转换成逻辑分区,使管理人员从传统的分区管理中彻底解放出来。通过 LVM 系统,逻辑卷管理将若干个磁盘分区连接为一个整块的卷组,形成一个存储池。管理员在卷组上随意创建逻辑卷,可以方便实现文件系统跨越不同磁盘和分区。

无论是磁盘还是磁盘阵列对象,若直接对其划分物理分区,则将来要在这些分区上新增或减少磁盘空间会非常麻烦;此外,物理分区的读写模式是线性模式,性能也不高。

逻辑卷的思想就是将多个物理磁盘分区,甚至磁盘阵列对象组合起来,形成一个独立的虚拟大磁盘,然后在虚拟磁盘空间上动态地划分需要的空间建立逻辑卷。

目前,虚拟磁盘技术和 LVM(逻辑卷管理)技术都支持逻辑卷,如图 5-7 和图 5-8 所示。不同的是,LVM 最大的用途是灵活地管理磁盘的容量,让逻辑分区可以随时放大或缩小,便于更好地利用剩余的磁盘空间;而虚拟磁盘技术由于以 RAID 为基础,更强调性能与备份。

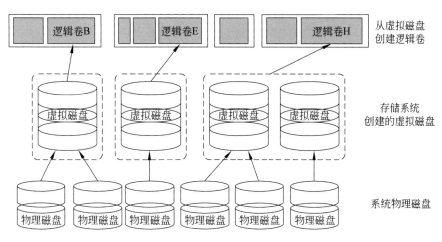

图 5-7 从虚拟磁盘创建逻辑卷

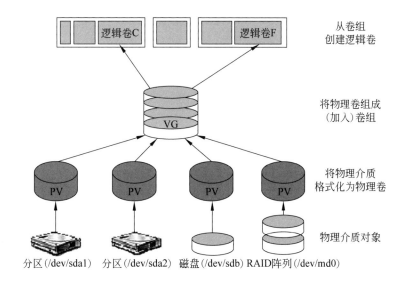

图 5-8 由 LVM 创建逻辑卷

5.6 集群 NAS 存储系统

目前的存储设备中,NAS 技术的使用存在一定的局限性。首先,NAS 存在性能缺陷,在 NAS 系统中,对 NAS 的请求和对应用服务器的请求将很有可能同时竞争有限的带宽,即使在万兆以太网中,这种冲突依然存在;其次,NAS 是基于文件访问的,它很难做到像 SAN 那样基于块设备的高速访问。

NAS 很难避免"信息孤岛"的出现,如果在一个企业中存在多个 NAS,很有可能在一个 NAS 上的数据同时出现在另一个 NAS 上,并与此同时,各个 NAS 之间无法做到相互沟通,相互共享资源。

NAS 容易出现单点失效的局面,由于 NAS 没有像 SAN 那样在链路上的冗余,不能有效避免单点失效。NAS 集群技术可以一定程度解决这些问题,用多台 NAS 组成一个大容量、高可用性、高性能、高扩展性的存储系统。

集群(cluster)是由多个结点构成的一种松散耦合的计算结点集合,协同起来对外提供服务。集群 NAS 是指协同多个 NAS 结点(即通常所称的 NAS 机头)对外提供高性能、高可用和高负载均衡的 NAS(NFS、CIFS、FTP)服务。有别于传统的 SAN 和 NAS,集群 NAS 是一种横向扩展(scale out)存储架构,主要面向文件级别的存储,具有独立升级、线性扩展(容量增加不会带来性能瓶颈)的优势,已经得到了全球市场的广泛认可,成为了主流的存储技术之一。

集群 NAS 的整体架构由存储子系统、NAS 机头(集群)、客户端以及网络组成。存储子系统可以采用存储区域网(SAN)、直接附接存储(DAS)或者面向对象存储设备(OSD)的存储架构。根据所采用的后端存储子系统的不同,可以把集群 NAS 分为 SAN 共享存储架构、集群文件系统架构和 pNFS/NFS v4.1 架构 3 种技术架构。

5.6.1 SAN 共享存储架构

在 SAN 共享存储架构中,前端的 NAS 结点通过光纤连接至后端 SAN 共享存储设备,采用 SAN 并行文件系统管理数据并对外提供 POSIX 接口,其架构如图 5-9 所示。元数据则有专用元数据服务器(MDC)和分布到 SAN 客户端两种方式。要实现对 SAN 共享存储的并发访问,只需要在集群 NAS 上安装 SAN 文件系统客户端即可,用户客户端的数据访问通过 NFS 或 CIFS 协议进行。

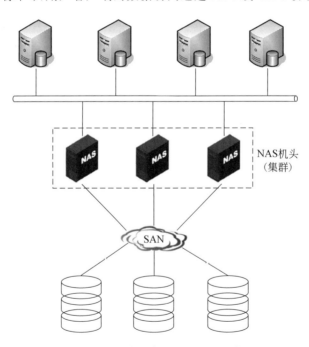

NAS机头
(集群)

图 5-9 SAN 共享存储集群 NAS 架构

由于 SAN 共享存储架构是基于高性能的 SAN 存储,所以这种架构可以提供稳定的带宽和性能,并通过存储磁盘阵列和 NAS 结点的添加进行拓展。SAN 共享存储架构的缺点是,SAN 存储网络和并行文件系统的成本都比较高,SAN 架构本身还存在部署管理复杂、拓展规模有限的问题。

5.6.2　集群文件系统的架构

集群文件系统是一种将多个存储结点互连，并对外提供全局文件共享以及高性能、高可用性、负载均衡的存储服务的文件系统。如图 5-10 所示，集群文件系统架构的后端存储采用 DAS 或者共享 RAID，每个存储服务器直连各自的存储系统，通常为一组 SATA 磁盘，然后由集群文件系统统一管理物理分布的存储空间而形成一个单一命名空间的文件系统。与 SAN 共享存储架构不同，集群文件系统架构中存储服务器和 NAS 机头常常需要共用同一个 TCP/IP 网络，因此性能可能受到影响。实际上，集群文件系统是将 RAID、卷、文件系统的功能三者合一。

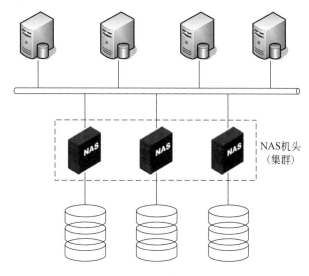

图 5-10　集群文件系统集群 NAS 架构

在集群文件系统中，元数据管理发挥了至关重要的作用，不仅仅要求立足于单个结点上的文件系统，需要从整个集群的角度考虑元数据的管理，充分挖掘单结点的性能、结点分工协调、保持一定冗余以提高健壮性、提供方便扩展接口等。根据其元数据管理模型不同，集群文件系统可以分为单元数据服务器式、元数据服务器集群式和无元数据服务器式。

在单元数据服务器式集群文件系统中，由于只有一个服务器对元数据进行管理，所以当元数据服务器宕机时，会导致整个存储系统的失效。可以采用双服务器共享存储设备的方式解决元数据服务器的单点故障问题，提高系统的可用性。

在元数据服务器集群式集群文件系统中，Ceph 分布式存储系统采用多个元数据服务器对元数据进行管理，没有单点故障问题，保证了高性能和扩展性。

在无元数据服务器式集群文件系统中，开源的分布式文件系统 GlusterFS 放弃了元数据服务器的设立，而是采用 Hash 技术，让每个存储服务器对应一段 Hash 空间，由客户端利用 Hash 算法确定文件存放的实际位置，即将文件路径和文件名作为输入计算出 Hash 值，再根据 Hash 值在集群中确定存储服务器。避免了传统分布式文件系统中存在的元数据服务器容易成为热点的问题，也提高了整个存储系统的可靠性。

NAS 集群上安装集群文件系统客户端，实现对全局存储空间的访问，并通过 NFS、CIFS、FTP、iSCSI 等对外提供 NAS 服务。NAS 集群通常与元数据服务集群或者存储结点集群运行在相同的物理结点上，从而减少物理结点部署的规模，当然会对性能产生一定的影响。与 SAN 架构不同，集群文件系统可能会与 NAS 服务共享 TCP/IP 网络,相互之间产生性能影响,导致 I/O 性能的抖动。如果集群文件系统存储结点之间采用无限带宽(InfiniBand)网络互连,可以消除这种影响,保持性能的稳定性,如 GlusterFS 就支持使用无限带宽网络。

在这种架构下,集群 NAS 的扩展通过增加存储结点来实现,往往同时扩展存储空间和性能,很多系统可以达到接近线性地扩展。客户端访问集群 NAS 的方式与第一种架构方式相同,负载均衡和可用性也可以采用类似的方式。由于服务器和存储介质都可以采用通用标准的廉价设备,在成本上有很大优势,规模可以很大。然而,这类设备是非常容易发生故障的,服务器或者磁盘的损坏都会导致部分数据不可用,需要采用 HA(high available)机制保证服务器的可用性,采用复制保证数据的可用性,这往往会降低系统性能和存储利用率。另外,由于服务器结点比较多,这种架构不太适合产品化,可能更加适合于存储解决方案。

5.6.3　pNFS(NFSv4.1)架构

pNFS 架构是一种基于 NFSv4.1 协议的,采用类似 SAN 共享文件系统的存储结构客户-服务器模式,该架构先由客户机上安装的 pNFS 内核模块通过 NFS 的 RPC 调用访问元数据服务器,再通过特定的存储访问协议去访问存储结点。pNFS 采用了服务器集群来解决传统 NAS 的单点故障和拓展性问题,采用元数据集群解决传统 NAS 的单点故障和性能瓶颈问题,元数据与数据的分离则解决了性能和扩展性问题。

如图 5-11 所示,pNFS 架构实际是并行 NAS,即 pNFS(即 NFSv4.1),它的后端存储采用面向对象存储设备 OSD,支持 FC、NFS、OSD 等多种数据访问协议,客户端读写数据时直接与 OSD 设备相互,而不像上述两种架构需要通过 NAS 集群来进行数据中转。这里的 NAS 集群仅仅作为元数据服务,I/O 数据则由 OSD 处理,实现了元数据与数据的分离。这种架构不仅系统架构上更加简单,而且性能上得到了极大提升。但该协议目前还不太成熟,商用的系统较少。

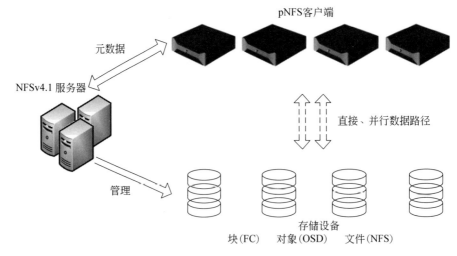

图 5-11　pNFS(NFSv4.1)集群 NAS 架构

5.6.4　集群文件系统

集群(cluster)是由多个结点构成的一种松散耦合的计算结点集合,协同起来对外提供服务。集群 NAS 是指协同多个结点(即通常所称的 NAS 机头)提供高性能、高可用或高负载均衡的 NAS(NFS、

CIFS)服务。集群 NAS 是横向扩展(scale out NAS)的,因此具有独立升级、线性扩展(容量增加不会带来性能瓶颈)的优势,能在文件系统级进行存储扩展。通常集群 NAS 通过集群文件系统完成。

实际上,集群文件系统是将 RAID、Volume、File System 的功能三者合一。目前的主流集群文件系统一般都需要专用元数据服务或者分布式的元数据服务集群,提供元数据控制和统一名字空间,当然也有例外,如无元数据服务架构的 GlusterFS。NAS 集群上安装集群文件系统客户端,实现对全局存储空间的访问,并运行 NFS、CIFS 服务对外提供 NAS 服务。NAS 集群通常与元数据服务集群或者存储结点集群运行在相同的物理结点上,从而减少物理结点部署的规模,对性能产生一定的影响。与 SAN 架构不同,集群文件系统可能会与 NAS 服务共享 TCP/IP 网络,相互之间产生性能影响,导致 I/O 性能的抖动。一种解决方案是在集群文件系统的存储结点之间采用无限带宽网络互连来消除这种影响,保持性能的稳定性。

集群 NAS 具备以下几个特征。

(1) 结构:存储和文件系统。文件系统运行在 NAS 自身(这同时也是 NAS 和 SAN 的本质区别)。

(2) 分布式:文件系统为分布式文件系统(有时又称集群文件系统,如 GlusterFS 是集群 NAS 开源解决方案),数据和元数据分散分布在多个结点上。

(3) 并行访问服务:对多个客户端并行提供文件共享服务。

(4) 存储数据类型:主要是文件等非结构化数据。

(5) 数据保护方式:底层采用传统 RAID 技术居多,多为 RAID 6,最多容忍两块硬盘(或结点)失效。也有部分技术采用多份副本方式,但保护程度接近。

(6) 容灾:可实现容灾等远程数据保护。

集群 NAS 的扩展性好,但价格较高,适合在客户自建的数据中心内运行的高性能计算、流媒体等需要高带宽、大容量的业务。

5.7 NAS 的数据安全性

数据的流动性是产生安全问题的最根本原因。NAS 是一种随着服务器专用化而产生的带有瘦服务器的存储设备。它解决了网络环境中异构平台的数据共享问题,也因网络环境的开放性而带来窃听消息、伪造信息、篡改信息、拒绝服务攻击、行为否认、非授权访问、身份攻击、非法进入、违规操作、传播病毒等许多安全威胁。NAS 的安全问题主要体现在以下方面。

(1) 处于网络中的两个实体建立连接或传输信息时,如何对对方的合法性进行确认,以防假冒,即如何对授权用户的身份进行认证。

(2) 如何保证所接收和发送信息的安全性,也就是如何保证用户口令及传输的各种信息不被非法用户中途窃听和篡改。

此外,设备运行时的差错、意外的电源故障以及非授权的访问等,都可能造成数据的删除、丢失或被篡改。NAS 系统在设计时就充分考虑了数据安全的重要性,在进行数据管理时采用了日志文件系统、文件系统一致性检查等机制加强了数据的安全性。

在日常使用时,需要加强安全意识,防患于未然。可采取以下预防措施。

(1) 使用安全的密码。设置复杂的用户密码(强密码,须由字符及大小写、数字、特殊符号等构成),并定期修改密码。同时不要在登录时由网页保存密码,这是因为在浏览器中记录的密码很容易被获取。

避免多个服务或者账号使用相同的密码,生活中,很多人为了方便都会将增加的各种账号设置成一样的密码,这样就很容易使撞库攻击成功。

(2) 不在公用计算机上接入 NAS。这一点很重要,不要使用公共计算机(特别是图书馆、网吧)接入

NAS。因为像图书馆、网吧等地方的公用计算机安全性难以把握。

（3）严格控制使用成员的权限。在为用户分配权限时，一定要遵循"权限最小原则"。即能为该用户或者群体分配多小的权限就分配多小。切忌分配一些不必要的权限，这是因为不是每个人都有很强的安全意识。

（4）限制登录次数。限制登录次数，可以防止用户不断的重试登录。当其登录失败次数超过设定值时，能够对其 IP 进行封锁，不允许再次登录，或者一段时间内不允许登录。这就能够很好地防止密码穷举攻击，以及其他的一些攻击尝试。

（5）核心数据定时冷备份。为什么重要数据要冷备份（例如通过 USB 备份到不与网络连接的存储设备）？这是因为，如果 NAS 不幸被勒索病毒攻击，所有文件将会被加密。在这种情况下如果采用热备份机制（例如 cloud sync），这些加密文件将自动同步到云端从而覆盖之前的备份，从而导致云端的数据也被加密了而且无法恢复。而冷备份设备不和网络连接，就算 NAS 被攻破，也不会影响数据。

（6）使用最新版的操作系统，操作系统和应用软件要及时安装最新补丁。

5.8　NAS 存储系统的性能评测

典型的 NAS 存储系统包括底层存储设备、网络和应用服务器 3 部分，因此，要分析整个信息系统的服务性能，需要对这 3 部分进行详细分析。

5.8.1　底层存储设备的评测

信息系统底层的 NAS 存储系统对服务性能的影响最直接，因此它是分析性能影响因素的主要对象。对于 CPU、主板、内存和网卡等固定硬件配置的存储系统，除了要分析处理器性能、内存大小、总线结构、网卡速率等固定硬件特性外，还需分析直接影响应用服务性能的磁盘的数量、类型、接口、转速，RAID 类型，条带大小，协议类型，缓存设置和其他软件设置（如日志记录、监控等）等因素，一般情况下，如果配置相同，则硬盘数越多，性能越好，RAID 1 的只写性能比 RAID 0 的要差等。

5.8.2　网络的评测

网络端是指存储系统到应用服务器端之间的网络，网络最容易成为整个系统的性能瓶颈。主要的影响因素有网络拓扑结构、网络类型（如快速以太网、千兆以太网、FC 网络等）、网络设置（如 MTU 大小、网络安全设置等）、网络协议（如 NFS、CIFS 或 HTTP 协议）等。

5.8.3　应用服务器的评测

应用程序一般安装在应用服务器端，为了更好地模拟应用程序的负载，测试程序也一般安装在应用服务器上。不同的应用有不同的性能要求，因此要测试某个应用的具体性能，就必须认真设置应用服务器端的参数。应用服务器端的性能影响因素既包括内存、CPU 和网卡等硬件因素，又包括文件大小、数据块大小、并发访问数、读写模式、原有文件数、目录层数等软件因素，不同的设置会产生不同的结果。

对存储系统性能的评价指标主要有 IOPS（input/output operations per second，每秒的读写次数）、MB/S（兆字节每秒）和响应时间等。测试工具有 Iometer、IOzone 等。

5.9　FreeNAS

5.9.1　FreeNAS 简介

FreeNAS 是一款专门用于构建 NAS 服务器的开源、免费的操作系统，能将一台普通的 PC 变成网络存储服务器。FreeNAS 的特点是程序短小、提供的功能很多、软件更新速度较快。它基于 FreeBSD 开发，主要运行于 x86-64 架构的计算机上。FreeNAS 支持 Windows、macOS X 和 UNIX 客户端，以及大量的虚拟化主机，例如 XenServer 和 VMware，支持 CIFS、AFP、NFS、iSCSI、SSH、rsync、WebDAV，以及 FTP、TFTP 等文件共享和传输协议，RAID 0、RAID 1、RAID 5 以及 Web 的设定。包含了一套支持多种软 RAID 模式的操作系统和网页用户界面。

用户可通过 Windows、Macs、FTP、SSH 及 NFS(网络文件系统)来访问存储服务器；FreeNAS 可被安装于硬盘或移动介质上，所占空间不足 16MB。它是组建简单网络存储服务器的最好选择，可免去安装完整 Linux 或 FreeBSD 的麻烦。

FreeNAS 采用 ZFS(dynamic file system，动态文件系统)存储、管理和保护数据。ZFS 提供了诸如轻量级快照、压缩和重复数据删除等高级功能。可以快速地将数据增量备份到其他设备，带宽占用少，可有效帮助系统从故障中转移。

FreeNAS 有 Python 版、PHP 版等很多实现版本，可通过提供的 Web 界面设定相应的存储操作。由于 FreeNAS 是基于 ZFS 文件系统的，此文件系统只能运行在单个结点上，因而不支持集群系统。

用 FreeNAS 替代专门的文件服务器可以大大提高网络文件存储和访问的响应速度，另外有些高级 NAS 所提供的文件保护机制(快照和备份)、网卡绑定、跨平台文件共享和用户服务管理机制，使得网络文件系统的维护工作也变得非常简便易行。

5.9.2　FreeNAS 的特点

FreeNAS 是类 UNIX 系统，具有 UNIX 系统的大部分优点，同时也是网络可插拔操作系统，是一个优化了文件存储和共享的操作系统。系统的硬件要求很小，最新版本的 FreeNAS 完全可以安装在可移动设备上，从而节约硬件资源。FreeNAS 系统本身是只读的，其文件系统和系统本身不能存放在同一块硬盘上，需要另外一块硬盘来存储文件，从而使系统和文件完全分开，从而保证了系统的安全性，不会被恶意修改。

FreeNAS 的特点如下。

(1) 支持 CIFS、AFP、NFS、iSCSI、SSH、rsync、WebDAV、FTP/TFTP 等文件共享和传输协议。

(2) 支持 Active Directory 和 LDAP 用于用户认证以及手动的用户和用户组创建。

(3) 支持 UFS2 卷创建和导入，包括 gmirror、gstripe 和 gRAID 3(注意，FreeNAS 9.3 不再支持 UFS)。

(4) 支持创建和导入 ZFS 存储池，以及许多 UFS2 不支持的功能，如存储限额、快照、数据压缩、重复数据删除、磁盘替换等。

(5) 支持通过第三方插件扩展功能(BT 下载 transmission、云网盘 owncloud、同步备份 btsync、媒体中心 plexmediaserver 等)。

(6) 双启动分区，升级过程将系统更新到非活动分区，可以从失败的更新中恢复。

(7) 支持电子邮件系统通知。

(8) 基于 Django 开发的管理界面，通过浏览器管理。

(9) 支持安全的磁盘替换、自动 ZFS 快照、ZFS 垃圾清理、计划任务等均可在图形化界面中操作。

(10) 多语言支持(简体中文、繁体中文等二十多种语言)。

(11) 在图形化界面管理 SMART 监视器，UPS 等。

(12) 支持 USB 3.0。

(13) 支持 Windows ACL 和 UNIX 文件系统权限控制。

（14）ZFS 定期快照可在 Windows 查看影子副本。

（15）支持 tmux(Terminal MultipleXer,终端复用器)。

FreeNAS 最低配置要求如下。

（1）64 位 x86 处理器 CPU。

（2）容量为 8GB 的内存。

（3）一块容量为 8GB 的优盘,一块用作数据存储的硬盘。

（4）有线网卡(不支持无线网卡)。

（5）一台与 FreeNAS 处在同一局域网环境的 PC(通过浏览器管理 FreeNAS)。为了在 PC 上能够访问到 FreeNAS 登录界面,FreeNAS 里需要有两块网卡。一块为 hostonly,用于和其他虚拟机通信。一块为 NAT,用于被母机访问。

5.9.3　FreeNAS 的安装

（1）制作安装盘。根据 PC 硬件配置选择 32 位(或 64 位)架构,从 FreeNAS 的官网下载 ISO 格式的安装文件,并刻录到光碟。

（2）启动光碟,安装 FreeNAS。注意,FreeNAS 8 以上的版本不支持系统文件与存储共用同一块硬盘,即系统文件的存储单独使用一个磁盘设备,其他文件的存储使用其他磁盘设备。

（3）安装结束后,取出光碟并且重新启动 PC。

5.9.4　配置 FreeNAS 网络

配置 FreeNAS 网络时,首先根据需要配置服务器端的 IP 地址,然后再通过网络中客户端的浏览器输入服务器端的 IP 地址,再通过图形界面进行详细配置。

5.9.5　管理 FreeNAS 服务器

FreeNAS 的初始设置菜单一般提供以下选项,不同版本可能略有差异。

（1）配置网络接口。通过配置向导可配置系统的网络接口。

（2）配置链路聚合。可以创建新的链路聚合或删除现有的链路聚合,即将两个或更多数据信道结合成一个单个的信道,该信道会以一个具有更高带宽的逻辑链路的形式出现。

（3）配置 VLAN 接口。用于创建或删除 VLAN 接口。

（4）配置默认路由。用于设置 IPv4(或 IPv6)默认网关。出现提示时,输入默认网关的 IP 地址。

（5）配置静态路由。将提示目的网络的网关 IP 地址。重新进入这个选项为每个路由需要添加。

（6）配置 DNS。将提示的 DNS 域的 DNS 服务器的 IP 地址输入。完成后按两次 Enter 键离开。

（7）复位 WebGUI 登录凭据。如果无法登录到图形化的管理界面,可选择此选项。这将重置系统不要求用户名和密码登录。

（8）重置为出厂默认值。如果删除全部的配置的管理界面,可选择此选项。一旦配置复位,系统将重新启动。

（9）Shell。进入运行 FreeBSD 的 Shell 命令。

（10）重启系统。

当把 FreeNAS 主机用网线接入局域网时,系统立即从路由器那里请求 IP 地址,并将路由器分配的地址显示在主机的控制台界面上。

如果 FreeNAS 主机上有多块网卡并且都已经接入局域网,主机显示器中会同时显示每一块网卡获得的 IP 地址。

在如图 5-12 所示的控制台界面中,http://192.168.1.188 就是路由器分配给 FreeNAS 主机的 IP 地址,也是 WebGUI 的访问地址。事实上,在控制台界面 IP 地址的上方有清晰的提示"You may try the following URLs to access the web user interface",即表示尝试用以下网址访问 WebGUI 界面。

```
Press Enter to continue

Console setup
------------

1) Configure Network Interfaces
2) Configure Link Aggregation
3) Configure VLAN Interface
4) Configure Default Route
5) Configure Static Routes
6) Configure DNS
7) Reset WebGUI login credentials
8) Reset to factory defaults
9) Shell
10) Reboot
11) Shutdown

You may try following URLs to access the web user interface:

http://192.168.1.188

Enter an option from 1-11:
```

图 5-12   控制台界面

如果 FreeNAS 安装在虚拟机中,控制台显示了 IP 地址,但浏览器访问时打不开 WebGUI,可将虚拟机网卡类型修改为"桥接"模式。

测试服务器与其他 PC 的连通性,在能连通的 PC 上通过浏览器输入安装了 FreeNAS 的计算机的 IP 地址来管理 FreeNAS 服务器,FreeNAS 9.2.x 版本第一次访问 WebGUI 首先会提示设置 root 用户密码(FreeNAS 9.3 系统安装时若未设置 root 密码则也会在 WebGUI 中提示设置)。在 FreeNAS 主机执行 root 密码重置操作后,再次访问 WebGUI 也会显示设置新密码的提示窗口。

设置了 root 用户密码以后,系统会提示登录。注意,只有 root 用户才能登录 WebGUI。

成功登录 WebGUI 后的界面如图 5-13 所示,FreeNAS 的主要配置将在此完成。主界面分为 3 个区域。

(1)主菜单。用于列出系统最常用的一些功能。

(2)系统菜单。FreeNAS 系统的所有功能和选项都可在系统菜单中找到。

(3)操作区。各种设置都在操作区进行。

FreeNAS 系统可以把 WebGUI 设置成简体中文,以此为例,介绍设置的方法,其他的举一反三。

在 FreeNAS 主界面 System(系统)选项卡下方选中 General(通用)子菜单,修改 language(require UI reload)(语言)项,在下拉列表中选中 Simplified Chinese(简体中文)。然后,修改 Timezone(时区)项,在下拉列表中选中 Asia/Shanghai(亚洲/上海)。设置完成,单击下方的 Save(保存)按钮进行保存。

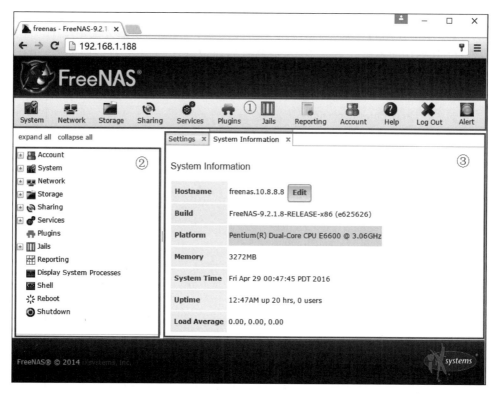

图 5-13　FreeNAS 主界面

　　设置 Timezone(时区)的主要原因是保证系统时间的准确性,错误的时区设置会产生许多问题,例如系统日志记录的时间与实际时间不一致,如果设置了计划任务,执行时间和预期的时间会有很大差异等,因此有必要在系统安装完成及时调整这个选项。

　　设置完成后,在浏览器中刷新一下 WebGUI 页面,可以看到界面语言已经换成了简体中文。

　　NAS 系统还可以选中 OpenMediaVault,其设置比 FreeNAS、NAS4Free(FreeNAS 的分支版本)简单。FreeNAS 官方不建议使用虚拟平台使用 FreeNAS 搭建 NAS,而 OpenMediaVault 则无此限定。

　　OpenMediaVault 包含众多服务,例如 SSH、(S)FTP、SMB/CIFS 等。并具有通过插件可增强的模块化设计框架特性。OpenMediaVault 主要是设计用于在家庭环境或小的家庭办公室,但不仅限于这些场景。

5.10　Openfiler

5.10.1　Openfiler 简介

　　Openfiler 是一款基于 Linux 内核、开源、免费的 NAS/SAN 统一网络存储系统,它支持 HTTP、FTP、NFS、CIFS、iSCSI 等各种传输协议,含有多种软 RAID 模式供用户选择,通过浏览器可以方便地进行系统配置与管理。Openfiler 同时集成了 iSCSI target 软件,在单一框架中提供了基于文件的网络连接存储(NAS)和基于数据块的存储区域网(SAN)。对于网络目录的支持,Openfiler 包括 NIS、Active Directory、LDAP 和 Hesiod。对于认证协议的支持,它支持 Kerberos 5 的认证协议;对于分区技术的支持,Openfiler 支持基于卷的分区技术,如本地文件系统的 Ext3、Ext4、XFS 和 JFS 格式,以及实时快照和相应的磁盘配额管理。它通过统一标准的接口,使基于各种网络文件系统协议的共享资源分配变得更容易、快捷与高效。

Openfiler 具有系统小巧、自耗资源少、基本配置要求低等特点。由于其在配置较低的计算机上也能稳定高效的运行,所以用它构建 NAS 系统投入少,Linux 内核系统稳定性好,具有良好的可扩展性,可根据网络需求的变化改变系统在网络中的网段,以适应网络吞吐能力变化,与昂贵的专用 NAS 设备相比,性能也毫不逊色。

Openfiler 具有优良的 NAS 性能,使用 Openfiler 硬件要求如下:512MB 以上的内存、1GB 以上的系统安装空间、网卡、支持 x86 或 x64 系统架构的计算机。在普通的 PC 上安装这款开源的 NAS 服务器软件,即可将其变成网络存储服务器。

5.10.2 Openfiler 的特点

Openfiler 的统一存储系统通过同时支持不同的传输协议,从而以单一系统满足各种储存需求,还可视不同系统的实际运作情况,灵活地调配资源给前端采用不同传输协议的服务器或主机使用,能有效解决传统储存系统不经济与管理困难的问题。

Openfiler 能把标准 x86/64 架构的系统变成一个强大的 NAS、SAN 存储和 IP 存储网关,提供一个强大的管理平台,并能应付未来的存储需求。依赖如 VMware,Virtual Iron 和 Xen 服务器虚拟化技术,Openfiler 也可部署为一个虚拟机实例。

Openfiler 这种灵活高效的部署方式,确保能够在一个或多个网络存储环境下使系统的性能和存储资源得到最佳的利用和分配。

与 FreeNAS 相比,FreeNAS 适合于家庭用户,Openfiler 则适用于企业用户。

Openfiler 的主要性能和优点。

(1)可靠性。Openfiler 可以支持软件和硬件的 RAID,能监测和预警,并且可以做卷的快照和快速恢复。

(2)高可用性。Openfiler 支持主动或被动的高可用性集群、多路径存储(MPIO)、块级别的复制。

(3)性能。及时更新的 Linux 内核支持最新的 CPU、网络和存储硬件。

(4)可伸缩性。文件系统可扩展性最高可超出 60TB,并能使文件系统大小可以在线的增长。

(5)统一存储。

(6)iSCSI target 功能。

(7)支持 CIFS 和 NFS 的 HTTP、FTP 等协议。

(8)支持 RAID 1、RAID 5、RAID 6 或 RAID 10。

(9)裸机或虚拟化安装部署。

(10)支持 8TB 以上的日志文件系统。

(11)文件系统的访问控制列表。

(12)时间点副本(快照)的支持。

(13)强大的基于 Web 的管理。

(14)块级别的远程复制。

(15)高可靠性集群。

(16)本地化语种使设置更方便。

5.10.3 Openfiler 架构

Openfiler 整合了多种成熟的开源技术,具有良好性能和稳定性,可以满足企业级的各种存储需求。

其架构如图 5-14 所示。

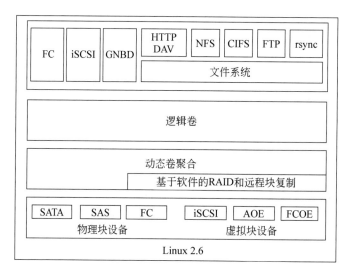

图 5-14 Openfiler 的架构

Openfiler 在 Linux 2.6 内核基础上针对存储进行了优化,去掉了不必要的服务,保证了性能和稳定性。同时支持各种块设备,包括直接与 Openfiler 相连的物理块设备和通过网络相连的虚拟块设备。然后通过 LVM 将各种块设备集合成大的存储池(卷组),再以逻辑卷的形式通过最上面的服务层供用户使用。

在服务层里,基于数据块存取的协议如 iSCSI,直接操作逻辑卷。而各种基于文件存取的协议如 NFS、CIFS 在文件系统基础上再操作逻辑卷。

5.10.4 Openfiler 统一存储系统的网络架构

Openfiler 统一存储系统的网络架构如图 5-15 所示。

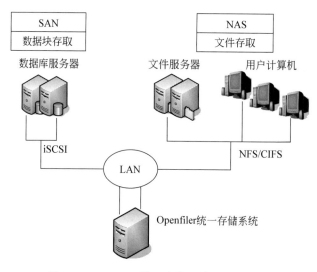

图 5-15 Openfiler 统一存储系统的网络架构

基于 Openfiler 的统一存储系统网络架构清晰,只需将相应的服务器和用户计算机通过以太网与统一存储系统相连即可,设置简单。SAN 的客户端以 iSCSI 完成 SCSI 协议的封装与解封,进行数据块 I/O,NAS 的客户端以 NFS,CIFS 等网络传输协议进行文件 I/O。

Openfiler 部署简单且富有弹性,可通过多种方式来部署。Openfiler 是基于 Linux 的系统,可以像 Linux 一样直接安装部署在任何兼容 x86 平台的系统上。Openfiler 还有一种更快、更方便的部署方式, 它兼容当前各种常见的服务器虚拟技术,如 VMware ESX Server、Xen 等,直接以虚拟机实例的形式部 署在虚拟机上。

5.10.5　Openfiler 安装

Openfiler 提供了多样化的部署安装方式,既可以作为一个 ISO 格式的 CD 镜像,以 Bare Metal 方 式安装在一个物理服务器上,也可以安装在一个已经预先配置好磁盘镜像的虚拟机中。更为便利的安 装方式是 Openfiler 提供了基于不同虚拟机监控器(hypervisor)的虚拟设备(virtual appliance)文件,只 需把虚拟设备文件直接部署到相应的虚拟化服务器上即可,无须安装过程,预安装好 Openfiler 操作系 统的虚拟机就会生成,即可进入第二步的系统配置阶段。

Openfiler 支持 x86 和 x64 系统架构。对于虚拟机监控器它支持了 Citrix 的 XenServer,VMware 的 ESX、QEMU、Virtual Iron、Parallels 等。对于 Bare Metal 的安装方式,它的最小系统配置需求和推 荐系统配置需求如表 5-1 所示。

表 5-1　最小系统配置需求和推荐系统配置需求

指　　标	最小系统配置需求	推荐系统配置需求
处理器	32 位,主频不小于 1GHz	64 位,主频不小于 1.6GHz
内存/GB	≥2	≥2
内存交换区的磁盘空间/GB	2	2
安装 Openfiler 的磁盘空间/GB	8	8
以太网接口速率	100Mb/s	1Gb/s
数据导出的单独存储卷/磁盘	有	有
RAID 控制器	无	有

对于以虚拟机进行安装的方式,Openfiler 基于不同虚拟机监控器的系统配置需求如表 5-2 所示。

表 5-2　基于不同虚拟机监控器的系统配置需求

VMware	Xen/Virtual Iron/Parallels
<ul><li>32-bit or 64-bit VMware hypervisor</li><li>VMware Player,VMware Server,VMware ESX compatible</li><li>Symbios or Buslogic virtual SCSI disk driver</li><li>IDE virtual disk driver</li><li>1GB minimum virtual RAM</li><li>Virtual network interface</li></ul>	<ul><li>Raw,LVM,or virtual block device</li><li>1GB minimum virtual RAM</li><li>Virtual network interface</li></ul>

Openfiler 提供了两种安装形式:图形界面安装方式和命令行安装方式。相对于命令行方式,图形 界面方式操作较为直观。

(1)启动系统安装。到官网下载 ISO 格式的安装文件。Openfiler 安装模式有图形界面安装模式和文本界面安装模式,按 Enter 键可进入图形界面安装模式。

(2) 设置磁盘分区(disk partitioning setup),选择手动分区,若选择自动配置则会默认使用整个磁盘安装系统使用。完成后可以通过饼状图看到磁盘和卷组的状态。

(3) 网络设置界面(network configuration)主要是 IP 地址和掩码。注意设置不启用 DHCP,要将 NAS 存储服务的 IP 地址固化,不能用于自动获取。一旦冲突,NAS 存储服务器将不能访问。一般配置静态 IP 地址、子网掩码。

(4) 设置系统管理员密码(set root password)。默认用户名 openfiler、密码 password。用户名和密码可以在登录系统后进行修改。

设置完成后,重启系统即可使用。

5.10.6 管理 Openfiler 服务器

Openfiler 中所有网络功能和存储方面的设置均通过管理界面来完成。管理界面分为网络、物理卷、用户和组的认证/授权、系统配置和状态信息等,管理功能十分强大。Openfiler 提供了一系列的存储网络协议,使之成为多种部署方案的最佳选择。

当 Openfiler 系统安装并重启完成后,对系统所有后续的配置过程,都是以 Web 方式完成的(建议使用 Firefox 浏览器,否则饼形图在其他浏览器不能正确显示),可以方便地对统一存储系统进行配置管理,以及对系统资源状态的监控。

Openfiler 系统配置具体步骤如下。

(1) 管理和设置 Openfiler 系统。首先打开浏览器,输入地址 https://IP:446。注意,此处输入的 IP 地址为在系统安装时所配置的固定 IP 地址,其中的 446 是端口号。然后使用系统初始默认的用户名和密码进行登录(或新设置的用户名、密码)。

(2) 进行系统初始化信息的配置,如访问控制、客户端 IP 地址授权、提供的服务项等。

(3) 获取系统 Block Device 详细信息,并根据需要创建新分区和相应新卷组。特别注意 LVM 卷组管理,用 LVM 来管理磁盘,将磁盘实际物理分区组合成卷组,再将卷组分割成逻辑卷来使用。基于 Openfiler 的 NAS 储存空间是建立在逻辑卷的基础上,可以为今后相应的存储空间扩展方便。当需要新增存储空间时,只需在卷组中加入新的物理驱动器就可以增加逻辑卷的空间从而也增加了 NAS 存储系统的存储空间。

(4) 根据虚拟化环境创建新 iSCSI 卷并开启系统的 iSCSI 服务、配置 LUN Mapping 等。

Openfiler 还有完善的用户认证及共享设置,如支持用户 LDAP 认证(lightweight directory access protocol,轻量目录访问协议),这样利用身份认证系统就可以实现用户的认证,控制用户对存储资源的访问。LDAP 的一个常用使用方法是单点登录,用户可以在多个服务中使用同一个密码。

5.11 NAS 性能测试工具

目前,NAS 存储市场发展蓬勃,但是由于整个 NAS 行业起步较晚,所以缺少统一的标准,同样是 NAS 存储产品,彼此之间也可能存在巨大的差异,这种差异不但体现在各自的品牌上,而且更多地体现在产品的设计、应用、存储性能等方面,这些层面往往是中小企业用户最为关心的问题,也是对业务应用和 IT 环境影响最明显的。

归根结底,NAS 最主要的功能是存储。在大数据时代,用户会面临同时存储很多或者很大的文件的情况。此时,存储系统的性能优劣就显得格外重要,下面介绍几款测试工具。

1. NAS performance tester

NAS performance tester 是一款测试 NAS 传输性能的辅助工具,其功能强大全面,可以轻松便捷地测试 NAS 的传输性能,该工具对所连接的 NAS 服务器进行网速测试(存储读取、写入速度),从而判断出其速度的快慢。

NAS performance tester 可以对通过 SMB / CIFS 网络共享连接的网络连接存储的读写性能(以每秒兆字节为基准)进行基准测试,可以测量用于读取与写入大文件(2GB)的 NAS 的传输速率。它可以对任意大小的临时文件多次生成并复制到 NAS,之后计算平均读写速度。简单来讲,就是测试从计算机复制到 NAS 或者从 NAS 复制到计算机的速度,速度越快说明 NAS 性能越好。

在下载并安装软件后,启动软件即可连接本地 NAS 服务器,然后就可以设置测试文件的大小和测试的次数,即同一个文件读写次数。单击如图 5-16 所示界面右上角的 Start 按钮,即可开始检测。

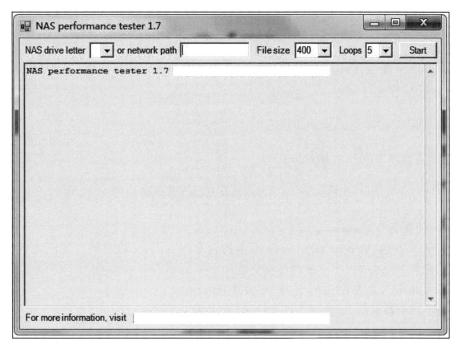

图 5-16 NAS performance tester 的主界面

一般从以下几方面分析对 NAS 性能的影响。

(1) CPU 与主频。

(2) 闪存的容量。

(3) 是否是原生的 SATA 硬盘接口。一些 NAS 的芯片并不支持 SATA 接口,如果要支持 SATA 硬盘就只能通过 USB 转 SATA 芯片,会对传输速率产生影响(USB 2.0 时将下降到 30MB/s)。

(4) 以太网接口。常用的以太网接口会成为瓶颈,实测的快速以太网的传输速率往往达不到 100MB/s。

(5) 无线网络。

(6) 文件系统。任何文件要被存储在硬盘上都离不开文件系统。

2. Vdbench

Vdbench 是一款由 Oracle 基于 Java 语言开发的 I/O 负载性能测试工具,适用于 Windows、Linux

平台的磁盘和网络文件系统,是专门用于生成磁盘 I/O 工作负载的命令行实用程序,可以针对裸磁盘和大磁盘文件,以及文件系统进行性能测试。对于文件系统性能测试,不仅可以测试文件系统的元数据性能,包括目录的创建和删除、文件的创建和删除,还可以测试文件系统的数据 I/O 性能,包括顺序 I/O 和随机 I/O。

Vdbench 常用于测试磁盘和文件系统读写性能,包括测试 NAS 的性能。可以通过输入文本文件指定 Vdbench 执行参数,提供了一个多样化、可控制的存储负载。

1) Vdbench 的安装和配置

(1) Linux 下配置 Vdbench。从 Oracle 官网下载 Vdbench,下载之后解压。

(2) 由于 Vdbench 的运行依赖于 Java,所以需要安装 Java,安装命令如下:

```
apt-get update
apt-get install java
java -version
```

(3) 进入 Vdbench 相应目录下通过./vdbench -t 测试 Vdbench 的可用性,如果正常,会在目录下自动生成一个 output 目录。

```
root@node1:/home/vdbench/vdbench50406# ./vdbench -t
```

如果报错,则需修改 Vdbench 的权限:

```
root@node03:/home/vdbench/vdbench50406# chmod 777 vdbench
```

2) Windows 下配置 Vdbench

(1) 解压 Vdbench 包(Vdbench 的 Linux 版本的包和 Windows 的相同),解压之后,下载 32 位的 Java,安装 Java,配置 Windows 上 Java 的环境变量。

注意:目前 Vdbench 在 Windows 支持 32 位的 Java。

(2) 打开命令提示符窗口,切换到 Vdbench 目录,执行命令:

```
vdbench -t
```

来测试 Vdbench 的可用性。

3) Vdbench 的选项和参数

进行测试时,必须先行准备一个脚本文件,其文件名是自定义的,例如指定为 parmfile,然后根据需求在其中指定不同的选项。

要写好 Vdbench 脚本文件,必须先熟悉各选项及参数。对于一个虚拟块设备,内容由主机定义、存储定义、工作负载定义、运行定义等选项和参数组成;对于一个文件系统,内容由主机定义、文件系统定义、文件系统工作负载定义、运行定义等选项和参数组成。

对于一个虚拟块设备,参数文件定义顺序为 HD、SD、WD、RD。有以下选项和参数。

(1) HD:主机定义。

hd=localhost(展示当前主机)或 hd=label(指定一个远程主机)。

system=IP 地址或网络名称。

clients=用于模拟服务器的正在运行的客户端数量。

（2）SD：存储定义。

sd＝标识存储的名称。

host＝存储所在的主机的 ID。

lun＝原始磁盘、磁带或文件系统的名称。Vdbench 也可以创建一个磁盘。

threads＝对 SD 的最大并发 I/O 请求数量。默认为 8。

hitarea＝调整读取命中百分比的大小。默认为 1m。

openflags＝用于打开一个 lun 或一个文件的 flag_list。

（3）WD：工作负载定义。

wd＝标识工作负载的名称。

sd＝要使用的存储定义的 ID。

host＝要运行此工作负载的主机的 ID。默认设置为 localhost。

rdpct＝读取请求占请求总数的百分比。

rhpct＝读取命中百分比。默认设置为 0。

whpct＝写入命中百分比。默认设置为 0。

xfersize＝要传输的数据大小。默认设置为 4KB。

seekpct＝随机寻道的百分比。可为随机值。

openflags＝用于打开一个 lun 或一个文件的 flag_list。

iorate＝此工作负载的固定 I/O 速率。

（4）RD：运行定义。

rd＝标识运行的名称。

wd＝用于此运行的工作负载的 ID。

iorate＝（♯,♯,…）一个或多个 I/O 速率。

curve：性能曲线（待定义）。

max：不受控制的工作负载。

elapsed＝time：以秒为单位的运行持续时间。默认设置为 30。

Interval：报告间隔序号

warmup＝time：加热期，最终会被忽略。

distribution＝I/O 请求的分布：指数、统一或确定性。

pause＝在下一次运行之前休眠的时间，以秒为单位。

openflags＝用于打开一个 lun 或一个文件的 flag_list。

对于一个文件系统，参数文件定义顺序为 HD、FSD、FWD、RD。有以下选项和参数。

（1）HD：主机定义。与虚拟块设备相同。

（2）FSD：文件系统定义。

fsd＝标识文件系统定义的名称。

anchor＝将在其中创建目录结构的目录。

width＝要在定位符下创建的目录数。

depth＝要在定位符下创建的级别数。

files＝要在最低级别创建的文件数。

sizes＝（size,size,…）将创建的文件大小。

distribution＝bottom（如果希望仅在最低级别创建文件）和 all（如果希望在所有目录中创建文件）。

openflags＝用于打开一个文件系统(Solaris)的 flag_list。

(3) FWD：文件系统工作负载定义。

fwd＝标识文件系统工作负载定义的名称。

fsd＝要使用的文件系统定义的 ID。

host＝要用于此工作负载的主机的 ID。

fileio＝random 或 sequential，表示文件 I/O 将执行的方式。

fileselect＝random 或 sequential，标识选择文件或目录的方式。

xfersizes＝数据传输(读取和写入操作)处理的数据大小。

operation＝mkdir、rmdir、create、delete、open、close、read、write、getattr 和 setattr。选择要执行的单个文件操作。

rdpct＝(仅)读取和写入操作的百分比。

threads＝此工作负载的并发线程数量。每个线程需要至少 1 个文件。

(4) RD：运行定义。

fwd＝要使用的文件系统工作负载定义的 ID。

fwdrate＝每秒执行的文件系统操作数量。

format＝yes/no/only/restart/clean/directories。在开始运行之前要执行的操作。

operations＝覆盖 fwd 操作，选项相同。

4) 运行之后的输出文件夹文件。每次运行后，Vdbench 默认输出的报表在程序目录下的 output 文件夹中。如果要改变默认输出，需在运行程序时自行指定报表位置，例如 vdbench -f parmfile -o C：\myoutput\。

输出文件夹里面包含以下文件。

① errorlog.html：当为测试启用了数据验证时(-jn)，它可包含如下一些数据块中的错误的相关信息。

- 无效的密钥读取。
- 无效的 lba 读取(一个扇区的逻辑字节地址)。
- 无效的 SD 或 FSD 名称读取。
- 数据损坏，即使在使用错误的 lba 或密钥时。
- 数据损坏。
- 坏扇区。

② flatfile.html：包含 Vdbench 生成的一种逐列的 ASCII 格式的信息。

③ histogram.html：一种包含报告柱状图的响应时间、文本格式的文件。

④ logfile.html：包含 Java 代码写入控制台窗口的每行信息的副本。

⑤ logfile.html：主要用于调试用途。

⑥ parmfile.html：显示已包含用于测试的每项内容的最终结果。

⑦ summary.html：主要报告文件，显示为在每个报告间隔的每次运行生成的总工作负载，以及除第一个间隔外的所有间隔的加权平均值。报告中各列意义如下。

- interval：报告间隔序号。
- I/O rate：每秒观察到的平均 I/O 速率。
- MB sec：每秒传输的数据的平均兆字节数。
- bytes I/O：平均数据传输大小。

- read pct：平均读取百分比。
- resp time：以读写请求持续时间度量的平均响应时间。所有 Vdbench 时间都以毫秒为单位。
- read resp：平均读的响应时间。
- write resp：平均写的响应时间。
- resp max：在此间隔中观察到的最大响应时间。最后一行包含最大值总数。
- resp stddev：响应时间的标准偏差。
- queue depth：平均 I/O 队列深度。
- cpu% sys+usr：处理器繁忙=100-（系统+用户时间）。
- cpu% sys：处理器利用率：系统时间。如果测试期间平均 CPU 利用率达到 80%，将显示警告，表示可能没有足够的 CPU 周期来尽可能高的工作负载下正常运行。
- totals.html：记录所有数据计算之后的平均数据。

此外还有 resourceN-M.html、resourceN.html、resourceN.var_adm_msgs.html 等文件。

在报表文件夹里面，主要看 summary.html 和 totals.html 这两个文件。下面，根据图 5-17 所示的脚本文件介绍各个参数的使用。

```
fsd=fsd1,anchor=/root/node-1,depth=2,width=2,files=2,size=128k
fwd=fwd1,fsd=fsd1,operation=read,xfersize=4k,fileio=sequential,fileselect=random,threads=2
rd=rd1,fwd=fwd1,fwdrate=max,format=yes,elapsed=10,interval=1
```

图 5-17　一个 Vdbench 脚本文件

① 在 fsd 开始行中的参数如下。
- depth：从/root/node-1 目录开始，在其中创建 2 层深度的目录（深度）。
- width：从/root/node-1 目录开始，每层目录创建 2 个平级目录（广度）。
- files：在使用 depth 和 width 创建的目录中，最深层每个目录创建两个文件。
- size：每个文件大小为 128KB。
② 在 fwd 开始的行中参数如下。
- operation：值为 read，表示每个线程，根据 fileselect 的值（这里是随机）选择一个文件后，打开该文件进行读取。
- xfersize：连续读取 4k blocks(xfersize=4k)直到文件结束(size=128k)，关闭文件并随机选择另一个文件。
- fileio：表示文件 I/O 的方式，random 或者 sequential。
- fileselect：值为 random，表示每个线程随机选择一个文件。
- threads：值为 2，表示启动 2 个线程（线程默认值为 1）。
③ 在 rd 开始的行中参数如下。
- fwdrate：每秒有多少 file system operations，max 为无限制。
- format：若值为 yes，则表示创建完整的目录结构，包括所有文件初始化到所需的 128KB 大小。
- elapsed：持续运行时间，默认设置为 30（以秒为单位）。注意，至少是 interval 的 2 倍。
- interval：该参数指定每个报告间隔时间（以秒为单位）。

5）测试操作步骤
先编写一个脚本，然后在 Vdbench 的安装目录下直接运行此脚本。

（1）准备测试目录。

```
[root@cephL node-1]# pwd
/root/node-1
```

（2）在 Vdbench 目录下准备配置文件。

```
[root@cephL ~]# cd /root/vdbench/
[root@cephL vdbench]# vi filesystem.conf
```

（3）在每个需要测试的结点上安装 Java(包含总控结点)。
（4）保证每个结点的主机名不同(建议关闭每台防火墙)。
（5）把需要测试的网络存储挂载到每个结点上。
（6）依次操作每个结点，在 Vdbench 目录下运行 vdbenchrsh(进入监听模式)。
（7）在总控上打开 host 文件，写好每个结点的 IP 和主机名。
（8）在总控结点上 Vdbench 目录下，运行

```
vdbench - f parmfile
```

（9）开始一个简单的测试。

```
[root@cephL vdbench]# ./vdbench - f filesystem.conf
```

（10）查看被测目录中生成的测试文件。

```
[root@cephL ~]# tree /root/node-1/ -h
/root/node-1/                        ---depth 0
├── [  68]  no_dismount.txt
├── [  44]  vdb.1_1.dir              ---depth 1  width 1
│   ├── [  50]  vdb.2_1.dir          ---depth 2  width 1
│   │   ├── [128K]  vdb_f0001.file   ---depth 2  width 1  files 1
│   │   └── [128K]  vdb_f0002.file   ---depth 2  width 1  files 2
│   └── [  50]  vdb.2_2.dir          ---depth 2  width 2
│       ├── [128K]  vdb_f0001.file   ---depth 2  width 2  files 1
│       └── [128K]  vdb_f0002.file   ---depth 2  width 2  files 2
├── [  44]  vdb.1_2.dir              ---depth 1  width 2
│   ├── [  50]  vdb.2_1.dir          ---depth 2  width 1
│   │   ├── [128K]  vdb_f0001.file   ---depth 2  width 1  files 1
│   │   └── [128K]  vdb_f0002.file   ---depth 2  width 1  files 2
│   └── [  50]  vdb.2_2.dir          ---depth 2  width 2
│       ├── [128K]  vdb_f0001.file   ---depth 2  width 2  files 1
│       └── [128K]  vdb_f0002.file   ---depth 2  width 2  files 2
└── [ 159]  vdb_control.file
6 directories, 10 files
```

（11）打开 summary.html 文件，分析报告结果。

习题 5

一、选择题

1. 主机访问存储的主要模式包括(　　)。

    A. NAS　　　　　　B. SAN　　　　　　C. DAS　　　　　　D. NFS

2. 存储网络的类别包括(　　)。

    A. DAS　　　　　　B. NAS　　　　　　C. SAN　　　　　　D. Ethernet

3. 不具备扩展性的存储架构有(　　)。

    A. DAS　　　　　　B. NAS　　　　　　C. SAN　　　　　　D. IP-SAN

4. 常见数据访问的级别有(　　)。

    A. 文件级(file level)　　　　　　　　B. 异构级(NFS level)

    C. 通用级(UFS level)　　　　　　　　D. 块级(block level)

5. 下列说法错误的是(　　)。

    A. 有 IP 的地方,NAS 通常就可以提供服务

    B. NAS 释放了主机服务器 CPU、内存对文件共享管理投入的资源

    C. NAS 存储系统只能被一台主机使用

    D. NAS 在处理非结构化数据,如文件等性能有明显的优势

6. 下列存储系统,有自己的文件系统的是(　　)。

    A. DA　　　　　　B. NAS　　　　　　C. SAN　　　　　　D. IP-SAN

7. NAS 使用(　　)作为其网络传输协议。

    A. FC　　　　　　B. SCSI　　　　　　C. TCP/IP　　　　　　D. IPX

8. NAS 对于(　　)类型的数据传输性能最好。

    A. 大块数据　　　　　　B. 文件　　　　　　C. 小块消息　　　　　　D. 连续数据块

9. 相对 DAS 而言,以下不是 NAS 特点的选项是(　　)。

    A. NAS 是从网络服务器中分离出来的专用存储服务器

    B. NAS 系统的应用层程序机器运行进程是与数据存储单元分离的

    C. NAS 系统与 DAS 系统相同,都没有自己的文件系统

    D. NAS 的设计便于系统同时满足多种文件系统的文件服务需求

10. 下面选项中,关于 NAS 设备的描述正确的是(　　)。

    A. 需要特殊的线缆连接到以太网中

    B. 连接到以太网中使用标准线缆

    C. 客户端使用块设备数据

    D. 用于应用共享

11. NAS 的硬件组件包括(　　)。

    A. 存储部分,此功能模块提供了真正的物理存储空间,主要技术和协议包括 RAID、SCSI、SAS、FC

    B. 控制器部分,主要指 NAS 机头部分,这部分提供了 NAS 底层所使用的文件系统,以及承载文件系统、各种前端协议的操作系统

    C. 网络部分,主要提供了和用户交互的网络协议,主要包括 NFS、CIFS、FTP 和 HTTP 等,用

户最终通过这些协议访问存储空间

D. 心跳部分,主要是提供了集群结点之间的心跳连接

12. NAS 提供网络文件共享功能,能实现异构平台的文件共享,安装和使用较为简单,其主要的协议包括( )。

A. GFS　　　　　　B. NFS　　　　　　C. CIFS　　　　　　D. NTFS

13. NAS 的常用连接协议包括( )。

A. NFS　　　　　　B. CIFS　　　　　　C. TCP　　　　　　D. IP

14. 以下选项中,( )不是 NAS 的优点。

A. 扩展性比 SAN 好　　　　　　　　B. 使用简便

C. 针对文件共享进行优化　　　　　　D. 针对块数据传输进行优化

15. 下面有关 NAS(网络存储服务设备)的描述中,错误的是( )。

A. NAS 中的设备都分配 IP 地址

B. NAS 直接与主机系统相连

C. 需要通过数据网关来访问 NAS

D. NAS 直接与网络介质相连

二、简答题

1. 什么是网络附接存储?

2. NFS、CIFS、samba 的作用有哪些?

3. 当下一次互联网革命到来,数据又呈指数增长时,数据存储的模式会怎样演化呢? 会是简单的增加集群吗?

4. 下面是 NAS 性能测试工具 Vdbench 两个测试脚本,请给出解读,说明其测试目的。

(1) 第一个脚本:

```
hd=default,vdbench=/home/admin/vdbench,shell=ssh,user=admin
hd=hd1,system=10.*.*.*
hd=hd2,system=10.*.*.*
hd=hd3,system=10.*.*.*
hd=hd4,system=10.*.*.*
hd=hd5,system=10.*.*.*
hd=hd6,system=10.*.*.*
fsd=default,depth=2,width=5,files=20,size=1048580000,openflags=o_direct
fsd=fsd1,anchor=/home/admin/qbli/mnt/fv1
fsd=fsd2,anchor=/home/admin/qbli/mnt/fv2
fsd=fsd3,anchor=/home/admin/qbli/mnt/fv3
fsd=fsd4,anchor=/home/admin/qbli/mnt/fv4
fsd=fsd5,anchor=/home/admin/qbli/mnt/fv5
fsd=fsd6,anchor=/home/admin/qbli/mnt/fv6
fwd=default,operation=write,xfersize=(200,5,1000,5,10000,30,120000,30,360000,30),fileio=
    random,fileselect=random,threads=300
fwd=format,threads=32,xfersize=40000
fwd=fwd1,fsd=fsd1,host=hd1,rdpct=5
fwd=fwd2,fsd=fsd2,host=hd2,rdpct=5
fwd=fwd3,fsd=fsd3,host=hd3,rdpct=5
```

```
fwd=fwd4,fsd=fsd4,host=hd4,rdpct=5
fwd=fwd5,fsd=fsd5,host=hd3,rdpct=30
fwd=fwd6,fsd=fsd6,host=hd4,rdpct=30
rd=rd1,fwd=(fwd1-fwd6),fwdrate=max,format=restart,elapsed=390000,interval=1
```

（2）第二个脚本：

```
hd=default,vdbench=/home/admin/vdbench,shell=ssh,user=admin
hd=hd1,system=10.*.*.*
hd=hd2,system=10.*.*.*
fsd=default,depth=2,width=20,files=20,size=1m,openflags=o_direct
fsd=fsd1,anchor=/home/admin/qbli/mnt/m1
fsd=fsd2,anchor=/home/admin/qbli/mnt/m2
fwd=default,operation=read,xfersize=4k,fileio=random,fileselect=random,threads=64
fwd=format,xfersize=4k,threads=64
fwd=fwd1,fsd=fsd1,host=hd1
fwd=fwd2,fsd=fsd2,host=hd2
rd=rd1,fwd=(fwd1-fwd2),fwdrate=max,format=restart,elapsed=900,interval=1
```

5. 某视频主为了工作室在处理视频等文件时能够协同工作，于是通过 Windows Server 搭建了一个 NAS，将其放到了公网上。某天被知名勒索病毒 Buran 攻击了，所有文档被非法加密，只有按勒索病毒的要求支付费用方能解密。试分析此视频主搭建的 NAS 所存在的安全风险，并提出预防措施。

三、实验题

1. 在 VMware Workstation 中安装 FreeNAS，并创建一个 RAID 5 阵列。

2. FreeNAS 存储服务器管理。

【实验目的】

搭建 FreeNAS 存储服务器，对该设备进行配置，以实现网络存储的功能。

【实验环境】

NAS 服务器与客户机各一台。

【实验内容】

使用 FreeNAS 管理 IP 地址、账号与密码登录管理 FreeNAS，进行如下操作。

（1）在 NAS 服务器上创建名为 hpnas 的新用户，密码设置为 1a2b3c，用户不能更改密码，密码永不过期。

（2）NAS 作为文件服务器将为网络客户机上的重要数据或需共享的数据提供存储空间，在 NAS 服务器上创建共享文件夹，路径为 E:\privateshare，共享名为 ftpshare，要求 hpnas 用户拥有完全控制权限，最多只允许 5 个用户同时访问。

（3）在本地计算机上将 NAS 服务器上的 ftpshare 共享文件夹映射为本地驱动器 Z:，以方便客户机通过 hpnas 用户使用 NAS 服务器上的存储空间。

（4）为了实现 NAS 服务器与 Linux 客户机的无缝连接，在 NAS 服务器 E 盘上创建一个文件夹 Share，共享方式为 NFS Sharing，共享名为 publicshare，权限设置为可读写，并且允许 root 用户访问。

（5）为了实现 NAS 服务器与 Linux 客户机的无缝连接，在 NAS 服务器上创建 Linux 系统和 Windows 系统的 map 关系，为用户 administrator 和 root 创建 map 关系（Linux 系统的 passwd 和

group 文件均存放在 NAS 服务器上的 C 盘根目录下）。

3. 基于 FreeNAS 的 NAS 实验。

【实验目的】

（1）掌握 NAS 存储系统的相关概念。

（2）掌握 FreeNAS 系统的使用。

（3）掌握 CIFS、NFS、AFP 协议的配置与使用。

（4）掌握使用 iSCSI 协议通过 IP 网络访问存储设备的方法。

【实验环境】

实验需要使用 3 台计算机，其中包括一台 FreeNAS 服务器，一台安装了 Ubuntu 操作系统的计算机，一台安装了 Windows Server 操作系统的计算机。FreeNAS 可以从官网下载。

实验内容中的所有操作步骤，包括 CIFS/NFS/iSCSI 的配置和使用。实验参考拓扑如图 5-18 所示。

实验 Windows 操作系统平台是_____，版本是_____。

实验 Ubuntu 操作系统平台，版本是_____。

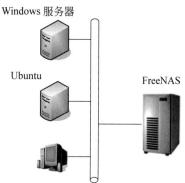

图 5-18　实验拓扑

【实验内容】

下面实验需适当截图并加以说明。

（1）实验前预习。

① 复习 NAS 相关的概念。

② 学习 CIFS、NFS、AFP 等文件共享协议。

③ 学习 iSCSI 协议。

④ FreeNAS 服务器安装。

（2）Windows 环境利用 NAS 共享资源 CIFS 的配置与使用。

① 使用 FreeNAS 管理 IP 地址、账号与密码登录管理 FreeNAS。

② 使用 FreeNAS 服务器创建 CIFS 共享。

③ 在 Windows Server 环境下使用 CIFS 共享。

④ 删除 CIFS 共享。

（3）Linux 环境利用 NAS 共享资源 NFS 的配置与使用。

① 使用 FreeNAS 管理 IP 地址、账号与密码登录管理 FreeNAS。

② 使用 FreeNAS 服务器创建 NFS 共享。

③ 在 Ubuntu Server 环境下使用 NFS 共享。

④ 删除 NFS 共享。

（4）通过 IP 网络访问存储设备 iSCSI 协议的配置与使用。

① 使用 FreeNAS 管理 IP 地址、账号与密码登录管理 FreeNAS。

② 使用 FreeNAS 服务器创建 iSCSI 共享。

③ 在 Windows Server 环境下使用 iSCSI 共享。

④ 删除 iSCSI 共享。

注意：由于 FreeNAS 只是附加了一个额外的磁盘，因此做 iSCSI 实验前需要将实验内容中的 2、3 部分创建的卷删除掉，否则 iSCSI 实验无法顺利进行。

实验讨论：_____。

4. 基于 FreeNAS 的 FTP 服务器搭建实验。

【实验目的】

(1) 掌握 FreeNAS 系统的使用。

(2) 掌握 CIFS、ZFS、FTP 协议的配置与使用。

【实验环境】

一台安装 FreeNAS 的服务器和一台作为客户端的计算机。

【实验内容】

在局域网环境搭建 FTP 服务器,建立 3 个用户 alladmin、softadmin 和 driveadmin,分别管理 soft 和 drive、soft 数据集和 drive 数据集。guest 可读取 soft 和 drive。

(1) 安装 FreeNAS。

(2) 通过 Web 访问、配置 FreeNAS。

(3) 添加硬盘,建立 FTP 服务器存储空间。注意文件选择 ZFS。

(4) 建立用户,设置权限。设置主群组、主目录。针对 3 个对象(用户、用户组、其他人)设置 3 个权限(读、写、执行)。具体如下。

① Driveadmin:登录直接进到../drive(主目录),可以进行各种读写操作。

② Softadmin:结果同上。不同的是直接进入../soft(主目录)。

③ Alladmin:登录后可以看到 soft 目录和 drive 目录。

④ Guest:不需要对 guest 设置访问密码,只能读取,不能写入。

(5) 设置 Windows 共享服务。

(6) 实验测试。完成上述操作后,在客户端登录测试。客户端可使用 8UFTP 等工具。

注意:8UFTP 分为 8UFTP 客户端工具和 8UFTP 智能扩展服务端工具,涵盖了其他 FTP 工具所有的功能。它不占内存、体积小、多线程、支持在线解压缩,可以管理多个 FTP 站点。

5. 基于 FreeNAS 的 Windows 共享目录搭建实验。

【实验目的】

(1) 掌握 FreeNAS 系统的使用。

(2) 掌握 CIFS 协议的配置与使用。

【实验环境】

一台安装 FreeNAS 的服务器,另一台安装 Windows 系统的计算机作为客户端。

【实验内容】

(1) 在 FreeNAS 服务器上,添加一块容量为 500GB 的硬盘作为存储池 Storage 使用。

(2) 共享目录名:Public。

(3) 建立 5 个数据集:Tech(技术部)、Sales(销售部)、Share(共享)、Tom(用户汤姆)、Mary(用户玛丽)。

(4) 建立 5 个用户和 5 个组,如表 5-3 所示。

表 5-3　建立的 5 个用户和 5 个组

用户	组	用户	组
tom	tom	ads	ads
mary	mary		sales
manager	manager		tech
adt	adt		

表 5-3 中，adt 用户为技术部文件夹管理员(可上传和删除文件和目录)，ads 为销售部文件夹管理员(可上传和删除文件和目录)，manager 为公司领导。

各数据集权限如下。

① Tech：tech 组可读 adt 用户可读写，其他用户和组没有任何权限。

② Sales：sales 组可读 ads 用户可读写，其他用户和组没有任何权限。

③ Share：任何人和组都只读。

④ Tom：tom 组可读 tom 用户可读写，其他用户和组没有任何权限。

⑤ Mary：mary 组可读 mary 用户可读写，其他用户和组没有任何权限。

⑥ 以上所有目录 manager 都可以读取。

(5) 实验测试。完成上述设置后，在客户端进行访问共享目录的测试。测试方式是，在 Windows 资源器上输入\\FreeNAS IP 地址，在出现共享目录 Public 后进行访问权限的测试。

将上述实验拍成视频。

6. 基于 Openfiler 定制 NAS 实验。

【实验目的】

(1) 掌握 Openfiler 系统的使用。

(2) 能通过 Openfiler 定制 NAS。

【实验环境】

一台普通 PC，主板至少有 4 个 SATA 接口，CPU 的主频不小于 2.6GHz，内存不小于 4GB，电源大于 260W，有 4 块容量为 2TB 的硬盘。

【实验内容】

(1) 安装 Openfiler，注意以太网接口卡要设置固定 IP 地址，设置 Root 登录密码，用于非 Web 方式管理系统。

(2) 磁盘配置。Openfiler 作为 NAS 重点配置的就是磁盘的配置，所有的功能都在 Volumes 下进行。创建新的物理卷(create new physical volumes)，选择 RAID 5，选择列出来的 3 块硬盘，单击 Add array 就创建 RAID 5 阵列，显示为/dev/md0。然后就是增加卷组。可以只有一个卷组，最后在创建的卷组中增加卷，也就是相当于通常说的分区，分区文件系统选择 Ext4。

(3) 设置 CIFS 文件共享。将设置的卷进行 CIFS 文件共享，在 Openfiler 设置界面的服务标签，启用 CIFS 服务，然后在 shares、Networkshares、卷组名、卷名进行共享设置，其中须设置一个英文的共享文件夹名。名字必须是英文，否则不能启用共享。

(4) 完成设置，进行实验测试。

7. NAS 性能测试。

【实验目的】

(1) 了解 NAS 的特点。

(2) 掌握 LoadRunner 性能测试工具；性能分析器 SQL PROFILER。

【实验环境】

实验拓扑如图 5-19 所示。测试机与被测服务器在同一局域网进行，排除了网速限制及网速度不稳定性。系统采用 B/S 架构模式，客户端通过中间件访问数据库，中间件和数据库分别部署在两台服务器上。

实验的测试需求/目标是，在大用户量、数据量的超负荷下，获得服务器运行时的相关数据，从而进行分析，找出系统瓶颈，提高系统的稳定性。

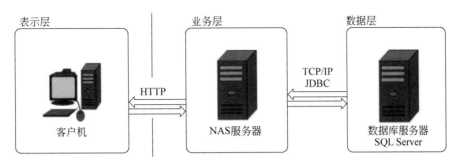

图 5-19 第 7 题图

【实验内容】

测试主要是对某信息系统"登录"、后台"运行记录"及系统数据库访问操作在大负荷情况下处理数据的能力及承受能力。实验时须先掌握性能测试工具和性能分析器。

测试工具包括 LoadRunner 性能测试工具、性能分析器 SQL PROFILER。

注意：LoadRunner 是一种预测系统行为和性能的负载测试工具。通过模拟上千万用户实施并发负载及实时性能监测的方式来确认和查找问题，可适用于各种体系架构的自动负载测试，能预测系统行为并评估系统性能。

SQL Server Profiler 用于创建和管理跟踪并分析和重播跟踪结果。是一个 SQL 的监视工具，可以具体到每一行 SQL 语句，每一次操作和每一次的连接。事件保存在一个跟踪文件中，诊断问题时，可以对该文件进行分析或用它来重播特定的一系列步骤，分析完成后会给出优化建议。

8. 搭建一个 NAS 环境，将文件系统分别采用 Ext2、Ext3、FAT32、NTFS 格式，然后使用 NAS performance tester 分别进行测试，通过测试结果，分析、比较这几个文件系统的性能。

【实验目的】

（1）了解 Ext2、Ext3、FAT32、NTFS 等文件系统，掌握其工作原理。

（2）掌握 NAS 储存传输性能测试工具 NAS performance tester。

【实验环境】

准备一台 NAS 服务器，分别将其文件系统更改为 Ext2、Ext3、FAT32、NTFS，以方便对不同文件系统进行测试。

【实验内容】

NAS 存储相当于一台共用的储存数据的计算机，只需通过网络就能对其进行访问。在 NAS 上访问数据非常快，而 NAS 存储设备有比较多的品牌，哪个更好就需要专业的性能测试工具。NAS performance tester 就是这样的工具，其测试原理是产生任何大小的临时文件并覆盖到（或从 NAS 读出）的次数来计算平均的读取、写入速度（单位为兆字节每秒）。速度越快则说明 NAS 存储的性能越好。本实验主要测试不同文件系统对 NAS 性能的影响。

在测试机上运行 NAS performance tester，记录不同文件系统的测试数据，然后进行比较和分析。

9. 应用场景为多个 NFS Client 挂在相同 NFS Server 的读写性能测试。

【实验目的】

（1）了解 NFS，掌握其工作原理。

（2）掌握 Vdbench 工具的使用。

【实验环境】

搭建 3 台测试结点 node1、node2、node3。每台测试结点的/home/vdbench/目录都存在可执行 Vdbench 二进制文件(位置必须相同),使用 root 用户通过 ssh 方式连接(结点间需要做 ssh 免密),每台测试结点的测试目录为/mnt/test863,目录深度为 1,最深层目录中的目录宽度为 10,最深层每个目录中有 1 万个文件,每个文件大小 20MB。

【实验内容】

Vdbench 是一个 I/O 负载生成器,一般用于验证数据完整性和度量直接附加(或网络链接)存储性能。它能够运行在 Windows、Linux 环境,可用于测试文件系统或块设备基准性能。

下面是测试脚本,可根据实际环境适当改变参数。

```
hd=default,vdbench=/home/vdbench,user=root,shell=ssh
hd=hd1,system=node1
hd=hd2,system=node2
hd=hd3,system=node3

fsd=fsd1,anchor=/mnt/test863,depth=1,width=10,files=10000,size=20m,shared=yes
fwd=format,threads=6,xfersize=1m
fwd=default,xfersize=1m,fileio=random,fileselect=random,rdpct=100,threads=6
fwd=fwd1,fsd=fsd1,host=hd1
fwd=fwd2,fsd=fsd1,host=hd2
fwd=fwd3,fsd=fsd1,host=hd3

rd=rd1,fwd=fwd*,fwdrate=max,format=(restart,only),elapsed=600,interval=1
```

(1)解析脚本参数的意义。

(2)写出环境搭建和测试过程。

(3)分析测试结果。

10. NAS 集群实践。

【实验目的】

(1)了解 NAS 集群。

(2)掌握 GlusterFS。

(3)学习搭建 NAS 集群。

【实验环境】

4 台测试计算机,分别关闭防火墙,关闭 SELinux,同步时间。

在 4 台主机上搭建 NAS 实验集群,这 4 台主机参考如表 5-4 所示的配置。

表 5-4　4 台主机参考的配置

操作系统	IP 地址	主 机 名
CentOS	192.168.10.101	linux-node1.server.com
	192.168.10.102	linux-node2.server.com
	192.168.10.103	linux-node3.server.com
	192.168.10.105	linux-node5.server.com

【实验内容】

画出实验拓扑结构。

按下面要求操作。

(1) 配置主机映射/etc/hosts(在 4 台测试机上操作)。

(2) 安装 epel yum 源(在 node1、node2、node3 上操作)。

(3) 安装 GlusterFS(CentOS 7 安装 glusterfs 非常的简单,在 node1、node2、node3 上操作)。

(4) 启动 GlusterFS(在 node1、node2、node3 上操作)。

(5) 创建信任关系(也就是集群),glusterfs 集群是对等的,没有 master 和 slave 概念(在 node1 上操作即可)。

(6) 查看集群状态(在 node1、node2、node3 任何一台上操作都可以)。

(7) 创建分布式卷。

① 创建数据存储目录(在 node1、node2、node3 上操作)。

② 创建分布式卷(在 node1 上操作即可)。

③ 查看卷的状态(在 node1 上操作即可)。

(8) 创建复制卷。

① 创建数据存储目录(在 node1、node2、node3 上操作)。

② 创建复制卷(在 node1 上操作即可)。

③ 查看卷的状态(在 node1 上操作即可)。

(9) 条带卷(RAID 0)。

① 创建数据存储目录(在 node1、node2、node3 上操作)。

② 创建复制卷(在 node1 上操作即可)。

③ 查看卷的状态(判断是否已经创建)。

(10) 启动这些卷。

① 查看卷。

② 启动卷。

③ 再查看卷(判断是否已经启动)。

(11) 挂载使用测试。

① 在客户端上安装 glusterfs-client 客户端(在 node5 上操作)。

② 创建挂载目录(在 node5 上操作)。

③ 挂载(在 node5 上操作)。

④ 查看(在 node5 上操作)。

⑤ 写入内容(在 node5 上操作)。

⑥ 查看结果(在 node1、node2、node3 上操作)。

(12) 分布式复制卷(推荐用)。

① 创建数据存储目录(在 node1、node2、node3 上操作)。

② 创建分布式复制卷(在 node1 上操作即可)。

③ 启动分布式复制卷(在 node1 上操作即可)。

④ 在客户端上测试(在 node5 上操作)。

⑤ 查看结果(在 node1、node2、node3 上操作)。

(13) 添加扩容卷分布式卷。

① 在客户端写入数据(在 node5 上操作)。

② 创建一个目录并添加卷(在 node1 上操作)。

(14) 删除卷。

① 删除后验证数据是否还在。

② 数据分到了 node3 上。

(15) 实验总结。

第6章 存储区域网

6.1 SAN 概述

目前,大数据等现代信息资源爆炸性增长,在存储容量、数据可用性以及 I/O 性能等方面对存储系统提出了越来越高的要求。存储区域网(storage area network,SAN)是存储系统的最新发展,是由服务器、存储设备(如磁带机、磁盘阵列等)、光纤交换机及光纤信道连接而成的独立的高速存储区域网,这种网络采用高速光纤信道作为传输媒体,通过光纤通道(fiber channel,FC)交换机连接存储阵列和服务器主机,专门用于数据存储的区域网络,是存储技术与高速传输技术结合的产物。存储区域网的服务器与各个存储子系统物理上是分离的,可以用各种通信交互方式通过光纤传输数据。存储区域网上的服务器可以直接访问存储设备,而无须通过局域网(LAN)。

经过多年的发展,SAN 技术已经成熟,主要用于企业级存储。当前企业存储方案所遇问题的根源是数据与应用系统紧密结合所产生的结构性限制,以及小型计算机系统接口(SCSI)标准的限制。SAN 便于集成,不但能改善数据可用性及网络性能,而且还可以减轻管理作业。SAN 提供了一种与现有 LAN 连接的简易方法,可通过同一个物理通道支持广泛使用的 SCSI 和 IP。SAN 不受现今主流的、基于 SCSI 存储结构的布局限制,可随着存储容量的爆炸性增长,独立地增加存储容量。

SAN 的结构特点,使得任何服务器连接到任何存储阵列,这样一来,不管数据放置在 SAN 的何处,服务器都可直接存取所需的数据,其典型结构如图 6-1 所示。因为 SAN 解决方案已将存储功能从基本功能中剥离出来,所以运行备份操作时可无须考虑对网络总体性能的影响。SAN 解决方案也使得管理及集中控制更加简化,特别是对于全部存储设备都集群在一起时。由于光纤接口能提供 10km 的连接长度,这使物理上分离的、不在机房的数据存储变得非常容易。

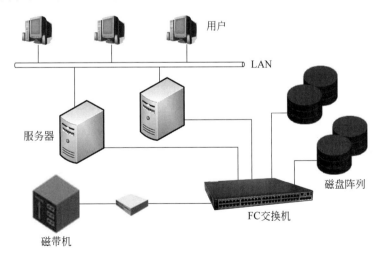

图 6-1 SAN 典型结构

SAN 是一个集中式管理的高速存储网络,由多供应商存储系统、存储管理软件、应用程序服务器和网络硬件组成。由于 SAN 的基础是存储接口,所以是一种与传统网络不同的网络,故被称为服务器后面的网络。

目前,SAN 的传输速率一般为 2~4Gb/s,由于独立于数据网络,因此存取速度很快,又由于一般采用高端的磁盘阵列,所以性能在专业存储方案中尤为突出。

由于 SAN 的基础是一个专用网络,因此扩展性很强,在一个 SAN 中增加一定的存储空间或者增加几台使用存储空间的服务器都非常方便,通过 SAN 接口的磁带机,就可以方便、高效地实现数据的集中备份。

iSCSI(internet SCSI),互联网 SCSI,又称 IP-SAN(基于 IP 的存储区域网)。在该协议出现以前,SAN 采用的是光纤通道技术,所以以前的 SAN 多指采用光纤通道的存储区域网;在该协议出现以后,就把 SAN 分为 FC-SAN 和 IP-SAN。其中 FC-SAN 是通过 FCP(fiber channel protocol,光纤通道协议)转发 SCSI 协议,IP-SAN 则通过 TCP 转发 SCSI 协议。

FC-SAN 在链路使用专用光纤通道设备,不仅可以完全避免传输过程中的各种电磁干扰,而且可以有效实现远距离的 I/O 通道连接。通过 2 条甚至 4 条冗余的后端光纤磁盘通道,可以获得一个非常高的磁盘读写带宽,因为它们内部采用的都是 SCSI 协议传输,所以光纤通道的磁盘读写协议不存在数据格式转换的问题,从而避免了效率的降低。由于 FC-SAN 存储设备光纤交换和数据传输的高效性,所以并不需要很大的缓存就能够获得很好的数据命中率和读写性能,一般 2Gb/s 或者 4Gb/s 即可满足要求。此外由于具备专门的硬件 RAID 校验控制芯片,所以 RAID 的性能远超软件 RAID,可靠性也更好,是企业级高负载应用的理想选择。

IP-SAN 是一种在 TCP/IP 上进行数据块传输的标准,可直接利用现有的 TCP/IP 网络,用较少的投资实现 SAN 存储功能。与 FC-SAN 相比,它最大优点是投资合理、开放易用。随着万兆以太网标准的推出,其性能得到大幅提高。

SAN 可被用来绕过传统网络的瓶颈,因为采用了光纤接口,SAN 具有更高的带宽,它支持服务器与存储设备之间的直接高速数据传输,适用于 UNIX、Windows NT 等操作系统。SAN 存储区域网是独立于服务器网络系统之外的高速光纤存储网络,这种网络采用高速光纤通道作为传输体,以 SCSI-3(俗称 Ultra SCSI)协议作为存储访问协议,将存储系统网络化,实现真正的高速共享存储。以前的存储技术只是将存储设备作为服务器的一个附属设备,服务器之间的大容量数据交换只能依赖传统的网络,在速度、安全性、跨平台共享、无限扩容等方面都无法适应 IT 技术发展的要求。

SAN 可以视为存储总线概念的扩展,它使用局域网(LAN)和广域网(WAN)中类似的单元,实现存储设备和服务器之间的互连。这些单元包括路由器、交换机和网关。SAN 可在服务器间共享,也可以为某一服务器所专有,既可以是本地的存储设备也可以扩展到地理区域上的其他地方。SAN 接口可以是企业系统连接(ESCON)、小型计算机系统接口(SCSI)、串行存储结构(SSA)、高性能并行接口(HIPPI)、光纤通道(FC)或任何新的物理连接方法。

SAN 服务器的基础结构是所有 SAN 解决方案的前提,这种基础结构是多种服务器平台的混合体,包括 Windows NT、不同风格的 UNIX。由于服务器整合和电子商务的推动,对 SAN 的需求将不断增长。

SAN 存储基础结构是信息所依赖的基础,因此它必须支持公司的商业目标和商业模式。在这种情况下,仅使用更多和更快的存储设备是不够的,需要建立一种新的基础结构。和今天的基础结构相比,这种新的基础结构应该能够提供更好的网络可用性、数据访问性和系统管理性。

SAN 解放了存储设备,使其不依赖于特定的服务器总线,而且将其直接接入网络。事实上,存储被外部化,其功能分散在整个组织内部。SAN 还支持存储设备的集中化和服务器群集,使其管理更加容易,费用更加低廉。

SAN 实现需要考虑的第一个要素是,通过光纤通道之类的技术实现存储和服务器组件的连通性。SAN 由 3 个基本的组件构成,即接口(如 SCSI、光纤通道等)、连接设备(交换设备、网关、路由器、集线器等)和通信控制协议(如 IP 和 SCSI 等)。这 3 个组件再加上附加的存储设备和独立的 SAN 服务器,就构成一个 SAN 系统。

6.2 SAN 的优势

SAN 在实际的应用中具有很强的适应性,从小规模的工作组到大规模的企业模型都可用 SAN 来实现。作为存储网络,SAN 有很多的优点,举例如下。

(1)基于千兆位每秒的存储带宽更适合大容量数据高速处理的要求,可实现大容量存储设备数据共享。

(2)完善的存储网络管理机制,可对磁盘阵列、磁带库等所有的存储设备进行灵活管理及在线监测。

(3)可实现灵活的存储设备配置,将存储设备与主机之间点对点的简单附属关系升华为全局多主机动态共享的模式。

(4)实现 LAN-Free。数据的传输、复制、迁移、备份等操作可在 SAN 内高速进行,不需占用 WAN 或 LAN 的网络资源。LAN-Free 备份主要指快速随机存储设备(磁盘阵列或服务器硬盘)向备份存储设备(磁带库或磁带机)复制数据,SAN 技术中的 LAN-Free 功能用在数据备份上就是所谓的 LAN-Free 备份。

(5)提高了数据的可靠性和安全性,SAN 不仅保留了传统的 RAID、主机集、集群等安全措施,而且提供了双环冗余、远程备份等新的安全手段。

(6)灵活的平滑扩容能力。

(7)兼容以前的各种 SCSI 存储设备。

(8)交换机、网桥等基于光纤通道技术的交换及接入设备,以及基于 SAN 技术的各种管理及应用软件已完全成熟并出现大量的实际应用案例。

SAN 是未来企业级的存储方案,它便于集成,不但能改善数据可用性及网络性能,而且可以减轻管理作业,主要用于 ISP、银行等存储量大的工作环境。虽然 SAN 由于成本高、标准尚未确定等问题而影响了市场,但是随着用户业务量的增大,SAN 拥有更广泛的应用前景。

6.3 SAN 光纤组件

SAN 中的主要设备包括光纤通道交换机和光纤通道卡。

6.3.1 光纤通道交换机

光纤交换机(FC switch)是一种高速的网络传输中继设备,又称为光纤通道交换机、SAN 交换机。较普通交换机而言,光纤交换机采用了光纤电缆作为传输介质。图 6-2 所示为一款 128 口的光纤通道交换机,图 6-3 所示为一款以太网光纤交换机。光纤传输的优点是速度快、抗干扰能力强。光纤交换机主要有两种:一种是用来连接存储设备的 FC 交换机;另一种是以太网交换机,其端口是光纤接口,和普通的电话接口的外观一样,但接口类型不同。在 SAN 存储架构中,光纤通道交换机是其核心级设备,在 SAN 存储过程中起着非常重要的作用,影响着网络的性能。

图 6-2   128 口的光纤通道交换机

图 6-3   以太网光纤交换机

光纤交换机端口的数量为 8~64 甚至更多,其中包含智能交换硬件,使交换机所有端口中的任意两点可以建立连接。光纤交换机通过 E-Ports(扩展端口)可以进行堆叠,这种方法可以使光纤网络扩展到数千个结点,交换机堆叠最多可以达到 239 个。

光纤通道交换机有着许多不同的功能,包括支持 GBIC(gigabit interface converter,千兆接口转换器。是将千兆位电信号转换为光信号的接口器件)、冗余风扇、电源、分区、环操作和多管理接口等。每一项功能都可以增加整个交换网络的可操作性,可以帮助用户设计一个功能强大的大规模的 SAN。光纤交换机的主要功能有自配置端口、环路设备支持、交换机级联、自适应速度检测、可配置的帧缓冲、分区(基于物理端口和基于 WWN 的分区)、IPFC(IP over fiber channel)广播、远程登录、Web 管理、简单网络管理协议(SNMP)以及 SCSI 接口独立设备服务(SES)等。

交换机光纤接口主要是看光纤头,不是以交换机的口为主,一般光纤头分为 ST、FC、SC、LC 和 MT-RJ 等,LC 的尾纤(pigtail)可以直接连接交换机而不用耦合器。

光纤交换机可根据功能和特点不同分为不同的类别。其硬件可能都是基于相同的基本架构或者相同的 ASIC 芯片,只是软件的功能不同。高冗余的核心级交换机是个例外,它往往是根据自己的硬件容错平台开发设计的。以下是几种主要类别交换机的不同特点。

1. 入门级交换机

入门级交换机的应用主要集中于 8~16 个端口的小型工作组,它适合低价格、很少需要扩展和管理的场合。它们往往被用来代替集线器,可以提供比集线器更高的带宽和提供更可靠的连接。入门级交换机提供有限级别的端口级联能力,一般和其他级别交换机一起组成一个完整的存储解决方案。

2. 工作组级光纤交换机

光纤交换机提供将许多交换机级联成一个大规模的 Fabric(光纤通道)的能力。通过连接两台交换机的一个或多个端口,连接到交换机上的所有端口都可以看成网络的唯一的映像,在这个光纤通道上的任何结点都可以和其他结点进行通信。从本质上讲,通过级联交换机,能够建立一个大型的、虚拟的、具有分布式优点的交换机,并且它可以跨越的距离非常大。

工作组光纤通道交换机(也称企业级交换机)数量众多并且更加通用。可以将工作组交换机用于多种途径,但应用的最多的领域是小型 SAN。这类交换机可以通过交换机间的互连线路连接在一起提供更多地端口数量。交换机间的互连线路可以在光纤通道交换机上的任意端口上创建。

工作组光纤通道交换机提供比入门级交换机更高的可靠性和更强大的性能,它更多地用于连接入门级交换机。

3. 核心级光纤交换机

核心级交换机一般位于大型 SAN 的中心,使若干边缘交换机相互连接,可形成一个具有上百个端口的 SAN 网络。核心交换机也可以用作单独的交换机或者边缘交换机,但是它增强的功能和内部结构使它在核心存储环境下工作得更好。核心交换机的其他功能还包括支持光纤以外的协议(例如 InfiniBand)、支持 2Gb/s 光纤通道、高级光纤服务(例如安全性、中继线和帧过滤等)。

核心级光纤交换机通常提供很多端口,一般为 64~128 口或更多。它拥有非常宽的内部总线,以最大的带宽路由数据帧。使用这些交换机的目的是建立覆盖范围更大的网络和提供更大的带宽,它们被设计成为在多端口间以尽可能快的速度用最短的延迟路由帧信号。另外,核心光纤交换机往往采用基于"模块式"的热插拔电路板:只要在机柜内插入交换机插板就可以添加需要的新功能,也可以作在线检修,还可以做到在线的分阶段按需扩展。许多核心级交换机不支持仲裁环或者其他的直连环路设备,所有部件都是冗余的。

6.3.2 光纤通道卡

光纤通道卡是存储系统中用于连接计算机内部总线和存储网络的设备。这种位于服务器上与存储网络连接的设备也称为主机总线适配卡(host bus adaptor,HBA)。HBA 是服务器内部的 I/O 通道与存储系统的 I/O 通道之间的物理连接。最常用的服务器内部 I/O 通道是 PCI 总线和 SBUS 总线,它们是连接服务器 CPU 和外围设备的通信协议。存储系统的 I/O 通道实际上就是光纤通道。而 HBA 的作用就是实现内部通道协议 PCI 总线或 SBUS 总线和光纤通道协议之间的转换。

光纤通道是高性能的连接标准,用于服务器、海量存储子网络、外设间通过交换机和点对点连接进行双向、串行数据通信。

对于需要有效地在服务器和存储介质之间传输大量资料而言,光纤通道卡提供远程连接和高速带宽。它是适于存储区域网、集群计算机和其他密集计算设施的理想技术介质。

注意:光纤网卡与光纤通道卡均被称光纤网卡。两款产品外观很相似,但实际上两者是不同的。光纤网卡分以太网用的,还是存储用的。光纤接口的以太网卡一般都称为光纤以太网卡,存储用的光纤网卡称为 FC-HBA 卡或简称 HBA 卡。两款产品都可插到服务器主板的插槽上。光纤以太网卡用于连接以太网交换机,而 HBA 卡用于连接存储用的光纤通道交换机。

光纤以太网卡(fiber ethernet adapter),简称光纤网卡,如图 6-4 所示。光纤以太网卡遵循以太网通信协议进行信号传输,一般通过光纤线缆与光纤以太网交换机连接,按传输速率可分为 100Mb/s、1Gb/s、10Gb/s,按主板插口类型可分为 PCI、PCI-X、PCI-E(x1/x4/x8/x16) 等,按接口类型看分为 LC、SC、FC、ST 等。

光纤存储卡是指光纤通道卡(fiber channel HBA,FC-HBA)。用于服务器与光纤阵列的连接。传输协议为光纤通道协议,一般通过光纤线缆与光纤通道交换机连接。接口类型为光纤接口。光纤接口一般都是通过光纤线缆来进行数据传输,接口模块一般为 SFP(传输速率为 2Gb/s)和 GBIC(传输速率为 1Gb/s),对应的接口为 SFP 和 LC。按速率可以分为 2G Gb/s、4G Gb/s、8G Gb/s;按主板插口类型可分为 PCI、PCI-X、PCI-E(x1/x4/x8/x16)。图 6-5 是一款 8Gb/s 的双通道 PCI-E 光纤通道卡。

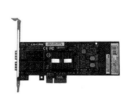

图 6-4 光纤以太网卡   图 6-5 光纤存储卡

光纤通道技术在介质上传的常用速率为 1.0625Gb/s,此速率又称为全速(full speed)。除此之外还有该速率的 1/2、1/4、1/8 倍速率,也有该速率的 2 倍数据传输速率(2.125Gb/s)以及 4 倍数据传输速率(4.25Gb/s)。而考虑到 8B/10B 编码以及其他的开销的情况下,在全速的情况下净负荷的传输速率为 100MB/s。

光纤通道 SCSI 技术是 SAN 技术的物理基础。光纤通道采用高频(1GHz)串行位(bit)传送,单环速度可达 100~200MB/s,双环共用可达到 200~400MB/s。每个环可挂接 126 个 SCSI 设备,不加中继时最远距离可达 10km。而且有很大的继续发展空间。传统的 SCSI 总线电缆因受制于电子技术和电气物理特性的限制,在速度(20~160MB/s),容量(每条总线 8~16 个 SCSI 设备),距离(1.5~25m)等方面都已近极限。

光纤通道采用 FC-AL 仲裁环机制,使用 Token(令牌)的方式进行仲裁,其效率远较传统以太网的 CSMA/CD 为高;另外,SAN 的网络协议为 SCSI-3,在数据流的包/桢结构上,其效率远较 TCP/IP 为高。

6.3.3 光纤跳线

1. 光纤

光纤又称光导纤维,是利用光在玻璃或塑料纤维中进行全反射而完成光的传导。信息以光纤作为传输介质,可从一端传送到另一端。多数光纤在使用前必须由保护结构包覆,包覆后的缆线即被称为光缆。光纤外层的保护结构可防止水、火、电击等外部环境对光纤的伤害。光纤和同轴电缆相似,只是没有网状的屏蔽层。光纤通常被扎成束,外面用外壳进行保护。纤芯通常是由石英玻璃制成的横截面积很小的双层同心圆柱体,质地脆、易断裂,因此需要外加一保护层,如图 6-6 所示。

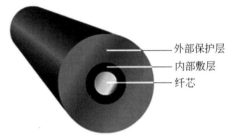

外部保护层
内部敷层
纤芯

图 6-6　光缆

光纤主要分为单模光纤和多模光纤两类。

(1) 单模光纤(single-mode optical fiber,SMF)。单模光纤的跳线采用黄色保护皮,接头和保护套为蓝色,传输距离较长,如图 6-7 所示。单模光纤的芯径/外径为 9~10/125μm,与多模光纤相比,具有无限量带宽和更低损耗的特性,单模光端机多用于长距离传输,有时可达到 150~200km,采用光谱线较窄的发光二极管或半导体激光器作为光源。

(2) 多模光纤(multi-mode optical fiber,MMF)。多模光纤的跳线采用橙色保护皮,也有的用灰色保护皮,接头和保护套用米色或者黑色,传输距离较短,如图 6-8 所示。多模光纤的芯径/外径为 50/125μm 或 62.5/125μm,带宽(光纤的信息传输量)通常为 200MHz~2GHz,多模光端机通过多模光纤可进行长达 5km 的传输,以发光二极管或半导体激光器为光源。

单模

图 6-7　单模光纤

多模

图 6-8　多模光纤

单模光纤价格相对便宜,但单模设备较之同类的多模设备却昂贵很多。单模设备通常既可在单模光纤上运行,也可在多模光纤上运行,而多模设备只限于在多模光纤上运行。

2. 光纤跳线

光纤跳线(又称光纤连接器)是指光缆两端都装上连接器插头,用来实现光路活动连接,装有插头一端则称为尾纤。光纤跳线特点是不存在无线电信号散射,从而消除了电磁信号,此外还具有插入损耗低、重复性好、回波损耗大、互插性能好、温度稳定性好等优点。

光纤跳线应用广泛,例如光纤通信系统、光纤接入网、光纤数据传输、光纤CATV、局域网(LAN)、测试设备、光纤传感器等。光纤跳线生产加工的必备设备是光纤研磨机。

光纤跳线是接入光模块的光纤接头,有多种类型,相互之间不可以互用。例如,SFP模块接LC光纤连接器,而GBIC模块接的是SC光纤连接器。几种常用的光纤连接器如下。

(1) FC型光纤跳线。此类跳线外部加强方式采用金属套,紧固方式为螺丝扣。一般在ODF侧采用(配线架上用得最多)。

(2) SC型光纤跳线。此类跳线用于连接GBIC光模块的连接器,它的外壳横截面呈矩形,紧固方式是采用插拔销闩式,无须旋转(路由器交换机上用得最多)。

(3) ST型光纤跳线。此类跳线常用于光纤配线架,外壳横截面呈圆形,紧固方式为螺丝扣;对于10Base-F连接,连接器通常是ST类型,常用于光纤配线架。

(4) LC型光纤跳线。此类跳线用于连接SFP模块的连接器,它采用操作方便的模块化插孔(RJ)闩锁机理制成,常用于路由器。

3. 光纤接头类型

光纤跳线的种类有很多,根据接头形状可分为FC、SC、ST、LC等类型。光纤接头是通过专用工具与光纤熔接或压接在一起,再通过ST接头或SC接头与光纤收发器、带光纤模块的交换机或带有光纤接口插座的网卡相连接。

对于10Base-F连接来说,连接器通常是ST类型,另一端FC连的是光纤步线架。其外部加强方式是采用金属套,紧固方式为螺丝扣。

ST接口通常用于10Base-F,SC接口通常用于100Base-FX和GBIC,LC通常用于SFP。

图6-9是一些光纤跳线,注意其接头和尾纤。

使用光纤时,须注意光纤跳线两端的光模块的收发波长必须一致,也就是说光纤的两端必须是相同波长的光模块,简单的区分方法是光模块的颜色要一致。一般情况下,短波光模块使用多模光纤(橙色光纤),长波光模块使用单模光纤(黄色光纤),以保证数据传输的准确性。光纤在使用过程中不要过度弯曲和绕环,因为这样会增加光在传输过程的衰减。光纤跳线使用后一定要用保护套将光纤接头保护起来,灰尘和油污会损害光纤的耦合。

4. 光纤模块

光纤模块(optical module)将电信号通过激光驱动器及激光器转成光信号,再通过光纤进行远距离传输,光信号到达对端时,再通过光纤接收器(pin-tia或者APD等)将光信号转成电信号。一般来说,电信号为高电平表示1,低电平表示0;光信号在有光时表示1,无光或弱光时表示0。图6-10是光电转换示意图。

光纤模块由光电子器件、功能电路和光接口等组成,光电子器件包括发射和接收两部分。

(1) 发射部分。输入一定码率的电信号经内部的驱动芯片处理后驱动半导体激光器或发光二极管发射出相应速率的调制光信号,其内部带有光功率自动控制电路,使输出的光信号功率保持稳定。

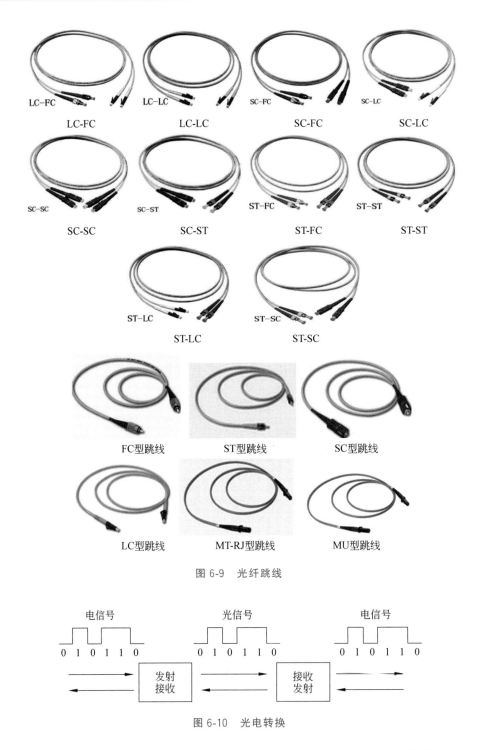

图 6-9　光纤跳线

```
电信号              光信号              电信号

010110            010110            010110

        →                  →                  →
    ┌──────┐          ┌──────┐
    │ 发射 │          │ 接收 │
    │ 接收 │          │ 发射 │
    └──────┘          └──────┘
    ←                  ←
```

图 6-10　光电转换

（2）接收部分。接收部分是在一定码率的光信号输入模块后由光探测二极管转换为电信号，再经过前置放大器输出相应码率的电信号。简而言之，光模块的作用就是光电转换，发送端把电信号转换成光信号，通过光纤传送后，接收端再把光信号转换成电信号。

光模块分类有按应用分类和按封装分类两种。

（1）按应用分类。以太网应用的速率为 100Base、1000Base、10GE。SDH（synchro nous digital hierarchy,同步数字体系)应用的速率为 155Mb/s、622Mb/s、2.5Gb/s、10Gb/s。

(2) 按封装分类。按照封装分有 1&TImes;9、SFF、SFP、GBIC、XENPAK、XFP 等类。

① 1&TImes;9 封装：焊接型光模块,一般速度不高于 1Gb/s,多采用 SC 接口。

② SFF 封装：焊接小封装光模块,一般速度不高于 1Gb/s,多采用 LC 接口。

③ GBIC 封装：热插拔千兆接口光模块,采用 SC 接口。是最早的热插拔标准,即将被淘汰。

④ SFP 封装：热插拔小封装模块,目前最快传输率可达 4Gb/s,多采用 LC 接口,是第二代热插拔光模块标准,被广泛使用。

⑤ XENPAK 封装：应用在万兆以太网,采用 SC 接口。是第一代 10Gb/s 光模块的外形标准。

⑥ XFP 封装：10Gb/s 光模块,可用在万兆以太网、SONET 等多种系统,多采用 LC 接口,是第三代 10Gb/s 光模块的外形标准。

图 6-11 所示为几种光纤模块。

(a) SFF封装　　　　　　　　　(b) GBIC封装　　　　　　　　(c) SFP封装

图 6-11　光纤模块

6.4　FC

6.4.1　FC 简介

光纤通道(fiber channel,FC)是对一组标准的称呼,这组标准由美国国家标准协会(American National Standards Institute,ANSI)开发,为服务器和存储设备之间提供高速连接,它支持 1～10Gb/s 的数据速率。光纤通道具有连接设备多、高带宽、连接距离大、支持热插拔、通用性强等优点。

为了能够适应可能出现的技术变革,提供更快更好的性能,光纤通道技术被设计为具有如下要素。

(1) 是可扩展性、小型光纤,连接器和距离扩展能力准备的串行传输。

(2) 可实现最大规模网络应用中的异步通信。

(3) 具有交互通信能力和连接新的传输介质的能力。

(4) 可实现低延迟的交换网络互连。

(5) 是为开发和配置复杂性准备的模块化和层次化结构。

(6) 具有高带宽、低延迟的最低错误率和轻量级错误。

6.4.2　FC 协议

1. FC 协议的组成

光纤通道协议栈由 5 层组成,依次为 FC-0 层、FC-1 层、FC-2 层、FC-3 层和 FC-4 层,具体的层次划分如图 6-12 所示。

(1) FC-0 层描述的是物理接口,包括传送介质、发送机和接收机及其接口。FC-0 层是 FC 协议的最低层,可以与以太网中的物理层类比,规定了各种介质(单模光纤、多模光纤及同轴电缆和双绞线)和

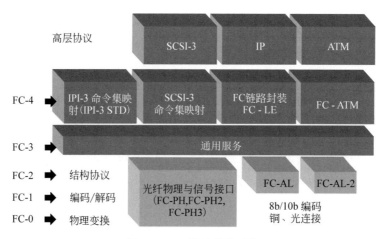

图 6-12　FC 协议栈的结构

与之有关的能以各种速率运行的驱动器和接收机,同时也描述了电缆上所传送的数据速率。FC 在物理层并不仅仅只有光介质,还可以有铜介质。但如果要实现远距离传输,就必须使用光纤介质。铜介质容易受干扰,传输距离受限制。

(2) FC-1 层描述的是 8b/10b 的编码规则,该码型可以实现传送比特流的 DC 均衡,使控制字节与数据字节分离且可简化比特、字节和字同步。另外,该编码具有检测某些传送和接收误差的机制。

(3) FC-2 层是信令协议层,它规定了需要传送成块数据的规则和机制。在协议层,FC-2 层是最复杂的一层,它提供不同类型的服务、分组、排序、检错、传送数据的分段重组,以及协调不同容量的端口之间的通信需要注册服务。

(4) FC-3 层为光纤通路结点的多个端口提供公共服务,例如多播、查询组或分段处理。它提供的功能更多的是为整个网络体系结构的扩展提供可能。

(5) FC-4 层是光纤通道协议栈的最上层,主要提供光纤通道已存在的更上层的协议映射,定义了光纤通道和上层应用之间的接口,上层应用例如串行 SCSI 协议,HBA 的驱动提供了 FC-4 的接口函数。FC-4 支持多协议,例如 FCP-SCSI(光纤光缆通道协议)、FC-IP(基于 IP 的光纤通道)、FC-VI(光纤通道上的虚拟接口架构,其中 VI 是 virtual interface 的缩写)。

光纤通道的主要部分实际上是 FC-2。其中从 FC-0 到 FC-2 被称为 FC-PH,也就是物理层。光纤通道主要通过 FC-2 来进行传输,因此光纤通道也常被称为二层协议或者类以太网协议。

2. FC 协议的交换方式

按照连接和寻址方式的不同,FC 协议交换方式分为 FC-PTP 方式、FC-AL 方式和 FC-SW 方式。

(1) FC-PTP(fiber channel point to point,光纤通道点对点)方式。一般用于 DAS(直接附接存储)设置,如图 6-13 所示。

服务器和存储设备在点对点的环境里都是结点端口,通过一条上行一条下行两条通道进行数据存储与读取。点对点允许两个结点(一台服务器和一台存储设备)之间直接通信,用户难以在点对点配置环境下追加任何设备。

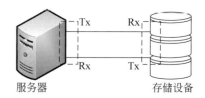

图 6-13　点对点方式

(2) FC-AL(fiber channel arbitrated loop,光纤通道仲裁环)方式。FC-AL 机制使用 token(令牌)

的方式进行仲裁,使用光纤环路端口或交换机上的 FL 端口和 HBA 上的 NL 端口(结点环)连接,支持环路运行。采用 FC-AL 架构后,当一台设备加入 FC-AL、出现任何错误或需要重新设置时,环路就必须重新初始化。在这个过程中,所有的通信都必须暂时中止。由于其寻址机制,FC-AL 理论上被限制在了 127 个结点。如图 6-14 所示。

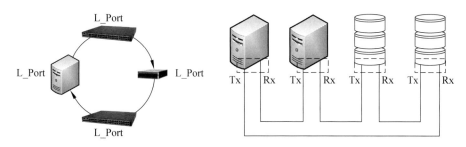

图 6-14 光纤通道仲裁环

FC-AL 是一个共享的、可提供吉比特带宽的环状网,其连接方式与 IBM 的令牌环网类似,在仲裁环拓扑中,设备必须根据仲裁访问环路。

(3) FC-SW(FC switch,光纤通道交换机)方式。FC-SW 交换网是指一个或多个光纤交换机,单独或以扩展型方式存在于网络中,交换网能为每个端口提供全带宽。是一种在交换式 SAN 上运行的方式。FC-SW 可以按照任意方式进行连接,规避了仲裁环的诸多弊端,但需要购买支持交换架构的交换模块或 FC-SW。

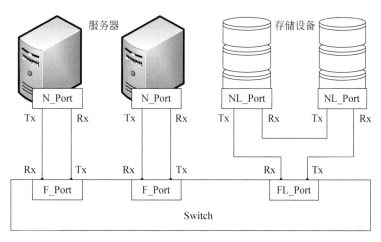

图 6-15 FC-SW 交换网

FC-PTP 只能直接连接两台设备;FC-AL 最多支持 127 台设备,使用光纤集线器连接;FC-SW 是交换式 Fabric,最多支持 1600 万台设备,通过光纤通道交换机连接。这 3 种拓扑的性能对比如表 6-1 所示。

表 6-1　FC-PTP、FC-AL 和 FC-SW 性能对比表

特　　性	FC-PTP	FC-AL	FC-SW
最大结点数	2	127	大约 1600 万
地址位数	无	8 位 AL_PA	24 位端口地址

续表

特　性	FC-PTP	FC-AL	FC-SW
单点故障影响	无	环失效	无
多速率传输支持	否	否	是
数据帧传输顺序	按发送顺序	按发送顺序	无保证
介质访问方式	独享	仲裁式	独享

3. FC 的寻址方式

在光纤通道中,设备被称为结点(node)。一般来说,结点只有一个物理接口,称为结点端口(node port)或者 N-Port,每个结点都包含由制造商指定的一个固定的 64 位结点名,一般称为 WWN(World Wide Name),除了光纤通道名,通信设备还被动态地分配一个 24 位的端口地址,即 Port ID,它用于帧的寻址。通信双方的这种 24 位地址嵌入在帧头中,作为目的标识符 D ID 或源标识符 source identifier,S-ID。WWN 并不用于网络中的帧传输。

WWN 对于光纤通道设备就像以太网的 MAC 地址一样都是全球唯一的,它们是由 IEEE 指定给制造商,在制造时被直接内置到设备中。

通常用 Node WWN 来标示每台不同的 FC 交换机,它是唯一的。对于 FC 交换机的端口,则使用 Port WWPN 来标示交换机的端口,所以一个交换机只有一个 Node WWN 和多个 Port WWN。其结构如图 6-16 所示。

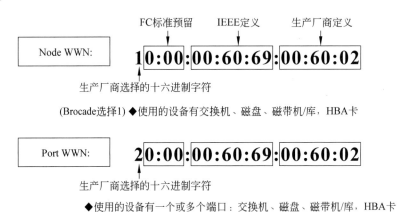

图 6-16　WWN 的结构

由于 WWN 的地址太长,用其寻址将影响路由的性能。光纤通道网络采用了另外一种寻址方案。该方案是用基于交换光纤网络中的光纤端口来寻址,每个端口有一个唯一的 24 位的地址,类似 TCP/IP 中的 IP 地址,称为 FCID。用这种 24 位地址方案,由于帧头较小,能加速路由的处理。但是该地址必须通过某种方式连接到与 WWN 相关联的 64 位的地址。

在使用光纤通道的 SAN 环境中,FC 交换机本身负责分配和维持端口地址。当有一个 WWN 登录到交换机的某一个端口时,交换机将会为其分配一个 FCID 地址,同时交换机也将会创建 FCID 和登录的 WWN 地址之间的关联关系表并维护他们的关系。交换机的这一个功能是使用名字服务器(name server)来实现的。

名字服务器其实是光纤操作系统的一个组件,在交换机内部运行。它本质上是一个对象数据库,光纤设备在连接进来时,向该数据库注册它们的值,这是一个动态的过程。动态的寻址方式同时也消除了手动维护地址出错的潜在可能,而且在移动和改变 SAN 方面也提供了更多的灵活性。

6.4.3　SCSI 协议

1. SCSI 协议概述

SCSI(small computer system interface,小型计算机系统接口)最初是为小型机研制的接口技术,规范了一种并行的 I/O 总线和相关的协议,用于主机与外部设备之间的连接,是主机与存储通信的基本协议,SCSI 的数据传输是以块的方式进行的。DAS 就是使用 SCSI 协议实现主机与存储设备的互连。

SCSI 协议定义设备怎样通过 SCSI 总线互相通信,它规定设备怎样预定 SCSI 总线,以及以什么样的格式传输数据,其主要功能是在主机和存储设备之间传送命令、状态和块数据。在存储区域网技术中,SCSI 协议可谓是举足轻重。

如图 6-17 所示,SCSI 总线通过 SCSI 控制器来和 SCSI 设备(硬盘、磁盘阵列、打印机、光碟刻录机等)进行通信,SCSI 控制器称为目标程序(target),访问的客户端应用称为初启程序(initiator)。窄 SCSI 总线最多允许 8 台、宽 SCSI 总线最多允许 16 台不同的 SCSI 设备和它进行连接,每台 SCSI 设备都必须有自己唯一的 SCSI ID(设备的地址)。

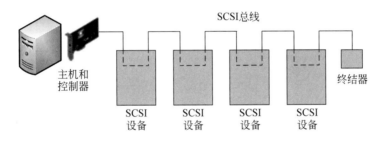

图 6-17　SCSI 的结构

LUN(logical unit number,逻辑单元号)是为了使用和描述更多设备及对象而引进的一个方法,每个 SCSI ID 上最多有 32 个 LUN,一个 LUN 对应一个逻辑设备。

为什么要使用终结器? 如果 SCSI 总线保持开放状态,沿总线发送的电信号会反射回来,从而干扰设备和 SCSI 控制器之间的通信。解决方法是终结总线,用电阻电路闭合每一端。如果总线同时支持内部和外部设备,则必须终结每个系列的最后一台设备。

2. SCSI 基本规范

SCSI 有 SCSI-1、SCSI-2、SCSI-3 这 3 个基本规范。

(1) SCSI-1。SCSI-1 于 1979 年提出,支持同步和异步 SCSI 外围设备;定义了线缆长度、信号特性、命令和传输模式,使用 8 位窄总线,支持 7 台 8 位的外围设备,最大数据传输速率为 5MB/s,现已不再使用。

(2) SCSI-2。SCSI-2 于 1992 年提出,也称为 Fast SCSI,定义了通用命令集(common command set,CCS),允许设备存储命令,并从主机排列命令优先级。该版本提高了性能和可靠性,新增了一些特性数据,传输率提高到 20MB/s。

(3) SCSI-3。SCSI-3 于 1995 年提出,即 Ultra SCSI(Fast-20)。Ultra 2 SCSI(Fast-40) 出现于 1997 年,最高传输速率可达 80MB/s,大多数 SCSI-3 规范都以 Ultra 开头。1998 年 9 月,Ultra 3 SCSI (Utra 160 SCSI)正式发布,最高数据传输率为 160MB/s。Ultra 320 SCSI 的最高数据传输率已经达到了

320MB/s。Ultra 640 SCSI 更是达到 640MB/s。SCSI-3 是目前应用最广泛的 SCSI 版本。SCSI-3 架构如图 6-18 所示。

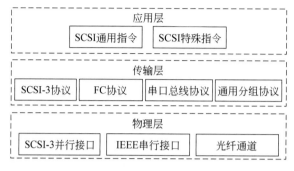

图 6-18 SCSI-3 的架构

SCSI-3 应用层也称为命令层，它包括了适用于所有设备的通用指令和某一指定类型的设备专用的初级指令。传输层定义了设备间互连和信息共享的标准规则，保障计算机生成的 SCSI 指令都能够成功的传送到目标端。物理层也称为互连层，定义了如电信号传输方法和数据传输模式之类的接口。

应用层、传输层和物理层的传输模式如图 6-19 所示。

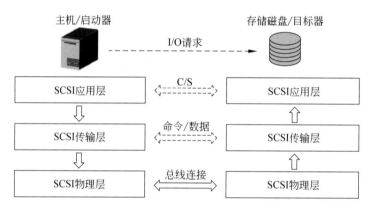

图 6-19 SCSI 的数据传输模式

SCSI 协议的演变如表 6-2 所示。

表 6-2 SCSI 协议的演变

接口模式	传输率/(/MB·s^{-1})	数据频宽/位	可连接设备数
SCSI-1	5	8	8
SCSI-2	10	8	8
SCSI-3(Ultra SCSI)	20	8	8
SCSI-3(Ultra Wide SCSI)	40	16	16
Ultra 2 SCSI	80	16	16
Ultra-160 SCSI	160	16	16
Ultra-320 SCSI	320	16	16
Ultra-640 SCSI	640	16	16

3. SCSI 传输方式

SCSI 有异步传输、同步传输两种传输方式。

异步传输方式是两组数据传输之间没有固定的时间间隔,协议采用发送额外的信息或者命令的方式来发起通信。

同步传输方式需要一个定时器,数据包会按照定时器设定的时间间隔进行传输。

SCSI 使用一种连锁的符号交换方式向整个总线发送数据。这种通信协议是基于问答符号交换的。SCSI 的总线状态称为相位(phases)。共有 8 种可能的总线相位,除一种以外,其余都采用异步传输方式。在数据相位中,信息可用同步或异步两种方式中的一种完成信号交换。只有在宿主计算机和目标设备二者都允许的情况下,才采用同步传输。数据在总线上以一次一字节并行方式传输到整个总线上,使用八条数据线。典型的异步传输速率是约 2MB/s,同步传输速率最高可达 5MB/s。

4. SCSI 读写操作过程

数据传输时,在 SCSI 发起方和目标方之间读写数据是通过 SCSI 命令、分发请求、分发操作和响应来完成的。SCSI 命令和参数在 CDB(command descriptor block,命令描述块)中指定。在执行磁盘的 SCSI 写过程时,发起方(如 HBA)创建一个应用客户,该客户发送 SCSI 命令请求目标方,令其准备缓冲区以接收数据。目标设备服务器在缓冲区储备好以后,发送一个数据分发操作请求进行响应。

接着,发送方就执行分发操作,开始发送数据块。在进行读操作时,SCSI 命令块遵循相反的数据分发请求和确认序列。由于是发送方发出读命令,所以命令就假定自己已经准备好了缓冲区接收第一批数据块。在读写事务的每个阶段所发送的数据块数量,由发起方和目标方根据对方的缓冲区容量协商决定。该过程如图 6-20 所示。

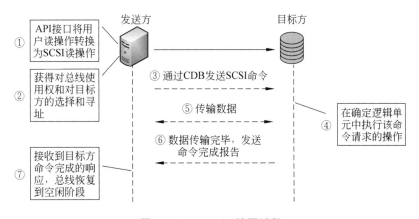

图 6-20 SCSI I/O 读写过程

5. SCSI 命令

SCSI 命令是在命令描述块 CDB 中定义的。CDB 包含了用来定义要执行的特定操作的操作代码,以及大量特定于操作的参数。SCSI 命令支持读写数据以及很多非数据命令,例如 test unit ready(设备是否已就绪)、inquiry(检索有关目标设备的基本信息)、read capacity(检索目标设备的存储容量)等。目标设备支持何种命令取决于设备的类型。发起者通过 inquiry 命令识别设备类型。表 6-3 列出了最常用的 SCSI 命令。

表 6-3　常用 SCSI 命令

命　　令	用　　途	命　　令	用　　途
test unit ready	查询设备是否已经准备好进行传输	read	从设备读取数据
inquiry	请求设备基本信息	write	向设备写入数据
request sense	请求之前命令的错误信息	mode sense	请求模式页面(设备参数)
read capacity	请求存储容量信息	mode select	在模式页面配置设备参数

6. SCSI ID 与优先级

每台接在同一条 SCSI 总线上的设备都必须有一个唯一的 SCSI 地址,该地址就是 SCSI ID,由 initiator ID(或称为 host ID)、bus ID、target ID 以及 LUN ID(逻辑单元号)组成。

一条 SCSI 总线上最多能同时连接 15 台设备,其中 SCSIID7 是保留给 SCSI 卡使用的(可以修改),所以 SCSI 设备实际上可以使用的 SCSI ID 为 6、5、4、3、2、1、0、15、14、13、12、11、10、9、8。并且这些 ID 是有访问优先级别的。为了获得更好的性能,优先使用高优先级别的 SCSI ID。

总线上的每个 SCSI 设备都有不同的优先级。对于 8 位窄线,优先级从高到低为

$$7 > 6 > 5 > 4 > 3 > 2 > 1 > 0$$

如果是 16 位窄线,则优先级从高到低为

$$7 > 6 > 5 > 4 > 3 > 2 > 1 > 0 > 15 > 14 > 13 > 12 > 11 > 10 > 9 > 8$$

7. SCSI 寻址机制

为了对连接在总线上的设备寻址,SCSI 协议引入了 SCSI 设备 ID 和逻辑单元号 LUN。在 SCSI 总线上的每台设备都必须有一个唯一的 ID,服务器中的主机总线适配器也拥有设备 ID。每条总线最多可允许有 8 个或者 16 个设备 ID。

RAID 磁盘子系统和磁带库这样的存储设备可能包括多个子设备,例如虚拟磁盘、磁带驱动器和介质更换器等。SCSI 之所以引入 LUN,是为了便于对设备中的子设备进行寻址。由于一个服务器可能配置有多个 SCSI 控制器,因此可能有多条 SCSI 总线。操作系统用一个三元描述标识一个 SCSI 目标:总线、目标设备、逻辑单元号。

传统的 SCSI 适配卡连接单个总线,相应的只具有一个总线号。在引入存储网络之后,每个光纤通道 HBA 或 iSCSI 网卡也都连接一条总线,分配一个总线号,它们之间是依靠不同的总线号加以区分的。

目标设备标识在一条总线菊花链上的单台设备,逻辑单元号则表示一个目标设备中的一个子设备。通常,单个物理磁盘只具有一个逻辑单元号,而 RAID 磁盘阵列虽然也只算一个目标设备,但却有多个逻辑单元号。

在 Linux 中,是采用"四层属性"架构做 SCSI 设备寻址。这 4 层如下。

(1) SCSI 适配器编号(SCSI adapter number):主机适配器标识,第一个适配器为 00。

(2) 通道编号(channel number):主机适配器上的 SCSI 通道,第一个通道为 00。

(3) 目标 ID 编号(target ID number):ID 设备的 SCSI 标识,即硬盘标识,从 00 开始。

(4) 逻辑单元编号(logical unit number,LUN):实际分配给主机的逻辑单元。

8. SCSI 协议通信过程

SCSI 协议在传输过程中需要经历总线测试、寻址、协商、连接和断开连接 5 个阶段。

(1) 总线测试。开始总线通信之前,总线必须处于空闲状态。发起连接的设备(启动器)首先会发

一个测试信号来确认总线是否空闲。

（2）开始寻址。通过发送方的地址和接收方的地址来确认通信的双方。

（3）双方协商。通信双方协商确定后面数据包的大小和数据包发送的速度。

（4）建立连接,进入数据包传输阶段。

（5）断开连接。数据传输完成,双方断开连接,释放总线。此过程如图 6-21 所示。

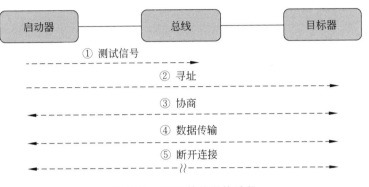

图 6-21　SCSI 协议通信过程

　　两个 SCSI 设备的每次连接通信都要经历 5 个阶段,由于协商阶段的时间较长,影响了整体的传输效率。为了提升系统性能,采用"断开重连技术"：同一个启动器与同一个目标器进行通信数据传输时,第一次连接时需要执行 5 个步骤,再次连接时可以使用上一次协商结果。

9. SCSI 的缺点

（1）SCSI 是点对点的、直接相连的计算机到存储器的设备接口,不适用于主机到存储器的存储网络通信。

（2）SCSI 总线的长度被限制在 25m 以内,而 Ultra SCSI 长度限制为 12m,不适于构造各种网络拓扑结构。

（3）SCSI 总线上设备数限制为 15,不适用于多服务器对多存储设备的网络结构。

6.4.4　iSCSI 协议

1. iSCSI 概述

　　iSCSI(internet small computer system interface,互联网小型计算机系统接口)是一种在 TCP/IP 上进行数据块传输的 IP-SAN 技术,该技术是将现有 SCSI 接口与以太网络技术结合,基于 TCP/IP 连接 iSCSI 服务端的 target 和客户端的 initiator,使得封装后的 SCSI 数据包可以在通用互联网传输,最终实现 iSCSI 服务端映射为一个存储空间(磁盘)提供给已连接认证后的客户端。

　　iSCSI 继承了 SCSI 和 TCP/IP 两大最传统技术,这两大技术为 iSCSI 的发展奠定了坚实的基础。基于 iSCSI 的存储系统只需要不多的投资便可实现 SAN 存储功能,甚至直接利用现有的 TCP/IP 网络。相对于以往的网络存储技术,它解决了开放性、容量、传输速度、兼容性、安全性等问题,性能优越。

　　iSCSI 的工作流程如下：由 SCSI 适配器发送一个 SCSI 命令,该命令被封装到 TCP/IP 包中并送入以太网；接收方从 TCP/IP 包中抽取 SCSI 命令并执行相关操作,把返回的 SCSI 命令和数据封装到 TCP/IP 包中,将它们发回到发送方；系统提取出数据或命令,并把它们传回 SCSI 子系统。

　　iSCSI 将 SCSI 命令和块状数据封装到 TCP/IP 包中来发送和接收。iSCSI 作为 SCSI 的传输层协议,提供可靠的传输机制。SCSI 命令将被封装到 iSCSI 请求数据包中,而 SCSI 回答和状态在 iSCSI 回复数据包中。所有的 SCSI 命令和块状数据都被包装在 iSCSI 的协议数据单元(称为 PDU)中。如图 6-22 所示是 iSCSI 分组在 TCP/IP 协议栈的封装结构。

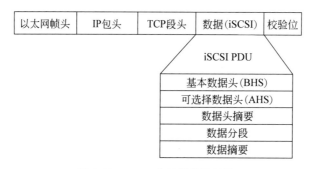

图 6-22　iSCSI 分组封装的结构

2. iSCSI 的命名

iSCSI 使用一种特殊、唯一的名称来标识 iSCSI 结点(目标或启动器),其格式类似 URL。iSCSI 名称通过两种不同方式格式化,最常见的是 iqn(iSCSI qualified name)格式。

iSCSI 使用类似 URL 的 iSCSI 名字来唯一鉴别启动设备和目标设备。一个 iSCSI 名字由 3 部分组成:类型定义符、名字认证机构、由该认证机构分配的名字。iSCSI 地址格式如下:

```
<domain-name>[: <port>]/<iSCSI Name>
```

例如: iSCSI.com.acme.sn.8675309。

地址会随着启动设备和目标设备的移动而改变,但名字始终是不变的。

iSCSI initiator 命名规范和编址如下。

(1) 合法字符集。名称最长 223 个字符,不能使用大写字母,可以使用字母(a~z)、数字(0~9)、点(.)、冒号(:)和连字符(-)的字符。

(2) 遵循以下两种编码方式。

① iqn 方式。格式如下:

```
类型+日期(拥有组织名的日期)+组织名+组织内部唯一的标识符
```

例如:

```
iqn.2020-08.com.h3c:storage.tape1.sys1.xyz
```

由于 iqn 可自行篡改,因此只依赖 iqn 作为识别发起者身份的机制是不安全的,所以 iSCSI 又提供了握手认证协议(challenge handshake authentication protocol,CHAP)来认证 iSCSI 发起方的身份。只有通过 CHAP 认证的发起端才会被允许存取。当然 CHAP 也有被破解的可能,因此也能选用效果更好的 IPSec 等适用于 IP 网络的加密机制。

② eui 方式。eui(Extended Unique Identifier)方式主要用于 FC 设备接入 iSCSI 网络。格式如下:

```
类型+EUI-64 标识符(即 FC 的 WWN)
```

例如:

eui.02004567A425678D

iSCSI 在安全性方面有很大提升。iSCSI 协议本身提供了 QoS 及安全特性,可以限制 initiator (iSCSI 启动器)仅向 target(iSCSI 目标)列表中的目标发出登录请求,再由 target 确认并返回响应,之后才允许通信。通过 IPSec 将数据包加密之后传输,包括数据完整性、确定性及机密性检测等。

iSCSI 启动器实际上是一个客户端设备,用于将请求连接并启动到服务器(iSCSI 目标)。iSCSI 启动器有 3 种实现方式:完全基于硬件实现,例如 iSCSI HBA 卡;硬件 TOE 卡与软件结合的方式;完全基于软件实现,软件 iSCSI 启动器适用于大部分主流操作系统平台。iSCSI 目标是 iSCSI 网络的服务器组件,通常是一个存储设备,用于包含所需的数据并回应来自 iSCSI 启动器的请求。

iSCSI 的架构如图 6-23 所示。其工作过程大致如下。

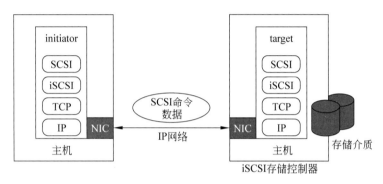

图 6-23　iSCSI 的架构

(1) initiator 发出请求后,在本地的操作系统会生成相应的 SCSI 命令和数据 I/O 请求,然后这些命令和请求被封装加密成 IP 信息包,通过以太网(TCP/IP)传输到 target。

(2) 当 target 接收到信息包时,将进行解密和解析,将 SCSI 命令和 I/O 请求分开。SCSI 命令被发送到 SCSI 控制器,再传送到 SCSI 存储设备。

(3) 设备执行 SCSI 命令后的响应,经过 target 封装成 iSCSI 响应 PDU,再通过已连接的 TCP/IP 网络传送给 initiator。

(4) initiator 会从 iSCSI 响应 PDU 里解析出 SCSI 响应并传送给操作系统,操作系统再响应给应用程序。

也就是说,iSCSI 架构主要将储存装置与使用的主机分为 iSCSI target 和 iSCSI initiator 两部分。

iSCSI target 是存储设备端,用于存放磁盘或 RAID 设备,目前也能够将 Linux 主机仿真成 iSCSI target,目的在提供其他主机使用的"磁盘"。

iSCSI initiator 是能够使用 target 的客户端。也就是说,想要连接到 iSCSI target 的服务器,也必须要安装 iSCSI initiator 的相关功能后才能够使用 iSCSI target 提供的磁盘。

iSCSI 的优势有以下几方面。

(1) 广泛分布的以太网为 iSCSI 的部署提供了基础。

(2) 千兆以太网和万兆以太网的普及为 iSCSI 提供了更大的运行带宽。

(3) 以太网知识的普及为基于 iSCSI 技术的存储技术提供了大量的管理人才。

(4) 由于基于 TCP/IP 网络,完全解决数据远程复制(data replication)及灾难恢复(disaster recover)等传输距离上的难题。

(5) 得益于以太网设备的价格优势和 TCP/IP 网络的开放性和便利的管理性,设备扩充和应用调整的成本付出小。

iSCSI、NAS 和 FC 技术特点比较如下。

（1）从传输层看，光纤通道的传输采用 FC 协议，NAS 和 iSCSI 则采用 TCP/IP。

（2）FC 协议与现有的以太网是完全异构的，两者不能直接互连。FC 协议由于其协议特性，加入新的存储子网时，必须要重新配置整个网络，扩展性不太好。iSCSI 是基于 TCP/IP 的，可以和现有的企业内部以太网无缝结合。

（3）在接口技术方面，iSCSI 和 NAS 一样通过 IP 网络来传输数据，FC 则不一样，数据是通过光纤通道来传递。

（4）在数据传输方面，同为 SAN 的 iSCSI 及 FC 都采用块（block）协议方式，而 NAS 则采用文件（File）协议。

（5）在传输速度上，数据传输时，FC 及 iSCSI 的块协议会比 NAS 的文件协议快。就目前的传输速度而言 FC(2GB)最快，iSCSI(1GB)次之，NAS 居末。这是因为在操作系统的管理上，前者是一个"本地磁盘"，后者则会以"网络磁盘"的名义显示。所以在大量数据的传输上，iSCSI 比 NAS 快得多。

（6）资源共享方面，iSCSI 和 NAS 共享的是存储资源，NAS 共享的是数据。

（7）在管理架构方面，通过网络交换机，iSCSI 及 FC 可有效集中控管多台主机对存储资源的存取及利用，善用资源的调配及分享，同时速度上也快于基于网络磁盘的 NAS。

（8）从网络架构和管理的角度看，运行 FC 协议的光网络，完全独立于一般网络系统架构，需由 FC 供货商分别提供专属管理工具软件，技术难度较大，需要专门的管理人员。TCP/IP 网络则广为普及，已有大量的网络管理人才，并且支持 TCP/IP 的设备对协议的支持一致性好，即使是不同厂家的设备，其网络管理方法也是基本一致的。iSCSI 和 NAS 都采用 IP 网络的现有成熟架构，可延用既有成熟的网络管理机制，不论是建立、配置管理或维护，都非常方便容易。

（9）成本方面，由于以太网络技术成熟，架构众所周知，所以同样采用 IP 网络架构的 iSCSI 及 NAS，建置成本低廉、管理维护方便。相比之下，FC 建置成本则要昂贵得多。光纤通道、NAS、iSCSI 存储方案比较，如表 6-4 所示。

表 6-4　光纤通道、NAS、iSCSI 存储方案比较

比 较 项 目	光纤通道存储	NAS 存储	iSCSI
接口技术	光纤通道	IP	IP
成本	高	低	中
性能	高	低	中
管理	集中	分散	集中
存取方式	块	文件	块
传输介质	光纤通道	双绞线	双绞线
文件系统	主机文件系统	主机文件系统	主机文件系统
电磁影响	无	有	有
应用	主存储、灾备	文件共享	主存储、灾备
传输距离	100km（无中继）	无限制	无限制
针对市场	中大型企业	中小型企业	中小型企业

（10）FC 运行于光纤网络之上,其速度是非常快的,现在已经达到了 2GHz 的带宽,这也是它的主要优势所在。下一代的 FC 标准正在制定当中,其速度可以达到 4GHz,以太网也已经达到千兆比特每秒,为基于 TCP/IP 的 iSCSI 协议提供了进入实用的保证。因此,当 iSCSI 以 10Gb/s 的高速传输数据时,基于 iSCSI 协议的存储技术将无可争议的成为网络存储的王者。

6.5 SAN 组网技术

SAN 是通过专用高速网将一个或多个网络存储设备和服务器连接起来的专用存储系统,有直连组网、单交换组网和双交换组网 3 种组网方式,如图 6-24 所示。

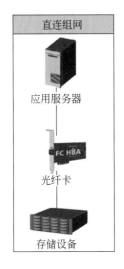

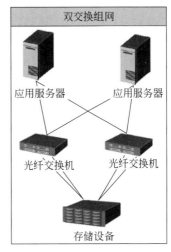

图 6-24 SAN 3 种组网方式

FC 的高速串行传输总线,解决了并行总线 SCSI 遇到的技术瓶颈,并在同一个大的协议平台框架下可以映射更多的 FC-4 上层协议,最早是用来提高硬盘协议的传输带宽,侧重于数据的快速、高效、可靠传输。在逻辑上,可以将 FC 看作一种用于构造高性能信息传输的、双向的、点对点的串行数据通道。在物理上,FC 是一到多对应的点对点的互连链路,每条链路终结于一个端口或转发器。

1. FC-SAN

FC-SAN 是目前基于 FC 的 SAN 应用方案最多,成熟的产品也很多。FC-SAN 主要由磁盘阵列、FC-Switch 交换机和主机光纤接口卡等组成。FC-SAN 存储系统主要具有如下技术特点。

（1）采用可伸缩的 FC-Switch 网络拓扑结构,通过高速光纤通道(目前 FC 的单向速率为 200MB/s)连接,提供 SAN 内部任意结点之间的多路可选择的数据交换,设备访问的网络拥塞处理也交由高速交换机处理,因而连接设备的增多几乎不影响各台设备的访问速度。

（2）FC-Switch 规模越大,吞吐率就越高,例如 8 口 FC-Switch 的吞吐率为 3.2GB/s,16 口的吞吐率为 6.4GB/s。

（3）支持热拔插,可靠性、可用性、可维护性都很高。

FC-SAN 系统组成如图 6-25 所示。

图 6-25 中,存储设备的 FC 接口模块提供了应用服务器与存储系统的业务接口,用于接收应用服务器发出的数据交换命令。光纤通道交换机在逻辑上是 SAN 的核心,它连接着主机和存储设备。光纤通道交换机的主要功能有自配置端口、环路设备支持、交换机级联、自适应速度检测、可配置的缓冲分区

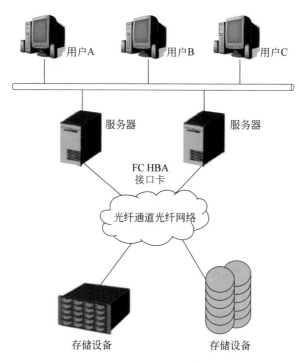

图 6-25　FC-SAN 系统组成

（基于物理端口和基于 WWN 的分区）、IP over fiber channel（IPFC）广播、远程登录、Web 管理、简单网络管理协议（SNMP）以及 SCSI 接口独立设备服务（SES）等。

光纤通道交换机存在区域（zone）划分问题。分区（zoning）的作用是在不同平台的主机连到 SAN 上时，用来隔离不同主机对磁盘阵列的存取，任何一台主机连接到交换机访问任何一个存储设备都要需要分区。在一个 SAN 网络中一般需要有多个区域同时存在。在存储区域网中划分分区可以适应不同的服务器对存储的需求，可以提高网络存储数据的完整性和安全性。

区域是可进行互通的端口或设备的名称构成的集合，在一个区域里的设备只能与同一个区域中的其他设备相互通信，一台设备可以同时在多个区域里。不同区域内的设备，不能相互通信。逻辑上划分到不同的区域内，使得不同区域中的设备相互间不能通过 FC 网络直接访问，从而实现网络中的设备之间的相互隔离。

图 6-26（a）表示存储资源 S1、S2 属于 EngHost 管理，S4、S5 属于 MktHost 管理，但很难界定 EngHost 与 MktHost 的管理权限。类似于局域网的以太网交换机的 VLAN 功能，可以通过分区技术实现 EngHost 与 MktHost 对存储资源的访问"隔离"，这个功能是在光纤通道交换机上实现的。分区的配置环节包括创建 Members（成员，通过物理端口、结点 WWN 名加入）、创建区域（成员的数量没有限制，设备可以同时属于多个区域）、创建 Configurations（如 cfgEngMkt、cfgZoneMkt 等）。

划分区域后，在同一个区域内的设备可以相互访问；在不同的区域内的设备不能相互访问；对于设备而言完全透明。分区是光纤通道交换机上的服务，与存储设备无关。

LUN 即逻辑单元编号，其主要作用是给相连的服务器分配逻辑单元号（LUN）。磁盘阵列上的硬盘组成 RAID 组后，通常连接磁盘阵列的服务器并不能直接访问 RAID 组，而是要再划分为逻辑单元才能分配给服务器。一般 UNIX 服务器称为"物理卷"，Windows 服务器称为"磁盘"。企业级磁盘阵列可容纳许许多多的处理器、主机端口、磁盘和缓存器件，服务器可以直接与磁盘阵列连接在一起，也可以通

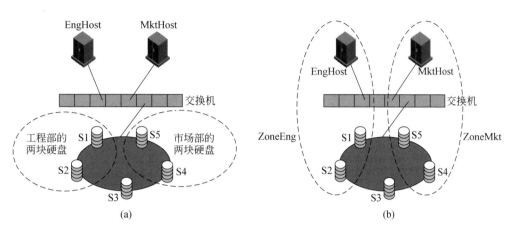

图 6-26 区域划分前后

过交换设备与之相连。RAID 的 LUN 掩码和交换设备的分区功能,都属于某种形式的安全保障屏蔽,用来控制服务器访问 LUN 的权限。一旦服务器与 LUN 连接上,就可以通过当前的网络接口将数据传输到 RAID 上。

在图 6-27 中,LUN0、LUN2 是磁盘空间(RAID 的磁盘阵列),LUN7 是磁带机。它们挂载在 target1,initiator 通过 target1 可以访问到这些资源。

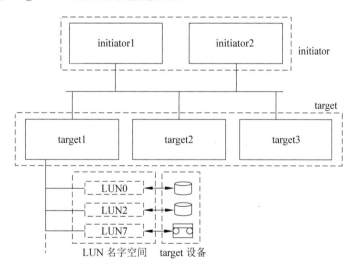

图 6-27 LUN 示例

2. IP-SAN

FC-SAN 虽然性能优越,可扩展性好,但受限于现有的光纤传输方式,且其价格昂贵。因此,基于普通 IP 和以太网的 SAN 应运而生,这就是 IP 存储(IPS),它将 SCSI 协议映射到 TCP/IP 上,使得 SCSI 的命令、数据和状态可以在传统的 IP 网上传输。

IP-SAN 以 TCP/IP 为底层传输协议,采用以太网作为承载介质构建起来的存储区域网架构。实现 IP-SAN 的典型协议是 iSCSI,它定义了 SCSI 指令集在 IP 中传输的封装方式。其典型拓扑如图 6-28 所示。

IP 存储系统在整个 IP 网上创建了一个共享存储环境,实现了数据共享和远程访问;由于采用的是

SCSI、以太网、TCP/IP等现有技术和设施,造价低,便于构建和维护。IP存储互操作性好,且克服了FC-SAN的距离限制,可以把共享存储系统扩展到LAN/WAN甚至Internet上。

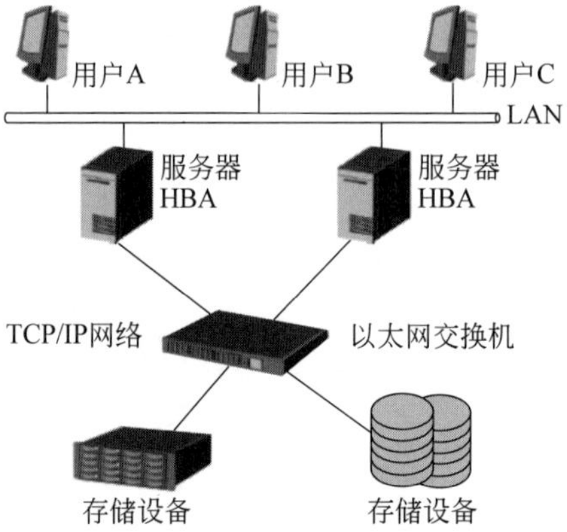

图 6-28　IP-SAN 架构

IP-SAN是主机通过带TCP下载引擎(TOE)的iSCSI HBA接至IP网络,访问iSCSI存储设备,实现全球的iSCSI-SAN。

由于IP网络(如Internet)是不可靠的,IP存储在其上传输数据,显然可靠性不高。因而iSCSI存储要求采用多种安全措施以提高数据访问和数据存储的安全性。通常采用的安全方法主要有kerberos认证机制、SPKM(网络简单公钥机制)、SPR(远程安全密码)以及CHAP(握手认证协议)等。

IP-SAN的优点如下。

(1)接入标准化。不需要专用的HBA卡和光纤交换机,普通的以太网卡和以太网交换机就可以存储和服务器的连接。

(2)传输距离远。理论上IP网络可达的地方就可以使用IP-SAN,而IP网络是目前应用最为广泛的网络。

(3)可维护性好。广大的具备IP网络技术的维护人员和强大的IP网络维护工具支撑。

(4)带宽扩展方便。

随着10Gb/s以太网的迅速发展,IP-SAN单端口带宽扩展到10Gb/s已经是发展的必然。

IP-SAN面临的挑战如下。

(1)数据安全性。数据在传输过程的安全性和在存储设备中的安全性是IP-SAN存储面临的严峻问题。

(2)TCP负载。TCP为了完成数据的排序工作需要占用较多的主机CPU资源,导致用户业务处理延迟的增加块数据传输。IP比较适合传输大量的小块消息,对大块数据的传输的效率还有待提高。

FC-SAN与IP-SAN比较,如表6-5所示。

表 6-5　FC-SAN 与 IP-SAN 比较

描　　述	FC-SAN	IP-SAN
网络速度/(Gb·s⁻¹)	1、2、4、8	1、10
网络架构	单独建设光纤网络	使用现有IP网络
传输距离	仅受光纤传输的限制	理论上没有距离限制
管理与维护	较复杂	操作简单
兼容性	差	与所有IP网络设备兼容
性能	非常高的数据传输和读写性能	目前主流为1Gb,占用主机CPU资源
成本	设备(光纤通道交换机、HBA卡、磁盘阵列等)昂贵,维护(专用软件人员培训、系统监测等)费用高	设备与维护成本均较低
容灾	容灾硬、软件成本高	可实现本地和异地容灾,且成本低
安全性	较高	较低

IP-SAN 根据主机与存储的连接方式不同,可以分为以太网卡+initiator 软件实现方式、TOE 网卡+initiator软件实现方式和 iSCSI HBA 卡连接方式 3 种。

(1) 以太网卡+initiator 软件实现方式,如图 6-29 所示。

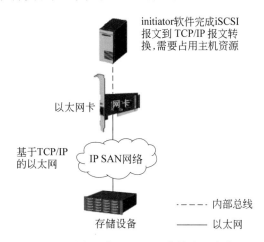

图 6-29 以太网卡+initiator 软件实现方式

(2) TOE 网卡+initiator 软件实现方式,如图 6-30 所示。

(3) iSCSI HBA 卡连接方式,如图 6-31 所示。

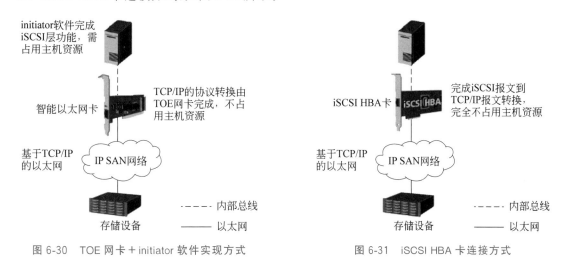

图 6-30 TOE 网卡+initiator 软件实现方式 图 6-31 iSCSI HBA 卡连接方式

第一种连接方式的服务器、工作站等主机使用以太网卡,直接与以太网交换机连接,iSCSI 存储也直接连接到以太网交换机上(或直接连接到主机的以太网卡上)。在主机上的 initiator 软件将以太网卡虚拟为 iSCSI 卡,接收和发送 iSCSI 数据报文,从而实现主机和 iSCSI 设备之间的 iSCSI 和 TCP/IP 传输功能。

其他两种方式与第一种方式的差别主要是采用了专业的硬件设备,即 TOE(TCP offload engine) 网卡和 iSCSI HBA 卡,协议转换工作交由专业设备来完成,从而减轻主机 CPU 的负担,提高系统执行效率。

在 iSCSI 的软件实现方式和硬件实现方式两种方式中,软件实现方式主要是利用软件和以太网卡来实现。软件需要实现 iSCSI 层和 TCP/IP 所要求的功能,由于这些都是由操作系统完成,因此在处理的过程中需要消耗较多 CPU 资源。但软件设计所采用的是普通以太网卡,其硬件成本比较低廉。

硬件实现方式主要是利用 iSCSI HBA 卡来完成的。由于 iSCSI 层和 TCP/IP 所要求的功能都是由 iSCSI HBA 完成的,操作系统就不必去承担 iSCSI 层和 TCP/IP 所需要的资源,在一定程度上提升系统的性能。由于采用的是专门的 iSCSI HBA,系统的硬件成本比较高。

3. 操作系统对 iSCSI 的支持

在 Linux 2.6 内核中提供了 iSCSI 驱动,使主机拥有了通过 IP 网络访问存储的能力。驱动在主机(initiator)和服务器端(target)间使用 iSCSI 协议在 TCP/IP 网上传输 SCSI 请求和响应,在构建上,iSCSI 驱动与 TCP/IP 栈、网络驱动和网络接口卡相结合,等同于 SCSI 或光纤通道卡适配器驱动对主机总线卡(HBA)的作用。

在 target 端(即服务器端)安装的 scsi-target-utils,是 iSCSI 软件的管理工具。在 initiator 端(结点端)安装的 iscsi-initiator-utils 是 iSCSI 用户空间组件,可作为 iSCSI 连接的发起端,实现主机与存储基于 iSCSI 协议的访问。

target 端安装后,便可使用相应的管理配置工具 tgtadm,可以对 target、LUN、用户等进行管理。由于 iSCSI 模块工作在内核,tgtadm 的配置只在内存中,开机重启将会失效,所以建议通过配置文件/etc/tgt/targets.conf 来配置,启动时由另一个工具 tgtadm 读取该文件。

1)tgtadm 命令

tgtadm 命令常用于管理 3 类对象。

target:创建,删除,查看。

lun:创建,查看,删除。

account:创建用户,绑定,解绑定,删除,查看。

tatadm 使用语法如下:

```
tgtadm --lld[driver]--op[operation]--mode[mode][OPTION]...
```

tgtadm 命令常用选项如下。

-L --lld<driver>:这里驱动程序 driver 是 iSCSI。

-m --mode <mode>:指定操作的对象,mode 为 target,logicalunit 等。

-o --op[operation]:对指定的对象所要做的操作,operation 有 delete、new、bind、show、unbind 等选项。

-t --tid<id>:指定 target 的 ID。

-T --targetname<targetname>:指定 target 名称,其名称格式为

```
iqn.xxxx-yy.reversedoamin.STRING[:substring]
```

其中,iqn 为 iqn 前缀;xxxx 为年份;yy 为月份;reversedomain 为所在域名的反写;STRING 为字符串;substring 为子字符串;如

```
iqn.2020-08.com.a.web:server1
```

-l --lun<lun>:指定 LUN 的号码。

-b --backing-store <path>:关联到指定 LUN 上的后端存储设备,此例为分区。

-I --initiator-address <address>:指定可以访问 target 的 IP 地址。

举例如下。

若要添加一个新的 target，其 ID 为[id]，名字为[name]，则

```
tgtadm --lld [driver] --op new --mode target --tid=[id] --targetname [name]
```

例如：

```
tgtadm --lld iscsi --op new --mode target --tid 1 -T iqn.2020-08.com.magedu:tsan.disk1
```

若要显示所有或某个特定的 target，则

```
tgtadm --lld [driver] --op show --mode target [--tid=[id]]
```

例如显示所有的 target 的命令如下：

```
tgtadm --lld iscsi --op show --mode target
```

若要向某 ID 为[id]的设备上添加一个新的 LUN，要求其号码为[lun]，且此设备提供给 initiator 使用，[path]是某"块设备"的路径，此块设备也可以是 raid 或 lvm 设备。lun0 已经被系统预留，则

```
tgtadm--lld [driver] --op new --mode=logicalunit --tid=[id] --lun=[lun] --backing-store
[path]
```

例如：

```
tgtadm --lld iscsi --op show --mode target --tid 1
```

若要删除 ID 为[id]的 target，则

```
tgtadm --lld [driver] --op delete --mode target --tid=[id]
```

例如：

```
tgtadm --lld iscsi --op new --mode logicalunit --tid 1 --lun 1 -b /dev/sda1
```

若要删除 target [id]中的 LUN [lun]，则

```
tgtadm  --lld [driver] --op delete --mode=logicalunit --tid=[id] --lun=[lun]
```

例如：

```
tgtadm --lld iscsi --op bind --mode target --tid 1 -I 192.168.85.0/24
```

其中，-I 相当于--initiator-address。

若要定义某 target 的基于主机的访问控制列表，并用[address]表示允许访问此 target 的 initiator 客户端的列表，则

```
tgtadm --lld [driver] --op bind --mode=target --tid=[id] --initiator-address=[address]
```

例如：

```
tgtadm --lld iscsi --op new --mode account --user administrator --password 123456
```

若要解除 target［id］的访问控制列表中［address］的访问控制权限，则

```
tgtadm --lld [driver] --op unbind --mode=target --tid=[id] --initiator-address=[address]
```

例如：

```
tgtadm --lld iscsi --op new --mode account --user abc --password 123456
```

2）iscsiadm 命令

各结点 initiator 在安装 iscsi-initiator-utils 后便可使用一些配置管理工具，其中最主要的是
iscsiadm 命令，提供了对 iSCSI 目标结点、会话、连接以及发现记录的操作。iscsiadm 是个模式化的工
具，其模式可通过-m 或--mode 选项指定，常见的模式有 discoverydb、node、fw、session、host、iface 等，如
果没有额外指定其他选项，则 discoverydb 和 node 会显示其相关的所有记录；session 用于显示所有的
活动会话和连接，fw 显示所有的启动固件值，host 显示所有的 iSCSI 主机，iface 显示/var/lib/iscsi/
ifaces 目录中的所有 ifaces 设定。

iscsiadm 命令的语法格式如下：

```
iscsiadm -m discovery [-d debug_level] [-P printlevel] [-I iface -t type -p ip:port [-l]]
```

或

```
iscsiadm -m node [-d debug_level][-P printlevel][-L all,manual,automatic][-U
    all,manual,automatic] [ [-T tar-getname -p ip:port -I iface] [-l | -u | -R | -s] ] [ [ -o
    operation]
```

iscsiadm 命令常用选项如下。

-d --debug＝debug_level：显示 debug 信息，级别为 0～8。

-l --login：登入结点（服务器）。

-t --type＝type：可以使用的类型为 sendtargets（可简写为 st）、slp、fw 和 isns，此选项仅用于
discovery 模式，且目前仅支持 st、fw 和 isns；其中 st 表示允许每个 iSCSItarget 发送一个可用 target 列
表给 initiator。

-p --portal＝ip[:port]：指定 target 服务的 IP 和端口。

-m --mode op：可用的 mode 有 discovery、node、fw、host iface 和 session。

-T --targetname＝targetname：用于指定 target 的名字。

-u --logout：登出结点（服务器）。

-o --op＝OPEARTION：指定针对 discoverydb 数据库的操作，其仅能为 new、delete、update、show
和 nonpersistent 其中之一。

-I --interface＝[iface]：指定执行操作的 iSCSI 接口，这些接口定义在/var/lib/iscsi/ifaces 中。

3）主要配置测试环节

（1）配置 target 端。

① 创建 LUN。

② 启动 target 端的 tgtd 服务。

③ 创建 target 及 LUN，并绑定网络。

④ 配置访问用户。iSCSI 可以配置基于 IP 或基于用户（CHAP）的认证方式，基于 IP 像上面绑定开放网络就可以；基于用户除了绑定网络，还需要配置访问用户（如果使用基于用户的认证，必须首先开放基于 IP 的认证），CHAP 是双向的认证机制。

（2）配置各 initiator 结点。

① 配置 initiator 名称。

② 配置 target 访问用户。

③ 启动各结点 iSCSI 服务。

④ 各结点发现 target，并登录。

各结点要使用 target 的 LUN 必须先发现，再登录后才能用，发现操作指定 target 的 IP 地址，登录需要指定发现的 target 名称和 IP/端口。如果登录不成功，可能是因为配置的用户不对，修改正确后需要重启 iSCSI 服务，重新发现 target，一般可解决登录问题。

（3）测试。

① 创建分区，并格式化。

② 各结点挂载测试。

（4）删除操作及 target 端文件配置。

① 删除各结点登录信息。

② 删除 target 端配置。先解除绑定，再删除 LUN，最后删除 target。

③ 文件配置 target 信息。

④ 各结点重新发现并登录。

iSCSI 主要是通过 TCP/IP 的技术，将存储设备端通过 iSCSI target 功能，实现提供磁盘的服务器端，再通过 iSCSI initiator 功能，挂载使用 iSCSI target 的客户端，如此便能通过 iSCSI 协议来进行磁盘的应用。

4. InfiniBand-SAN

InfiniBand（无限带宽）是一种新的 I/O 体系结构，它将 I/O 系统与复杂的 CPU/Mem 分开，采用基于通道的高速串行链路和可扩展的光纤交换网络替代共享总线结构，提供了高带宽、低延迟、可扩展的 I/O 互连，克服了传统的共享 I/O 总线结构的种种弊端。

InfiniBand 也是一种新的互连技术，它不仅可用于服务器内部的互连、服务器之间的互连、集群系统的互连，还可用于存储系统的互连，基于 InfinBand 的 SAN 称为 InfiniBand-SAN。

InfiniBand 采用基于包交换的高速交换网络技术，可采用光纤或铜线实现连接，单线传输速率为 2.5Gb/s，可通过 2、4 或 12 线并行来扩展通道带宽，带宽可高达 2.5GB/s、10GB/s、30GB/s。

InfiniBand 采用层次结构，将系统的构成与接入设备的功能定义分开，不同的主机可通过 HCA（host channel adapter，主机通道适配器）、RAID 等网络存储设备利用 TCA（target channel adapter）接入 InfiniBand-SAN。

InfiniBand 是一个统一的互连结构，既可以处理存储 I/O、网络 I/O，也能够处理进程间通信（IPC）。它可以将 RAID、SANs、LANs、服务器和集群服务器进行互连，也可以连接外部网络（例如 WAN、

VPN、互联网）。设计 InfiniBand 的目的主要是用于企业数据中心,大型的或小型的。目标主要是实现高的可靠性、可用性、可扩展性和高的性能。InfiniBand 可以在相对短的距离内提供高带宽、低延迟的传输,而且在单个或多个互联网络中支持冗余的 I/O 通道,因此能保持数据中心在局部故障时仍能运转。图 6-32 所示为 InfiniBand 的结构。

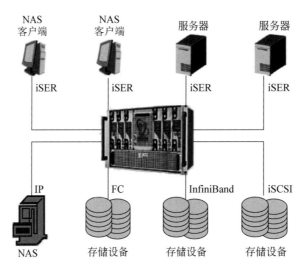

图 6-32　InfiniBand 的结构

　　SAN 是通过专用高速网将一个或多个网络存储设备和服务器连接起来的专用存储系统,未来的信息存储将以 SAN 存储方式为主。可采用光纤通道、IP/Ethernet、InfiniBand。就目前看,光纤通道将是 SAN 的主流,即使到了 IP 和 InfiniBand 进入市场时,光纤通道结构也不会完全被取代。

6.6　SAN 小结

　　SAN 是一种面向网络的存储结构,是以数据存储为中心的。SAN 采用可扩展的网络拓扑结构连接服务器和存储设备,并将数据的存储和管理集中在相对独立的专用网络中,面向服务器提供数据存储服务。服务器和存储设备之间的多路、可选择的数据交换消除了以往存储结构在可扩展性和数据共享方面的局限性。

　　通过协议映射,SAN 中存储设备的磁盘或磁带表现为服务器结点上的"网络磁盘"。在服务器操作系统看来,这些网络盘与本地盘一样,服务器结点就像操作本地 SCSI 硬盘一样对其发送 SCSI 命令。SCSI 命令通过 FCP、iSCSI、SEP 等协议的封装后,由服务器发送到 SAN 网络,然后由存储设备接收并执行。服务器结点可以对"网络磁盘"进行各种块操作,包括磁盘分区、格式化等,也可以进行文件操作,如复制文件、创建目录等。

　　与 DAS、NAS 相比,SAN 技术的主要优点如下。

　　(1) SAN 为每台主机提供了更多的可控存储容量。SAN 并没有提高单个磁盘驱动器的容量,也没有增加主机系统中支持的主机 I/O 控制器的数量,但它能显著提高连接到每台主机 I/O 控制器的设备数。此外,它还提供了通过级联网络交换机和集线器来扩展容量的方法。

　　(2) 可提供更高的传输带宽。目前光纤网络可提供 2Gb/s 的带宽,而千兆以太网可提供 1Gb/s 的带宽。此外,与共享带宽的总线和网络相比,使用交换网络的 SAN 为数据存取提供了更好的可扩展性,网络的传输带宽可以成倍地增长。

（3）可提供更长的连接距离。SAN 能以高速在很长的距离上运作,在采用光纤通道协议的 FC-SAN 中,使用单模光纤且不使用重发器,就可支持长达 10km 的数据传输;而使用 IP 网络进行数据传输的 IP-SAN 则可以在广域网上传输数据,从而使数据的存取不再受区域的限制。

（4）在数据可用和共享方面的优势。服务器和数据的分离以及面向网络的集中存储使数据的安全性和可用性大大提高。而且,利用 SAN 的远距离连接能力,通过数据镜像等操作,即使系统遭受区域灾害(如洪水、火灾、大规模电力故障等),也能很快完成数据的灾难恢复。同时,面向网络的集中存储和多路径的数据交换使数据共享变得非常容易。

习题 6

一、选择题

1. 存储网络(SAN)安全的基本思想是（　　）。

　　A. 安全渗透网络　　　　　　　　　　B. 泛安全模型

　　C. 网络隔离　　　　　　　　　　　　D. 加密

2. DAS、FC-SAN、IP-SAN 都支持的安全措施（　　）。

　　A. zoning　　　　　　　　　　　　　B. VLAN

　　C. IP SEC VPN　　　　　　　　　　D. LUN mapping/masking

3. SAN 架构基本组成要素包括（　　）。(多选)

　　A. 服务器　　　　B. 后端存储系统　　　C. 交换机　　　　D. 控制软件卡

4. FC 支持的拓扑结构有（　　）。(多选)

　　A. 星形　　　　　　B. 点对点　　　　　C. 仲裁环(arbitrated loop)

　　D. 交换式(fabric)　　E. 网状

5. IP-SAN 由（　　）组成。(多选)

　　A. 设备整合,多台服务器可以通过存储网络同时访问后端存储系统,不必为每台服务器单独购买存储设备,降低存储设备异构化程度,减轻维护工作量,降低维护费用

　　B. 数据集中,不同应用和服务器的数据实现了物理上的集中,空间调整和数据复制等工作可以在一台设备上完成,大大提高了存储资源利用率

　　C. 兼容性好,FC 协议经过长期发展,已经形成大规模产品化,而且厂商之间均遵循统一的标准,以使目前 FC-SAN 成为主流的存储架构

　　D. 高扩展性,存储网络架构使服务器可以方便地接入现有 SAN 环境,较好的适应应用变化的需求

6. 存储区域网使用的协议是（　　）。

　　A. 块级 I/O 协议　　　　　　　　　B. 文件级协议(CIFS、NFS)

　　C. 数据级协议(CKD)　　　　　　　D. 特殊协议

7. 为了使 SAN 数据接入 LAN 中,性价比最高的方式是（　　）。

　　A. 池　　　　　B. 分区　　　　　C. 融合　　　　D. 整合

8. （　　）是最复杂和最强大的光纤通道协议。

　　A. 点对点　　　　B. 仲裁环　　　C. 交换环路　　D. 全交换结构

9. SAN 是基于（　　）原理上的。

　　A. 简单化的管理、对客户端和应用增加数据的目标

B. 在共享的存储池任意的服务器能够直接改变数据和改变存储设备

C. 在一个多客户的应用环境中，一个为每个主机服务器服务的单独的数据存储系用的集群

D. 数据存储设备通过 HBA 卡被直接连接到服务器上，没有经过任何网络设备

10. 逻辑单元号(LUN)的定义(　　)。

A. 通过一个 iSCSI 将命令数据块发送到目标

B. 一个光纤通道适配器的集合(FCAs)驻留在相同的虚拟服务器

C. 一个算法确定一个 I/O 流将从缓存受益

D. 用来呈现磁盘到服务器的唯一存储 ID

11. FC 协议为(　　)协议栈结构。

A. 3 层　　　　　　B. 4 层　　　　　　C. 5 层　　　　　　D. 6 层

12. iSCSI 是使用(　　)协议封装(　　)协议指令和数据，是 IP-SAN 实现的具体方式和协议之一。

A. TCP/IP FC　　　B. SAS FC　　　　C. FC SCSI　　　　D. TCP/IP SCSI

13. 按照对外接口类型分，常见的磁盘阵列可以分为(　　)。

A. SCSI RAID　　　B. iSCSI RAID　　C. NAS 存储　　　D. FC RAID

二、简答题

1. 光纤网卡、HBA 卡和 RAID 卡有什么区别？

2. 在 Linux 系统中，通过 ♯cat /proc/scsi/scsi 命令查看到如图 6-33 信息，请回答下列问题。

```
# cat /proc/scsi/scsi
Host:   scsi2        Channel: 00      Id: 00    Lun: 00
Vendor: DGC          Model: RAID 5                    Rev: 0219
Type:   Direct-Access                     ANSI SCSI revision: 04
Host:   scsi2        Channel: 00      Id: 01    Lun: 01
Vendor: DGC          Model: RAID 5                    Rev: 0219
Type:   Direct-Access                     ANSI SCSI revision: 04
```

图 6-33　第 2 题图

(1) 图中的 Host、Channel、ID、LUN 各表示什么？

(2) 该系统中有几个 SCSI 设备？几个 LUN？

3. 从安全性角度分析 DAS、NAS、SAN 这 3 种存储，说说哪种的安全性最好。

4. SCSI 与 iSCSI 两种协议，有什么异同？

5. 下面是某人进行实验的过程，试分析其操作过程，说明实验是否成功、要达到什么目的。

```
1   准备
1.1  准备一个分区
#创建分区
[root@mail ~]# fdisk /dev/sda   (接下来操作序列: n、P、Enter、Enter、Enter、W)
#partprobe
#fdisk -l
/dev/sda4 /dev/sdb
#更新分区信息
#partprobe 重新读取分区表
[root@mail ~]# partx -a /dev/sda
1.2  准备一个空磁盘
#确认/dev/sdb 设备
```

```
[root@mail ~]# fdisk -l
```

2　安装服务端软件

```
[root@mail ~]# yum install -y targetcli
```

3　创建

3.0　命令的使用

```
#targetcli
#使用 ls 命令查看菜单结构
/>ls
o- / … […]
o-backstores … […] 后备存储
| o-block … [Storage Objects: 2] 块设备
| | | o-LUN1 … [/dev/sdb (10.0GiB) write-thru deactivated]
| o-fileio … [Storage Objects: 0] 文件存储
| o-LUN0 … [/dev/sda5 (17.8GiB) write-thru deactivated]
| o-pscsi … [Storage Objects: 0] 物理 scsi
| o-ramdisk … [Storage Objects: 0] 闪存
o-iscsi … [Targets: 2] 通过 2create 创建,两个分别将 sdb sda5 共享出去
| o-iqn.2021-08.org.linux-iscsi.mail.x8664:sn.138cf1e3c10f … [TPGs: 1] 字符串
| | o-tpg1 … [no-gen-acls, no-auth] 共享存储的组
| | o-acls … [ACLs: 0]
| | o-luns … [LUNs: 0]
| | o-portals … [Portals: 1]
| | o-0.0.0.0:3260 … [OK]
| o-iqn.2021-08.org.linux-iscsi.mail.x8664:sn.35c71b41d217 … [TPGs: 1]
| o-tpg1 … [no-gen-acls, no-auth]
| o-acls … [ACLs: 0]
| o-luns … [LUNs: 0]
| o-. portals … [Portals: 1]
| o-0.0.0.0:3260 … [OK]
o-loopback … [Targets: 0]
```

3.1　创建 LUN

```
#创建 sda5 分区为 LUN0
/backstores/block>create name=LUN0 dev=/dev/sdb
#创建磁盘/dev/sdb 为 LUN1
/backstores/fileio>create name=LUN1 file_or_dev=/dev/sda5
#使用 ls 命令来查看创建的结果
/backstores/block>ls
```

3.2　创建 IQN

```
使用以下命令
/iscsi>set group=global auto_add_default_portal=false
#使用 ceate 命令来创建一个 IQN,此处示例需要两个,所以执行两次该命令
/iscsi>create
#使用 ls 命令查看 IQN 的创建结果
```

```
/iscsi>ls
```

3.3 添加 target

3.3.1 配置权限

#切换到 tpg1 目录,配置演示模式权限

```
/iscsi/iqn.20…f1e3c10f/tpg1>
```

#执行以下命令

```
/iscsi/iqn.20…f1e3c10f/tpg1>set attribute authentication=0 demo_mode_write_protect=0
    generate_node_acls=1 cache_dynamic_acls=1
```

属性认证关闭 演示模式写保护关闭 生成结点 acl 缓存动态 acl

注意: 演示示例默认来说不安全

3.3.2 添加 luns

#添加 LUN0 到第一个 IQN

```
/iscsi/iqn.20…10f/tpg1/luns>create /backstores/block/LUN0
```

#添加 LUN1 到第二个 IQN

```
/iscsi/iqn.20…217/tpg1/luns>create /backstores/fileio/LUN1
```

#创建完成后,切换到 iscsi 目录,使用 ls 命令查看创建结果

```
/iscsi>ls
```

3.3.3 创建 portal 接口

#在第一个 IQN 中创建 portal

```
/iscsi/iqn.20…/tpg1/portals>create192.168.0.111 3260
```

#在第二个 IQN 中创建 portal

```
/iscsi/iqn.20…/tpg1/portals>create192.168.0.111 3261
```

#创建完成后,切换到 iscsi 目录,使用 ls 命令查看创建结果

```
/iscsi>ls
```

3.4 启动服务

配置完成后,使用 exit 命令退出程序,该程序会自动保存配置到配置文件中

```
/iscsi/iqn.20…/tpg1/portals>exit
Global pref auto_save_on_exit=true
Last 10 configs saved in /etc/target/backup
Configuration saved to /etc/target/saveconfig.json
```

#启动服务

```
[root@mail ~]# systemctl restart target
```

#查看服务状态

```
[root@mail ~]# systemctl status target
```

4 验证

4.1 Windows 客户端

使用 iscsi 发起程序

4.2 Linux 客户端

确认客户端是否安装

```
[root@localhost ~]# yum install iscsi-initiator-utils
```

查看当前虚拟机的磁盘分区情况

发现目标,以下命令

```
[root@localhost ~]# iscsiadm -m discovery -t sendtargets -p192.168.0.111
```

这是全命令(iscsi 辅助工具)

```
iscsiadm --mode discovery --type sendtargets --portal192.168.0.111
```

登录目标：登录服务器上的一个或多个 iscsi 目标

挂载命令格式：

```
iscsiadm --mode node --targetnameiqn.2021-08.org.linux-iscsi.localhost.x8664:sn.
    0f6a7f1386fc --portal 172.25.0.129:3261 --login
```

如下所示

```
[root@localhost ~]# iscsiadm -m node -T iqn.2021-08.org.linux-iscsi.mail.x8664:sn.
    5e7307059fbf -p 192.168.0.111:3261 -l
```

查看：

```
[root@localhost ~]# fdisk -l
[root@localhost ~]# lsscsi
```

查看和区分

```
[root@localhost ~]# ll /dev/disk/by-path/
```

查看日志

```
[root@localhost ~]# grep sdb /var/log/messages
```

自动挂载

注意，必须使用 UUID，否则会出问题，同时在参数中添加 _netdev

```
UUID=33899a29-9f9e-476f-b8e9-cc9ad0986dac /mnt xfs defaults,_netdev 0 0
```

开机启动关闭防火墙

原因：当计算机开机首先是 bios 自检查找硬盘中的操作系统引导启动，但是当系统没有完全启动时计算机就没有通过网络通信，而 iscsi 是基于网络的共享存储，所以开机重启需要告诉内核这条开机挂在是基于网络的存储

删除：

```
targetcli iscsi/ delete iqn.2003-01.org.linux-iscsi.mail.x8664:sn.5e7307059fbf
```

三、实验题

1. IP-SAN 部署分析实验。

【实验目的】

(1) 了解 IP-SAN，掌握其工作原理。

(2) 能进行 IP-SAN 部署和分析。

【实验环境】

实验拓扑如图 6-34 所示。各主机系统安装 64 位的 Linux(自行选择采用哪种 Linux，说明原因)。

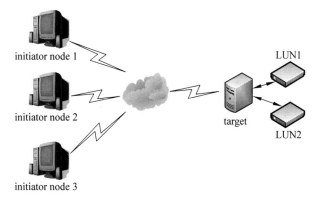

图 6-34　第 1 题图拓扑

【实验内容】

（1）安装 target：scsi-target-utils。

```
IP: 192.168.18.240
LUN1: /dev/sda5 50G(以分区代替)
LUN2: /dev/sda6 20G
```

（2）部署 3 台结点主机 node1、node2 和 node3。

安装软件：iscsi-initiator-utils。

配置如表 6-6 所示。

表 6-6　3 台结点主机的配置

结　　点	IP	主　机　名
node1	192.168.18.241	node1.lab.com
node2	192.168.18.242	node2.lab.com
node3	192.168.18.243	node3.lab.com

请写出详细配置过程，并进行测试（自行设计测试用例）。

（3）iSCSI 启动端和目标端的会话可以分为 3 个阶段：登录阶段、全功能阶段和退出阶段。登录阶段又可分为初始登录阶段、安全协商阶段和操作协商阶段。每个阶段都有相应的 PDU 进行交互。请捕获（如使用 Wireshark 工具）iSCSI 启动端和目标端的会话数据包，分析其会话过程。

2．IP-SAN 综合实验。

【实验目的】

（1）理解 IP-SAN 基本原理。

（2）掌握 iSCSI 工作模式。

（3）掌握 Linux 服务器上安装和配置 target 的方法和步骤。

（4）掌握 Windows 中利用 iSCSI 客户端连接 target 的方法。

（5）掌握 Linux 客户端连接 target 的方法。

【实验环境】

实验拓扑如图 6-35 所示。

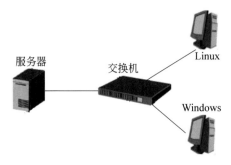

图 6-35　第 2 题图拓扑

【实验内容】

（1）修改 3 台主机的主机名，例如 Server-××、Windows-××、Linux-××。

（2）在 Server 上添加一块新硬盘（容量自定）。

（3）在 Server 上对新硬盘分两个区（分区容量自定）sdb1、sdb2。

（4）将分区 sdb1 格式化为 Ext4 格式，然后挂载在/mnt/data 目录下，然后在该目录下利用 dd 创建一个名为××的文件。分别进行分区挂载和目录文件查看操作。

（5）在 Server 上安装 target。

（6）Server 上关闭防火墙，启动服务，查看运行状态。思考为什么要关闭防火墙。

（7）在 Server 上进入 targetcli 命令模式，创建 target。

① 创建 LUN，给要发布的逻辑卷命名为××，将 sdb2 分区分配给 Windows。再利用文件/mnt/data/××创建一个给 Linux 客户使用的 LUN。

② 创建 iqn 名字即创建 iSCSI 对象，在 Windows 上查看 iqn。

③ 设置 ACL，将 iSCSI 对象与客户端 IP 或主机绑定。

④ 创建 LUN 并绑定块。

⑤ 启动监听程序。

⑥ 设置用户名和密码。

⑦ 查看配置结果。

（8）在 Windows 客户端访问存储（在 Windows 中打开 iSCSI 发起程序，在发现标签上单击"发现门户"）。

（9）在 Linux 客户端中配置。

① 安装 iSCSI-initiator。

② 给 initiator 命名，保持与 Server 中配置的名称一致。

③ 修改配置文件（/etc/iscsi/iscsid.conf），设置认证用户和密码。

④ 启动 iSCSI 客户端。

⑤ 发现客户端并连接。

⑥ 查看结果，创建分区并格式化。

（10）测试（自行定义测试用例）。

（11）捕获（如 Wireshark 工具）iSCSI 启动端和目标端的会话数据包，分析其会话过程。

（12）实验心得体会。

将实验过程拍成视频。

3. SAN 网络仿真。

【实验目的】

（1）了解 SAN，掌握其工作原理。

（2）通过 OPNET 构建一个 FC-SAN 仿真存储系统并进行性能测试。

【实验环境】

一台安装有 OPNET 的 PC。

【实验内容】

（1）安装 OPNET，构建一个 FC-SAN 仿真存储系统。

（2）利用该仿真存储系统分析：SAN 结点处的吞吐量、磁盘响应时间、逐步增加系统工作负载，分析各结点利用率变化，并图形化数据处理。

注意：

OPNET 软件是目前网络仿真软件中应用最广泛的一个，具有极大的灵活性和强大的仿真功能。

仿真过程中,可以对该网络中所牵涉的数据帧、帧的传输协议、帧的处理流程进行自主的设计实现,OPNET 中的 OPNET Modeler 可以提供很好的支持。

OPNET Moderler 提供的是一种层次化的建模机制,可以逐层的对网络拓扑设计实现:在 PACKET FORMAT 中可以对需要的帧格式进行设计;在进程模型,即模块的有限状态机中对帧的处理流程进行设计;在结点模型中,对网络中的功能结点设计实现;最后,网络模型,即所需仿真的网络拓扑,在该层进行设计。另外,OPNET Modeler 中还提供了很好的图形化数据处理机制,可以是用户对仿真结果,进行更加有效的分析和研究。总体上来说,整个网络是由事件驱动的,而 OPNET Modeler 的仿真处理过程也是由事件驱动的。

4. 基于 CHAP 认证的 iSCSI 实践。

【实验目的】

(1) 了解 CHAP 认证机制。

(2) 掌握 iSCSI。

【实验环境】

两台虚拟机,操作系统为 CentOS。

两台虚拟机的配置如表 6-7 所示。

表 6-7　两台虚拟机的配置

结　点	IP	网　关	主　机　名
虚拟机 1	192.168.0.111/24	192.168.0.1	target.sysu.co
虚拟机 2	192.168.0.112/24	192.168.0.1	initiator.sysu.co

【实验内容】

(1) target 服务器端配置。

① 修改主机名为 target.sysu.co(修改完成后断开,重新连接)。

```
hostnamectl set -hostname target.sysu.co
```

② 安装所需要的软件包。

```
yum install -y targetcli
```

③ 设置 target 开机自动启动和启动 target。

```
systemctl enable target.service
systemctl start target.service
```

④ 防火墙放行 target 监听端口(默认为 3260/tcp)。

```
firewall -cmd --permanent --add -port=3260/tcp
firewall -cmd --reload
```

⑤ 创建物理磁盘结构作为 target 后端的物理存储(须事先创建一个 100M LV 做备用)。

```
lvs
targetcli /backstores/block create name=datastore dev=/dev/iscsi_vg/iscsi_lv
```

⑥ 为 target 服务器创建 iqn，自动创建一个默认的 target portal。

注意：iqn 的命令规则如下：

```
iqn.yyyy-MM.域名反向书写(自定义)
```

例如：

```
iqn.2021-08.co.sysu:target (主机名作标识便于记忆)
targetcli /iscsi create iqn.2021-08.co.sysu:target
```

⑦ 为 target portal 创建一个网络监听信息{portal}以发现 target。

```
targetcli /iscsi/iqn.2021-08.co.sysu:target/tpg1/portals delete 0.0.0.0 3260
targetcli /iscsi/iqn.2021-08.co.sysu:target/tpg1/portals create 192.168.0.111
```

⑧ 创建 LUM 代表设备(LUN 关联后端存储)。

```
targetcli /iscsi/iqn.2021-08.co.sysu:target/tpg1/luns create /backstores/block/datastore
```

⑨ 配置 ACL(可选步骤)。

ACL(访问控制列表)必须要和 initiator 端/etc/iscsi/initiatorname.iscsi 里 iqn 名字保持一致。否则拒绝访问。

ACL 默认是关闭的，需要手动开启。通过设置 generate_node_acls={0|1}，1 表示开启。

```
targetcli/iscsi/iqn.2021-08.co.sysu:target/tpg1/acls create iqn.2021-08.co.sysu:initiator
targetcli /iscsi/iqn.2021-08.co.sysu:target/tpg1 set attribute generate_node_acls=1
```

至此，target 服务器端配置完成。

(2) 客户端配置。

① 修改主机名为 initiator.sysu.co。

```
hostnamectl set-hostname initator.sysu.co
bash
```

② 查看 iscsi-initiator-utils 软件包是否安装(默认为安装)如果没有安装，则通过 yum install -y iscsi-initiator-utils 安装即可。

```
rpm -qa iscsi-initiator-utils
```

③ 开启 iSCSI 服务，开启开机自启动。

```
systemctl start iscsi
systemctl enable iscsi
```

④ 修改 iqn。

```
systemctl enable iscsi
vim /etc/iscsi/initiatorname.iscsi
```

在打开的文件中修改：

```
InitiatorName=iqn.2021-08.co.sysu:initiator
```

⑤ 发现 target 的 iSCSI 设备。

```
iscsiadm -m discovery -t st -p 192.168.0.111
```

发现的 target 信息会保存在/var/lib/iscsi/node 目录下。
⑥ 登录 target。

```
iscsiadm -m node -T iqn.2021-08.co.sysu:target -p 192.168.0.111 -l
```

此时,fdisk -l 会多出来一块磁盘。可以对该磁盘进行分区、格式化、挂载等操作。
⑦ 登出 target(临时取消对 target 的 iscsi 的访问,如果重启服务,依然能发现有一块磁盘)。

```
iscsiadm -m node -T iqn.2021-08.co.sysu:target -p 192.168.0.111 -u
```

⑧ 如果不想访问 target 的 iSCSI 设备(如果在重启服务,则不会出现发现的磁盘)。

```
iscsiadm -m node -T iqn.2021-08.co.sysu:target -p 192.168.0.111 -o delete
```

实际上这条命令就是删除/var/lib/iscsi/node/目录下对应的信息。
(3) 配置 CHAP 认证。
① target 服务器端。
配置发现认证 discovery authentication,有单向认证(target 服务器认证 initiator)与双向认证(target 服务器端和 initiator 客户端互相认证)之分。
单向认证：

```
set discovery_auth enable=1 userid=target password=XXXXXX
```

发现认证须在 iSCSI 下双向认证：

```
set discovery_auth enable=1 userid=target password=XXXXXX mutual_userid=initiator mutual
_password=YYYYYY
```

mutual_userid＝target 服务器请求 initiator 端认证的用户名,为便于记忆可用客户端主机名。
② initiator 客户端。
单向认证配置：

```
vim /etc/iscsi/iscsid.conf
```

在其中开启 3 项：

```
discovery.sendtargets.auth.authmethod=CHAP(开启 CHAP 认证)
discovery.sendtargets.auth.username=target(认证账号)
discovery.sendtargets.auth.password=YYYYYY(认证密码)
```

双向认证配置：

```
vim /etc/iscsi/iscsid.conf
```

在其中开启以下选项：

```
discovery.sendtargets.auth.authmethod=CHAP
```

initiator 客户端请求 target 服务器端认证账号和密码：

```
discovery.sendtargets.auth.username=target
discovery.sendtargets.auth.password=YYYYYY
```

target 服务器端请求 initiator 客户端认证账号和密码：

```
discovery.sendtagets.auth.username=initiator
discovery.sendtagets.auth.password=YYYYYY
```

（4）认证测试。请自行设计测试用例。

（5）说明为什么要认证，认证有什么作用？

第7章　虚　拟　存　储

7.1　虚拟存储概述

存储技术从 DAS 到 NAS 和 SAN,存储系统的性能已获得很大提高。随着存储系统的规模逐渐扩大,由于 NAS 和 SAN 存在难以克服的不足,因而迫切需要一种新的方法来改善存储系统的管理问题,虚拟存储技术应运而生。它可以对现有的各种存储设备和存储子系统进行整合,对存储管理进行优化。网络存储和虚拟存储都是为了解决"如何管理好存储"这样一个最基本的问题。

另一方面,随着数据量的爆炸性增长,要满足存储的管理、异步平台数据的共享、存储系统的可用性和可扩展性方面的要求,就必须采用虚拟存储技术,虚拟存储已逐渐成为存储的发展方向。

虚拟存储是指对存储服务和设备进行虚拟化,能够在对下一层存储资源扩展时进行资源合并,降低实现的复杂度。也就是通过对底层的存储硬件资源进行抽象化,而展现出来的一种逻辑表现。它通过将实体存储空间(例如磁盘)进行逻辑的分隔,组成不同的逻辑存储空间,以一个逻辑存储实体代表底层复杂的物理驱动器,屏蔽了单个存储设备的容量、速度等物理特性,而且也屏蔽了底层驱动器的复杂性以及存储系统后端拓扑结构的多样性,极大地增强了数据的存储能力、可恢复性和性能表现。

通过虚拟存储技术,在储存系统与服务器之间添加新的软件或硬件层,使应用不再需要了解数据寄存于哪个服务器、分区或储存子系统。管理员能够识别、提供和管理分散的储存,就如同在一个单一的资源中一般。而通过储存虚拟化,可用性也得到了提高。

因此,虚拟存储技术与传统技术相比,它具有更少的运营费用和更低的复杂性,简化了物理存储设备的配置和管理任务,同时还能够充分利用现有的物理存储资源,避免了存储资源的浪费。其将存储设备的使用与管理分离的特性,为使用者提供统一的、抽象的逻辑视图,从而可以极大地提高存储系统的管理效率和物理资源利用率,支持存储系统的资源和数据共享,实现透明的可扩展和高可用,是网络存储技术中的关键技术之一。随着应用需求和网络技术的发展,虚拟存储技术也在不断地演进和发展之中。

7.2　虚拟存储的原理

随着应用需求和网络技术的发展,虚拟存储技术也在不断地演进和发展。虚拟存储实际上就是提供一个统一的逻辑存储空间给服务器,服务器所能看到的是一个逻辑的存储空间,而不知道实际物理存储设备的位置、路径和每台设备的具体特征。

使用虚拟存储技术时,操作系统所看到的存储与物理存储是不同的。虚拟存储技术将存储设备虚拟成逻辑存储区间,并统一进行管理,使存储管理具有灵活的伸缩性。在虚拟存储环境下,单个存储设备的容量、速度等物理特性被屏蔽掉了,所有的存储资源在逻辑上被映射为一个整体,以单一透明的存储视图向用户呈现。存储管理的常规操作,如系统升级、建立和分配虚拟磁盘、扩展存储空间容量等可由虚拟存储管理层自动进行。

由此可见,虚拟存储的核心工作是物理存储设备到单一逻辑存储资源池的映射。通过虚拟存储技术,把各种异构的存储资源统一成对用户来说是单一视图的存储资源(storage pool),为用户或应用程序提供虚拟磁盘或虚拟卷,并为其隐藏或屏蔽具体存储设备的各种物理特性。利用虚拟存储技术,同时采用 Striping、LUN Masking、Zoning 等技术,用户可以根据自己的需求,方便地将大的存储池分割、分配给特定的主机或应用程序,实现存储池对服务器的动态而透明地增长与缩减。

在图 7-1 中,物理存储是 Disk,虚拟化后,操作系统面对的是 LUN,用户使用的是 Storage Group。所有的存储管理操作,如系统升级、改变 RAID 级别、初始化逻辑卷、建立和分配虚拟磁盘、存储空间扩容等比从前的任何存储技术都更容易。只有采用了虚拟存储技术,才能真正屏蔽具体存储设备的物理细节,为用户提供统一集中的存储管理。

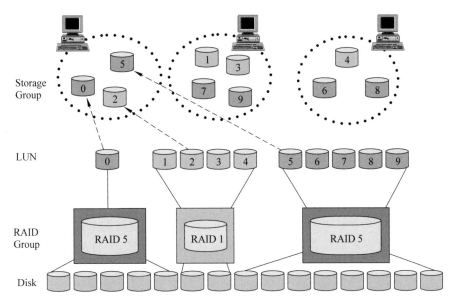

图 7-1　虚拟存储

虚拟存储技术的关键,是安全可靠的动态存储池,虚拟存储系统必须具备有的功能如下。

(1) 存储协议的自由转换(如从 SCSI 到光纤通道协议,能够支持异构存储和服务器环境)。

(2) 支持高可用性和高性能 SAN 存储配置(如指定主从镜像和空闲驱动器、产生合成式驱动器、联结多个存储子系统构成单一驱动器、实现集中治理以及灵活的存储容量扩充)。

(3) 具有可视性和可治理性,能够在更新和恢复等突发事件发生时及时通知管理员。

(4) 可以实现定时自动备份和恢复。

(5) 可以实现数据高速缓存。

(6) 可以控制主机访问不同的存储设备分区。

虚拟存储技术实际上就是把多个存储介质模块通过虚拟手段集中管理起来,所有的存储模块在一个存储池中进行统一管理,实现同构或异构的多个存储设备的统一管理,向用户提供一个大容量、高数据传输带宽的存储系统,实现了存储器物理管理与逻辑管理的分离和存储器的透明化访问。

7.3　虚拟存储的拓扑结构

目前的虚拟存储技术发展尚未形成统一标准,从虚拟存储的拓扑结构来说主要分为对称结构与非对称结构两种。对称结构是指在存储设备和应用服务器的数据路径上实现存储设备的虚拟,其数据和控制信息共用同一传输路径,其虚拟功能通过运行在虚拟控制器上的虚拟管理软件进行实现,这种结构也称为带内存储虚拟技术,如图 7-2 所示。

非对称结构的虚拟存储由存储网络中的一台装有虚拟管理软件的独立服务器实现存储虚拟功能,该服务器完成存储设备的逻辑映射、存储分配、数据安全保障等元数据的管理,应用服务器首先通过访问元数据服务器获取映射后虚拟设备,然后通过数据通路直接访问存储设备,因此实现了数据和指令在不同的路径上的传递,这种结构也称为带外存储虚拟技术,其结构如图 7-3 所示。

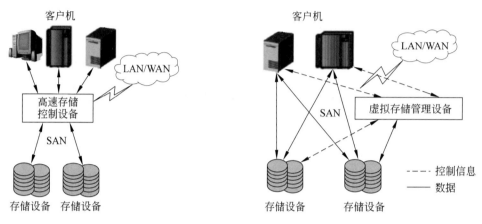

图 7-2 对称结构的虚拟存储　　　　图 7-3 非对称结构的虚拟存储

虽然使用对称式结构可节省硬件投资,但是在虚拟存储控制设备点容易造成网络拥塞,形成系统瓶颈,使性能降低。因此,需要增加缓存和采用良好的缓存策略。此外,一旦出现故障,容易产生单点失效,故在实际应用中这种结构往往采用冗余配置。

使用非对称式结构时,由于数据在专用的数据通道上传输,因此减少了前端局域网的带宽占用,减少了网络延迟,提高了系统性能。此外,这种结构避免了系统的单点故障和瓶颈,只是在一定程度上增加了用户投资。

从虚拟存储的实现原理也可以分为数据块的虚拟、磁盘的虚拟、磁带库的虚拟、文件系统的虚拟与文件/记录的虚拟,如图 7-4 所示。

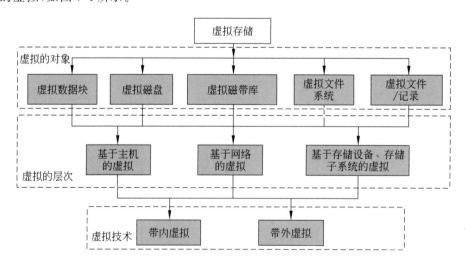

图 7-4 虚拟存储的分类

1. 虚拟数据块

虚拟数据块是为用户的应用程序提供逻辑存储的一种存储服务,数据块级别的虚拟存储对用户抽象了存储的真实物理地址。在软件层面,它解析逻辑 I/O 请求,将其映射成物理地址。该技术能提供自由可伸缩的存储容量,对用户是透明的。

数据块级别的虚拟存储技术可以应用到直连在虚拟引擎上的内部存储,也可以应用到网络上的外部存储。这些外部存储可以是来自同一厂商的同构存储,也可以是来自不同厂商的异构存储。数据块虚拟存储方案利用虚拟的多端口并行技术,为多台客户机提供了极高的带宽,最大限度上减少了延迟与冲突的发生,在实际应用中,数据块虚拟存储方案以对称式拓扑结构为表现形式。

2. 虚拟磁盘

虚拟磁盘是指在本地计算机中虚拟出一个远程计算机的磁盘,使用时如同是在本机上的硬盘一样。虚拟磁盘不是实际硬件。

最典型的虚拟磁盘是磁盘阵列。磁盘阵列是把多个磁盘组成一个阵列,视为单一磁盘使用,它将数据以分条的方式储存在不同的磁盘中,用户不必规划数据在各磁盘的分布。同时,采用数据校验等有效的存取控制机制,增加了数据的容错性能和安全性。存取数据时,阵列中的相关磁盘一起动作,大幅减低了数据的存取时间,提高了磁盘空间的使用率。显而易见,磁盘阵列控制器是典型的设备级虚拟存储实现。

3. 虚拟磁带库

磁带库的虚拟本质上是由磁盘阵列硬件设备通过软件模拟磁带备份的形式。对于存储管理员来说,它就是一个磁带库,对它的管理如同管理一个物理磁带库一模一样。虚拟磁带库采用基于 RAID 保护的磁盘阵列,从而将备份的可靠性较常规磁带备份提高了若干量级。封闭式结构的磁盘介质本身的MTBF(平均无故障间隔)一般为开放式结构磁带介质的 5 倍以上。磁带库的虚拟不仅解决了传统磁带库维护负担高、备份失效率高以及备份恢复能力不佳的问题,而且也改变了磁盘备份容易被误删除或被病毒感染以及不便于在 SAN 环境中统一管理和优化使用的劣势。虚拟磁带库技术具备性能高、故障率低、可靠性高、成本投入低以及运营成本低等多项优势。

4. 虚拟文件系统

虚拟文件系统(virtual file system,VFS)是物理文件系统与服务之间的一个接口层,定义了所有文件系统都支持的基本的、概念上的接口和数据结构,允许在操作系统间使用跨文件系统的文件操作。它并不是一种实际的文件系统,只存在于内存,而不存在于外存空间。

虚拟文件系统着重解决大规模网络中文件共享的安全机制问题。通过对不同的站点指定不同的访问权限,可保证网络文件的安全。在实际应用中,虚拟文件系统存储方案以非对称式拓扑结构为表现形式。

5. 文件的虚拟

虚拟文件是对各种不同的文件系统进行聚集,通过被称为全局命名空间的逻辑层来实现不同文件系统之间无缝进行数据迁移和集中管理,用户无须关心文件所在的具体物理位置以及何时被移动到什么位置,从而极大的方便了服务器的管理、文件的重组和存储的汇聚,是非结构化数据的一条有效管理途径。

虚拟文件使物理文件服务器的基本细节和 NAS 设备抽象化,并跨物理设备创建了一个统一命名空间,通过把多个文件系统和设备都统一到一个单独的命名空间下,文件虚拟化提供了一个单一的文件和目录。依据命名空间方式的不同，文件虚拟化可划分为集成平台的命名空间、集群存储派生的命名空间和网络虚拟的命名空间 3 种方式。

（1）集成平台的命名空间是主机文件系统的扩展，非常适合多站点协作，但由于缺乏文件控制而往往限制在单一文件系统或操作系统内使用。

（2）集群存储系统结合集群和先进的文件系统技术，把多文件服务器整合到一个单一的高可用系统内，创建了一个可支持不断增多的 NFS 和 CIFS 请求的模块化可扩展系统，其命名空间是一个统一的、跨所有集群结点的、共享的命名空间。

（3）网络虚拟的命名空间是由网络设备（即网络文件管理器）创建的，这些设备在用户和存储之间展现一个虚拟的命名空间。网络虚拟的命名空间非常适用于分层存储和其他的非中断数据迁移情况。

虚拟存储技术主要应用于企业级存储用户和存储网络。它对硬盘驱动器、RAID、磁带库和光碟库等存储设备进行虚拟，使用户能够在存储容量、性能、可靠性、连通性和易管理性方面更随心所欲地使用存储系统。

7.4　虚拟存储的实现模式

虚拟存储技术可以简化存储模型，提高灵活性并支持异构的存储环境。根据虚拟技术部署方式的不同，从已推出的虚拟产品的结构来看，可以分为基于主机的虚拟技术、基于存储设备的虚拟技术和基于网络的虚拟存储技术 3 种基本结构。每种架构都有其独特的优势，但也都存在一定的局限性。在实际的虚拟网络存储系统中，所采用的往往是这 3 种之中的一种或几种的组合。

7.4.1　基于主机的虚拟存储

基于主机的虚拟存储是指存储设备与服务器集于一体，虚拟存储的应用通过特定的软件在主机服务器上完成，经过虚拟的存储空间可以跨越多个异构的磁盘阵列。此时服务器有 4 个层次：顶层为应用软件层（如监控系统），次层为操作系统层（如 Linux 或者 Windows 操作系统），接下来是虚拟管理软件层（如 Windows 操作系统的自带卷管理器），底层为物理存储产品层（如硬盘或者磁带等）。基于主机的虚拟存储应用，可以提高灵活性、扩大存储空间，又不需要大的投入，目前应用较为广泛。

例如，有一个文件服务器，为了优化文件服务器的性能，扩大存储空间，需要其能够像多个磁盘阵列中存储、读取数据文件。这样不仅可以实现磁盘之间的负载均衡，提高文件访问的效率，而且不同磁盘阵列之间还可以实现数据的冗余校验，提高数据的安全性。像这样的应用，就可以采用基于主机的虚拟存储应用。如果磁盘阵列是异构的，即磁盘阵列是不同的类型或者所采用的存储介质不同的，也适合基于主机的虚拟存储。支持异构的存储介质正是虚拟存储应用的一大特色。

基于主机的虚拟存储技术其核心就是位于第三层的虚拟存储技术管理软件。在现实应用中，该功能通常是由操作系统下的逻辑卷管理软件来实现。如 Windows 操作系统下面的自动卷管理软件。也可以采用第三方虚拟卷管理软件（如厂商提供的管理软件）。从在兼容性、性能上看，可优先考虑采用操作系统自带的卷管理软件。通过这些软件可以在操作系统与存储设备之间建立一个虚拟层。通过这个虚拟层，可以将存储设备组成逻辑磁盘与逻辑卷。

从功能上说，这个逻辑卷跟 Windows 操作系统下的动态磁盘很类似。动态磁盘技术就是将一块磁盘分割成多个逻辑卷。而采用逻辑卷的最大好处就在于磁盘容量的管理。如可以不用格式化，就可以调整各个逻辑卷的大小。缺点是仅用动态磁盘技术，只能够组合一块磁盘。如果想要将多块磁盘组合成一块逻辑磁盘，则需要其他技术，如磁盘阵列或者虚拟存储管理软件的支持。如果单从逻辑卷的管理上，就跟动态磁盘很类似。

在部署基于主机的虚拟存储应用时,主要是要考虑磁盘的空间规划。虽然每个逻辑卷的大小可以动态的调整,但由于主机空间的限制,没有足够大的空间来放置很多磁盘,故对于存储空间的总量需要预先规划(一般带 RAID 的服务器,受限于磁盘的体积、散热等因素,挂接的磁盘数不可能太多)。然后再根据后续的需要调整各个逻辑卷的大小,基于主机的虚拟存储应用其自身的实现方法决定了在性能上要比其他应用模型要逊色一些。对于性能要求特别高或者用户并发访问数量特别多的企业,可能不适合这个方案,主要原因是性能跟不上。

基于主机的虚拟可以通过在每台服务器上安装 LVM(logical volume management,逻辑卷管理)程序来实现,如图 7-5 所示。LVM 隐藏了物理存储设备的复杂性,向操作系统提供存储资源的一个逻辑视图。主机可以通过多条路径到达共享存储,存储目标也可以随意组合。

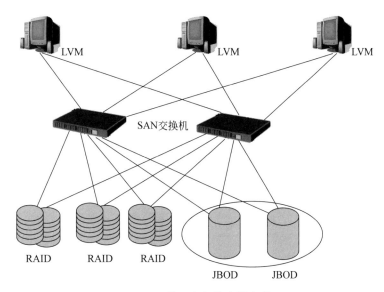

图 7-5　基于主机的虚拟存储

图 7-5 中,JBOD(just a bunch of disks,磁盘簇)是存储领域中一类重要的存储设备,是在底板上安装的带有多个磁盘驱动器的存储设备,又称为 Span。和 RAID 不同,JBOD 没有前端逻辑来管理磁盘上的数据分布,与之相反,每个磁盘进行单独寻址,作为分开的存储资源、基于主机软件的一部分或者 RAID 组的一个适配器卡。JBOD 不是标准的 RAID 级别,RAID 系统在多个磁盘上冗余地存储了同样的数据,而这多个磁盘在操作系统看来就像一个磁盘。虽然 JBOD 也让多个磁盘看来似乎只有一个,但它是通过把多个驱动器合并成一个大的逻辑磁盘来做到这一点的。JBOD 使用独立的磁盘并没有带来任何好处,也不能提供任何 RAID 所能带来的容错或是更好的性能。

由于基于主机的虚拟存储主要依赖安装在主机之上的软件或硬件来提供存储虚拟管理功能,因此必须把软件或硬件安装在每一台主机上。此种方法因各类主机和存储环境不同,不但是非常复杂和不开放,而且会产生许多安全问题。此外,基于主机的虚拟以软件方式实现时会占用主机的计算资源,会影响存储访问之外其他应用的运行,若采用硬件方式实现协议处理,往往会带来较高的成本开销,而且很难通过其他技术来解决。这也在很大程度上限制了其应用范围。一般来说,如果对于存储的性能要求比较高或者用户数量比较多(例如 163 等基于互联网提供邮件服务的机构),就不适合采用这个模型;如果用户比较少(例如一般企业内部自用的邮件服务器),则这个基于主机的虚拟存储应用模型在性能上已经可以满足企业的需求了。

基于主机的虚拟存储方法也有可能影响到系统的稳定性和安全性,由于有可能导致不经意间越权访问到受保护的数据。这种方法要求在主机上安装适当的控制软件,因此一个主机的故障可能影响整个 SAN 系统中数据的完整性。软件控制的存储虚拟还可能由于不同存储厂商软硬件的差异而带来不必要的互操纵性开销,所以这种方法的灵活性也比较差。

总之,在使用基于主机的虚拟存储应用模型时,要扬长避短。在合适的场合使用合适的虚拟存储模型,往往可以提到事半功倍的作用。

7.4.2　基于存储设备的虚拟存储

设备级的虚拟存储包括两方面,其一是对设备物理特性的仿真,例如利用其他存储介质仿真一个磁盘块设备,该磁盘具有磁盘驱动器的一切特性,但是数据却存放在其他类型的设备上;其二针对的是虚拟设备的构建。从功能上看,它与主机级虚拟技术类似,不同的是它通常需要额外硬件的支持,可将磁盘驱动器、RAID、SAN 设备等组合成新的存储设备,其虚拟管理模块是嵌入在硬件中实现的。

由于虚拟化管理软件嵌入在硬件实现,可提高虚拟化处理和虚拟设备 I/O 的效率。这种方法能获得较高的性能和可靠性,管理方便,缺点是成本过高。

最典型的虚拟存储设备是磁盘阵列(RAID)。RAID 的虚拟化是由 RAID 控制器实现的,它提供硬件 RAID 或软 RAID 技术,将多个物理磁盘按不同的分块级别组织在一起,通过板上 CPU 及 RAID 管理固件来控制及管理硬盘,解释用户的 I/O 指令并将它们发给物理磁盘执行。从而屏蔽了具体的物理磁盘,为用户提供了一个统一的具有容错能力的逻辑虚拟磁盘,用户对 RAID 的存储操作就像对普通磁盘一样。

基于存储设备的虚拟方法依靠存储设备子系统提供虚拟存储管理功能(多为硬件实现),主要包括将一个物理设备虚拟成为多个逻辑存储设备(如分区)和将多个物理存储设备虚拟成为一个逻辑存储设备(如 RAID)等。这种虚拟化技术在存储设备中,特别在高端存储阵列设备中已被广泛支持。

类似于虚拟服务器,虚拟存储是将物理存储系统抽象化,隐藏复杂的物理存储设备,将来自多个网络存储设备的资源整合为资源池,对外部来说,相当于单个存储设备,连同虚拟的磁盘、块、磁带系统与文件系统。虚拟存储的优势之一就是该技术可以更好地管理存储设备,提高执行诸如备份、恢复、归档任务的效率。

虚拟存储架构维护着一份虚拟磁盘与其他物理存储的映射表。虚拟存储软件层(逻辑抽象层)介于物理存储系统与运行的虚拟服务器之间。当虚拟服务器需要访问数据时,虚拟存储抽象层提供虚拟磁盘与物理存储设备之间的映射,并在主机与物理存储间传输数据。

虚拟存储与基于主机的虚拟存储的区别仅在于采用怎样的技术来实现。实现虚拟存储可能直接通过存储控制器也可能通过 SAN 应用程序。同样地,某些部署存储虚拟化将命令和数据一起存放(带内模式)而其他可能将命令与数据路径分离(带外模式)。

虚拟存储设备的典型例子是在智能磁盘子系统中的块级虚拟,这些存储系统采用 LUN 掩码和 RAID,通过 I/O 通道向多个服务器提供它们的存储容量。存储设备把物理硬盘集成在一起,形成虚拟盘,供服务器使用诸如 SCSI、光纤通道或 iSCSI 协议进行访问。基于存储设备的存储虚拟化如图 7-6 所示。

通常的企业级存储阵列已经通过 RAID 和镜像提供虚拟化。基于阵列的虚拟化可以对服务器完全透明,无须在服务器上安装任何代理软件。与基于阵列的虚拟化不同,存储阵列位于 SAN 的后端而不是中间,因此在性能上不会产生影响 SAN 的瓶颈。

基于存储设备的虚拟通常关注的是性能,虽然性能一般可以得到保障,但这些专用系统过于单一

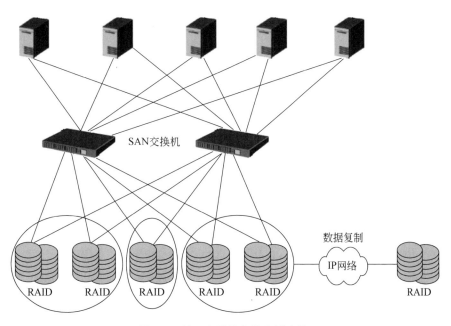

图 7-6　基于存储设备的虚拟存储

化,单台设备的升级空间不大,当管理多个这样的设备时,仍产生额外的管理成本;此外,为了确保性能通常会采用单一厂商的产品,多家厂商的产品很难共同使用,这会对系统扩容和升级带来不便。此解决方案比较适合小型系统使用。

作为虚拟服务器存储问题的解决方案,存储虚拟可以减少数据中心开支,提高商业灵活性并成为任何私有云的重要组件之一。

7.4.3　基于网络的虚拟存储

基于网络的虚拟由网络本身来实现,把虚拟引擎移到 SAN 的心脏,作为一个独立的设备运行,或者用一个增强模块插入光纤通道 SAN 交换机、千兆位以太网交换机或路由器中。

在传统的网络存储访问中,服务器和存储目标之间的路径如图 7-7 所示,目标同时承载着数据在设备上如何存储的信息(称为元数据)和数据本身。例如,文件系统可能位于一个磁盘阵列上,阵列中包含元数据,例如文件名、属性和每个文件的数据所在的块地址列表。阵列的其余部分存储文件系统元数据所指向的数据块。服务器通过在它和存储设备之间的 SAN 中的传输路径访问元数据和数据本身。

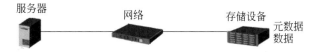

图 7-7　对元数据和数据本身的传统访问方式

基于网络的虚拟是通过存储网络中的专用服务器或网络设备(交换机或路由器)来实现的。它能够支持多种网络(LAN、SAN、MAN、WAN)和网络传输协议(TCP、IP),可以将不同厂商、不同设备品牌、不同连接方式的磁盘阵列组成一个虚拟的存储池,并将虚拟存储池的存储空间映射给网络上的应用服务器使用。此外,它还可以根据应用的变化在线调整虚拟存储空间和数据传输通道。

基于网络的虚拟存储是在主机和存储设备子系统之间的网络上实现虚拟存储功能,根据数据通路和管理通路的耦合情况可分为带内(in band)和带外(out of band)两种模式,如图 7-8 所示。

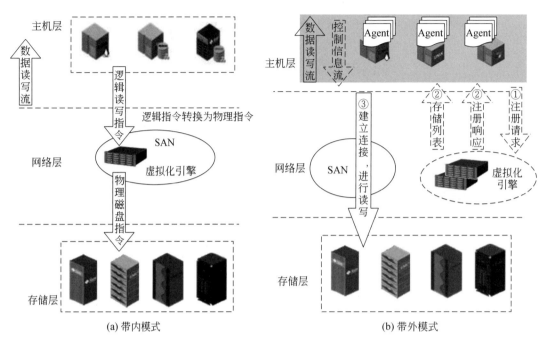

图 7-8　带内虚拟与带外虚拟

　　带内虚拟技术是在数据读写的过程中,在主机到存储设备的路径上实现存储虚拟化;带外虚拟技术,是在数据读写之前,就已经做好了虚拟工作,而且实现虚拟的部分并不在主机到存储设备的访问路径上。所以带内虚拟技术可以基于主机、设备和网络实现,而带外虚拟技术则只能是基于存储网络实现。

　　在带内虚拟模式中,负责虚拟化管理和控制的设备被置于应用服务器和存储设备之间的数据通路上,其最大的好处就是简化拓扑结构,可以集中管理多种连接设备。但是,带内虚拟存储结构由于控制命令和存储数据共用一条通路,因此虚拟存储层设备处容易造成网络拥塞而形成系统瓶颈,降低系统性能,而且严重地限制了系统的可扩展性。另外,这种结构的虚拟存储系统容易出现服务器到存储设备的单点故障,因此带内虚拟存储结构在实际使用中往往要做冗余配置。

　　在带外虚拟模式中,负责虚拟管理和控制的模块处于应用服务器和存储设备之外的独立控制通路上。带外虚拟存储结构中,存储数据在专用的数据通道上传输,而控制管理信息通过管理通道传输。这样,减少了网络延迟,增加了带宽的可升级性,从而提高了系统性能。同时这种结构还避免了系统的单点故障和瓶颈。然而,这种方式又引出了一些主机系统的易操作性问题。也就是说,需要加载、维护和修改主机系统软件。

　　为解决主机系统的易操作性问题,出现了一种基于交换机的带外虚拟化方式。这一方式利用智能SAN 交换机作为平台,构建以网络为基础的存储虚拟化。这些带有专门的端口级处理器的交换机能快速检验并重新分配 I/O 指令(从逻辑地址转换到物理地址)。以前由主机接口程序管理的主机元数据被加载到智能端口的闪存上,不再需要主机系统软件。元数据服务器不与主机交换信息,而是和智能端口交换信息,确保总能为通过这些端口存储信息的主机提供正确的映射信息,从而使其易操作性大大提高。这种基于交换机的结构方式具有很强的可扩展性,可以满足大规模数据中心推广存储虚拟化的需求。

网络级的虚拟存储是基于网络实现的,可简化大规模存储系统的管理。通常,这种虚拟实现方式也需要硬件的支持,即通过集成虚拟化管理软件构建管理结点,实现资源的集中管理。网络虚拟化可确保存储技术能够跨不同厂商的设备工作,让不同的存储空间看上去和工作起来就像统一的存储资源一样。

网络级虚拟存储通过在主机、交换机或路由器上执行虚拟化模块实现。网络是实现虚拟存储中最具有逻辑含义的部分,被认为能实现最为"开放"的虚拟化。

网络级虚拟方法要比通过纯软件实现的主机级虚拟方法方便。主机级虚拟方法需要在每台主机上安装、配置和维护软件,在管理上比较累赘。网络级虚拟存储可以提供一种中央虚拟化方式将网络中的存储资源集中起来进行管理,仅需要少量的管理人员。

网络级虚拟方法有下面几种实现方式。

(1)基于互连设备的虚拟化。基于互连设备虚拟化方法可以是对称的,也可以是不对称的。在对称的方式下,控制信息和数据走在同一条通道上,互连设备之间的网络通道有可能成为瓶颈。在非对称的方式下,控制信息和数据走在不同的路径上。与对称方式相比,它更具有可扩展性。这种处理方法需要有一台设备充当控制结点,负责全局存储空间的管理和配置。除此以外,每台设备当中还需要嵌入或运行一个代理程序,它一方面与控制结点通信实现虚拟化配置,另一方面与存储用户通信实现I/O命令的处理。

(2)基于交换机的虚拟化。基于交换机的虚拟存储,虚拟功能模块嵌入交换机的固件中或者运行在与交换机相连的服务器上,对与交换机相连的存储设备进行管理。优点是实现比较简单,而且可在异构设备环境中实现互操作。缺点是由于多种虚拟功能集中在交换机处实现,可能会形成处理上的瓶颈,而且一旦交换机出现故障,整个系统就无法正常运行。

(3)基于路由器的虚拟化。基于路由器虚拟化存储,通过嵌入在路由器固件上的虚拟功能模块实现。路由器位于用户到存储网络的数据通道中,可截取发往存储网络的I/O命令,并对它进行处理。大多数控制模块存在于路由器的固件中,相对基于互连设备的虚拟方法,这种方法的性能更好。另外,由于不依赖于每个主机上运行的服务程序,这种方法比主机级或设备级虚拟方法更安全。当用户到存储网络的路由器出现故障时,将导致数据不能被访问,此时受影响的只有联结于故障路由器的用户,其他用户仍然可以通过其他路由器访问存储系统。由于路由器支持动态多路径配置,因而可通过路径切换的方法从其他的路由器寻求支持。

以上3种虚拟架构各有其优缺点。主机级虚拟对于某些应用来说魅力最大,因为它们不需要附加任何硬件,但是对于追求高性能的应用场合,设备级虚拟显然更受欢迎。在网络级虚拟存储方法中,对于那些要求最大限度进行互操作的企业,基于交换机的虚拟方法比较适合。对于既要求高可靠性,又要求高性能的应用,基于路由器的方法是最优选择。基于互连设备的方法处于两者之间,它解决了一些安全性问题,能减轻单一主机的负载,同时又具有很好的可扩展性。

3种虚拟存储技术可以单独使用,也可以在同一个存储系统中配合使用。对于一个大型的存储环境,综合应用3种虚拟方法能发挥整体优势,取得最好的效益。

7.5 虚拟存储管理工具

7.5.1 LVM

1. LVM 介绍

LVM(logical volume manager,逻辑卷管理器)是 Linux 环境下对磁盘分区进行管理的一种机制。LVM 是在磁盘分区和文件系统之间添加的一个逻辑层,为文件系统屏蔽下层磁盘分区布局,提供一个抽象的存储卷,在存储卷上建立文件系统。通过 LVM 提高磁盘分区管理的灵活性。例如,将若干磁盘分区连接为一个整块的卷组(volume group),形成一个存储池。可以在卷组上随意创建逻辑卷(logical volume),并进一步在逻辑卷组上创建文件系统。通过 LVM 可以让分区变得弹性,能方便地调整存储卷组的大小,并且可以对磁盘存储按照组的方式进行命名、管理和分配,前提是该分区是 LVM 格式的。

例如,按照使用用途定义 development 和 sales,而不是使用物理磁盘名 sda 和 sdb。而且,当系统添加了新的磁盘,通过 LVM,可直接扩展文件系统跨越磁盘,而不必将磁盘的文件移动到新的磁盘上,这样就可以充分利用新的存储空间。

LVM 通常用于装备大量磁盘的系统,但它同样适于仅有一两块硬盘的小系统。

2. 基本概念

Linux 环境下,每一个物理卷都被分成几个基本单元,即物理盘区(physical extent,PE)。PE 的大小是可变的,但是必须和其所属卷组的物理卷相同。在每一个物理卷里,每一个 PE 都有一个唯一的编号。PE 是一个物理存储里可以被 LVM 寻址的最小单元。与 LVM 相关的术语还有物理存储介质、物理卷、卷组、逻辑卷、物理盘区和逻辑盘区等。

(1) 物理存储介质(physical storage media)。物理存储介质是指系统的物理存储设备——磁盘,例如/dev/hda、/dev/sda 等,它是存储系统最底层的存储单元。

(2) 物理卷(physical volume,PV)。物理卷是指磁盘分区或从逻辑上与磁盘分区具有同样功能的设备(如 RAID),是 LVM 的基本存储逻辑块,与基本的物理存储介质(如分区、磁盘等)相比,包含有与 LVM 相关的管理参数。硬盘分区后(还未格式化为文件系统)使用 pvcreate 命令可以将分区创建为 PV,要求分区的 system ID 为 8e,即为 LVM 格式的系统标识符。

(3) 卷组(volume group,VG)。类似于非 LVM 系统中的物理磁盘,卷组由一个或多个物理卷(PV)组成。可以在卷组上创建一个或多个 LV(逻辑卷)。将多个 PV 组合起来,使用 vgcreate 命令创建成卷组,这样卷组包含了多个 PV 就比较大了,相当于重新整合了多个分区后得到的磁盘。虽然 VG 是整合多个 PV 的,但是创建 VG 时会将 VG 所有的空间根据指定的 PE 大小划分为多个 PE,在 LVM 模式下的存储都以 PE 为单元,类似于文件系统的 block。

(4) 逻辑卷(logical volume,LV)。类似于非 LVM 系统中的磁盘分区,逻辑卷建立在卷组(VG)之上。在 LV 之上可以建立文件系统。如果说 VG 相当于整合过的硬盘,那么 LV 就相当于分区,只不过该分区是通过 VG 来划分的。VG 中有很多 PE 单元,可以指定将多少个 PE 划分给一个 LV,也可以直接指定大小来划分。划分为 LV 之后就相当于划分了可管理的分区,只需再对 LV 进行格式化即可成为普通的文件系统。

(5) 物理盘区。每一个物理卷 PV 被划分为称为 PE 的基本单元(实际存储的数据都是存储在这里面的),具有唯一编号的 PE 是可以被 LVM 寻址的最小单元。PE 的大小是可配置的,默认为 4MB。所以物理卷(PV)由大小等同的基本单元 PE 组成。

(6) 逻辑盘区(logical extent,LE)。LE 是逻辑存储单元,也即为 LV 中的逻辑存储单元,和 PE 的大小是相同的,并且一一对应。从 VG 中划分 LV,实际上是从 VG 中划分 VG 中的 PE,只不过划分 LV 后它不再称为 PE,而称为 LE。

LVM 之所以能够伸缩容量,其实现的方法就是将 LV 里空闲的 PE 移出,或向 LV 中添加空闲的 PE。

如图 7-9 所示 LVM 抽象模型,展示了与 PV、VG、LV 三者之间以及与文件系统、硬盘的关系。

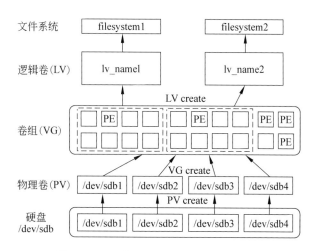

图 7-9　LVM 与 PV、VG、LV 三者之间关系

　　和非 LVM 系统将包含分区信息的元数据保存在位于分区的起始位置的分区表中一样,逻辑卷以及卷组相关的元数据也是保存在位于物理卷起始处的 VGDA(卷组描述符区域)中。VGDA 包括以下内容: PV 描述符、VG 描述符、LV 描述符、和一些 PE 描述符。

　　系统启动 LVM 时激活 VG,并将 VGDA 加载至内存,来识别 LV 的实际物理存储位置。当系统进行 I/O 操作时,就会根据 VGDA 建立的映射机制来访问实际的物理位置。

　　物理服务器存储设备一般由多个硬盘组成,例如在 Linux 下,有 sda、sdb、sdc,它们是不同的物理硬盘,但是可以通过创建物理卷(PV),将一块硬盘分成不同的物理卷。然后,卷组(VG)再将不同物理卷统一管理起来,形成一个大的磁盘空间,最后,在 VG 的基础上 LVM(logical volume manager)划分出不同的逻辑卷,并进行使用。相对来说,使用 VG 和 LVM 有以下优势。

　　(1)扩容方便。VG 能够支持不同类型的物理硬盘,当存储空间不够时,可以增加新的硬盘到 VG 中。

　　(2)LVM 能够灵活调整大小。LVM 是裸设备,而不是文件系统,而 Libvirt(用于管理虚拟化平台的开源的 API,后台程序和管理工具)等虚拟化技术支持对 LVM 的读写,与文件系统相比,它的效率更高。

3. 常用命令

1) 物理卷的一般维护命令

常用的物理卷命令如表 7-1 所示。

表 7-1　物理卷命令

命　　令	作　　用
pvscan	在系统的所有磁盘中搜索已存在的物理卷
pvdisplay 物理卷全路径名称	用于显示指定物理卷的属性
pvdata 物理卷全路径名称	用于显示物理卷的卷组描述区域信息
PvchangeCx|--allocation〔y|n〕物理卷全路径名	用于改变物理卷的分配许可设置,物理卷的创建与删除命令

命 令	作 用
pvcreate 设备全路径名	用于在磁盘或磁盘分区上创建物理卷初始化信息,以便对该物理卷进行逻辑卷管理
Pvmove 源物理卷全路径[目的物理卷全路径名]	用于把某物理卷中的数据转移到同卷组中其他的特别卷中

2）卷组命令

常用的卷组命令如表 7-2 所示。

表 7-2　卷组命令

命 令		作 用
vgscan		检测系统中所有磁盘
vgck[卷组名]		用于检查卷组中卷组描述区域信息的一致性
vgdisplay[卷组名]		显示卷组的属性信息
vgrename 原卷组名新卷组名		对已存在的卷组进行改名
vgchange -a y|n[卷组名]		改变卷组的相应属性。是否可分配
vgchange -l 最大逻辑卷数		卷组可容纳最大逻辑卷数
vgchange -x y|n[卷组名]		卷是否有效
vgmknodes[卷组名|卷组路径]		用于建立(重新建立)已有卷组目录和其中的设备文件卷组配置的备份与恢复命令
vgcfgbackup[卷组名]		把卷组中的 VGDA 信息备份到/etc/lvmconf 目录中的文件
vgcfgrestore -n 卷组名物理卷全路命名		从一个文件备份中恢复卷组的元数据。可以指定备份文件,如果没有指定备份文件,使用最近的一次
vgcreate 卷组名物理卷全路径名[物理卷全路径名]		用于创建 LVM 卷组
vgmove 卷组名		删除卷组
卷组的扩充与缩小命令	vgextend 卷组名物理卷全路径名[物理卷全路径名]	
	vgreduce 卷组名物理卷全路径名[物理卷全路径名]	
卷组的合并与拆分	vgmerge 目的卷组名源卷组名	合并两个已经存在的卷组,要求两个卷组的物理区域大小相等且源卷组是非活动的
	vgsplit 现有卷组新卷组物理卷全路径名[物理卷全路径名]	从源卷组(物理卷)移动到新的或现有的卷组中
卷组的输入与输出命令	vgexport 卷组名	允许设置系统未知的非活动卷组名称
	vgimport 卷组名卷组中的物理卷[卷组中的物理卷]	导入卷组。从不同的系统移动导出物理卷之后,vgimport 命令配合相应 map 文件可以让系统再次认出导出的卷组

3）逻辑卷命令

常用的逻辑卷命令如表 7-3 所示。

表 7-3　逻辑卷命令

命　　令	作　　用
一般命令	lvscan
	lvdisplay 逻辑卷全路径名［逻辑卷全路径名］
	lvrename 旧逻辑卷全路径名新逻辑卷全路径名
	lvrename 卷组名旧逻辑卷名新逻辑卷名
	lvchange
	e2fsadm -L ＋|-逻辑卷增减量逻辑卷全路径名
逻辑卷的创建与删除命令	lvcreate
	lvremove
逻辑卷的扩充与缩小命令	lvextend -L|--size ＋逻辑卷大小增量逻辑卷全路径名
	lvreduce q -L|--size ＋逻辑卷减小量逻辑卷全路径名

4) 逻辑卷管理命令

常用的逻辑卷管理命令如表 7-4 所示。

表 7-4　逻辑卷管理命令

命　　令	作　　用
lvmdiskscan	检测所有的 SCSI、IDE 等存储设备
lvmchange -R|--reset	复位逻辑卷管理器
lvmsadc［日志文件全路径名］	收集逻辑卷管理器读写统计信息,保存到日志文件中
lvmsar 日志文件全路径名	从 lvmsadc 命令生成的日志文件中读取并报告逻辑卷管理器的读写统计信息

4. 命令实例

（1）查看当前系统是否装有 lvm。

```
#rpm -qa|greplvm
```

（2）创建物理卷(LVM 允许 PV 建立在几乎所有块设备上,如整个硬盘、硬盘分区、Soft RAID)。

```
#pvcreate /dev/sda
#pvcreate /dev/sdb1
```

（3）创建卷组。

```
#vgcreate test_vg /dev/sda /dev/sdb /dev/sdc/
```

（4）查看、验证卷组信息。

```
#vgdisplay
```

（5）创建逻辑卷。

① 创建线性 lv。

```
#lvcreate -L 1G -n test_lv test_vg
```

②创建交错 lv。

```
# lvcreate  -i 3 -I 4 -L 1G -n   test_lv test_vg
```

-L：指定逻辑卷大小，单位为 K、M、G。

-l：指定逻辑卷大小，单位为 PE。

-i：交错单位，本例中需要将此逻辑卷建立到 3 个 PV 上。

-I：交错参数：本例中交错参数为 4KB。

（6）创建文件系统。

①创建 Ext2/Ext3 系统。

```
#mke2fs /dev/test_vg/test_lv
```

② 创建 reiserfs 文件系统（常用）。

```
#mkreiserfs /dev/test_vg/test_lv
```

③ 使用整个 vg 创建逻辑卷。

```
#vgdisplay test_vg|grep "TotalPE"
#lvcreate -l 45230 test_vg -n test_lv
```

（7）挂接文件系统。

```
#mkdir  /data/wwwroot
#mount  /dev/test_vg/test_lv  /data/wwwroot
```

（8）激活 VG。

① 激活指定 VG。

```
vgchange -a y testvg
```

② 激活所有 VG。

```
#vgchange -a y
```

（9）去激活 VG。

```
#vgchange -a n testvg
```

（10）移除 VG。

```
#vgchange -a n testvg
#vgremove testvg
```

7.5.2 VMware vSphere

1. VMware vSphere 简介

vSphere 是 VNware 公司在 2001 年基于云计算推出的一套企业级虚拟化解决方案,核心组件为 ESXi。经过不断改进,已经实现了虚拟化基础架构、高可用性、集中管理、性能监控等一体化解决方案。它分为许多系列产品,例如服务器虚拟化、桌面虚拟化、应用程序虚拟化等。

vSphere 的基本架构如图 7-10 所示。

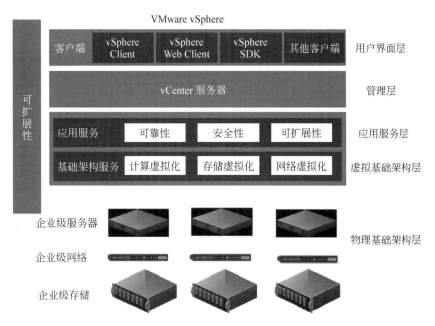

图 7-10　VMware vSphere 的基本架构

vSphere 将应用程序和操作系统从底层硬件分离出来,应用程序可以看到专有资源,服务器则可以作为资源池进行管理。

VMware 公司的 vSphere Essentials 和 Essentials Plus 套件专为工作负载不足 20 台服务器的环境而设计,结合使用 vSphere Essentials Plus 与 vSphere Storage Appliance 软件,无须共享存储硬件即可实现业务连续性。

vSphere Essentials 和 Essentials Plus 专门为刚开始体验虚拟化的小型组织而设计。两个版本都提供最多 3 台服务器主机的虚拟化和集中化管理。vSphere Essentials 可以整合服务器以充分利用硬件。Essentials Plus 添加了 vSphere Data Recovery 等功能,可以实现数据和虚拟机的无代理备份。它还包括业务连续性功能,如 vSphere High Availability(用于在检测到服务器故障时自动重启应用程序)和 vSphere vMotion(可完全消除用于服务器维护的计划内停机)。由此可以建立一个始终可用的 IT 环境,此环境更经济高效、恢复能力更强,并且能更好地响应业务需求。

VMware 公司的 vSphere Essentials 和 Essentials Plus 包括以下主要功能和组件。

(1) VMware ESXi 虚拟化管理程序体系结构提供强健的、经过生产验证的高性能虚拟化层,允许多个虚拟机共享硬件资源,性能可以达到甚至在某些情况下超过本机吞吐量。

(2) VMware vCenter Server for Essentials 通过内置的物理机到虚拟机(P2V)转换和使用虚拟机模板进行快速部署,可为所有虚拟机和 vSphere 主机提供集中化管理和性能监控。

（3）vSphere 虚拟对称多处理（SMP）能使用拥有多达 4 个虚拟 CPU 的超强虚拟机。

（4）vSphere vStorage Virtual Machine File System（VMFS）允许虚拟机访问共享存储设备（光纤通道、iSCSI 等），而且是其他 vSphere 组件（如 Storage vMotion）的关键促成技术。

（5）vSphere vStorage Thin Provisioning 提供共享存储容量的动态分配，允许 IT 部门实施分层存储战略，同时将存储开支削减多达 50%。

（6）vSphere vStorage API 可提供与受支持的第三方数据保护的集成。

（7）vCenter Update Manager 可自动跟踪、修补和更新 vSphere 主机以及 VMware 虚拟机中运行的应用程序和操作系统。

（8）vCenter Converter 允许 IT 管理员将物理服务器和第三方虚拟机快速转换为 VMware 虚拟机。

（9）vSphere VMsafe API 支持使用与虚拟化层协同工作的安全产品，从而为虚拟机提供甚至比物理服务器级别更高的安全性。

（10）硬件兼容性可兼容最广泛的 32 位和 64 位服务器和操作系统、存储和网络设备以及企业管理工具。

此外，VMware vSphere Essentials Plus 还包括为实现始终可用的 IT 而提供的以下业务连续性功能和组件。

（11）vSphere vMotion 支持在不中断用户使用和不丢失服务的情况下在服务器间实时迁移虚拟机，从而无须为服务器维护安排应用程序停机。

（12）vSphere High Availability 可在硬件或操作系统发生故障的情况下在几分钟内自动重新启动所有应用程序，实现经济高效的高可用性。

（13）vSphere Data Recovery 可为小型环境中的虚拟机提供简单、经济高效、无代理的备份和恢复。

vSphere 服务器虚拟化产品主要有两块，一块为 ESX SERVER，一块为 ESXi SERVER。ESX 和 ESXi 主要的区别在于是否有 Server Console，ESXi 相对于内核比较精简，所以性能会比 ESX 出色，但是 ESX SERVER 的优势主要体现在安全方面以及排错也会相对于简单些。

2. 存储设备的选择

在虚拟化项目中，推荐采用存储设备而不是服务器本地硬盘。在配置共享的存储设备时，只有虚拟机保存在存储时，才能快速实现并使用高可用（high availibility，HA）、容错（fault tolerance，FT）、计划内迁移（vMotion）等技术。在使用 VMware vSphere 实施虚拟化项目时，一般做法是将 VMware ESXi 安装在服务器的本地硬盘上，该硬盘可以是一个固态盘（约 10GB），也可以是一个 SD 卡（约 8GB），甚至可以是 1GB 的优盘，如果服务器没有配置本地硬盘，也可以从存储上为服务器划分 8～16GB 的分区用于启动。

在选择存储设备时，要考虑整个虚拟系统中需要用到的存储容量、磁盘性能、接口数量、接口的带宽。对于容量来说，整个存储设计的容量必须是实际使用容量的 2 倍以上，例如，整个数据中心已经使用了 1TB 的磁盘空间（所有已用空间加到一起），则在设计存储时，要至少设计 2TB 的存储空间（是配置 RAID 之后而不是没有配置 RAID、所有磁盘相加的空间）。

在存储设计中另外一个重要的参数是 IOPS（input/output operations per second，每秒进行读写操作的次数），多用于数据库等场合，衡量随机访问的性能，存储端的 IOPS 性能和主机端的 I/O 是不同的，IOPS 是指存储每秒可接受多少次主机发出的访问，主机的一次 I/O 需要多次访问存储才可以完成。例如，主机写入一个最小的数据块，也要经过发送写入请求、写入数据、收到写入确认这 3 个步骤，也就是 3 个存储端访问,每个磁盘系统的 IOPS 是有上限的,如果设计的存储系统,实际的 IOPS 超过了磁盘组的上限,则系统反应会变慢,影响系统的性能。简单来说,15000RPM 的磁盘的 IOPS 是 150,10000RPM 的磁盘的 IOPS 是 100,普通的 SATA 硬盘的 IOPS 是 70～80。一般情况下,在做桌面虚拟时,每个虚拟机的 IOPS 可以设计为 3～5 个;普通的虚拟服务器 IOPS 可以视实际情况规划为 15～30 个,当设计一个同时运行 100 个虚拟机的系统时,IOPS 则至少要规划为 2000 个,如果采用 10000RPM 的 SAS 磁盘,则至少需要 20 个磁盘,当然这只是简单的测算,在真正实施时需要考虑多方面的因素。

在规划存储时,还要考虑存储的接口数量及接口的速度,通常来说,在规划一个具有 4 主机、1 个存储的系统中,采用具有 2 个接口器、4 个 SAS 接口的存储服务器是比较合适的,如果有更多的主机,或者主机需要冗余的接口,则可以考虑配 FC 接口的存储,并采用光纤交换机连接存储与服务器。

3. 安装和配置

ESXi 对主机、网络有一定要求,如果不能达到,安装难以进行。

(1) 主机的基本配置如下:

服务器所用的 CPU 为 64 位双核以上的 x86 CPU,如果存在多个 ESXi,应当选择同一供应商;支持开启硬件虚拟化功能。至少 4GB 物理内存,需要一个或多个千兆以太网控制器。

(2) 网络配置如下:

2 个用于业务网络的网络接口卡(光纤接口);2 个用于管理网络的网络接口卡(电口)[①];2 个用于 vMotionnic 功能的网络接口卡(电口);2 个用于 iSCSI 网络的网络接口卡(电口)。

由于 ESXi 安装时会将整张硬盘覆盖,建议通过不用的优盘或硬盘来安装。整个安装和配置过程较为复杂、费时。如果按最简单的要求来安装,大致如下。

开机插入 ESXi 安装盘,按交互式流程完成安装。安装时系统会自动检查可用存储设备,可自行在该界面选择安装的磁盘位置。

安装重启之后,由于硬盘中已经有了 ESXi 系统,ESXi 服务器启动后是全文本界面。但实际操作时很少在服务器上进行操作,相关的操作如创建管理虚拟服务器等,都可以在浏览器/vSphere Client 上进行(6.5 之后官方开始推荐直接浏览器界面配置)。不过在此之前,需要对 ESXi 的网络进行一些配置。vSphere Client 对其的控制也是通过网络进行的,必须事先为 ESXi 配置好访问 IP。

设置网络配置的界面选项如下。

(1) Configure Password:配置 root 密码。

(2) Configure Management Network:配置网络。

(3) Restart Management Network:重启网络。

(4) Test Management Network:使用 ping 测试网络。

(5) Network Restore Options:还原配置。

(6) Troubleshooting Options:故障排查选项。

(7) View System Logs:查看系统日志。

(8) Reset System Configuration ESXi:出厂设置。

根据实际环境正确设置后,把 PC 与 ESXi 服务器设置在同一网段就能通过 IP 地址在浏览器中访问服务器。图 7-11 所示为 ESXi 服务器登录界面,图 7-12 所示为 ESXi 服务器主界面。

---

① 电口是指 RJ-45 等各类双绞线接口的总称。

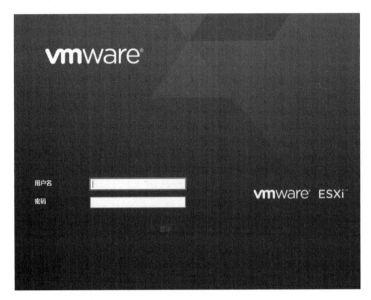

图 7-11　ESXi 服务器登录界面

图 7-12　ESXi 服务器主界面

　　vSphere 的物理架构如图 7-13 所示。ESXi 服务器就安装在虚拟计算机上,访问 ESXi 服务器的是图中笔记本计算机,也就是通过它管理整个虚拟化平台。

7.5.3　Openfiler

　　在第 5 章曾经介绍过 Openfiler,并用它进行 NAS 实验。实际上,Openfiler 也是虚拟存储开源软件,其软件接口是基于使用开放源码的第三方软件来提供虚拟存储功能。

　　Openfiler 所提供的强大的虚拟存储功能特性,使其在以动态、灵活、可伸缩为特质的云计算环境中,成为了一个非常有力的云端存储解决方案之一。同时,它也可以作为实验环境下的一种高效的存储模拟解决方案之一,具有很高的成本节约优势和实用价值。可以通过基于 Openfiler 的虚拟镜像创建和配置,创建基于自己云端环境需求的自定制虚拟存储解决方案。

　　当 Openfiler 系统安装并重启完成后,就可以进行镜像系统配置。对系统所有后续的配置过程,都是以 Web 方式配置完成的。这种全部基于 Web 的系统配置方式,使得配置过程变得更加简易,同时也

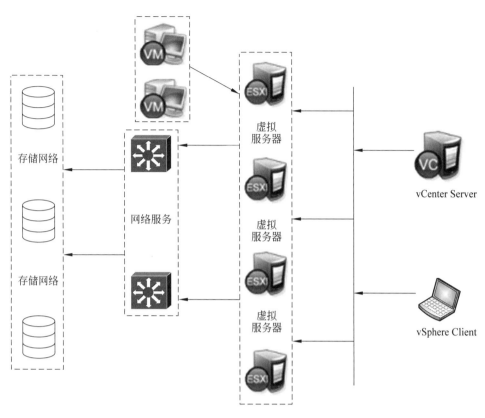

图 7-13　vSphere 物理架构

带来了良好的用户体验。首先打开浏览器,输入地址 https://IP:446。注意,此处的 IP 为在系统安装时所配置的固定 IP 地址。然后使用系统初始默认的用户名和密码进行登录。用户名为 openfiler,密码为 password。系统初始的用户名和密码可以在第一次登入系统后进行重新设置。如图 7-14 所示。

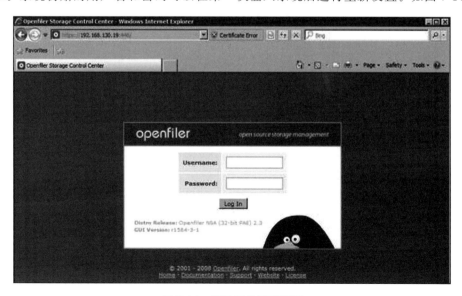

图 7-14　登录系统管理界面

登录系统后,可以看到当前系统的各种初始化配置信息。

在 System 菜单下,可以检查当前系统的 IP 等网络信息设置情况。如果想重新设置网络信息,可以单击 Configure 功能连接对系统网络进行重新配置。

通过 System|Network Access Configuration 菜单,配置允许访问 Openfiler 系统的安全访问控制列表。只有加入到 Openfiler 的网络访问控制列表中的网络或者主机地址,才允许访问 Openfiler 系统所提供的虚拟存储服务。在网络访问控制列表中,既可以配置网段地址也可以配置单个主机地址。例如可填入 192.168.130.0(假设)网段,设置类型为 Share 方式,添加完成后单击 Update 按钮,完成系统配置更新,如图 7-15 所示。

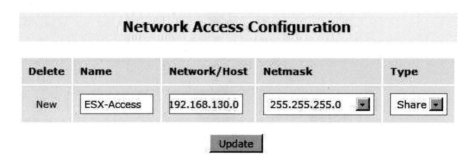

图 7-15　配置系统安全访问控制列表

然后单击 Network ACL 标签,将访问控制从默认禁止访问更新为允许访问 Allow,最后单击 Update 按钮,更新系统配置。

当配置好系统的安全访问控制后,接下来配置系统磁盘,实现虚拟存储服务。在 Openfiler 中,有 3 类存储概念:Block Device、Physical Volume 和 Volume Group。其中,Block Device 表示的是实际的物理磁盘;Physical Volume 表示的是物理磁盘的分区,它是组成 Volume Group 的单元;Volume Group 则是由一个或多个物理磁盘分区(Physical Volume)组成,它又是组成 Logical Volume 的单元。

首先选中 Volumes|Volumessection|Block Devices 菜单项,然后系统会显示当前所挂载的硬盘信息。然后单击磁盘/dev/sda,系统会显示当前磁盘的详细分区信息。

现需要创建一个新的分区。首先在 Create a partition in /dev/sda 处设置 Partition Type 属性的值为 Physical volume,在 Ending cylinder 属性处选择默认值,从而设置当前所有的剩余空间划为一个分区,最后单击 Create 按钮,如图 7-16 所示。

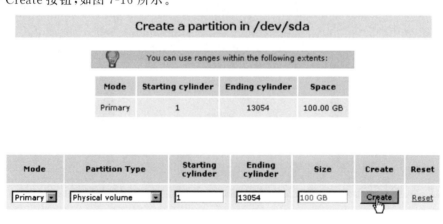

图 7-16　创建新分区

通过 Volumes|Volumes|Volumes section|Volume Groups 菜单创建一个卷组。在区域 Create a new volume group 处填写卷组 volume group 的名称为 volume_group_iscsi,同时勾选刚刚在上一步所创建的物理卷/dev/sda4,最后单击 Add volume group 按钮。

通过 Volumes|Volumes section|Add Volume 菜单,在刚刚创建好的卷组 volume_group_iscsi 中新创建一个 iSCSI 卷。注意在属性 Filesystem/Volume type 中设置属性值为 iSCSI。

通过 Volumes|Volumes section|Manage Volumes 菜单,可以看到刚刚创建的 iSCSI 卷信息。

当 iSCSI 卷创建完成后,接下来是开启 iSCSI target server 系统服务。通过 Services|Services section|Manage Services 菜单,将系统服务列表中的 iSCSI target server 设置为 Enabled 状态,从而使得系统能够对外提供基于 iSCSI 协议的虚拟存储服务。

接下来是添加一个 iSCSI Target。首先通过 Volumes|Volumes section|iSCSI Targets 菜单。再选中 Target Configuration|Add new iSCSI Target|Target IQN。最后单击 Add 按钮,从而添加了一个 iSCSI Target。注意,此处的 Target IQN 信息在后面的对 ESX 服务器的存储配置过程中会用到,如图 7-17 所示。

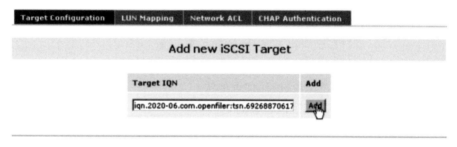

图 7-17　添加 iSCSI Target

选中 LUN Mapping 子菜单,保持其余默认选项,单击 Map 按钮。从而实现从 LUN 到刚刚配置好的 iSCSI Target 之间的映射,如图 7-18 所示。

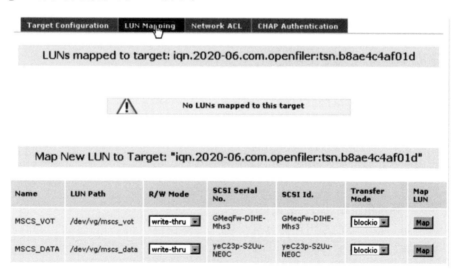

图 7-18　配置 LUN Mapping

至此,在 Openfiler 系统上对 iSCSI 虚拟存储的配置过程就完成了。

上面对虚拟存储及开源虚拟存储软件 Openfiler 进行了介绍,同时通过基于 Openfiler 软件的 iSCSI

存储服务的创建和配置,充分享受虚拟存储所具有的独特优势。

习题 7

一、选择题

1. 虚拟存储的原动力包括(　　)。

    A. 空间资源的整合 　　　　　　　　　B. 统一数据管理

    C. 标准化接入 　　　　　　　　　　　D. 使数据自由流动

2. 从实现位置来看,虚拟存储技术可分为(　　)。

    A. 基于主机的虚拟

    B. 基于网络的虚拟

    C. 基于存储设备、存储子系统的虚拟

    D. 带外虚拟

3. 对于基于主机的虚拟技术,下列说法正确的是(　　)。

    A. 使服务器的存储空间可以跨越多个异构的 RAID

    B. 需占用主机资源,并且导致主机升级、维护和扩展复杂

    C. 存在操作系统和应用的兼容性问题

    D. 只能通过操作系统下的逻辑卷进行,别无他法

4. 对于基于网络的虚拟技术,下列说法正确的是(　　)。

    A. 必须在主机端安装代理程序,才能够实现

    B. 能够支持异构主机、异构存储设备

    C. 使不同存储设备的数据管理功能统一

    D. 基于网络的虚拟技术,就是带外虚拟技术

5. 关于带内、带外虚拟技术,正确的是(　　)。

    A. 带外虚拟设备发生故障,整个系统将不会中断

    B. 带内虚拟设备发生故障,整个系统将不会中断

    C. 带外虚拟必须在服务器端安装代理程序

    D. 带内虚拟必须在服务器端安装代理程序

6. 存储虚拟技术可以实现存储和管理的好处是(　　)。(多选)

    A. 提升存储管理员的生产能力

    B. 提升存储容量利用率,提高资源利用率

    C. 提升应用的可用性

    D. 以上都不是

7. 同时利用服务器和存储虚拟的优势是(　　)。

    A. 可以降低每台服务器的专用存储容量

    B. 可以消除额外存储管理员的需求

    C. 可以降低对额外网络交换机的需求

    D. 可以降低对日常磁带备份的需求

8. 以下选项中,(　　)准确描述了虚拟化。

    A. 提供按需计量服务

B. 将物理资源抽象化为逻辑资源

C. 共用逻辑资源以提供数据完整性

D. 支持跨数据中心的分散式管理

9. 关于虚拟技术的描述,不正确的是(　　)。

A. 虚拟是指计算机元件在虚拟的基础上而不是真实的基础上运行

B. 虚拟技术可以扩展硬件的容量,简化软件的重新配置过程

C. 虚拟技术不能将多个物理服务器虚拟成一个服务器

D. CPU 的虚拟技术可以单 CPU 模拟多 CPU 运行,允许一个平台同时运行多个操作系统

10. 虚拟资源指一些可以实现一定操作具有一定功能,但其本身是(　　)的资源,如计算池、存储池和网络池、数据库资源等,通过软件技术来实现相关的虚拟化功能包括虚拟环境、虚拟系统、虚拟平台。

A. 虚拟　　　　　　B. 真实　　　　　　C. 物理　　　　　　D. 实体

11. 关于 VMware vSphere 的核心组件 VMware ESXi 虚拟化技术的说法错误的是(　　)。

A. VMware ESXi 是一款可以独立安装和运行在裸机上的系统

B. VMware ESXi 与 VMware Workstation 功能类似,都是宿主模型虚拟化

C. 在 ESXi 安装好以后,可以通过 vSphere Client 远程连接控制,在 ESXi 服务器上创建多个虚拟机(VM)

D. ESXi 可以从内核级支持虚拟硬件

二、简答题

1. 如图 7-19 所示,假设某虚拟存储系统的存储监测模块能够获得存储系统的监测数据,当得知存储系统的存储空间不足时,就需要为存储系统分配虚拟存储资源以扩大其存储空间。请讨论该虚拟存储系统的虚拟硬盘资源分配的流程,并画出处理流程图。

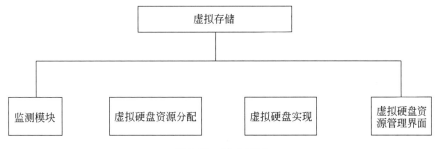

图 7-19　第 1 题图

2. 简要说明虚拟服务器、虚拟存储和虚拟网络都有哪些实现方式。

3. 虚拟存储的实现方式有哪 3 种?原理分别是什么?各自的优缺点是什么?

4. 虚拟架构的分类,根据在整个系统位置的不同可以分为哪几类?

5. 简要描述物理体系结构与虚拟体系结构的差异。

三、实验题

1. LVM 基础实验。

【实验目的】

(1) 了解 LVM。

(2) 能进行 LVM 部署和简单操作。

【实验环境】

一台 PC，要求配有两块硬盘或将一块硬盘划分为两个分区（如/dev/sdc（200G）& /dev/sdd（300G））作为逻辑卷。然后对逻辑卷并进行扩容、缩减操作等操作。

【实验内容】

按以下要求写出操作命令，贴出截图。

（1）创建 PV(physical volume)。

（2）创建 vg(volume group)。

（3）创建 lv(logical volume)。

（4）创建文件系统(filesystem)。

（5）建立 LVM 线性卷，镜像卷，带区卷，快照。

（6）扩容 20GB、缩减 20GB。

（7）恢复快照。

（8）LVM 线性卷转换成镜像卷。

2. LVM 综合实验。

【实验目的】

（1）了解 LVM。

（2）掌握 mdadm 的使用方法。

【实验环境】

一台安装了 Ubuntu Linux 的 PC。

【实验内容】

下面进行软 RAID 实验，主要完成 4 项任务。

（1）将 3 块 sdb、sdc、sdd 的硬盘组成 RAID 5 模式。

（2）建立 LVM。

（3）模拟故障，sdc 出故障，删除该硬盘，再重新添加硬盘，恢复 RAID 5。

（4）增加 LVM 容量。

操作过程如下。

1）组成 RAID 5 模式

（1）分别格式化 3 块硬盘（命令：fdisk /dev/硬盘）。

通过虚拟机建立 3 块硬盘作为阵列卡使用，创建后，分别格式化 sdb、sdc、sdd 这 3 块盘。

（2）查看分区情况（命令：fdisk -l）。

（3）建立 RAID 5（命令：mdadm，带多个参数），例如：

```
mdadm --create /dev/md0 --level=5 --raid-device=3 /dev/sdb1 /dev/sdc1 /dev/sdd1
```

表示创建 RAID 5，/dev/md0 阵列设备名，level=5 阵列模式 RAID 5，raid-device=3raid 有 3 块硬盘。

（4）查看数据同步情况（命令：cat /proc/mdstat）。

（5）查看系统日志（命令：tail /var/log/messages）。

（6）建立 RAID 5 的配置文件。例如：

```
echo device /dev/sdb1 /dev/sdc1 /dev/sdd1 &gt; /etc/mdadm.conf
mdadm --detail --scan >>/etc/mdadm.conf
cat /etc/mdadm.conf
```

（7）启动和停止阵列。举例如下。
停止阵列：

```
mdadm -S /dev/md0
```

启动阵列：

```
mdadm -As /dev/md0
```

2）建立 LVM
LVM 创建的顺序是 PV→VG→LV。
（1）建立 PV（命令 pvcreate /dev/md0）。首先下载 lvm2,然后把物理盘数据写入/dev/md0,要确保写入成功。
（2）建立 VG（命令 vgcreate lvm1 /dev/md0）。
（3）查看 VG（命令 vgdisplay）。
（4）建立 LV（命令 lvcreate）。例如：

```
lvcreate -L 500m -n web1 lvm1        //建立名为 web1,大小为 500MB 的 LV
lvcreate -L 500m -n web2 lvm1        //建立名为 web2,大小为 500MB 的 LV
```

（5）格式化 web1、web2。例如：

```
mke2fs -j /dev/lvm1/web1             //格式化 web1
```

格式化逻辑盘 web1,格式化 web2 的过程相同。
（6）建立目录 web1、web2,并挂载到 web1、web2 下。例如：

```
mkdir /web1
mkdir /web2
mount /dev/lvm1/web1 /web1           //挂载 web1
mount /dev/lvm1/web2 /web2           //挂载 web2
```

编辑/etc/fstab,让系统启动时自动挂载 vi /etc/fstab。
建立目录 web1、web2,并挂载到 web1、web2 下。
通过 vim 编辑/etc/fstab 让系统启动时自动挂载 web1、web2。
（7）查看/web1 的容量。例如：

```
df -h /web1
pvdisplay
```

3）模拟故障
（1）标记/dev/sdc1 为故障盘。例如：

```
mdadm /dev/md0 -f /dev/sdc1              //标记/dev/sdc1 为故障盘
```

查看 more /proc/mdstat 请写出执行过程,并略加说明。

(2)移除故障盘。例如:

```
mdadm /dev/md0 -r /dev/sdc1              //移除故障盘
```

(3)查看阵列情况。例如:

```
more /proc/mdstat                        //查看阵列情况
```

(4)查看 PV 情况。例如:

```
pvdisplay /dev/md0                       //查看 PV 情况
```

(5)重新格式化 sdc,重新添加进阵列。例如:

```
fdisk /dev/sdc                           //重新格式化 sdc
mdadm /dev/md0 -a /dev/sdc1              //重新添加进阵列
more /proc/mdstat                        //开始同步数据
pvdisplay
vgdisplay lvm1
df -h /web1
```

再次使用 pvdisplay、vgdisplay、df 查看信息与之前结果是否完全一致,以此证明移除添加同一块硬盘对 RAID 5 的各项数据没有影响。

4)增加 LVM 容量

(1)增加。例如:

```
lvextend -L +50M /dev/lvm1/web1          //增加 web1 50MB
```

成功添加 50MB,容量变为 552MB,确实比初始设置的 500MB 增加了 50MB。

(2)刷新。例如:

```
resize2fs /dev/lvm1/web1
```

(3)查看。

```
df -h /web1
```

5)实验思考

LVM 卷管理系统与虚拟化存储在存储资源管理上有着截然不同的效果,试就本例讨论其特点。

3. vSphere 平台虚拟系统综合实验。

【实验目的】

(1)了解 vSphere。

(2)掌握虚拟平台的搭建方法。

【实验环境】

(1)建立一台 Windows 主机(IP:192.168.12.10),要求具有不少于 16GB 的运行内存,40GB 的硬盘

1 用于独立存储,150GB 的硬盘 2 用于独立存储。

（2）建立一台 ESXi 主机(IP:192.168.12.2),要求具有不少于 16GB 的运行内存,40GB 的硬盘 1 用于独立存储。

（3）克隆刚建立的 ESXi 主机,配置 IP:192.168.12.3。

（4）建立一个名为 MEVMNET 的虚拟网络,用于虚拟系统数据传输。

（5）建立一个名为 MEVMK_NET 的虚拟网络,用于虚拟系统主机集的管理和传输。

【实验内容】

在 vSphere 上搭建一套 vSphere 环境平台。需要完成下面 6 项实验,请画出拓扑图,给出操作截图,并附必要的说明。

（1）在 Windows 主机上安装 VCenter。

① 安装 VCenter。

② 建立数据中心。

③ 添加 IP:192.168.12.2、192.168.12.3 两台主机。

④ 建立群集,移入上述两台主机。如果直接加入主机会报错,提示容错资源不足。

⑤ 为 192.168.12.2、192.168.12.3 两台主机添加 NFS 共享存储和私有存储。

（2）在 Windows 主机上建立 NFS,NFS 是 Linux 系统上的文件共享服务器。建立后可以为虚拟机平台提供共享存储,提供主机集。

① 为该主机添加一块 150GB 的虚拟磁盘,即为共享盘。

② 选中"管理工具"|"服务器管理",通过左边的"角色",添加角色并选择文件服务。

③ 在共享盘添加一个名为 NFS 的文件夹并右击,从弹出的快捷菜单中选中"属性"|"NFS 共享"|"管理 NFS 共享"选项,打开 NFS 高级共享。

④ 启用无服务器身份验证,启用未映射用户访问,选择"允许未映射的用户 UNIX 访问"。

⑤ 单击"权限"按钮。添加允许的计算机的 IP,此处为 192.168.12.2 和 192.168.12.3。

（3）把安装系统的 ISO 文件传递到 NFS。

① 在 Windows 主机再添加一块网卡,IP 地址配置为所在主机网络的 IP 地址,通过 ping 命令确认从操作物理终端机连接正常。

② 通过 FTP、Windows 共享等方式从用户本地上传文件。使用 Windows 共享方式,把该虚拟机的 NFS 文件夹共享出来。

（4）在 192.168.12.2 建立一台虚拟机,并安装 Windows 系统,要求具有 8GB 的运行内存和 20GB 的硬盘。

① 在 192.168.12.2 建立一台安装 Windows 系统的虚拟机。

② 将文件储存在 NFS 共享上。

③ 安装 Windows 系统。

（5）测试主机集的特性。

① 启动上述 Windows 虚拟机。

② 关闭 192.168.12.2 的电源。等待一会儿,查看是否启动了 Windows 虚拟机。

③ 其他测试,请自行设计测试用例。

4. 用 Openfiler 配置 iSCSI。

【实验目的】

使用 Openfiler 搭建 iSCSI 网络共享存储。

【实验环境】

一台 PC,要求具有 2GB 的内存和 4 块硬盘。实验可选择在实体机或虚拟机上进行。

设定 Openfiler 服务器 IP 地址为 192.168.1.254、掩码为 255.255.255.0。

【实验内容】

1) 安装 Openfiler

(1) 初始化硬盘并删除所有数据。将 Openfiler 系统安装到第 1 块硬盘 sda 上。

(2) 设置网卡地址、掩码。

(3) 设置网关、DNS。

(4) 设置 root 账户密码。

(5) 系统重启。

2) 创建物理卷(PV)和卷组(VG)

(1) 在一台连接正常的 Openfiler 机(如果是虚拟机则将主机网卡设置为同一网段)通过浏览器 https://192.168.1.254:446/访问 Openfiler。

(2) 在登录界面输入 Openfiler 系统默认的初始密码登录系统。

(3) 创建 PV。

① 将第 2 和第 3 块硬盘(/dev/sdb、/dev/sdc)组成新的 VG。

② 选择/dev/sdb,此时会进入另一个页面,在这个页面最下方有一个 Create a partition in /dev/sdb。

③ 在 Mode 的下拉列表框中选择 Primary,Partition Type 中选择 Physical Volume。由于要使用整个扇区,因此直接单击 Create 按钮即可。

④ 观察这个分区是否已经创建成 PV 的成员。

⑤ 重回 Block Devices 页面,重复上面的步骤可以将/dev/sdc 也创建成另一个 PV。

(4) 将 PV 组合成 VG。

① 将 PV 创建好之后,就可以利用这些 PV 创建一个 VG。选择右侧的 Manage Volumes。

② 为 VG 命名,将两个 PV 选中,并单击 Add volume group 按钮。

③ 通过 Volume Group Management 中观察列出的 VG。

3) 创建 iSCSI 的分区和连接,划分出具有 iSCSI 连接能力的 LUN(逻辑分区)

(1) 开启 iSCSI Target Server 功能。Services 选项卡下,将原来 Disabled 的 iSCSI Target Server 的 Enable 按钮单击。

(2) 创建 iSCSI 逻辑分区 LUN。

① 选择 Volumes 中的 Manage Volumes。

② 选择 Volume Groups,可以看到目前已有一个刚创建好的 VG,上面还没有任何 LUN。

③ 单击 Add Volume 按钮,就会进入加入新 LV 的画面。最下面有一个创建 LV 的地方,输入 LV 的名称(如 LUN01),输入描述、大小,并且在 Filesystem/volume type 下拉列表框中选择 block (iSCSI, FC,etc)。之后单击 Create 按钮。至此,iSCSI 的 LUN 已经创建完成。

4) 配置 Openfiler 网络

(1) 进入 Openfiler 中的 System,并且直接拉到页面的下方,在 Network Access Configuration 的地方输入这个网络访问的名称,如 VM。

(2) 输入主机的 IP 段。注意不可以输入单一主机的 IP,这样会都无法访问。当输入 192.168.1.0 时,表示从 192.168.1.1 一直到 192.168.1.254 都能访问。在 Netmask 中选择 255.255.255.0,并且在

Type 下拉列表框中选择 Share,之后即可以单击 Update 按钮。

5）配置 Openfiler iSCSI 目标

（1）进入 Openfiler 的 Volumes 中,在右侧选择 iSCSI Targets。会看到有一个 Target IQN 的字段,这个字段称为 iSCSI 合格证(iSCSI Qualified Number),是每一个 iSCSI 唯一的编号,也是在网络上辨认 iSCSI 设备的唯一编号。这个号码由系统产生,可以不需要更动。在此单击 Add 按钮。

（2）在新增之后,可以在方块下方看到完整的 IQN 参数,这个参数暂时不用更动,使用默认值即可。

（3）在 IQN 创建之后,将 LUN 映射到这个 IQN 上。此处 Openfiler 一般已做好。只要进入 LUN Mapping 的选项卡,选择刚才创建的 LUN,并且单击 Map 按钮即可。

（4）映射完成后,确认已经正常,随时可以再 Unmap。

（5）选择 Network ACL 选项卡,将 Access 改成 Allow,单击 Update 按钮。

6）在 Windows 系统中测试 iSCSI 连接

（1）调出"控制面板",选中"管理工具",在弹出的"管理工具"窗口中选中"服务中启动 Microsoft iSCSI Initiator Service"。

（2）运行 iSCSI 发起程序。通过"发现"选项卡、"发现门户"按钮新增 iSCSI Target,指定在 Openfiler 的设置的 IP(192.168.1.254)。

（3）在"目标"选项卡中,观察有否出现对应的 LUN、什么状态、可否使用?

（4）通过"连接"按钮,将这个 LUN 加入计算机中。

（5）观察状态,LUN 是否已经连接上? 有什么新的改变?

（6）在 Openfiler 的网页上,单击 Status,单击右侧 iSCSI Target,观察连接情况。

（7）在 Windows 系统下,打开"磁盘管理",观察是否新增了一块磁盘,观察大小、状态等情况。

（8）性能测试。利用 Iometer 测试工具对 Openfiler 的存储性能、传输带宽及反应能力、网络吞吐量、硬件性能等进行测试,对测试结果进行分析。

5. 数据中心存储服务器虚拟化存储设计实践。

【实验目的】

（1）通过自己动手设计搭建一独立小型存储服务器,采用多种存储技术软硬件搭配,实现对数据的存储、管理与使用。

（2）掌握 RAID 技术以及存储虚拟化技术并对存储服务器在安全可靠性方面进行改进。

【实验环境】

需要的实验设备包括计算机、磁盘、RAID 卡、虚拟化存储磁盘管理软件、服务器端。整个环境根据设计方案自行写出。

【实验内容】

（1）采用不同的 RAID,测试其对存储服务器性能的影响。

（2）在服务器客户端中安装使用存储虚拟化管理软件,掌握存储虚拟化在存储空间的分配管理以及客户的使用权限方面的解决方案。

（3）对本存储服务器进行性能改进,如数据读写保护权限的管理、磁盘防插拔方案。

具体步骤如下。

（1）完成对存储服务器的搭建以及管理软件的安装。

（2）使用虚拟化存储方式,多台计算机与服务器进行网络连接并对服务器发出存储空间申请,服务器对其进行存储空间以及权限的分配与管理。

（3）以多种方式搭建 RAID，并在服务器端与客户计算机端上进行数据的传输存储与数据备份速度的测试。

（4）在存储服务器端观察服务器对客户机逻辑存储空间与物理存储空间的分配情况，进行存储虚拟化下服务器负荷能力测试。

（5）在客户端计算机上进行应用测试，主要包括数据传输速度、数据访问与改动权限测试。

（6）对存储服务器在数据的可靠安全性方面进行测试，主要进行数据备份方式、模拟数据灾难并进行恢复、入侵拦截、防恶意插拔等安全测试。

（7）通过以上的实验，提出对存储服务器的改进建议，尤其在数据的可靠安全性方面进行改进并再次进行测试。

＊要求将本实验的过程录制视频。

第8章 云 存 储

8.1 云存储技术概述

云存储(cloud storage)又称对象存储,是在云计算(cloud computing)概念上延伸和发展出来的一个新的概念,是指通过集群应用、网格技术或分布式文件系统等功能,将网络中大量不同类型的存储设备通过应用软件集合起来,协同工作,共同对外提供数据存储和业务访问功能的系统。当云计算系统运算和处理的核心是大量数据的存储和管理时,云计算系统中就需要配置大量的存储设备,这时云计算系统就转变成为一个云存储系统,所以云存储是一个以数据存储和管理为核心的云计算系统。

云存储是云计算的存储部分,即虚拟化的、易于扩展的存储资源池。用户通过云使用存储资源池,但不是所有云计算的存储部分都是可以分离的。云存储意味着存储可以作为一种服务,通过网络提供给用户。用户可以通过若干种方式来使用存储,并按使用时间、空间或两者结合的方式付费。通过互联网开放接口(如 REST),使得第三方网站可以通过云存储提供的服务为用户提供完整的 Web 服务;用户直接使用存储相关的在线服务,例如网络硬盘、在线存储、在线备份或在线归档等服务等。

云存储的显著优点可概括为下面几点。

(1) 超大规模。通过云存储,可使网络中大量存储设备协同工作,大大提高了存储的容量。

(2) 无限动态扩展。云存储的容量是可以无限扩展的,并且可以按照实际的需求随时获取,满足应用和用户规模增长的需要。

(3) 虚拟化。云存储系统对于使用者是透明的,任何地点的任何一个经过授权的用户都可以与云存储连接。进行云存储的终端设备,可以是 PC、笔记本计算机、智能手机或其他任何能够完成信息交互的终端,只要有一定计算能力并可以接入网络,就可以获得所需的服务。例如,腾讯云拥有的结点超过了 1300 个,覆盖全球;拥有超过 100TB 的资源储备,可提供云服务器、云存储、云数据库和弹性 Web 引擎等基础云服务。

(4) 高可靠性。云存储的数据中心大多采用多副本容错和快速恢复等机制保障数据的高可靠性,所以云存储比本地存储更可靠。

(5) 价格低廉。云存储的结点使用的是极其廉价的 PC,因此可以为 IT 厂商提供更少的硬件资源成本和更高的设备使用率,大大减少了数据中心的管理成本。

(6) 存储管理可以实现自动化和智能化,所有的存储资源被整合到一起,客户看到的是单一存储空间,只需要获得授权就可以与云存储系统进行连接,从而访问存储在云端的数据,管理云端的数据和使用云服务提供商提供的服务。

(7) 提高了存储效率,通过虚拟化技术解决了存储空间的浪费,可以自动重新分配数据,提高了存储空间的利用率,同时具备负载均衡、故障冗余功能。

(8) 云存储能够实现规模效应和弹性扩展,具有海量的存储空间,在理论上可以无限拓展。

(9) 降低运营成本。用户只需要根据自己的实际需求向云服务提供商支付费用即可,而且现在云服务提供商提供的免费存储容量已经能达到用户的日常需求。

对于传统存储,当使用某一个独立的存储设备时,对该存储设备的型号、接口和传输协议,存储系统中磁盘数量、型号、容量,至于存储设备与服务器之间连接线缆类型,都已经了解了。由于云存储系统中的所有设备对使用者来说都是完全透明的,因此与传统存储方式对存储设备的"了然于心"不同,对云存储的设备的了解只能是"云里雾里"了。

云计算的服务层次是根据服务类型即服务集合来划分的。在计算机网络中每个层次都实现一定的功能,层与层之间有一定关联。而云计算体系结构中的层次是可以分割的,即某一层次可以单独完成一项用户的请求,而不需要其他层次为其提供必要的服务和支持。云计算的服务层次如图 8-1 所示。

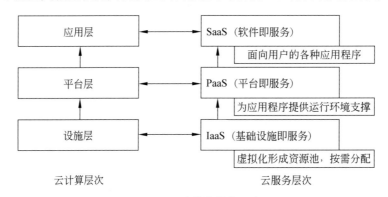

图 8-1　云计算的服务层次

(1) IaaS(infrastructure as a service,基础设施即服务)层位于云计算三层服务的最底端,提供基本的计算和存储能力,把硬件设备作为一种服务。以计算能力的提供为例,其提供的基本资源就是服务器,包括 CPU(计算资源)、内存、硬盘(存储资源)、网卡(网络资源)及一些软件。IaaS 层通常按照所消耗资源的成本进行收费。如果用户通过公有云公司注册账户,通过注册的公有云公司提供的虚拟的云主机,就不用自己购买服务器,每次登录到云公司的平台,就可以访问到其提供的虚拟机。

(2) PaaS(platform as a service,平台即服务)层通常也称为"云计算操作系统"。它提供给终端用户基于网络的应用开发环境,把平台作为一种服务。包括应用编程接口和运行平台(例如 Windows、Linux)等,并且支持应用从创建到运行整个生命周期所需的各种软硬件资源和工具。在 PaaS 层面,服务提供商提供的是经过封装的 IT 能力,如数据库、文件系统和应用运行环境等,通常按照用户登录情况计费。如要用服务器做开发程序,必须购买服务器,并安装一些开发的环境软件。而在云端,直接把底层的服务器以及里面需要安装的开发环境软件都给用户准备好,可以直接用。

(3) SaaS(software as a service,软件即服务)层提供最常见的云计算服务,如邮件服务、在线视频服务等。用户通过 Web 浏览器来使用网络上的软件,服务提供商负责维护和管理这些软件,并以免费或按需租用方式向用户提供服务,把在线软件作为一种服务。SaaS 服务模式是未来管理软件的发展趋势,它不仅减少甚至取消了传统的软件授权费用,而且服务提供商将应用软件部署在统一的服务器上,免除了最终用户的服务器硬件、网络安全设备和软件升级维护的支出。

例如,百度网盘的用户只需直接使用,而不必知晓这款软件的客户端是运行在什么样的服务器里,它是通过什么样的语言开发出来的,直接享受服务就可以。云存储服务一般是通过 Web 服务应用程序接口(API)或 Web 化的用户界面来访问。

8.2　云存储结构的模型

云存储平台整体架构可划分为 4 个层次,自底向上依次是数据存储层、数据管理层、应用接口层和用户访问层,如图 8-2 所示。其中,数据存储层是基础,核心是数据管理层。

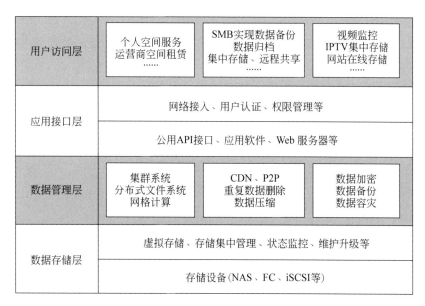

图 8-2　云存储平台整体架构

1. 数据存储层

数据存储层是云存储最基础的部分。该层由标准的物理设备组成,支持标准的 IP-SAN、FC-SAN 存储设备。在系统组成中,存储设备可以是 SAN 架构下的 FC 光纤通道存储设备或 iSCSI 协议下的 IP 存储设备。云存储中的存储设备一般都是数量众多且分布在不同的地域,相互之间通过互联网、广域网或光纤通道网络连接在一起。这些存储设备之上是一个存储设备管理系统,实现存储设备的管理及硬件设备的逻辑虚拟化管理、多链路冗余管理,以及硬件设备的状态监控和故障维护。

在存储层上往往部署云存储流数据系统,通过调用云存储流数据系统,实现存储传输协议和标准存储设备之间的逻辑卷或磁盘阵列的映射,实现数据(视频、图片、附属流)和设备层存储设备之间的通信连接,完成数据的高效写入、读取和调用等服务。

存储层是云存储系统的基础,由存储设备(满足 FC 协议、iSCSI 协议、NAS 协议等)构成,如图 8-3 所示。它能够存储多种不同格式的数据,用户只要通过网络在线把数据存储到系统中即可,不需要考虑自己数据的格式,系统已经对不同的数据格式进行了统一处理。

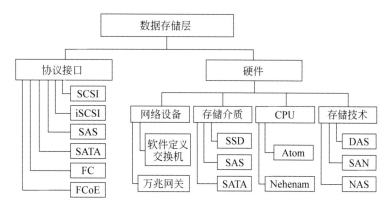

图 8-3　数据存储层

2. 数据管理层

数据管理层是云存储最核心的部分,也是云存储中最难以实现的部分。数据管理层通过集群、分布式文件系统和网格计算等技术,融合了索引管理、计划管理、调度管理、资源管理、集群管理、设备管理等多种核心的管理功能,如图 8-4 所示。可以实现存储设备的逻辑虚拟化管理、多链路冗余管理,以及硬件设备的状态监控和故障维护等;实现云存储中多个存储设备之间的协同工作,使各个存储设备对外呈现统一服务;通过集群、分布式文件系统和网格计算等技术,提供强大的数据访问性能;实现整个存储系统的虚拟化的统一管理,实现上层服务的响应。

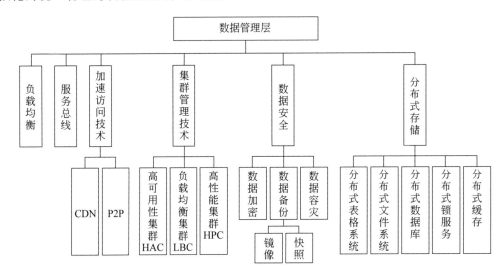

图 8-4　数据管理层

通过内容分发网络(content delivery network,CDN)技术、数据加密技术保证云存储中的数据不会被未授权的用户所访问,同时,通过各种数据备份、容灾技术和措施可以保证云存储中的数据不会丢失,保证云存储自身的安全和稳定。

数据管理层为用户提供统一的管理界面,也对底层的硬件设备进行管理,将下面的存储与上层的应用很好的连接起来,更好地为用户提供服务。

3. 应用接口层

应用接口层是云存储最灵活多变的部分,它面向用户应用提供完善、统一的访问接口,接口类型可分为 Web Service 接口、API 接口等,如图 8-5 所示。可以根据实际业务类型,开发不同的应用服务接口,提供不同的应用服务,实现和行业专属平台、运维平台的对接,实现和智能分析处理系统之间的对接,实现设备以及服务的监控和运维等。例如视频监控应用平台、IPTV 和视频点播应用平台、网络硬盘应用平台、远程数据备份应用平台等。

4. 用户访问层

任何一个授权用户都可以通过标准的公用应用接口来登录云存储系统、享受云存储服务。云存储运营单位不同,云存储提供的访问类型和访问手段也不同。其主要优势在

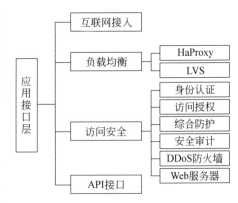

图 8-5　应用接口层

于硬件冗余、节能环保、系统升级不会影响存储服务、海量并行扩容、强大的负载均衡功能、统一管理、统一向外提供服务,管理效率高,云存储系统从系统架构、文件结构、高速缓存等方面入手,针对监控应用进行了优化设计。数据传输可采用流方式,底层采用突破传统文件系统限制的流媒体数据结构,大幅提高了系统性能。

用户只要在有网的环境中使用联网的设备就可以访问云存储平台,使用云存储服务。

8.3　云存储的分类

云存储可分为公共云存储、私有云存储和混合云存储 3 类。

1. 公共云存储

公共云存储(public cloud storage)也称存储即服务(storage as a service)、在线存储(on-line storage)或公有存储,是云存储提供商推出的一种有偿服务。云存储服务提供商建设并管理存储设施,集中空间来满足多用户需求,所有的组建放置在共享的基础存储设施里,设置在用户端的防火墙外部,用户直接通过安全的互联网连接访问。在公共云存储中,通过为存储池增加服务器,可以很快、很容易地增加存储空间。

公共云存储服务多数是收费的,通常是根据存储空间来收取使用费。用户只需开通账号使用,无须了解任何云存储方面的软硬件知识或掌握相关技能。国内比较突出的代表的有搜狐企业网盘、百度云盘、乐视云盘、金山快盘、坚果云、酷盘、华为云、360 云盘、新浪微盘、腾讯微云等。

公共云存储可以划出一部分用作私有云存储。一个公司可以拥有或控制基础架构,以及应用的部署,私有云存储可以部署在企业数据中心或相同地点的设施上。私有云可以由公司自己的 IT 部门管理,也可以由服务供应商管理。

使用公共云来存储的优势是提供商负责创建和维护存储基础架构和其相关的费用,包括电源、制冷和服务器维护。客户只为使用的资源付费,在很多情况下,只需要简单地单击鼠标。

使用公共云来存储的不利之处是客户将其数据的控制转交给了服务提供商。公共存储提供商随后负责维护和保护其多租户基础架构上的数据并确保在传输期间和从提供商设备上出去时是安全的。如果该提供商遇到运行中断,数据在一段时间内无法访问。如果提供商遇到严重故障,则有数据丢失的风险。

2. 私有云存储

私有云存储是独享的云存储服务,由企业或社会团体独有。私有云存储建立在用户端的防火墙内部,并使用其所拥有或授权的硬件和软件。企业的所有数据保存在内部并且被内部管理员掌控,管理员可以集中存储空间来实现不同部门的访问或被企业内部的不同项目团队使用,而无须考虑其物理位置。

私有云存储可由企业自行建立并管理,也可由专门的私有云服务公司根据企业的需要提供解决方案,协助建立并管理。私有云存储的使用成本较高,企业需要配置专门的服务器,获得云存储系统及相关应用的使用授权,同时还需支付系统的维护费用。但是它在管理上有一定的灵活性,根据企业内部的系统做出相应的规定,这些要求是公有云在一定程度上难以做到的。私有云平台能够充分的利用现有的资源,很好地降低企业信息化的成本,对资料进行有机的整合,对私有平台进行设计和实现。

私有存储云是相对于公有存储来说的。这个私有云几乎五脏俱全,但是云的应用局限在一个区域、一个企业,甚至只是一个家庭内部。

3. 混合云存储

把公共云存储和私有云存储结合在一起就是混合云存储。

　　混合云存储把公共云存储和私有云存储整合成更具功能性的解决方案。而混合云存储的秘诀就是处于中间的连接技术。为了更加高效地连接外部云和内部云的计算和存储环境,混合云解决方案需要提供企业级的安全性、跨云平台的可管理性、负载或数据的可移植性以及互操作性。

　　混合云存储主要用于按客户要求的访问,特别是需要临时配置容量时。从公共云上划出一部分容量配置一种私有或内部云可以帮助公司在面对迅速增长的负载波动或高峰时很有帮助。尽管如此,混合云存储带来了跨公共云和私有云分配应用的复杂性。

　　混合云由于融合了公有云和私有云,是近年来云计算的主要模式和发展方向。因为私有云主要是面向企业用户,出于安全考虑,企业更愿意将数据存放在私有云中,但是同时又希望可以获得公有云的计算资源,在这种情况下混合云被越来越多的采用,它将公有云和私有云进行混合和匹配,以获得最佳的效果,这种个性化的解决方案,达到了既经济又安全的目的。

8.4　云存储技术基础

8.4.1　宽带网络的发展

　　由于社会信息化技术飞速发展,高速宽带网络已成为推动社会经济快速发展和人们生活、工作重要的组成部分。目前各国都在大力发展信息技术行业、注重宽带网络。很多国家大力促进宽带网络行业的发展,并且已经被提升到国家战略的高度,宽带与信息技术在国家经济发展和实现国家战略目标中占有极其重要的地位。国家经济实力的提高和社会信息化的发展离不开宽带。宽带互联网帮助中国的经济实力稳定增长,人民生活水平不断提高。

　　信息科学技术的进步和宽带网络的迅猛发展,使人们的日常生活发生了多方面的变化,生活更加便捷,国家的信息化之路更为清晰。云存储系统将多区域分布、遍布全国、甚至于遍布全球的庞大公用系统,使用者需要通过宽带接入设备来连接云存储。只有宽带网络得到充足的发展,使用者才有可能获得足够大的数据传输带宽,实现大量容量数据的传输,享受到云存储服务带来的便利。

8.4.2　Web 2.0 技术

　　随着网络技术的发展使网络应用越来越广泛,互联网络越来越展示出其强大的应用优势。各类型的网站如雨后春笋般出现,为用户提供形式多样的服务,例如存储展示分享类的相册、视频、博客,SNS交友类的社区、论坛、社交,电子商务类的淘宝、阿里巴巴、PPG、VANCl、卓越等。

　　Web 2.0 网站的用户访问、交互性更强。Web 2.0 不断有一些交互性的内容,特别是动态变化内容,而这种应用的特点,使后台服务器的存储、备份整合压力变大。以前一个网站可能就只需要几百吉字节的存储空间,但是现在一个使用 Web 2.0 技术的网站,存储内容可能就变成太字节或十太字节数量级。这是 Web 2.0 的一个普遍特点,存储内容需要海量存储了。

　　随着 Web 2.0 业务的发展、数据量的急剧增加,单一存储构架显然难以满足网站业务快速发展以及客户不断增长的需求。目前很多 Web 2.0 网站采取利用 Cache 技术实现负载均衡来减轻 Web 服务器的压力。但是 Web 2.0 网站存储容量可能是由吉字节级变成太字节级,甚至数百太字节级,而根据 Cache 的工作原理,最后导致 Cache 服务器里面的内容会趋于一致,所以这种负载均衡方式只是推迟了产生负载压力的时间,没有从根本上解决问题,经过一段时间后,大部分的请求还是会回到 Web 服务器上来的,并且会浪费大量的投资。

　　针对 Web 2.0 网站存储特性,网络存储设备可以采用多种技术(如 RAID 技术),它使存储系统在创建 RAID 时,每块物理磁盘可以被分割成不同的区域,这些不同的区域可以用来创建不同 RAID 级别的逻辑磁盘,每组逻辑磁盘的条带尺寸以及缓存使用方式可以设定,灵活的适用于不同的应用,合理充分地利用了硬盘空间。存储系统提供动态 LUN 扩容技术,使存储系统可以在不影响用户数据和应用的情况下,实现用户数据卷的动态扩容,方便使用。也可以把不同用户的数据分布到不同的服务器上进行存储,以实现数据的分布式存储,让每台计算机只为相对固定的用户服务,实现平行的架构和良好的可扩展性。甚至将数据存储在云端,能够满足 Web 2.0 网站的存储需求。

实际上,Web 2.0 的无构造数据与 Web 1.0 的有构造数据相比,除了在构造上有差别,数据量远超后者之外,还有一个显著差别就是后端数据中心在存储、管理和处理 Web 2.0 的无构造数据时不需要采用可快速响应的高端硬件设备。后端数据中心本不应采用光纤通道网络存储器(FC-SAN 和 FC-NAS之类)高端存储设备来处理 Web 2.0 的无构造数据。而银行、证券交易所之类所用的数据中心则需要使用高速 FC-SAN 和 FC-NAS,因为转账、支付、实时交易等产生的数据必须实时高速处理才能准确无误。

在云存储服务与 Web 2.0 的交集中,IP 连接的网络存储技术十分适用于支持后端存储服务体系架构。与 FC-SAN 相比,IP-SAN 使用 iSCSI 接口在 TCP/IP 上进行数据块传输,带宽虽不及前者,但相配前端处理速度能满足云服务的低成本要求。目前云存储使用者通过 Web 2.0 技术,将 PC、移动终端等多种设备,实现数据、文档、图片、音频、视频等内容的集中存储和资料共享。

8.4.3 应用存储的发展

应用存储是一种在存储设备中集成了应用软件功能的存储设备,其不但具有数据存储功能,还包括了部分应用软件的功能,就如同数据中心中包含程序应用服务器与数据库服务器,应用存储与云存储结合,整合云存储到本地,可以减少云存储中服务器的数量,减轻存储管理负担,降低企业系统建设成本,寻求数据的安全性、可靠性性能,简化与管理之间的平衡,减少系统中由于服务器造成的单点故障和性能瓶颈,提高系统性能和效率。

随着移动终端的飞速发展,线上购物、软件商城、网盘存储、空间以及微博等都成为必不可少的应用,而这些应用通过目前先进的云存储技术能够有效提高效率,最大程度上简化企业管理同时减少宕机事件的发生,为不断拓宽的应用插上飞速发展的翅膀。

8.4.4 集群技术、网格技术和分布式文件系统

云存储是通过集群应用、网格技术、分布式文件系统等,将网络中大量类型各异的存储设备整合起来,多个存储设备可以对外提供同一种服务,提供强大的数据访问性能。如果没有这些技术的存在,云存储就不可能真正实现,所谓的云存储只能是一个个的独立系统,不能形成云状结构。

1. 集群技术

集群存储是将多台存储设备中的存储空间聚合成一个能够给应用服务器提供统一访问接口和管理界面的存储池,应用可以通过该访问接口透明地访问和利用所有存储设备上的磁盘,可以充分发挥存储设备的性能和磁盘利用率。数据将会按照一定的规则从多台存储设备上存储和读取,以获得更高的并发访问性能。

传统的存储系统由于受到其物理组成(如控制器性能、总线性能、磁盘驱动器的数量、所连接服务器的数量、内存大小、NAS 头的性能等)的限制,以及功能上的局限(如支持文件系统的容量、元数据和数据处理通路的耦合、快照或复制的数量等),造成了存储系统瓶颈的出现。

一旦遇到存储系统的瓶颈,可以采用若干普通性能的存储系统来组成存储的集群,就可提供按比例增加存储资源的性能、容量、可靠性及可用性,突破了单机设备的种种限制。

集群存储集中了 SAN 和 NAS 的优点,在大多数使用集群存储的案例中,随着存储系统的扩容,性

能也随之提升,理论上,一个大的集群存储的性能往往胜过一个 SAN 系统,但是价格却比 SAN 更加具有优势。集群存储和 NAS 的概念是在文件系统层面上的,而 SAN 是在 LUN 层面上的,集群存储可以利用 SAN 环境实现。因此,集群存储与 SAN 解决的问题不同。如果一定要比较这两者的优缺点,可以说,SAN 只做到了多个服务器结点可以同时看到 SAN 环境中的同一个 LUN,还不能做到多服务器结点间的文件级共享。集群存储在性能、可靠性及扩展性等多个方面都远远优于传统的 NAS。

2. 网格技术

网格技术是一种信息的网络技术,被称为"下一代互联网技术",它可以有效地整合网络中的所有资源,包括存储资源、信息资源、计算资源等。在网格环境中,硬件和软件资源都是开放的,可以充分利用这一有利条件使所有的资源得到充分的应用。资源的开放和网格的应用,可以大大减少重复开发和重复投入。

网格技术对解决网络中的资源管理提供了很好的解决方案,因为资源共享是网格技术的主要目的之一。

网格计算技术实际上是把整个因特网整合成一台巨大的超级计算机,从而实现资源的全面共享。人们将共享互联网上的一切资源,包括计算资源、存储资源、通信资源、软件资源、信息资源和知识资源等。网格计算技术和存储密切相关,网格存储就是借助网格计算技术,实现存储虚拟化。网格存储既可应用于 SAN,又可应用于 NAS 环境。网格计算环境要求不影响各结点本地的管理和自主性,允许远程选择加入或退出网格系统,并能提供可靠的容错机制,类似当前的 Web 服务,给用户提供完全透明的计算环境。同样,对网格存储而言,则把众多同构、异构的存储设备变成了统一的虚拟存储资源。

3. 分布式文件系统

分布式文件系统把大量数据分散到不同的结点上存储,大大减小了数据丢失的风险。分布式文件系统具有冗余性,部分结点的故障并不影响整体的正常运行,而且即使出现故障的计算机存储的数据已经损坏,也可以由其他结点将损坏的数据恢复出来。因此,安全性是分布式文件系统最主要的特征。分布式文件系统通过网络将大量零散的计算机连接在一起,形成一个巨大的计算机集群,使各主机均可以充分发挥其价值。此外,集群之外的计算机只需要经过简单的配置就可以加入到分布式文件系统中,具有极强的可扩展能力。

8.4.5 Docker 与 Kubernetes 容器化技术

1. Docker

1) Docker 概述

Docker 是一个基于 LXC(Linux container,Linux 容器)技术之上搭建的容器引擎,是 Linux 内核提供的一个特性。LXC 提供一个独立的沙盒(sandbox)环境,在沙盒的内部感知不到沙盒外部的资源,也无法对外界环境造成影响。它是通过操作系统提供的 namespace 和 cgroup 机制实现的。namespace 可以将主机名、网络、存储空间的资源进行隔离,cgroup(control group)可以限制沙盒的资源使用。沙盒环境将用户进程进行隔离,大大地增强了系统安全性。

虽然 LXC 的功能非常强大,而 Docker 在 LXC 的基础之上,提供了更高级的控制工具。首先,Docker 定义了容器构建的规范,让容器可以跨主机部署,其次通过分层文件系统实现了组件的重用,最后对镜像的构建实现了版本化管理,用户可以根据自己的需要选择同一镜像的不同版本。

镜像是一个特殊的文件系统,包含了运行容器的各种资源。Docker 将一个进程运行时所需要的环境、系统工具、系统库和配置文件全部打包形成了镜像。镜像是分层构建的,每一层都是只读的。用户可以对镜像进行修改,每修改一次就会在原来的基础上再新建一层而不是修改原来的层。

容器是一个从镜像创建的运行实例,可以被启动、停止和删除。容器的作用就是一个沙盒,提供进程运行的环境。容器使用起来相当于一个操作系统,容器拥有自己的主机名、用户、网络等资源。程序在容器里运行,就好像在真实的物理机上运行一样。

2) 容器与虚拟化的区别

容器是一种虚拟化概念,但它是属于"轻量级"的虚拟化。它的目的和虚拟机一样,都是为了创造"隔离环境"。但是,它又和虚拟机有着本质上的不同,虚拟机是操作系统级别的资源隔离,而容器本质上是进程级的资源隔离。这种区别如图 8-6 所示。

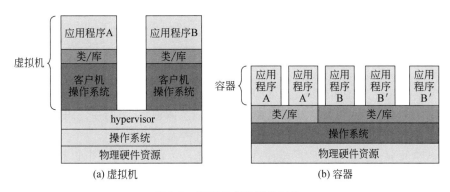

图 8-6 容器与虚拟化的对比

传统的虚拟技术首先需要在物理机操作系统之上虚拟一个硬件层,然后在虚拟硬件层上安装操作系统,然后才能在操作系统中安装软件,进程运行在虚拟操作系统的内核上。对于 hypervisor 环境来说,每个虚拟机实例都需要运行客户端操作系统的完整副本以及其中包含的大量应用程序,由此产生的沉重负载将会影响其工作效率及性能表现。而容器不需要虚拟化硬件,它是将应用程序以及应用程序运行时所依赖的库打包到容器中,容器中的应用直接运行在物理主机的操作系统之上,可以直接读写磁盘,应用之间通过计算、存储和网络资源的命名空间进行隔离,为每个应用形成一个逻辑上独立的"容器操作系统",Docker 只负责提供依赖环境。

Docker 是创建容器的工具,是应用容器引擎。相比于传统的虚拟机,Docker 的优势很明显,它能秒级时间启动,而且对资源的利用率很高(一台主机可以同时运行几千个 Docker 容器)。此外,它占的空间很小,虚拟机一般要几吉字节到几十吉字节,而容器只需要兆字节级甚至千字节级。

由此可见,容器相对于传统虚拟化技术来说,更加轻便、资源占用更低、程序运行速度更快。除此之外,容器技术还具有简化部署、多环境支持、快速启动、服务编排、易于迁移等优点。

3) 容器关键技术

Docker 容器主要基于 Namespace、Cgroup 技术、联合文件系统等关键技术。

(1) 命名空间(namespace)。Docker 引擎采用命名空间技术,为容器之间创建隔离层,为每一个容器定义一套不同的命名空间,通过命名空间访问容器每一部分,这就使得容器间相互隔离。Docker 引擎在 Linux 上使用的命名空间有进程命名空间、网络命名空间、IPC 命名空间、挂载命名空间、UTS 命名空间和用户命名空间。

① 进程命名空间 pid:进程隔离(process ID,PID)。在 Docker 中利用了 Linux 内核中的 PID 空间技术,并且在不同的 PID 命名空间上,进程都是独立的。不同的空间下可以有相同的 PID。该层级是一个树状结构,在创建新的 PID 会跟原先形成一个层级父子关系。Docker 利用 Namespace 技术来修改

进程视图。利用该技术创建进程,在内部进程是一个编号,但是在外部 Linux 系统上还是另外的系统进程,这是一个特殊的进程。

② 网络命名空间 net:管理网络接口(networking,NET)。进程命名空间让各个进程之间进行相互隔离,但是网络端口还是共享的。然后通过网络命名空间可以实现网络之间的隔离,就跟进程之间形成隔离一样。在这个空间里有完全独立的网络协议栈。包含了各台设备接口,例如 IPv4 和 IPv6、IP 路由表、防火墙规则、sockets 等。

Docker 采用的是虚拟网络设备方式,将不同的网络设备连接到一起。默认是与本地主机上的 docker0 网卡连接到一起。

网络创建过程一般是先创建一对虚拟接口,分别放到本地主机和新容器的命名空间里。本地接口连接到 docker0 网桥上,并且赋给一个 veth 开头的名字。容器端的虚拟接口命名为 veth0,只在容器中可见。从网桥可用地址段中获取一个空闲地址分给容器的 eth0,默认路由网关为内部接口的 docker0 的地址。

③ IPC 命名空间 ipc:管理对内部进程的访问(inter process communication,IPC)。进程之间怎么交互,在 Linux 里面采用的是 IPC 的方式,包含信号量、消息队列、共享内存。PID 命名空间可以与 IPC 命名空间组合使用,允许进程间的交互。不同空间内的进程无法交互。

④ 挂载命名空间 mnt:管理文件系统挂载点(MNT:mount)。将一个进程放入到特定的目录执行,每个命名空间内的进程看到的文件目录彼此隔离。

⑤ UTS 命名空间 uts:隔离内核和版本标示符(UNIX timesharing system,UTS)。该空间允许每个容器拥有独立的主机名和域名,从而虚拟出一个独立的主机名和网络空间。

⑥ 用户命名空间。每个容器都拥有不同的用户和用户组,可以在容器内使用特定的内部用户参与执行程序,而非本地系统存在的用户。可以使用隔离的用户名空间,提高安全性,避免容器内进程获取到额外的权限。

因此,当采用访问进程命名空间方式,进入容器,需要带上上述的命名空间。

(2) 控制组(Cgroup)。控制组是 Linux 内核的一个特性,主要用来控制分配到容器的资源,避免多个容器同时运行时对宿主机系统的资源竞争。

采用命名空间,能够将容器隔离,因此容器在使用设备(称为子系统)时,也是按照各容器独立使用,因此多个容器对设备的使用应是互斥的,具有抢占性质,所以需要统一的策略维护容器对子系统的使用。控制组可限制应用程序使用指定的设备资源,如容器的内存、CPU、磁盘 I/O 等,并且针对不同的设计情况,提供了统一的接口,从而控制单一进程。Docker 引擎(Docker engine)可使用控制组使容器共享使用子系统资源,同时,也可约束或者限制容器使用特定资源,例如仅限制某个容器所占内存大小。

(3) 联合文件系统(union file system)。联合文件系统又称 UnionFS,是 Docker 快速创建轻量镜像层的文件系统。Docker 引擎使用 UnionFS 为容器提供构建模块。同时 Docker 引擎也可使用 UnionFS 的变体如 btrfs、vfs 和 DeviceMapper 等。

2. Kubernetes

1) Kubernetes 概述

Docker 容器虽然可以跨主机运行,但是其官方提供的管理工具只能管理单个物理机上的容器。一台物理机上的容器无法和其他物理机上的容器通信从而完成协作任务。如果为了并发性与安全性需要以集群的形式部署应用时,Docker 自身提供的工具明显无法满足需求。而 Kubernetes 就是解决跨主机容器调度的主流方案。

Kubernetes(简称 K8s)是 Google 开源的一个容器编排引擎,可以对集群内的容器进行管理。实际上它是容器集群管理系统,将 Docker 容器宿主机组成集群,统一进行资源调度,自动管理容器生命周期,提供跨结点服务发现和负载均衡;更好的支持微服务理念,划分、细分服务之间的边界。该技术的出现使 Docker 技术的运用更加广泛,也让用户部署容器化的应用更加简单高效。Kubernetes 主要实现了以下功能。

(1)对容器管理操作进行封装,可以通过 K8s 提供的命令来管理容器,简化了容器操作。

(2)容器自我恢复,K8s 会检测所有容器的状态,当容器崩溃时会自动创建新的容器以保证服务的运行。

(3)跨主机的容器调度,提供同一服务的不同容器可以分配在不同的物理机上。

(4)虚拟网络构建,K8s 集群中的容器处于同一个局域网中,相互之间可以通信,还可以通过 Service 对象向集群外提供服务。

2)K8s 架构

K8s 集群是典型 master-slaves 架构,包含主控结点(master)和结点(node)两种结点与七大组件。集群具体的功能都是由以下七大组件完成的,其架构如图 8-7 所示。

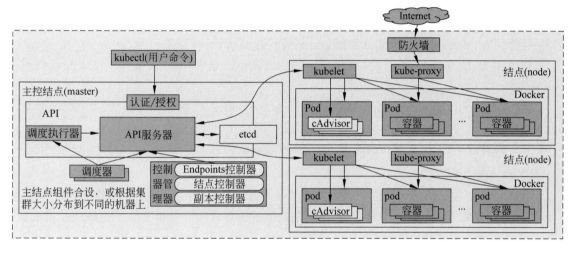

图 8-7 K8s 的架构

(1)API 服务器。它负责对外提供统一的访问接口,并提供访问控制等功能。

(2)控制器管理器(controller manager)。它负责维护集群的状态,当集群需要进行自动扩展,滚动更新的操作时会用到该组件。

(3)调度器(scheduler)。它按照特定的调度策略来进行资源调度,容器运行在哪一个 node 上就是由这个组件负责的。

(4)etcd。它是一个键值对类型的数据库,负责保存集群内部的状态信息。

(5)kubelet。它负责与管理该 node 上容器的生命周期,封装了容器引擎的 API 容器引擎交互。

(6)container runtime。它负责镜像管理与容器真正的运行,在本系统中容器运行时就是 Docker。

(7)kube-proxy。它负责为 Service 提供集群内部的服务的发现与负载均衡。

master 结点负责集群的管理以及对外提供服务,是由 APIserver、controllerManager、Scheduler 和 etcd 这 4 个组件构成的。node 结点负责提供容器运行的环境,管理容器的创建如删除,并给容器提供网络,所以 Docker 容器引擎必须安装在 node 结点上。node 结点通过 kubelet、Container Runtime 以及 kube-proxy 这 3 个组件完成对容器的管理并提供给容器网络服务。

pod 是集群中调度的基本单位。一个 pod 中包含一个或多个容器,这些容器共享文件系统和网络资源,它们可以通过进程间通信和文件共享这种简单方便的通信方式来组合提供一个服务。根据服务类型的不同 pod 也可以选用不同的控制器。

cAdvisor 是开源容器监控工具。只需在宿主机上部署 cAdvisor 容器,就可通过 Web 界面或 REST 服务访问当前结点和容器的性能数据(如 CPU、内存、网络、磁盘、文件系统等),非常详细。默认 cAdvisor 是将数据缓存在内存中,数据展示能力有限,它也提供不同的持久化存储后端支持,可以将监控数据保存、汇总到 Google BigQuery、InfluxDB 或者 Redis 之上。新的 Kubernetes 版本里,cAdvisor 功能已经被集成到了 kubelet 组件中。cAdvisor 监控,只需要在 kubelet 命令中,启用 cAdvisor 和配置相关信息即可。

endpoint 是 K8s 集群中的一个资源对象,存储在 etcd 中,用来记录一个 service 对应的所有 pod 的访问地址。service 配置 selector,endpoint 控制器才会自动创建对应的 endpoint 对象,否则不会生成 endpoint 对象。

endpoint 控制器是 K8s 集群控制器的其中一个组件,其功能如下。

(1) 负责生成和维护所有 endpoint 对象的控制器。

(2) 负责监听 service 和对应 pod 的变化。

(3) 监听到 service 被删除,则删除和该 service 同名的 endpoint 对象。

(4) 监听到新的 service 被创建,则根据新建 service 信息获取相关 pod 列表,然后创建对应 endpoint 对象。

(5) 监听到 service 被更新,则根据更新后的 service 信息获取相关 pod 列表,然后更新对应 endpoint 对象。

(6) 监听到 pod 事件,则更新对应的 service 的 endpoint 对象,将 podIP 记录到 endpoint 中。

3. 容器存储的需求

容器技术不管是在运维还是开发上均带来了很多方便,应用程序的可移植性、易于部署配置、更好的可伸缩性、基础设施灵活性、更高的生产力、持续集成以及更高效的资源利用等。但 Docker 里的数据都是临时的,断电或者重启都会让数据丢失。在 Docker 的初始设计中,数据与容器共生共灭,因而很难把容器从一台机器迁移到另一台机器。如果要持久化保存容器的数据,就必须有与之相适应的存储技术。

1) 容器数据存储类型

容器存储的数据类型有镜像存储数据、管理配置数据和应用程序的数据 3 种类型。

(1) 镜像存储数据。这类数据可以利用现有的共享存储进行交付,要求类似于服务器虚拟化环境中虚拟机镜像分发保护的平台架构。容器镜像的一个好处在于其存储容量相较于完整的虚拟机镜像小了许多,因为它们不会复制操作系统代码。此外,容器镜像的运行在设计之初便是固定的,因此可以更高效地存储、共享;也正因如此,容器镜像无法存储动态应用程序的数据。

(2) 容器的管理配置数据。不论使用 Docker、K8s 还是其他类型的容器管理工具,都需要存储配置数据、日志记录等管理数据。这类数据容量不大,适用于 ETCD(Distributed reliable key-value store for the most critical data of a distributed system,分布式系统中最关键的数据进行可靠的键值存储)集群等分布式系统存储,没有共享需求,可以直接使用结点的本地硬盘。

(3) 容器应用程序数据的存储。程序数据通常是真正需要保存的数据,可以写入持久化的 Volume 数据卷。由于以微服务架构为主的容器应用多为分布式系统,容器可能在多个结点中动态地启动、停止、伸缩或迁移,因此当容器应用具有持久化的数据时,必须确保数据能被不同的结点所访问。另一方面,容器是面向应用的运行环境,数据通常要保存到文件系统中,即存储接口以文件形式更适合应用访问。

2）容器存储管理

K8s 是开源的容器集群管理平台,可以自动化部署、扩展和运维容器应用。K8s 的调度单位称作 pod,每个 pod 包含一个或多个容器。pod 可部署在集群的任意结点中,存储设备可以通过数据卷（volume）提供给 pod 的容器使用。为了不绑定特定的容器技术,K8s 没有使用 Docker 的卷机制,而是制定了自己的通用数据卷插件规范,以配合不同的容器运行时使用（例如 Docker 和 rkt）。数据卷分为共享和非共享两种类型,其中非共享型只能被某个结点挂载使用,共享型则可以让不同结点上的多个 pod 同时使用。对有状态的应用来说,共享型的卷存储能够很方便地支持容器在集群各结点之间的迁移。

为了给容器提供更细粒度的卷管理,K8s 增加了持久化卷（persistent volume,PV）的功能,把外置存储作为资源池,由平台管理并提供给整个集群使用。K8s 的卷管理架构使得存储可用标准的接入方式,并且通过接口暴露存储设备所支持的能力,从而在容器任务调度等方面实现了自动化管理。

3）Kubernetes 持久化存储

容器镜像是一种自包含格式,即包含云应用及其所有依赖,运行容器时无需任何外部依赖,可以充分保证云应用的迁移性。如果容器应用需要持久保存数据,即有状态容器,如何保证数据的迁移性就成为一个迫切需要解决的问题。解决问题的思路是分别处理容器和数据的生命周期,在容器引擎或容器云层面实现持久存储。

第一种是基于单台宿主机器的持久存储解决方案,由该宿主机负责持久保存容器的数据。以 Docker 容器引擎为例,运行容器时指定数据卷参数,能把宿主机系统的文件系统映射到容器内部文件系统。即使容器宕机,数据也仍然持久保存在当前宿主机上。当然,容器不再具备迁移性,因为数据仍然保留在宿主机器上。

第二种是基于多台宿主机器的持久存储解决方案。Docker 容器引擎提供了卷插件功能,确立容器引擎与存储后端的标准接口和交互方式。容器云 K8s 提供持久卷功能,支持有状态容器集合的运行。主流容器云实现都提供支持有状态容器的前端接口,问题的关键变成如何选择合适的持久存储后端。为了运行有状态容器,需要存储后端提供存储资源池。

私有云与公有云协同的集群管理系统基于 K8s 容器集群管理工具的 API 进行容器集群管理,K8s 容器集群涉及数据持久化存储的问题,以 Ceph 为例,采用构建 Ceph 存储池的方式,进行存储卷的挂载。Ceph 分布式存储系统提供的 Librbd 库实现了 RESTfuI API,以 HTTP 传输方式提供存储集群服务访问和存储结点管理功能,挂载器通过 Librbd 和 CephFS 将存储集群的映像挂载到 Kubernetes 容器集群中 pod 的存储卷目录,作为 Kubernetes 容器集群数据持久化的存储卷使用,并且对于一些需要大量存储空间的容器服务,可以挂载更多的存储结点,充分利用存储池存储空间,减少计算结点的存储负担。存储池中的存储设备挂载到 Kubernetes 容器集群 pod 中,如图 8-8 所示。

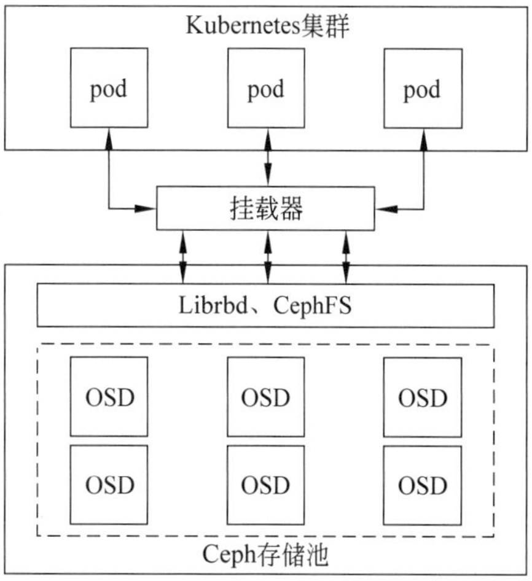

图 8-8 存储池挂载

4）Linux 下的 Docker 安装与使用

从 Docker 1.13 之后采用时间线的方式作为版本号,分为社区版 CE 和企业版 EE。社区版免费提供给个人开发者和小型团体使用,企业版则提供额外的收费服务,如经过官方测试认证过的基础设施、容器、插件等。社区版按照 stable 和 edge 两种方式发布,每个季度更新 stable 版本,每个月份更新 edge

版本。

(1) 安装与配置。Docker 在安装时要求 CentOS 系统的内核版本高于 3.10 或安装在 Ubuntu Server 上。一般通过命令行来安装和使用 Docker。

安装依赖包：

```
yum install -y yum-utils
```

安装好 Docker 后，可以让系统在启动时自动启动 Docker 守护进程。使用下面两个命令：

```
sudo systemctl start docker
sudo systemctl enable docker
```

若需要暂停或重启 Docker 守护进程，则命令为

```
sudo systemctl stop docker
sudo systemctl restart docker
```

完成上述设置后，就可以用 Docker 部署容器。

(2) 拉取镜像。对 Docker 来说，镜像是构建容器的基石。可以拉下一个镜像（如 Nginx），然后根据这个镜像部署任意多个容器。使用镜像前，首先需要把镜像拉取到系统中。镜像从注册仓库中拉取，默认情况下安装好的 Docker 包含了一个默认的注册仓库 Docker Hub，其中包含了大量别人所贡献的镜像（既包括官方的镜像，也包括用户自己贡献的镜像）。

假设要拉取一个 Nginx Web 服务器相关的镜像。在开始拉取前，先检查一下系统中已经有了哪些镜像。可通过输入 docker images 命令检查是否有镜像存在。

下面命令从 Docker Hub 中下载最新的（官方的）Nginx 镜像。

```
docker pull nginx
```

再运行 docker images 命令就能看到列出的镜像。

建议只使用官方镜像，因难以确定非官方镜像是否包含了恶意代码。如通过下面命令设置阿里云镜像源。

```
yum-config-manager --add-repo https://mirrors.aliyun.com/docker-ce/linux/centos/docker
    -ce.repo
```

有了镜像后就可以用它来部署容器。

(3) 安装 Docker-CE。

```
sudo yum install docker-ce
```

(4) 启动 Docker-CE。

```
sudo systemctl enable docker
sudo systemctl start docker
```

(5) 为 Docker 建立用户组。Docker 命令与 Docker 引擎通信之间通过 UnixSocket，但是能够有权限访问 UnixSocket 的用户只有 root 和 docker 用户组的用户才能够进行访问，所以需要建立一个 docker 用户组，并且将需要访问 docker 的用户添加到组中。

建立 Docker 用户组。

```
sudo groupadd docker
```

添加当前用户到 docker 组。

```
sudo usermod -aG docker $USER
```

（6）镜像加速配置。此处以使用阿里云提供的镜像加速为例，登录并且设置密码之后在左侧的 Docker Hub 镜像站点可以找到专属加速器地址，将其复制下来。然后执行以下命令：

```
sudo mkdir -p /etc/docker
sudo tee /etc/docker/daemon.json<<-'EOF'
{
  "registry-mirrors": ["加速器地址"]
}
EOF
sudo systemctl daemon-reload
sudo systemctl restart docker
```

执行上述命令后重新加载配置，并且重启 Docker 服务。

```
systemctl daemon-reload
systemctl restart docker
```

（7）Docker 常用命令。

① 拉取镜像。

```
docker pull
```

② 删除容器。

```
docker rm <容器名 or ID>
```

③ 查看容器日志。

```
docker logs -f <容器名 or ID>
```

④ 查看正在运行的容器。

```
docker ps
docker ps -a      为查看所有的容器,包括已经停止的
```

⑤ 删除所有容器。

```
docker rm $(docker ps -a -q)
```

⑥ 启动、停止、杀死指定容器。

```
docker start <容器名 or ID>      启动容器
docker stop <容器名 or ID>       停止容器
docker kill <容器名 or ID>       杀死容器
```

⑦ 查看所有镜像。

```
docker images
```

⑧ 拉取镜像。

```
docker pull <镜像名: tag>
```

例如:

```
docker pull sameersbn/redmine:latest
```

⑨ 后台运行。

```
docker run -d<Other Parameters>
```

例如:

```
docker run -d -p 127.0.0.1:33301:22 centos6-ssh
```

⑩ 暴露端口。
有 3 种形式进行端口映射。

```
docker -p ip:hostPort:containerPort          映射指定地址的主机端口到容器端口
```

例如:

```
docker -p 127.0.0.1:3306:3306                映射本机 3306 端口到容器的 3306 端口
docker -p ip::containerPort                  映射指定地址的任意可用端口到容器端口
```

例如:

```
docker -p 127.0.0.1::3306                    映射本机的随机可用端口到容器 3306 端口
docer -p hostPort:containerPort              映射本机的指定端口到容器的指定端口
```

例如:

```
docker -p 3306:3306                          映射本机的 3306 端口到容器的 3306 端口
```

⑪ 映射数据卷。

```
docker -v /home/data:/opt/data
```

其中,/home/data 指的是宿主机的目录地址,后者则是容器的目录地址。

5) Kubernetes 命令行管理工具 kubectl

kubectl 是一个命令行界面,用于运行针对 Kubernetes 集群的命令。kubectl 的配置文件在 $ HOME/.kube 目录。可以通过设置 KUBECONFIG 环境变量或设置命令参数--kubeconfig 来指定其他位置的 kubeconfig 文件。

kubectl 命令语法：

```
kubectl [command] [TYPE] [NAME] [flags]
```

其中各参数意义如下。

（1）command 指定要在一个或多个资源进行的操作，如 create、get、describe、delete。例如：

```
kubectl get cs
```

（2）TYPE 指定资源类型。资源类型不区分大小写，可以指定单数，复数或缩写形式。例如：

```
kubectl get pod pod1
```

（3）NAME 指定资源的名称。名称区分大小写。如果省略名称，则显示所有资源的详细信息。例如：kubectl get pods。在对多个资源执行操作时，可以按类型和名称指定每个资源，或指定一个或多个文件。

① 按类型和名称指定资源。

如果资源类型相同，则对资源进行分组，格式如下：

```
TYPE1 name1 name2 name<#>
```

例如：

```
kubectl get pod example-pod1 example-pod2
```

也可分别指定多种资源类型，格式如下：

```
TYPE1/name1 TYPE1/name2 TYPE2/name3 TYPE<#>/name<#>
```

例如：

```
kubectl get pod/example-pod1 replicationcontroller/example-rc1
```

② 要使用一个或多个文件指定资源，格式如下：

```
-f file1 -f file2 -f file<#>
```

其中，"#"应使用 yaml 而不是 json。

例如：

```
kubectl get pod-f ./pod.yaml
```

（4）flags 指定的可选标志，不过值得注意的是，使用命令行指定参数会覆盖默认值以及相关的环境变量。例如，可以使用-s 或--server 标志来指定 Kubernetes API 服务器的地址和端口。

kubectl 管理命令按功能分为基础命令、部署命令、集群管理命令、调试命令、高级命令、设置命令和其他命令，如表 8-1 所示。

表 8-1   kubectl 管理命令

类 型	命 令	描 述
基础命令	create	通过文件名或标准输入创建资源
	expose	将一个资源公开为一个新的 Service
	run	在集群中运行一个特定的镜像
	set	在对象上设置特定的功能
	get	显示一个或多个资源
	explain	文档参考资料
	edit	使用默认的编辑器编辑一个资源
	delete	通过文件名、标准输入、资源名称或标签选择器来删除资源
部署命令	rollout	管理资源的发布
	rolling-update	对给定的复制控制器滚动更新
	scale	扩容或缩容 pod 数量，Deployment、ReplicaSet、RC 或 Job
	autoscale	创建一个自动选择扩容或缩容并设置 pod 数量
集群管理命令	certificate	修改证书资源
	cluster-info	显示集群信息
	top	显示资源(CPU/Memory/Storage)使用。需要 Heapster 运行
	cordon	标记结点不可调度
	uncordon	标记结点可调度
	drain	驱逐结点上的应用，准备下线维护
	taint	修改结点 taint 标记
调试命令	describe	显示特定资源或资源组的详细信息
	logs	在一个 pod 中打印一个容器日志。如果 pod 只有一个容器，容器名称是可选的
	attach	附加到一个运行的容器
	exec	执行命令到容器
	port-forward	转发一个或多个本地端口到一个 pod
	proxy	运行一个 proxy 到 Kubernetes API server
	cp	复制文件或目录到容器中
	auth	检查授权
高级命令	apply	通过文件名或标准输入对资源应用配置
	patch	使用补丁修改、更新资源的字段
	replace	通过文件名或标准输入替换一个资源
	convert	不同的 API 版本之间转换配置文件

续表

类　型	命　令	描　述
设置命令	label	更新资源上的标签
	annotate	更新资源上的注释
	completion	用于实现 kubectl 工具自动补全
其他命令	api-versions	打印受支持的 API 版本
	config	修改 kubeconfig 文件(用于访问 API,例如配置认证信息)
	help	所有命令帮助
	plugin	运行一个命令行插件

8.5 云存储的关键技术

8.5.1 云存储的虚拟存储技术

存储虚拟化通过采用软件方式对存储硬件资源进行抽象化表现,将一个或多个存储目标设备的服务或功能与其他附加的功能进行集成,通过抽象层统一对使用者提供数据存储服务。存储虚拟化屏蔽了物理存储系统的复杂性,增加或集成新的功能,仿真、整合或分解现有的服务功能等。通过存储虚拟化方法,把不同厂商、不同型号、不同通信技术、不同类型的存储设备互连起来,将系统中各种异构的存储设备映射为一个统一的存储资源池。实现了资源对用户的透明性,降低了构建、管理和维护资源的成本,从而提升云存储系统的资源利用率。

虚拟化既包括使单个的资源(例如一个服务器、一个操作系统、一个存储设备等)划分成多个虚拟资源,也包括将多个资源(例如存储设备或服务器)整合成一个虚拟资源。虚拟技术根据对象可以分成存储虚拟化、计算虚拟化、网络虚拟化等。每一个应用程序的部署环境和物理平台具有无关性。虚拟化能够有效屏蔽硬件平台的动态性、分布性和异构性,支持硬件资源的共享和复用,达到了充分、高效地利用资源的目的。

8.5.2 云存储的分布式存储技术

分布式存储是通过网络使用服务商提供的各个存储设备上的存储空间,并将这些分散的存储资源构成一个虚拟的存储设备,数据分散地存储在各个存储设备上。分布式网络存储系统采用可扩展的系统结构,利用多台存储服务器分担存储负荷,利用位置服务器定位存储信息,不但提高了系统的可靠性、可用性和存取效率,还易于扩展。目前比较流行的分布式存储技术为分布式块存储、分布式文件系统存储、分布式对象存储。

大规模分布式存储系统一般使用副本技术将一份数据在系统内复制多份并放置在不同的主机存储,这样一来,不但可以通过数据冗余来增加系统可用性,而且可以增加读操作的并发程度。分布式存储系统通过牺牲存储系统的空间利用率来优化数据的访问性能和增强数据的安全性、可靠性。多副本技术在提升分布式存储系统的访问并发性和访问实时性的同时,也带来了多副本管理的问题,例如副本的资源分配、数据一致性维护、数据可靠性保证等。

在分布式系统中,用户在访问分布式系统中集群获取系统所提供的服务时,除了解决正常情况下集群中所有结点的一致性外,还要考虑当某个结点宕机恢复的情形,以及可能存在网络分区的情况,有可能导致集群结点数据的不一致。

数据分布算法是分布式存储的核心技术之一,不仅仅要考虑到数据分布的均匀性、寻址的效率,还要考虑扩充和减少容量时数据迁移的开销,兼顾副本的一致性和可用性。

1) 分布式块存储

块存储就是服务器直接通过读写存储空间中的一个或一段地址来存取数据。由于采用直接读写磁盘空间来访问数据,所以块存储的读取效率相对于其他数据读取方式更高,例如一些大型数据库应用就运行在块存储设备上。

分布式块存储是一种用于在存储区域网(SAN)或基于云的存储环境中存储数据文件的技术。分布式块存储适用于需要快速,高效和可靠数据传输的计算环境。分布式块存储将数据分解为块,然后将这些分布式块存储为单独的块,每个块具有唯一的标识符。SAN 将这些数据块放在最有效的位置,可以将这些分布式块存储在不同的系统中,并且可以配置(或分区)每个块以使用不同的操作系统。

分布式块存储还将数据与用户环境分离,允许数据分布在多个环境中。这将创建数据的多个路径,并允许用户快速检索它。当用户或应用程序从分布式块存储系统请求数据时,底层存储系统重新组装数据块并将数据呈现给用户或应用程序。分布式块存储最适合不经常更改的静态文件,因为对文件所做的任何更改都会导致创建新对象。

常见的块存储技术分为两种,一种是本地块存储,如 LVM+iSCSI、存储网络等,另一种是分布式块存储,如 GlusterFS、Ceph 等。

2) 分布式文件系统存储

分布式文件系统是传统文件系统的延伸,用户可以通过分布式技术手段和公有云规模效应,获取传统文件系统所没有的存储能力。

(1) scale out:容量和性能的线性/近线性提升。

(2) fault tolerant:屏蔽硬件故障,提升数据可靠性与系统可用性。

(3) lower TCO & pay-as-you-go:这是云计算产品所独有的特性,它能够给应用层的用户提供一些比较低的 TCO。文件存储系统可提供通用的文件访问接口,如 POSIX、NFS、CIFS、FTP 等,实现文件与目录操作、文件访问、文件访问控制等功能。

几乎所有的云服务提供商都以分布式文件系统作为其底层架构解决方案,文件系统的物理资源和逻辑资源完全隔离,系统通过软件对物理上的硬件资源进行一定的逻辑划分,用户只需了解其使用方式,而无须关注实现方式。对于云服务提供商来说,面对急速增长的数据,如何设计出安全性好,资源利用率高的分布式文件系统至关重要。

分布式文件存储系统为了确保结点失效时数据的可靠性,使用冗余存储的方式来确保数据在任何情况下都可以被正确获取。冗余的方式一般有多副本(通常选择 3 个副本)冗余和纠删码冗余两种。多副本冗余将原始数据切分为大小一样的 N 个数据块,对每个数据块都采用复制的方式复制到其他计算机上,每个数据被复制一份或多份进行存储,当某个结点失效时可以利用备份数据恢复数据。

例如,GFS(Google file system)和 HDFS(Hadoop distributed file system)中都采用了每个文件保存 3 个副本的形式,这种通过牺牲磁盘空间来换取数据可靠性的方案是具有优势的。因为随着磁盘的成本不断下降,采用副本无疑是一种简单、可靠、有效且实现难度也最小的方法,并且文件副本越多,系统的可用性越好,可靠性也越高,但随着分布式文件系统规模和数据量的扩大,完全数据备份带来了相当大的带宽消耗和空间消耗。

纠删码通过将一个数据条带切分为大小一样的 m 个数据块,然后构造生成矩阵,并与 m 个数据块做计算得到 k 块校验块,每个校验块都是 m 个数据块的线性组合,使用这种方式在某个数据块失效时,可以通过对校验块和存活数据块进行矩阵逆运算来恢复失效的数据块。相比多副本冗余,纠删码提高了存储利用率,不过存在解码复杂、数据恢复延迟较高的问题。

常用的分布式文件存储系统比较多,它们在各个领域的应用中其侧重的点不尽相同,在市场中应用中较多的为企业应用级,系统级的相对不多,主要的有 GFS、HDFS、Ceph、FastDFS 等。

3）分布式对象存储

分布式对象存储是云计算存储的主要形式之一,其可有效满足数据中心存储服务的高扩展性需求,常用于存储大规模的非结构化数据,包括文本、图片、视频、训练集、机器学习模型等。为充分发挥存储系统性能、提高存储系统利用率,良好的系统 I/O 并行性是一个基本条件。

对象存储(也称为基于对象的存储)将数据文件分解为称为对象的片段,然后将这些对象存储在单个存储库中,该存储库可以分布在多个网络系统中。

实际上,应用程序可直接管理所有对象,不需要传统的文件系统。每个对象都会收到一个唯一的 ID,应用程序使用该 ID 来标识该对象。并且每个对象存储关于存储在对象中的文件的元数据信息。

对象存储和分布式块存储之间的一个重要区别是每个处理元数据的方式。对象存储引入对象元数据来描述对象特征,对象元数据具有丰富的语义;引入容器概念作为存储对象的集合。对象存储系统底层基于分布式存储系统来实现数据的存取,其存储方式对外部应用透明。这样的存储系统架构具有高可扩展性,支持数据的并发读写,一般不支持数据的随机写操作。最典型的应用实例就是亚马逊的 S3(Amazon simple storage service)。对象存储技术相对成熟,对底层硬件要求不高,存储系统可靠性和容错通过软件实现,同时其访问接口简单,适合处理海量、小数据的非结构化数据,例如邮箱、网盘、相册、音频视频存储等。

在对象存储中,可以定制元数据以包括关于存储在对象中的数据文件的附加的详细信息。例如,可以定制伴随视频文件的元数据以告知视频的制作位置,用于拍摄视频的相机的类型,甚至每帧中捕获的主题。在分布式块存储中,元数据仅限于基本文件属性。

分布式对象存储系统对数据实行扁平化的管理,其特点包括对象在整个系统中被唯一标识;对象无差异地隶属于桶或容器中;桶中的对象数量不受限制;对象是数据操作的最小单元,即标准 API 仅支持针对对象整体的读(get)、写(put)、删除(delete)。

分布式对象存储中,数据可靠性机制采用多副本或纠删码,对象定位机制采用哈希或元数据。数据可靠性机制影响 I/O 并行化的决策空间。对象定位机制影响调度器的架构、交互方式及功能定义。一般可采用多副本及一致性哈希定位的分布式对象存储系统。

开源领域有 Ceph、Gluster 和 OpenStack Swift 等及其成熟的对象存储底层存储项目,对象存储平台等。

8.5.3　云存储的数据灾备技术

随着存储技术的发展,对数据的可靠性、安全性有了较高要求,灾备技术手段也越来越丰富。传统的容灾技术主要包括快照技术、远程镜像技术、基于 IP-SAN 的互连技术、虚拟存储技术、连续数据保护(continual data protection,CDP)技术等,但是在云计算、虚拟化、大数据时代,传统的备份容灾技术已经不能完全满足数据中心容灾需求。

传统的备份机制是一天产生一份复本,还原点是以天为计算单位,若原始数据发生损坏,需使用复本还原时,用户必须以天为单位来选择还原点,也将损失以天为单位的数据量;磁盘快照则可每隔数小时产生一份复本,还原点可达小时等级,用户可以小时为单位来选择还原时间点。

而 CDP 产品则能持续追踪与记录数据每次的异动状态,因此能提供无限制的还原能力,用户可将数据还原到过去任何一个时间点,选择的精细度甚至可达毫秒级。

CDP 也称为实时备份,是一种连续捕获和保存数据变化,并将变化后的数据独立于初始数据进行保存的方法,而且该方法可以实现过去任意一个时间点的数据恢复。它可以保持不断的数据修改日志,并使该日志可在一段时间内重新建立并更新到任何先前位置的数据存储系统。CDP 系统可能基于块、文件或应用,并且为数量无限的可变恢复点提供精细的可恢复对象。为了连续地将数据复制并还原到系统中的存储中,CDP 使用了变更块跟踪,这有助于执行增量备份。因此,所有的 CDP 解决方案都应当具备如下基本的特性:数据的改变受到连续的捕获和跟踪;所有的数据改变都存储在一个与主存储地点不同的独立地点中;恢复点目标是任意的,而且不需要在实际恢复之前事先定义。

CDP 可以提供更快的数据检索、更强的数据保护和更高的业务连续性能力,而与传统的备份解决方案相比,CDP 的总体成本和复杂性都要低。

图 8-9 所示为一个 CDP 应用的示意图,当生产中心发生灾难事故时,灾备中心直接启动副本磁盘,迅速恢复系统运行,不需要物理备机,就可随时进行演练。

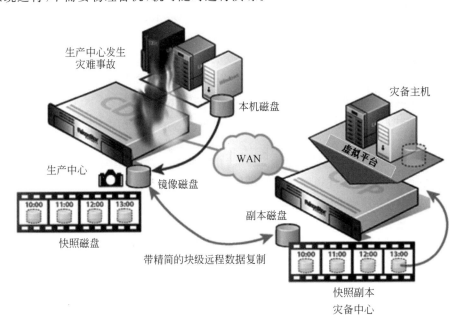

图 8-9　CDP 应用

CDP 必须具备 3 个特性。

(1) 数据的更动必须连续的被记录与追踪。

(2) 所有数据的变化历程都被保存在与主储存地点不同的独立地点。

(3) 资料还原点(recovery point objectives,RPO)是任意的。

在这 3 个特性中,特性(1)和特性(3)是 CDP 基本特性,而且必须先要有特性(1)的对数据异动的连续追踪与记录,才能达到特性(3)的任意还原点目的。特性(2)则是数据保护产品的基本要求,也就是复本必须独立保存,而不能与主储存放在一起,以免产生连带损失的风险。

尽管一些厂商推出了 CDP 产品,然而从它们的功能上分析,还做不到真正连续的数据保护(达不到上面的 3 个特性),例如有的产品备份时间间隔为一小时,那么在这一小时内仍然存在数据丢失的风险,因此,严格地讲,它们还不是完全意义上的 CDP 产品,只能称为类似 CDP 产品。

8.5.4 云存储的数据缩减技术

存储层是云存储结构中最核心、最基础的部分。对于此层,如何实现充分利用已有的设备,提高设备的利用率,人员的效率,并减少运营成本,从而获得存储管理工具、技术和实践的标准化。通过软件和硬件的方式可以减少数据信息量,解决目前由于设备不足引起的海量信息存储问题。目前常用的数据缩减技术主要有自动精简配置、自动存储分层、重复数据删除和数据压缩等,每一类都有自己的优势,同时也有自身的一些不足之处,如果在实际使用中,有选择地将这些数据缩减技术结合起来,发挥优点,将为云存储环境中解决海量数据存储提供有力的技术支持。

1) 自动精简配置

传统配置技术为了避免重新配置可能造成的业务中断,常常会过度配置容量。因为一旦存储分配给某个应用,该资源没有被释放之前就不可能重新分配给另一个应用,但已分配的容量实际上没有得到充分利用,这就导致了资源的极大浪费。而精简配置技术能有效解决这一问题,提高存储资源的利用率。

自动精简配置技术主要是利用虚拟化方法减少物理存储空间的分配,在分配存储空间时,则由系统按需分配。自动精简配置技术优化了存储空间的利用率,扩展了存储管理功能,虽然实际分配的物理容量小,但可以为操作系统提供超大容量的虚拟存储空间。随着数据存储的信息量越来越多,实际存储空间也可以及时扩展,无须用户手动处理。利用自动精简配置技术,用户无须了解存储空间分配的细节,这种技术就能帮助用户在不降低性能的情况下,大幅度提高存储空间利用效率;需求变化时,无须更改存储容量设置通过虚拟化技术集成存储,减少超量配置,降低总功耗。

2) 自动存储分层

自动存储分层(automated storage tier,AST)技术主要用来帮助数据中心最大限度地降低成本和复杂性。其特点是其分层的自动化和智能化,而不是依靠手工操作。一个磁盘阵列能够把活动数据保留在快速、昂贵的存储上,把不活跃的数据迁移到廉价的低速层上,以限制存储的花费总量。数据从一层迁移到另一层的粒度越精细,可以使用的昂贵存储的效率就越高。子卷级的分层意味着数据是按照块来分配而不是整个卷,而字节级的分层比文件级的分层更好。存储系统应该足够智能,能重复数据删除,能自动的保留数据在其合适的层,而不需要用户定义的策略。

为了在一台设备上支持更多的虚拟应用,就需要系统支持更大的吞吐量以及更高的性能。全部采用高速介质在成本上现在依然不是可行的,也不是必要的。根据数据局部性原理,被频繁访问的数据是局部而有限的。如果把高频率访问的数据放在高速存储介质,其他的数据放在速度较慢一些的介质上,就可以既提高了系统吞吐量,又平衡了设备投入。

图 8-10 示意不同数据适合的层面。数据在不同存储层间自动迁移的技术需要最大限度地降低数据迁移动作本身对计算结点的 I/O 性能影响,且对前端透明,它根据前台 I/O 负载的变化,来调整数据迁移速率,使得数据迁移动作本身对存储系统的性能影响非常小,同时使得数据迁移任务能够尽快完成。

3) 重复数据删除

重复数据删除(deduplication,简称 Dedupe)技术是一种非常高级的数据缩减技术,可以极大地减少备份数据的数量,通常用于基于磁盘的备份系统,通过删除运算,消除冗余的文件、数据块或字节,以保证只有单一的数据存储在系统中。对数据进行多次备份后,由于存在大量重复数据,云存储服务商可通过该技术删除不同用户的重复数据副本,在云端只保留一份数据和其余副本的索引,以达到最大化存储效率的目的。图 8-11 所示为重复数据删除示意图。

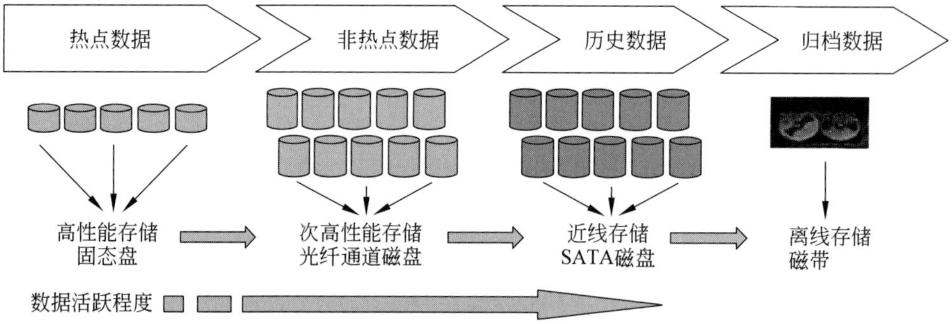

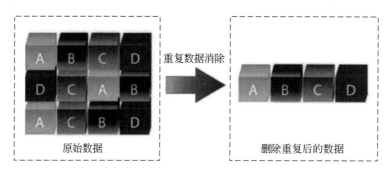

图 8-10 不同数据适合的层面

图 8-11 重复数据删除示意

Dedupe 技术可以用于很多场合，包括在线数据、近线数据、离线数据存储系统，可以在文件系统、卷管理器、NAS、SAN 中实施。Dedupe 技术也可以用于数据容灾、数据传输与同步，作为一种数据压缩技术可用于数据打包。Dedupe 技术可以帮助众多应用降低数据存储量，节省网络带宽，提高存储效率、减小备份窗口，节省成本。

按照操作端的不同，Dedupe 技术可分为基于源端的去重技术和基于目标端的去重技术。源端消重在数据源进行，传输的是已经去重后的数据，能够节省网络带宽，但会占用大量源端系统资源。目标端去重发生在目标端，数据在传输到目标端再进行去重，它不会占用源端系统资源，但占用大量网络带宽。目标端消重的优势在于它对应用程序透明，并具有良好的互操作性，不需要使用专门的 API，现有应用软件不用做任何修改即可直接应用。

按照去重的粒度可以分为文件级和数据块级。文件级的 Dedupe 技术也称为单一实例存储，数据块级的重复数据删除其去重粒度更小，可以达到 4~24KB。显然，数据块级的可以提供更高的数据消重率，因此目前主流的 Dedupe 产品都是数据块级的。

存储系统的重复数据删除过程主要包括基于粒度的划分、指纹的查询、数据去冗余的时机。如果选择数据块级去重，首先将数据文件分割成一组数据块，为每个数据块计算指纹（如 MD5、SHA1 等方法），然后以指纹为关键字进行 Hash 查找，匹配则表示该数据块为重复数据块，仅存储数据块索引引号，否则则表示该数据块是一个新的唯一块，对数据块进行存储并创建相关元信息。这样，一个物理文件在存储系统就对应一个逻辑表示，由一组 FP（frequent pattern，频繁模式）树组成的元数据。当进行读取文件时，先读取逻辑文件，然后根据 FP 序列，从存储系统中取出相应数据块，还原物理文件副本。从以上过程中可以看出，Dedupe 的关键技术主要包括文件数据块切分、数据块指纹计算和数据块检索。

数据去冗余的时机分为在线去重和离线去重两种情形。采用在线去重，数据写入存储系统同时执行去重,因此实际传输或写入的数据量较少,适合通过 LAN 或 WAN 进行数据处理的存储系统,例如网络备份归档和异地容灾系统。由于它需要实时进行文件切分、数据指纹计算、Hash 查找,对系统资料消耗大。离线去重时,要先将数据写入存储系统,然后利用适当的时间再进行去重处理。这种方式与前面一种刚好相反,它对系统资料消耗少,但写入了包含重复的数据,需要更多的额外存储空间来预先存储去重前数据。这种模式适合直接附接存储(DAS)和存储区域网(SAN)存储架构,数据传输不占用网络带宽。另外,离线去重模式需要保证有足够的时间窗口进行数据去重操作。总之,在何时进行消重,要根据实际存储应用场景来确定。

使用 Dedupe 技术可以将数据大幅缩减,甚至达到原来的 $1/50\sim1/20$。由于减少了对物理存储空间的信息量,进而减少传输过程中的网络带宽、节约设备成本、降低能耗。

4) 数据压缩

传统的数据压缩技术为了降低数据压缩对阵列性能的影响,往往采用后处理压缩方式,即先写入原始数据,在后台根据策略触发对写入数据的压缩。例如,触发的条件可以设定为"数据变化量达到 10% 或 10GB 的增量",但这种间断的处理方式导致需要的存储空间更大。此外,后台压缩处理也会占用存储控制器处理器与缓存资源,对性能的影响较大并且持续时间较长。后压缩还能安排在空闲时间(如夜晚)进行,但现在互联网、大数据、云计算等应用一般都需要每天 24h 不间断运行,基本没有后压缩操作的时间。

在线实时压缩是一种基于卷的硬件压缩技术,可以对写入的数据进行实时压缩。尤其是存储系统采用随机访问压缩引擎(random access compression engine,RACE),可以兼容传统压缩卷的各项特性。

RACE 采用无损数据压缩算法,能够动态地对数据进行在线实时压缩,即在数据写入磁盘之前就已经完成了压缩。并且,数据写到存储系统的整个压缩过程是透明进行的,主机端感受不到这个压缩过程的存在。

数据压缩有固定长度压缩块和随机长度压缩块之分。固定长度压缩块方式,像传统文件压缩如 zip、gzip 等压缩工具,将数据压缩成可变长度的压缩块,然后将这些压缩块顺序写入固定块大小的存储中,这些固定块的压缩和提取都是各自独立的。这种机制存在很大的问题,例如当压缩块 1 中有数据需要更新,其所在的整个固定块都会被选中,提取和重压缩带来了繁重的 I/O 压力。所以,传统压缩方式使用固定长度压缩块,因过于注重压缩而导致性能较低,不能实现真正的数据随机访问。如图 8-12(a) 所示。

随机访问压缩引擎将原数据分为可变长度的数据块,每个数据块再被独立压缩成固定长度的压缩块,最后将这些压缩块存放在固定大小的存储数据块中。这样当数据有变化时,以及进行检索等操作时,只选中相应的压缩块,而不用选中整个固定存储块,极大提升了存取和访问效率。该方法可参考图 8-12(b)。

数据压缩的应用可以显著降低待处理和存储的数据量,一般情况下可实现 2:1~3:1 的压缩比。压缩和去重是互补性的技术,提供去重的厂商通常也提供压缩。而对于虚拟服务器卷、电子邮件附件、文件和备份环境来说,去重通常更加有效,压缩对于随机数据效果更好,像数据库。因而在数据重复性比较高的地方,去重比压缩有效。

8.5.5　云存储的内容分发网络技术

云存储是构建于互联网之上的,如何降低网络延迟、提高数据传输率是关系到云存储性能的关键问题。尽管有一些通过本地高速缓存、广域网优化等技术来解决问题的研究工作,但离实际的应用需求还有一定的距离。

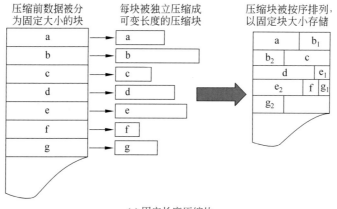

(a) 固定长度压缩块

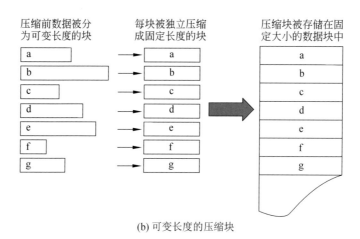

(b) 可变长度的压缩块

图 8-12 固定长度与可变长度的压缩块

内容分发网络(content delivery network,CDN)的核心是内容分发,基本思路就是在网络各处部署服务结点,系统实时地根据网络流量、负载状况、服务结点到用户的响应时间等信息,自动将用户请求导向到离用户最近的结点上,而不需要每个用户的请求都回源站获取,避免网络拥塞、缓解源站压力,保证用户访问资源的速度和体验。但 CDN 不会给用户提供直接操作存储的入口,所以一般是对象存储和CDN 配合使用。

CDN 本质上是一个分布式缓存系统,每个服务结点上都缓存了源站的一部分数据,也就是用户最近经常访问的数据。这样大部分用户请求其实都是在 CDN 边缘结点上完成,并没有达到源站,因而减少了响应时间,也减轻了源站的负担,可以实现高流量、大并发的网站访问。

CDN 依靠部署在各地的边缘服务器,通过中心平台的负载均衡、内容分发、调度等功能模块,就近获取内容,降低网络拥塞,提高访问响应速度和命中率。关键技术是内容存储和分发技术。其关键点是广泛采用各种缓存服务器、全局负载技术。CDN 的优点如下。

(1) 本地 cache 加速,提高企业站点。

(2) 镜像服务,实现跨运营商网络加速。

(3) 远程加速。

(4) 带宽优化,减少远程访问的带宽、分担网络流量、减轻原站点 Web 服务器负载。

(5) 集群抗攻击。缺点主要是实施难度复杂,投资大。

图 8-13(a)是传统的未加缓存服务的访问过程,图 8-13(b)是使用 CDN 缓存后的网站的访问过程。

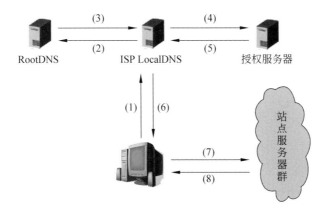

(a) 传统的未加缓存服务的访问过程

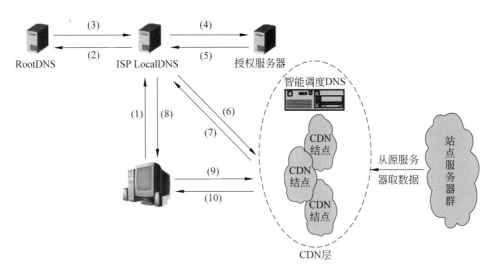

(b) 使用CDN缓存后的网站的访问过程

图 8-13　CDN 的网站的访问过程

传统的网络访问的流程如下。

(1) 用户输入访问的域名,操作系统向 LocalDNS 查询域名的 IP 地址。

(2) LocalDNS 向 RootDNS 查询域名的授权服务器(这里假设 LocalDNS 缓存已经过期)。

(3) RootDNS 将域名授权 DNS 记录回应给 LocalDNS。

(4) LocalDNS 得到域名的授权 DNS 记录后,继续向域名授权 DNS 查询域名的 IP 地址。

(5) 域名授权 DNS 查询域名记录后,回应给 LocalDNS。

(6) LocalDNS 将得到的域名 IP 地址,回应给用户端。

(7) 用户得到域名 IP 地址后,访问站点服务器。

(8) 站点服务器应答请求,将内容返回给客户端。

使用 CDN 缓存后的网络访问流程。

(1) 用户输入访问的域名,操作系统向 LocalDNS 查询域名的 IP 地址。

(2) LocalDNS 向 RootDNS 查询域名的授权服务器(这里假设 LocalDNS 缓存已经过期)。

（3）RootDNS 将域名授权 DNS 记录回应给 LocalDNS。

（4）LocalDNS 得到域名的授权 DNS 记录后，继续向域名授权 DNS 查询域名的 IP 地址。

（5）域名授权 DNS 查询域名记录后（一般是 CNAME），回应给 LocalDNS。

（6）LocalDNS 得到域名记录后，向智能调度 DNS 查询域名的 IP 地址。

（7）智能调度 DNS 根据一定的算法和策略（例如静态拓扑、容量等），将最适合的 CDN 结点 IP 地址回应给 LocalDNS。

（8）LocalDNS 将得到的域名 IP 地址，回应给用户端。

（9）用户得到域名 IP 地址后，访问站点服务器。

对比这两个访问过程，CDN 网络是在用户和服务器之间增加 cache 层，主要是通过接管 DNS 实现，将用户的请求引导到 cache 上获得源服务器的数据，从而提升网络的访问的速度。

CDN 不适用于动态资源，主要适合对静态资源的访问加速。例如一些网页内容需要数据查询才能获得，而每次要获得查询结果都要经过数据库的操作，再经过 Web 应用服务器的一些逻辑处理才能得到，这样就没法用 CDN 来加速。因为每次请求的数据都不一样，缓存过去访问过的数据没有意义。

而对象存储里面通常存储的就是一些图片、视频、文件等属于静态数据，比较适合用 CDN 加速。CDN 主要应用于站点加速，提高网站中静态数据的访问性能，例如图片、音频、视频、静态 HTML 网页等。网站静态数据以前一般是用文件存储的形式保存，现在则主要用对象存储。以图片存储为例，简单说，对象存储是存图片的，CDN 是加速下载图片的。对象存储与 CDN 相结合，已经成为互联网应用的一个必不可少的组成部分。

8.5.6　云存储的数据迁移技术

数据迁移是云存储重要的组成部分，是一种结合离线存储和在线存储优势的技术。当从一个物理环境和单个阵列过渡到完全虚拟化的、高度动态的存储环境时，就涉及原数据的迁移问题。

云存储的数据迁移效率取决于互联网运行速度，由于企业很难实现本地数据与云存储之间的自由切换，因此云存储的数据迁移绝大部分采用局域网或其他性质的网络实现传输工作。数据迁移时还与迁移数据容量有关。一般来说，存储数据容量越大，数据迁移的时间越长，云存储服务越慢。网速也是影响云存储工作效率的最重要的因素，迁移之前应尽最大可能地提升网络上传下载的速度。

把数据（通常指企业的数据）转移到云中，针对不同的实际情况采用不同的解决方法。如果企业的数据吞吐量较大但是数据量不是特别多，对传输延迟也没过多要求时，云供应商可以提供从企业到供应商某个存储结点之间的私人链接，大大方便企业的数据转移和存储，保障企业运行的方便性和灵活性。如果企业的数据可以提供副本，完全可以依靠人工网络的方式，对有价值的具体信息选择性进行复制（注意防范数据泄露的安全风险），将数据通过磁盘、移动存储设备等从企业服务器复制到云数据中心或者从云数据中心复制出来。

为了方便云存储，提高数据迁移的存储效率，可以在迁移前对数据进行结构化分类，并根据结构化分类选取适当的数据迁移工具。

数据迁移关系到云存储服务的质量，因此数据迁移必须通过精心地策划，采用最安全、便捷、迅速的方案完成云存储服务。不合适的数据迁移方案往往会增加企业信息存储的成本，引发数据外泄或盗用的危险，应尽可能地规避过程中数据迁移的错误。必须确保迁移过程中数据源的完整性，优化存储设备和方案，采用智能化转移的方式，尽可能保证数据的安全性、可靠性。

8.5.7　云存储的数据容错技术

在云存储技术中,云存储文件系统的数据容错十分重要,直接关系到整个系统的可用性。目前常用的容错技术主要有基于复制(replication)的容错技术和基于纠删码(erasure code)的容错技术两种。基于复制的容错技术简单直观,易于实现和部署,但是需要为每个数据对象创建若干同样大小的副本,存储空间开销很大;基于纠删码的容错技术则能够把多个数据块的信息融合到较少的冗余信息中,因此能够有效地节省存储空间,但是对数据的读写操作要分别进行编码和解码,需要一些计算开销。当数据失效以后,基于复制的容错技术只需要从其他副本下载同样大小的数据即可进行修复;基于纠删码的技术则需要下载的数据量一般远大于失效数据大小,修复成本较高。

1. 基于复制的容错技术

复制冗余的基本思想是对每个数据对象创建多个相同的数据副本,所有副本都失效的可能性较低。每个副本被分配到不同的存储结点,使用一定的技术保持副本一致,这样只要数据对象还有一个存活副本,分布式存储系统就可以一直正确运行。由于分布式存储系统具有存储空间大、可扩展等特点,因此虽然复制冗余技术消费更多的存储资源,但复制技术可行。此外,当数据损毁丢失时,只要向所有存储副本的结点中最近的结点要求传输数据并下载、重新存储,因此复制冗余技术下的数据修复过程简单高效。

基于复制的容错技术主要关注数据组织结构和数据复制策略两方面。数据组织结构主要关注大量数据对象及其副本的管理方式;数据复制策略主要关注副本的创建时机、副本的数量、副本的放置等问题。

基于复制的容错技术存储开销巨大,要提供冗余度为 k 的容错能力,就必须另外创建 k 个副本,存储空间的开销也增大了 k 倍。基于编码的容错技术通过对多个数据对象进行编码产生编码数据对象,进而降低完全复制带来的巨大的存储开销。

2. 基于纠删码的容错技术

数据容错编码按照误码控制的不同功能,可分为检错码、纠错码和纠删码等。检错码仅能够识别错码;纠错码不仅具备检错码功能,同时具备纠正错码功能;纠删码同时具备检错和纠错能力,而且当错码超过纠正范围时可把无法纠错的信息删除。典型的纠删编码有 Reed Solomon 编码和 Tornado 编码。

纠删码的基本原理如图 8-14 所示,在一个数据对象 O 被存储时,首先将其分成 k 个大小相等的数据块,记为 $O_1, O_2, \cdots, O_k$,然后将这 k 块数据块映射成 n 个编码块,记为 $X_1, X_2, \cdots, X_n, n > k$。这 n 块编码块交叉存储在存储设备中,当存储设备发生故障,一些编码块丢失时,只要留下足够的编码块,纠删码可以通过剩余的编码块来恢复出原始的数据对象 O。若任意 k 个编码块就能恢复数据对象,则属于最大距离可分纠删码(maximum distance separable,MDS)。根据编码方式的不同,典型的纠删编码有 RS 编码、阵列码、LDPC(low density parity-check code)纠删码等。

在分布式存储系统中,数据分布在多个相互关联的存储结点上,通常情况下,将数据对象的编码块都存储在不同的结点上。在许多实际的情况下,纠删码可以提供令人满意的数据修复水平,并且比起复制冗余技术纠删码存储开销有显著的降低。

RAID 技术中使用最广泛的 RAID 5 通过把数据条带化(stripping)分布到不同的存储设备上以提高效率,并采用一个校验数据块使之能够容忍一个数据块的失效。但是随着结点规模和数据规模的不

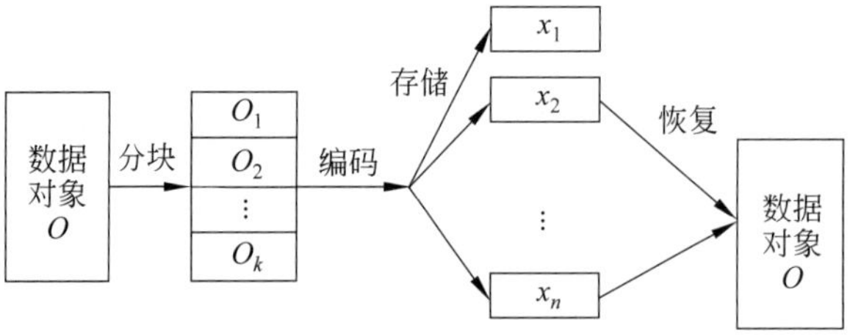

图 8-14   纠删码原理示意图

断扩大,只容忍一个数据块的失效已经无法满足应用的存储需求。纠删码技术是一类源于信道传输的编码技术,因为能够容忍多个数据帧的丢失,被引入分布存储领域,使得基于纠删码的容错技术成为能够容忍多个数据块同时失效的、最常用的基于编码的容错技术。

8.6   OpenStack

8.6.1   OpenStack 概述

OpenStack 是一个开源的云计算管理平台项目,是一系列软件开源项目的组合。OpenStack 为私有云、公有云、租赁私有云及公私混合云,提供稳定、高性能、高可靠、可扩展的弹性的云计算服务。其项目目标是提供实施简单、可大规模扩展、丰富、标准统一的云计算方案管理平台。

OpenStack 是开源项目,而不是一个软件。这个项目由几个主要的组件组合起来完成一些具体的工作,通过命令或者基于 Web 的可视化控制面板来管理 IaaS 云端的资源池(服务器、存储和网络)。自 OpenStack 项目成立以来,已有 200 多个公司加入了该项目,其中包括 AT&T、AMD、Cisco、Dell、IBM、Intel、Redhat 等。目前参与 OpenStack 项目开发的有 17000 人,来自 139 个国家,这一数字还在不断增长中。

OpenStack 采用 Python 语言开发,遵循 Apache 开源协议。OpenStack 支持 KVM、Xen、Lvc、Docker 等虚拟机软件或容器,默认为 KVM。通过安装驱动,也(部分)支持 Hyper-V 和 VMware ESXi。

OpenStack 每半年发行一个新版本,不同于其他软件的版本号采用数字编码,OpenStack 采用一个单词来描述不同的版本,其中单词首字母按字母表顺序指明版本号,字母靠后的是新版本。

OpenStack 覆盖了网络、虚拟化、操作系统、服务器等各个方面。它是一个正在开发中的云计算平台项目,根据成熟及重要程度的不同,被分解成核心项目、孵化项目,以及支持项目和相关项目。每个项目都有自己的委员会和项目技术主管,而且每个项目都不是一成不变的,孵化项目可以根据发展的成熟度和重要性,转变为核心项目。2015 年,OpenStack 社区已从“孵化/集成”模式转移到“大帐篷”模式。在此模式下,既保持了对规模较小的核心项目的关注,也积极鼓励在更广泛的主流生态环境中的自由创新,而以前的“孵化/集成”模式只是把孵化成功的项目集成到主流生态中。

8.6.2   OpenStack 的组成构件

“大帐篷”模式是把 OpenStack 的组件进行分类,该模式把 OpenStack 项目分成核心项目和非核心项目两大类。核心项目只有 6 个,其余都是非核心项目。目前包括 6 个核心组件(Nova、Neutron、Swift、Cinder、Keystone、Glance)和 14 个可选组件,每个组件包含若干个服务,后续版本中组件分类及数量都可能会发生变化,如图 8-15 所示。

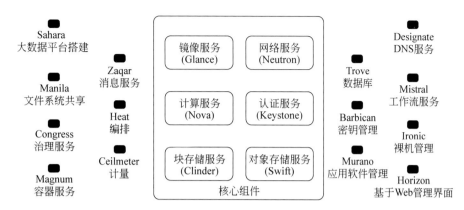

图 8-15 "大帐篷"模式下的 OpenStack 组件

表 8-2 列出了 Newton 版本中各个组件的功能介绍。

表 8-2　Newton 版本中各个组件的功能介绍

分　类	组件名称	功　　能
核心组件	Nova	管理虚拟机的整个生命周期：创建、运行、挂起、调度、关闭、销毁等。接受 DashBoard 发来的命令并完成具体的动作。但 Nova 不是虚拟机软件，而是通过调用其他虚拟化方法来完成的（如 KVM、Xen、Hyper-v 等）
	Neutron	管理网络资源，提供一组应用编程接口（API），提供云计算的网络虚拟化技术，为用户提供接口，可以定义 Network、Subnet、Router，配置 DHCP、DNS、负载均衡、L3 服务，隧道支持等功能。Networking 是一个插件式结构，支持当前主流的网络设备和最新网络技术
	Swift	是 NoSQL 数据库，类似 HBase，为虚拟机提供非结构化数据存储，它把相同的数据存储在多台计算机上，以确保数据不会丢失。用户可通过 REST ful 和 HTTP 类型的 API 来和它通信。可为 Glance 提供镜像存储，为 Cinder 提供卷备份服务
	Cinder	数据块存储服务，为虚拟机管理 SAN 设备源。但是它本身不是块设备源，需要一个存储后端来提供实际的块设备源（如 iSCSI、FC 等）。Cinder 相当于一个管家，当虚拟机需要块设备时，询问管家去哪里获取具体的块设备。它也是插件式的，安装在具体的 SAN 设备里
	Keystone	为其他服务提供身份验证、服务规则和服务令牌的签发和核查、服务列表、用户使用权限设定等。要使用云计算的所有用户事先需要在 Keystone 中建立账号和密码，并定义权限。OpenStack 服务（如 Nova、Neutron、Swift、Cinder 等）也要在里面注册，并且登记具体的 API，Keystone 本身也要注册和登记 API
	Glance	存取虚拟机磁盘镜像文件，支持多种虚拟机镜像格式，Compute 服务在启动虚拟机时需要从这里获取镜像文件。这个组件不同于 Swift 和 Cinder，这两者提供的存储是在虚拟机里使用的。有创建上传镜像、删除镜像、编辑镜像基本信息的功能
可选组件	Horizon	各种服务的 Web 管理门户，用于简化用户对服务的操作。通过该服务可以管理、监控云资源，实现虚拟设备的启动、虚拟设备资源的分配、虚拟资源的访问控制协议等。本质上就是通过图形化的操作界面控制其他服务（如 Compute、Networking 等）。也支持采用命令来完成相应的任务
	Heat	提供了一种通过模板定义的协同部署方式，实现云基础设施软件运行环境（计算、存储和网络资源）的自动化部署。能同时操作很多虚拟机，方便在成千上万个虚拟机里安装和配置同一个软件

分 类	组件名称	功 能
可选组件	Sahara	使用户能够在 OpenStack 平台上(利用虚拟机)一键式创建和管理 Hadoop 集群,实现类似 AWS 的 EMR(Amazon Elastic MapReduce Service)功能。只需要提供简单的配置参数和模板,例如版本信息(CDH 版本)、集群拓扑(几个 Slave、几个 Datanode)、结点配置信息(CPU、内存)等,Sahara 服务就能够在几分钟内根据提供的模板快速部署 Hadoop、Spark 及 Storm 集群。Sahara 是一个大数据分析项目
	Ironic	把裸金属(bare metal)服务器(与虚拟机相对应)加入资源池中
	Zaqar	为 Web 和移动开发者提供多租户云消息和通知服务,开发人员可以通过 REST API 在其云应用的不同组件中通过不同的通信模式(例如生产者/消费者或发布者/订阅者)来传递消息
	Ceilometer	结合 Aodh、CloudKitty 两个组件,完成计费任务,例如结算、消耗的资源统计、性能监控等,并根据检测值进行示警。OpenStack 之所以能管理公共云,一是因为 Ceilometer 的存在,二是因为引入了租户的概念
	Barbican	密钥管理组件,其他组件可以调用 Barbican 对外暴露的 REST API 来存储和访问密钥
	Manila	为虚拟机提供文件共享服务,不过需要存储后端的配合
	其他组件	Congress(策略服务)、Designate(DNS 服务)、Freezer(备份及还原服务)、Magnum(容器支持)、Mistral(工作流服务)、Monasca(监控服务)、Searchlight(索引和搜索)、Senlin(集群服务)、Solum(APP 集成开发平台)、Tacker(网络功能虚拟化)和 Trove(数据库服务)

各个组件的关系如图 8-16 所示。

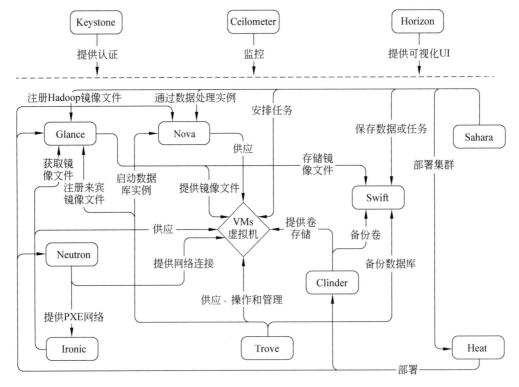

图 8-16　OpenStack 组件关系图

根据云端的实施过程以及组件之间的关系不同,OpenStack 各个组件的作用大致如下。

云端要运行很多虚拟机,所以需要在很多服务器中安装并运行虚拟机软件(如 KVM、Xen 等),如果是物理机(裸金属服务器),则要用 Ironic 组件对物理机进行池化,以便用户能远程使用。

这些运行了虚拟机软件的服务器和被池化的物理机统称为计算结点。为了让 Horizon 组件以可视化的 Web 页面来统一操纵计算结点上的虚拟机,需要在计算结点上安装 Nova 组件,Nova 组件还与其他组件打交道。为了让一台虚拟机能在集群内的任一计算结点上快速漂移,虚拟机对应的镜像文件必须存放在共享场所,其存放位置由 Glance 组件指定(如可指定存放在 Swift 组件内)。

虚拟机之间需要网络连接,由 Neutron 组件负责。虚拟机里面可能还要使用块设备(例如硬盘),这需要 Cinder 组件的配合;虚拟机里可能需要用到共享文件服务,由 Manila 组件提供服务。

云端的计算结点很多(例如 1000 台),所以虚拟机就更多(例如 10 万台),如果要给它们统一安装一个软件或配置某项参数,可以由 Heat 组件完成。

OpenStack 的各个组件都是对外提供 REST API 接口,以便于其他程序调用,调用时都要进行身份验证和权限管理,这由 Keystone 组件完成。跟踪用户消耗的资源并计费的任务由 Ceilometer 组件完成(需要 Aodh 和 CloudKitty 组件的配合)。

对于 OpenStack 管理的 IaaS 云服务,如果要在上面部署 Hadoop 大数据分析系统,可由 Sahara 组件负责。各组件之间需要通过消息互相联络,所以 Zaqar 和 RabbitMQ 就可发挥作用。另外,很多组件需要在数据库中保存配置数据,所以需要用到数据库管理系统(如 MySQL)。

OpenStack 组件的主要作用是充当"中间人",它不履行具体的实际任务,而由各种第三方软件来完成,例如虚拟机软件由 KVM 承担,网站任务由 Apache 承担,虚拟网络任务由 IPtables、DNSmasq、Linux vSwitch、Linux 网桥承担或者统一由 OpenContrail 承担,结构化数据存储任务由 MySQL 或者 PostgreSQL 承担,中央存储任务由 Ceph 承担(也可采用其他产品)。当然,OpenStack 中也有实现具体功能的组件,例如 Swift 做中央存储,也可以选择相对发展多年并且被大量使用的第三方产品,如 Ceph。

OpenStack 是由一系列具有 RESTful 接口的 Web 服务所实现的,是一系列组件服务集合。图 8-16 是一个典型的组件架构,在实践中可以选取自己需要的组件项目,来搭建适合自己的云计算平台。

8.6.3 OpenStack 中的 Region

一个云端往往包含成千上万台服务器,或许还可能分布在世界各地,分别服务符合延迟半径范围内的用户。OpenStack 中的 Region(地区)就是对应地理位置不同的分中心,例如中国的北京、美国的纽约、加拿大的温哥华等。

在同一个 Region 中,还可能包含成千上万台计算机,如果用一套 OpenStack 中的组件来管理,随着集群规模的不断增大,消息系统和数据库系统很可能最先成为瓶颈。所以又引入了 Cell 功能,以便增强 OpenStack 集群的扩展性,即把一个 Region 划分成多个 Cell,这些 Cell 组成树状结构,父 Cell 主要用于服务通信,它不包含计算结点,子 Cell 具有自己的消息队列、数据库和 Noval Cell 服务。

在创建虚拟机时,为了规定它能在哪些计算结点集上运行,又提出了可用域(availability zones,AZ)和主机集(host aggregates,HA)两个概念,前者可以看成后者的一个特例。

(1)主机集其实就是根据计算结点的某些属性对计算结点进行逻辑分组的方法,例如可以分成如下几个主机集:万兆网卡的计算机、拥有两路 CPU 的计算机、自组装的计算机、X 机柜里的计算机、由 UPS 供电的计算机等。然后创建一台虚拟机,指明在云端分部的自组装的计算机上运行,这样只要全部的自组装的计算机不同时出现故障,那么虚拟机就能一直正常运行(但每一时刻只能在一台计算机运行,只有当运行的那台计算机出故障时,才会"漂移"到其他自组装的计算机上继续运行)。

(2)可用域是用户可见的,用户把自己的多个虚拟机分散到不同的可用域中,是为了降低所有虚拟机同时不可用的概率,而主机集是管理员可见的,目的是用来隔离虚拟机,从而降低一些特定虚拟机的运行行为对其他虚拟机产生的影响。Region、Cell、AZ、HA 的关系如图 8-17 所示。图中,Nova-* 表示除 Nova-API 外的其余 Nova 服务(主要是计算结点)。

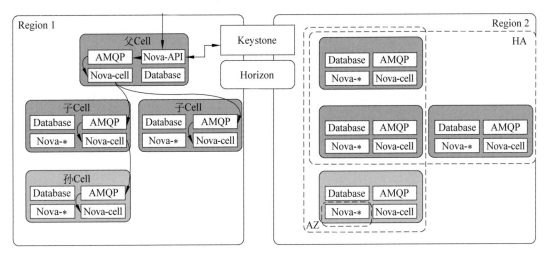

图 8-17 Region、Cell、AZ、HA 的关系

从图 8-17 中可以看出,多个 Region 允许共享 Keystone 和 Horizon 服务,也可以完全独立。HA 可以跨 Cell,但是不能跨越 Region,一台计算机可以同时属于多个 HA,因为 AZ 是 HA 的特例,所以一台计算机允许同时属于 AZ 和 HA。当一个创建虚拟机的请求到达父 Cell 的 Nova-API 时,父 Cell 会通过 Nova-cell 向各个子孙 Nova-cell 广播请求,并一次性决定在哪个子孙 Cell 中的哪台计算结点上创建虚拟机。

多 Region 方案是将一个大的集群划分为一个个小集群,所有的 Regino 除了共享 Keystone、Horizon、Swift 服务,每个 Region 都是一个完整的 OpenStack 环境,然后通过一定的策略把小集群统一管理起来,从而实现使用 OpenStack 来管理大规模的数据中心。Nova Cell 的思想是将不同的计算资源划分为一个个的 Cell,每个 Cell 都使用独立的消息队列和数据库服务,从而解决了数据库和消息队列的瓶颈问题,实现了规模的可扩展性。

8.6.4 OpenStack 的部署策略

OpenStack 已经成为了云计算领域中最火热的项目之一,并逐渐成为 IaaS 的事实标准,私有云项目的部署首选。在具体部署 OpenStack 时应该遵循逐步扩展部署法,如图 8-18 所示。

最小系统具备基本的 IaaS 功能,能通过命令来进行管理,这一步只需安装 OpenStack 的 Keystone、Neutron、Nova 和 Glance 这 4 个组件;此后再安装 Horizon 就成了小系统,这时可通过 Web 图形化界面来执行管理;继续安装 Swift 和 Cinder 就成了准系统,这时能给虚拟机附加磁盘块设备,并能满足大规模的存储需求;再加上计费组件 Ceilometer,就上升为一般系统,一般系统具备公有 IaaS 的功能。但是由一般系统跨到生产系统,需要完成的工作就特别多,尤其需要兼顾性能和安全两方面。

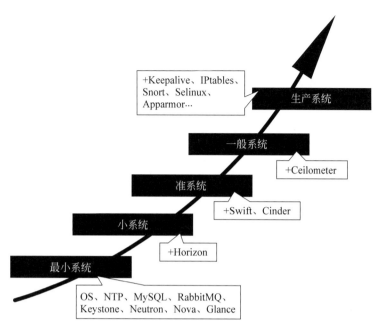

图 8-18　OpenStack 逐步扩展部署法

8.6.5　OpenStack 的命令

在 OpenStack 环境中提供了多种操作虚拟机的方法,有最简单直接的 Dashborad(仪表板)界面,有不直观但高效的命令行,还有进阶版的 postman 调用 openstack restfulapi 和命令行中使用 curl 命令调用 restful api,效率最高的是代码中调用 API 接口。

OpenStack 中的核心组件 keystone、glance、nova、neutron,分别有自己的命令行,如最常用的两个命令:查询 nova 服务的命令 nova service-list,查询网络结点信息的命令 neutron agent-list 等。OpenStack 社区为了方便使用,将所有的组件的命令做了一个统一,所有命令以 openstack 打头。

1. 命令在线帮助

OpenStack 命令非常多,尤其一个命令有多种参数可选用。为了便于使用,提供了在线帮助功能。在命令后加上--help 可获命令帮助;如果未知命令之后的可用参数,执行后会列出参数列表供选用。适合较简单的命令使用。

2. 复杂命令用法

可能有时使用的命令比较复杂,则会显示所有用法提示。在众多选项中,"["和"]"之间的参数表示是可选项,"<"和">"之间的参数表示是必选项。以 image create 命令为例,最后的是必填的参数,剩余的全都是可选参数。如果不加可选参数,openstack 命令会使用默认的参数来创建镜像,虽然也能创建,但不一定是最合适的。image create 命令执行情况如图 8-19 所示。实际选用时必须先熟悉各参数意义,才能做出正确的选择。例如,--disk-format 表示镜像的格式;--public 是指镜像为共有,任何人都可以使用;--flie 指镜像放置的位置。

实际上,OpenStack 的命令在使用上有一定的规律可循,例如以 list 结尾的都是查看所有信息,以 show 结尾的都是查看某一个具体的信息。对不熟悉的命令,在 OpenStack 的提示信息帮助下一般仍能够完成。

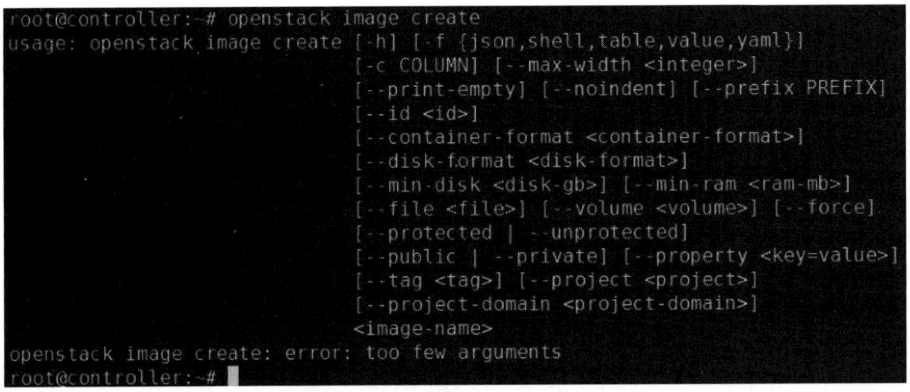

图 8-19　image create 命令执行后的参数列表

3. 常用命令

1) 管理项目,用户和角色

展示所有租户:

```
openstack project list
```

创建租户:

```
openstack project create --description 'Project description' project-name
```

更新租户名称:

```
openstack project set ID/name --name project-new
```

删除租户:

```
openstack project delete project-name
```

展示所有用户:

```
openstack user list
```

添加用户:

```
openstack user create --password name 该方式指定密码字符串
openstack user create --password-prompt name 该方式交互式填入密码
```

禁止用户:

```
openstack user set user_name --disable
```

启用用户:

```
openstack user set user_name --enable
```

更新用户名：

```
openstack user set user_name --name username_new
```

删除用户：

```
openstack user delete user_name
```

展示所有角色：

```
openstack role list
```

创建新的角色：

```
openstack role create new_role
```

将某某用户添加到某某角色下：

```
openstack role add --user user_name --project project_name role_name
```

显示结果：

```
openstack role list --user user_name --peoject project_name
```

2）镜像管理

查看镜像列表：

```
openstack image list
```

查看某一个具体的镜像：

```
openstack image show image_name
```

创建一个镜像：

```
openstack image create --disk-format 参数 --public --file 参数 image_name
```

查看安全组：

```
openstack group list
```

增加安全组：

```
openstack group create group_name --description ""
```

3）主机

查看 OpenStack 环境中主机的数量：

```
openstack host list
```

查看某一台主机资源情况:

```
openstack host show host_name
```

4)网络

查看主机网络服务:

```
openstack network agent list
```

查看端口信息:

```
openstack port list
```

查看网络信息:

```
openstack network list
```

创建外网:

```
openstack network create --external outsidenet
```

创建外网子网:

```
openstack subnet create --allocation-pool start=IP 起始地址,end=IP 终止地址 --subnet-range
网络地址 --network outsidenet subnet_name
```

创建内网:

```
openstack network create --internal --provider-network-type gre insidenet
```

创建内网子网:

```
openstack subnet create --subnet-range 20.0.0.0/24 --network insidenet --dns-nameserver
114.114.114.114 provider_subent
```

创建路由器:

```
openstack router create router_name
```

路由器连接子网:

```
openstack router add subnet router_demo insidesubnet
```

路由器设置网关:

```
openstack router set --external-gateway outsidenet router_name
```

5)虚机管理

查看虚拟机数量:

```
openstack server list
```

创建虚拟机：

```
openstack server create --image cirros --flavor small --nic net-id=insidenet VM_name
```

虚拟机暂停：

```
openstack server pause VM_name
```

虚拟机启动：

```
openstack server unpause VM_name
```

虚拟机重启：

```
openstack server pause VM_name
```

对钟爱图形界面的使用者，可通过"仪表盘"，用鼠标单击按钮方式代替命令行命令完成相应的操作。

8.7 AWS 云计算

8.7.1 AWS 概述

Amazon Web services(AWS)是全球最全面、应用最广泛的云平台，从全球数据中心提供超过 200 项功能齐全的服务。数百万客户(包括增长最快速的初创公司、最大型企业和主要的政府机构)都在使用 AWS 来降低成本、提高敏捷性并加速创新。

2006 年，AWS 是由亚马逊公司提出并且向用户提供的网络以及基础设施服务，也就是现在常说的云计算服务。亚马逊所提供的 AWS 服务包括数据存储、分析计算、应用的部署等，它的客户可以通过网页和接口的形式方便的查看和配置所需要的服务，所使用的 AWS 服务有其规定的收费模式，用户可以根据收费情况预先配置和规划所需要的资源。亚马逊 AWS 的特点是成本较低，但可靠性较高，它的客户遍布全球，目前为止有上百个国家的企业和政府部门正在使用 AWS 服务。亚马逊 AWS 提供了几十种云服务，其中比较成熟且使用最为广泛的有两种，即 EC2(Elastic compute cloud，弹性计算云)和 S3。

按照云计算的层次划分，S3 和 EC2 属于 IaaS(infrastructure as a service，基础设施即服务)层。它们在性能，可靠性和弹性等多方面表现出的优势，被用户和业界广泛认可。随后几年，AWS 逐渐地发展成熟了一整套云计算服务及管理工具，并且将 AWS 延伸到 PaaS (platform as a service，平台即服务)层。基于 AWS,用户能够构建复杂、可扩展的应用程序。与使用自己的基础设施相比，AWS 有更大的弹性、扩展性和较低的管理成本。

AWS 提供了三十多种的不同的服务，整个服务系统的概念就像是堆积木一样，用户根据自己的需要，选择不同的积木来搭建自己的网络服务。如果需要的多，就从 AWS 拿多一些，叠加到现有的系统中，如果不需要了，卸载下来还给 AWS 即可。在这种理念里，包含了许多特色。首先，有需要时才拿来，不需要时就还回去；其次，当需要时就有拿不完的积木，可以不停地叠加到系统中；最后，不同的积木块之间既可以单独的使用,又可以紧密的合作。这种做法可以让系统具有卓越的弹性,可扩展性和可用性。

8.7.2 计算服务

作为 IaaS 的基础,AWS 提供了多种计算资源,包括容量可以定制以满足用户应用程序需求的 EC2 计算实例、弹性负载均衡(elastic load balancing,ELB)服务以及相应的监控服务(Amazon cloud watch)和自动伸缩(auto scaling)服务。

EC2 是一种 Web 服务,可在云中提供大小可调的计算实例。EC2 中的实例类型就是基本的计算设备的硬件原型。根据用户所部署应用程序需要的内存大小,计算能力(CPU)和存储性能等信息,用户可以匹配到一个对应的实例类型来创建 EC2 实例。EC2 中的实例实际上是一台用户可以完全控制的虚拟机,是从一个镜像模板(Amazon machine image,AMI)创建。AMI 定义了 EC2 实例的配置信息,主要包含了软件配置和系统结构信息(如操作系统、存储大小和安装的应用程序等)。用户可以使用 AMl 来提供多个虚拟化实例。如果需要对运行的实例进行调整,用户通过调用简单的 REST API 就可以删除它们,然后根据容量需求的变化情况来启动新的计算实例,从而达到迅速调整容量的大小的目的。EC2 的这种可伸缩性能够大大地减少用户维护和部署的工作量,节省了人力成本以及降低了出错的可能性。

8.7.3 存储服务

Amazon 简单存储服务(simple storage service,S3)是一个高度可伸缩的互联网数据存储系统,用户可以从任何地方在任何时候轻松地存储和获取任意数量的数据。具有高可扩展性,高可用性和高速的特点。在网络应用中,它可以用来存储应用程序的实时数据、运行日志和历史记录等。用户还可以用 S3 把需要很大带宽的内容以较低的成本,快速地分发到不同的终端。当用户进行大数据分析时,使用廉价的 S3 作为的数据存储和中转是 AWS 推荐的解决方案。

理论上,S3 是一个全球存储区域网(SAN),它表现为一个超大的硬盘,可以在其中存储和检索数字资产。但是,从技术上讲,Amazon 的架构有一些不同。通过 S3 存储和检索的资产被称为对象。对象存储在存储段(bucket)中。可以用硬盘进行类比:对象就像是文件,存储段就像是文件夹(或目录)。与硬盘一样,对象和存储段也可以通过统一资源标识符(uniform resource identifier,URI)查找。

在 S3 的框架中,有 3 个非常重要的基本构建元素,它们分别是存储桶(bucket)、对象(object)和键(key)。

存储桶,S3 的基本构建元素。每个存储在 S3 中的对象都必须包含在一个存储桶中,所以称存储桶是一个容器,专门用来存储对象。如果跟文件系统上的文件夹进行类比,可以认为存储桶相当于文件夹。存储桶和文件夹之间的主要差别之一是访问的方式不同。不同于文件夹的路径访问方式,存储桶及其存储的对象都可以通过 URL(uniform resource locator,全球资源定位符)访问。当需要访问一个名称为 mybucket 的存储桶时,使用 URL http://mybucket.s3.amazonaws.com 就可以在任何一个有网络的终端访问它。

对象的 AWS 官方术语是数据元,是保存在存储桶中的数据。如果存储桶是文件夹,那么就可以把对象看作要存储的文件。存储的每个对象由数据和元数据两个实体组成。数据是要实际存储的内容,如文本文件,压缩文件包。元数据用于描述对象相关联的数据,或者说是对对象的一些特性进行标识和说明,例如,存储的对象的内容类型、文件的 MD5 以及应用程序特有的其他元数据。当把对象发送给 S3 时,用户以键值(key-value)对的形式指定对象的元数据或扩展新的元数据。S3 对每个 AWS 账户下存储桶有数量的限制(100 个),但是对于对象的数量没有限制。

可以在存储桶中存储任意数量的对象。S3 对单个对象的存储容量做出了限制,每个对象最多可以包含 5TB 数据。

在 S3 存储桶中存储的每个对象由一个唯一的键标识。存储桶中的每个对象必须有且只有一个键。每个对象的唯一标识是由存储桶的名称和对象的键共同组成,并唯一确定。用户可以使用包含这个唯一标示的 URL 来访问 S3 中的每个对象。这个 URL 是由 S3 的端点(end point)URL、存储桶的名称和对象的键组成。例如,如果需要访问一个在名称为 mybucket 的存储桶中存储的一个键为 myfile.zip 的对象,可以组合一个 URL 来访问这个对象。按照上述的规则,这个组合而成的 URL 地址为 http://mybucket.s3.amazonaws.com/myfile.zip。在实际应用中,键可以使用更复杂的名称,方便应用程序进行分类和管理。例如,一个键可以为 zipfile/encrypted/myfile.zip,相应的 URL 则为 http://mybucket.s3.amazonaws.com/zipfile/encrypted/myfile.zip。

S3 的存储桶、对象和键等概念和实现虽然简单,但是它们非常灵活和可靠,能够为构建简单的数据存储解决方案提供足够的支持。用户可以利用存储桶、对象和键的简单性,在 S3 中简便地存储数据,也可以充分利用它们的灵活性和可靠性,在 S3 中构建非常复杂的存储结构和逻辑,为上级应用程序提供更多的功能。

8.7.4 多可用区域部署

AWS 在全球不同的地方都有数据中心,例如北美、南美、欧洲和亚洲等。与此相对应,Amazon 根据地理位置,把某个地区的基础设施服务集合称为一个区域。通过 Amazon 的区域,一方面可以使 AWS 在地理位置上更加靠近用户,让附近的用户有更快的访问速度,提升用户体验。另一方面这些区域会遵循所在国家和地区的法律法规的要求进行管理和建设,用户可以选择不同的区域来存储数据以满足当地法规方面的要求。AWS 的不同区域之间是相对独立的,但是它们的独立程度与区域的类别有关。根据目前各个区域的各自特点,可以把它们分成两个不同的大类。一类是公开云区域,这个区域是面向所有用户的,且共享同一个账户体系。用户在注册 Amazon 账户后可以使用所有公开区域的服务。另一类是政府云区域,主要是服务政府机构或者是跟政府相关的企业等。政府云具有独立的用户管理体系,所以用户使用政府云区域的云服务需要专门的申请和审核流程。公共云区域和政府云区域在物理上是完全隔离的。

一般情况下,Amazon 的每个区域都由多个可用区组成,而一个可用区一般是由多个数据中心组成。AWS 引入可用区设计主要是为了提升用户应用程序和服务的高可用性。因为可用区与可用区之间在设计上是相互独立的,也就是说它们会有独立的供电系统、独立的网络系统和独立的硬件系统等,这样一来,如果一个可用区出现问题或灾难时也不会影响另外的可用区。在一个区域内,可用区与可用区之间是通过高速网络连接,从而保证有很低的延迟。AWS 的区域与可用区的关系如图 8-20 所示。

每次当用户需要使用 AWS 相关资源,尤其是 EC、S3、RDS 和 SQS 等资源时,需要选择目标区域,例如 AZ1。然后用户可以选择实例所在区域的可用区,例如可以是 AZ2。为了尽可能让不同用户平均的分布在不同的可用区,避免资源竞争和资源分布不均衡,一个用户选择的区与另一个用户选择的区可能不是同一个可用区,AWS 后台会根据实际资源情况进行映射和再平衡,但同一个用户选择的某个可用区前后是固定的。如果用户在创建 EC2 实例的时候没有选择可用区,那么 AWS 会自动选择一个合适的可用区。AWS 建议用户在设计应用架构的时候尽可能地把应用分布在不同的可用区上面,从而提升应用的高可用性和高可靠性。总之,应用程序和服务的多可用区的部署也是实现高服务水平协议的一个重要手段和要求。

Amazon RDS 可检测多可用区域部署中最常见的故障并自动从中恢复过来,这样可在无管理干预

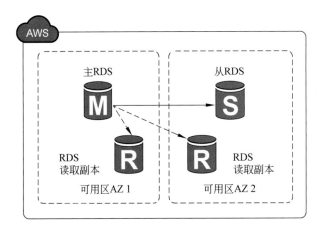

图 8-20　RDS 多可用区域部署

的情况下尽快恢复数据库操作。如果发生主可用区域的可用性受损、主区域的网络连接受损、主区域的计算设备出现故障、主区域的存储故障中的任何一种情况,Amazon RDS 将自动执行故障转移。

　　为了获得更强的可用性,对多可用区域部署启动诸如数据库实例扩展或系统升级之类的操作时,如操作系统安装补丁程序,这些操作首先会应用于备用,之后才应用于自动故障转移。因此,可用性影响将仅限于完成自动故障转移所需的时间。注意,Amazon RDS 多可用区域部署不会自动切换来响应某些数据库操作,如长时间运行查询、锁死或数据库崩溃错误。

　　云计算将迎来下一个黄金十年,进入普惠发展期。伴随着我国要将国家建设成互联网强国的战略目标的提出,云计算发展突飞猛进,市场空间广阔。通过本章学习,努力提升云计算学习的兴趣和能力,融入民族复兴的时代。

习题 8

一、选择题

1. 对云存储而言,下面特点中必须要具备的是(　　)。(多选)

 A. 文件、服务器的融合　　　　　　　　B. 资源池

 C. 模块化　　　　　　　　　　　　　　D. 按需自服务

 E. NAS 和 SAN 的融合

2. 下列关于公有云和私有云描述不正确的是(　　)。

 A. 公有云是云服务提供商通过自己的基础设施直接向外部用户提供服务

 B. 公有云能够以低廉的价格,提供有吸引力的服务给最终用户,创造新的业务价值

 C. 私有云是为企业内部使用而构建的计算架构

 D. 构建私有云比使用公有云更便宜

3. 下列选项中,关于云存储的描述不正确的是(　　)。

 A. 需要通过集群应用、网格技术或分布式文件系统等技术实现

 B. 可以将网络中大量各种不同类型的存储设备通过应用软件集合起来协同工作

 C. "云存储对于使用者来讲是透明的",也就是说使用者清楚存储设备的品牌,型号的具体细节

 D. 云存储通过服务的形式提供给用户使用

4. 目前国内已经提供公共云服务器的公司有(　　)。(多选)

    A. 腾讯　　　　　　B. 华为　　　　　　C. 中国移动　　　　D. 阿里巴巴

5. 云安全主要的考虑的关键技术有(　　)。(多选)

    A. 数据安全　　　　B. 应用安全　　　　C. 虚拟化安全　　　D. 客户端安全

6. 从研究现状上看,下面不属于云计算特点的是(　　)。

    A. 超大规模　　　　B. 虚拟化　　　　　C. 私有化　　　　　D. 高可靠性

7. 将平台作为服务的云计算服务类型是(　　)。

    A. IaaS　　　　　　B. PaaS　　　　　　C. SaaS　　　　　　D. 3 个选项都不对

8. 将基础设施作为服务的云计算服务类型是 IaaS,其中的基础设施包括(　　)。

    A. CPU 资源　　　　B. 内存资源　　　　C. 应用程序　　　　D. 存储资源

    E. 网络资源

9. 下列关于公有云和私有云描述不正确的是(　　)。

    A. 公有云是云服务提供商通过自己的基础设施直接向外部用户提供服务

    B. 公有云能够以低廉的价格,提供有吸引力的服务给最终用户,创造新的业务价值

    C. 私有云是为企业内部使用而构建的计算架构

    D. 构建私有云比使用公有云更便宜

10. 云计算的特性包括(　　)。(多选)

    A. 简便的访问　　　B. 高可信度　　　　C. 经济型　　　　　D. 按需计算与服务

11. 云安全主要的考虑的关键技术有(　　)。(多选)

    A. 数据安全　　　　B. 应用安全　　　　C. 虚拟化安全　　　D. 客户端安全

12. (　　)与 SaaS 不同的,这种"云"计算形式把开发环境或者运行平台也作为一种服务给用户提供。

    A. 软件即服务　　　B. 基于平台服务　　C. 基于 Web 服务　　D. 基于管理服务

13. 以下云存储技术包括内容分发网络(CDN),存储在 SaaS 中的文件,以及缓存的是(　　)。

    A. 对象存储　　　　　　　　　　　　B. 卷存储

    C. 应用程序　　　　　　　　　　　　D. 服务(www.ppkao.com)

二、简答题

1. 简述私有云、公用云和混合云的基本概念。

2. 简述云存储的基本概念。

3. 什么是 CDP? 有人说传统备份与快照可比拟成照相机,记录的是数据在某个时间点下的状态,即使多做几次备份或快照,也只是得到数据在一个个不同时间点下的状态;而 CDP 则类似摄影机的录像,可记录数据在过去一段时间内的"变动历程",用户可像倒录像带一样,任意将数据倒回任意一个时间点。请分析这种观点。

4. 为什么对象存储兼具块存储和文件存储的好处,还要使用块存储和文件存储呢?

三、实验题

1. 分析 SaaS 平台实验。

【实验目的】

(1) 了解 SaaS。

(2) 通过网上调研 SaaS 平台,深化对 SaaS 的认识。

【实验环境】

网络上的 SaaS 平台。

【实验内容】

(1) 分析 SaaS 平台定义及特征。

(2) 在网上调研不少于 6 家 SaaS 平台,分析每个平台特点、业务模式、价格,并以列表形式展示。

(3) 根据调研的 SaaS 平台,选择两家 SaaS 平台软件进行注册并试用。

(4) 分析试用的 SaaS 平台的特点,主要功能及试用体会,并以列表形式展示。

(5) 对试用的 SaaS 平台提出一些改进建议(如性能、安全性等)。

(6) 能否提出一种 SaaS 平台,主要解决学习、生活及实际工作问题。如何运营? 如何推广? 如何盈利?

2. Openfiler 云端存储配置实验。

【实验目的】

(1) 了解 ESX 存储网络。

(2) 掌握如何配置 ESX 存储网络。

【实验环境】

本实验是习题 7 中第 4 道实验题的延续。

【实验内容】

实验在云端的虚拟化监控器(Hypervisor)上配置 Openfiler 提供的 iSCSI 虚拟网络磁盘服务,利用 Openfiler 实现云端的共享存储功能。

Hypervisor,又称虚拟机监视器(virtual machine monitor,VMM),是用来建立与执行虚拟机器的软件、固件或硬件。被 Hypervisor 用来执行一个或多个虚拟机器的计算机称为主体机器(host machine),这些虚拟机器则称为客体机器(guest machine)。Hypervisor 提供虚拟的作业平台来执行客体操作系统(guest operating systems),负责管理其他客体操作系统的执行阶段;这些客体操作系统,共同分享虚拟化后的硬件资源。

(1) 配置 ESX 存储网络。本实验将基于 VMware ESX4 虚拟化监控器版本进行配置。首先通过客户端软件 VMware vSphere Client 连接到 ESX 服务器。配置 vSwitch 信息。

(2) 对 ESX 服务器的存储适配器进行设置,配置 ESX 服务器的 iSCSI 存储适配器。

(3) 为 ESX 服务器添加相应的 iSCSI 存储。

(4) 验证在 ESX 服务器上配置的基于 Openfiler 的 iSCSI 存储服务是否成功。

(5) 其他测试用例(自行设计)。

3. Ceph 容器化部署实验。

【实验目的】

(1) 了解容器化的概念。

(2) 掌握 Ceph 容器化的部署。

【实验环境】

3 台安装 Linux 的 PC。

【实验内容】

(1) 结点规划。

准备 3 个结点,并分配角色:

```
192.168.9.11 node1      admin(启动 mon、osd、mgr)
192.168.9.12 node2      node2(启动 mon、osd)
192.168.9.13 node3      node3(启动 mon、osd)
```

（2）配置/etc/hosts（各个结点）。

```
192.168.9.11 node1
192.168.9.12 node2
192.168.9.13 node3
```

（3）关闭防火墙和 selinux（各个结点）。

```
systemctl status firewalld.service
systemctl stop firewalld.service
systemctl disable firewalld.service
```

禁用 SELINUX：修改配置文件（重启生效）＋手动设定（立即生效）。

```
sed -i 's/SELINUX=enforcing/SELINUX=disabled/g' /etc/selinux/config
setenforce 0
```

（4）配置互信（各个结点）。

```
ssh-keygen
ssh-copy-id node1
ssh-copy-id node2
ssh-copy-id node3
```

（5）镜像下载（各个结点）。

```
docker pull ceph/daemon:v3.0.5-stable-3.0-luminous-centos-7-x86_64
```

（6）首先启动主结点 mon（node1 结点）。

```
docker run -d --net=host --name=mon -v /etc/ceph:/etc/ceph -v /var/lib/ceph:/var/lib/ceph
    -e MON_IP=192.168.9.11 -e CEPH_PUBLIC_NETWORK=192.168.9.0/24 ceph/daemon:v3.0.5-stable-
    3.0-luminous-centos-7-x86_64 mon
```

（7）复制配置文件和系统文件到其他两个结点。

这一步非常重要。如果没有复制 admin 结点安装 mon 后生产的配置文件和系统文件到其他结点，就开始在其他结点启动 mon 则 3 个结点会单独启动 3 个 ceph 集群，而不是一个集群的 3 个 mon 结点。这是因为已设置过结点名称和无密码访问，故 scp 可直接使用。

若直接使用非 xfs 文件系统的硬盘，需要在配置文件中加以下配置：

```
vim /etc/ceph/ceph.conf
osd max object name len =256
osd max object namespace len =64
```

然后将配置文件推送到其他各结点。

```
scp -r /etc/ceph node2:/etc/
scp -r /etc/ceph node3:/etc/
scp -r /var/lib/ceph node2:/var/lib/
scp -r /var/lib/ceph node3:/var/lib/
```

（8）再用步骤（4）中的命令启动其他结点 mon，对应 IP 做相应修改。

```
docker run -d --net=host --name=mon -v /etc/ceph:/etc/ceph -v /var/lib/ceph:/var/lib/ceph
    -e MON_IP=192.168.9.12 -e CEPH_PUBLIC_NETWORK=192.168.9.0/24 ceph/daemon:v3.0.5-stable
    -3.0-luminous-centos-7-x86_64 mon
docker run -d --net=host --name=mon -v /etc/ceph:/etc/ceph -v /var/lib/ceph:/var/lib/ceph
    -e MON_IP=192.168.9.13 -e CEPH_PUBLIC_NETWORK=192.168.9.0/24 ceph/daemon:v3.0.5-stable-
    3.0-luminous-centos-7-x86_64 mon
```

（9）挂载 osd。

```
mkfs.xfs /dev/sdb
mount /dev/sdb   /osd0
```

（10）启动 OSD 服务。

```
docker run -d --net=host --name=osd1 -v /etc/ceph:/etc/ceph -v /var/lib/ceph:/var/lib/
    ceph -v /dev:/dev -v /osd0:/var/lib/ceph/osd --privileged=true ceph/daemon:v3.0.5-
    stable-3.0-luminous-centos-7-x86_64 osd_directory
```

注意：osd1 需要做相应的修改。
（11）其他 OSD 参照步骤（9）和（10）。
（12）在 node1 启动 mgr：

```
docker run -d --net=host \
-v /etc/ceph:/etc/ceph \
-v /var/lib/ceph/:/var/lib/ceph/ \
ceph/daemon:v3.0.5-stable-3.0-luminous-centos-7-x86_64 mgr
```

（13）在 ceph 中创建一个 pool。

```
docker exec mon ceph osd pool create rbd 64
```

（14）配置 crushmap，根据 osd 数目，0.15 做相应调整，整体之和不大于 1。

```
docker exec mon ceph osd crush add osd.0 0.15 host=admin
docker exec mon ceph osd crush add osd.1 0.15 host=admin
```

（15）检查 osd tree。

```
docker exec mon ceph osd tree
```

（16）更新 crushmap 使得结点都归属于 root default。

```
docker exec mon ceph osd crush move node0 root=default
docker exec mon ceph osd crush move node1 root=default
```

（17）检查 ceph 运行情况。

```
docker exec mon ceph -s
```

（18）测试 ceph 集群。

```
docker exec mon rbd create rbd/test-image --size 100M
docker exec mon rbd info rbd/test-image
docker exec mon rados -p rbd ls
```

测试 ceph 集群在块存储下镜像的创建和文件的上传，如果成功才能说明 ceph 集群安装成功。

4. 开源网盘云存储 Seafile 实验。

【实验目的】

（1）了解云存储。

（2）掌握云存储工具 Seafile。

【实验环境】

安装 Seafile 的 PC 和 Android 手机。

【实验内容】

将 Seafile 安装到 PC 和 Android 手机上，进行各种云资源的使用和管理体验。

注意：作为一款安全、高性能的开源网盘（云存储）软件，Seafile 提供了主流网盘（云盘）产品所具有的功能，包括文件同步、文件共享等。在此基础上，Seafile 还提供了高级的安全保护功能以及群组协作功能。由于 Seafile 是开源的，可以把它部署在私有云的环境中，作为私有的企业网盘。Seafile 支持 macOS、Linux、Windows 3 个桌面操作系统，以及 Raspberry Pi（树莓派）上，支持 Android 和 iOS 两个移动平台。

除了一般网盘所提供的云存储以及共享功能外，Seafile 还提供消息通信、群组讨论等辅助功能，帮助更好的围绕文件展开协同工作。

Seafile 客户端是款文件同步软件，软件功能非常强大，界面简洁明晰、操作方便快捷。不仅如此，它还包含免费的服务器和客户端，支持搭属于建自己的私有云存储服务。

Seafile 的特色如下。

（1）文件同步与共享。可以创建不同的资料库来分类组织文件。可以在私人间或群组中共享这些资料库。每个资料库都可以选择性的在多台设备上同步。

（2）在线协作。可以在线编辑文件，对文件进行评论，在私人间或群组间展开讨论。事件通知、版本管理使得文件协作异常的方便和安全。

（3）移动办公。可以在移动客户端上查看最新改动、访问文件资料、进行群组讨论等等，方便的完成移动办公。

Seafile 将文件组织为资料库。每个资料库可以单独的共享和同步。在首次登录站点时，Seafile 会给生成一个默认的资料库。可以单击进入资料库的内部，在线管理和查看文件。

用 Seafile 桌面客户端可以把资料库同步到一台 PC 上。安装完成后，首先需要输入服务器的地址和用户邮箱来添加一个账号并登录。登录完成后，客户端程序会自动把服务器上的私人资料库下载下来,并创建一个虚拟磁盘。可以往这个虚拟盘中添加或修改文件,它们会自动同步到服务器上。

可以在客户端的管理窗口中看到更多的资料库,并根据需要把它们下载下来。

(4)资料库共享。可以把资料库共享给另一个用户,也可以把资料库共享到群组。共享一个资料库到群组可以直接在群组页面创建一个资料库。在"我的页面"中单击资料库的"共享"按钮,然后输入群组名称。可以设置共享的权限为读写或只读。只读共享的资料库他人不能修改其中的内容。

(5)其他功能。在 Seafile 中,还可以为目录和文件生成一个下载链接,生成一个上传链接来收集文件,查看文件的修改历史,恢复文件到之前版本,共享一个子目录给他人或群组,等等。

5. OpenStack 的安装及使用实验。

【实验目的】

(1)了解 OpenStack。

(2)掌握 OpenStack 的使用。

【实验环境】

安装有 OpenStack 平台的 CentOS 7 系统服务器。

【实验内容】

在 CentOS 7 操作系统中安装 OpenStack 平台,并对 OpenStack 进行如下管理操作。

(1)用户和项目管理。

(2)网络管理。

(3)镜像管理。

(4)虚拟机管理。

(5)卷管理。

6. OpenStack 安装部署实践。

【实验目的】

(1)了解 OpenStack。

(2)掌握 OpenStack 的安装部署方法。

【实验环境】

3 台装有 Linux 操作系统(64 位的 CentOS 7 操作系统)计算机,配置如表 8-3 所示。

表 8-3　3 台计算机的配置

角　　色	主　机　名	IP	处理器数量	内存/GB	磁盘存储容量/GB
控制结点	Controller	192.168.44.147	1	4	50
计算结点 01	Compute01	192.168.44.148	1	4	50
计算结点 02	Compute02	192.168.44.149	1	4	100

【实验内容】

首先,在控制结点上进行如下配置。

(1)数据库安装。在此选用 MySQL 数据库。

```
yum install mysql mysql-server MySQL-python
```

(2)编辑/etc/my.cnf 文件,在里面添加如下内容,目的是设置编码为 utf-8。

```
default-storage-engine =innodb
```

```
innodb_file_per_table
collation-server =utf8_general_ci
init-connect ='SET NAMES utf8'
character-set-server =utf8
```

（3）启动服务，设为开机启动。

```
#service mysqld start
#chkconfig mysqld on
#mysql_install_db
#mysql_secure_installation
```

（4）设置赋权，使其可以远程登录。

```
GRANT ALL PRIVILEGES ON *.* TO 'root'@'%' IDENTIFIED BY 'a';
```

（5）OpenStack 基本包安装。

```
#yum install yum-plugin-priorities
#yum install http://repos.fedorapeople.org/repos/openstack/openstackicehouse/rdo-
    release-icehouse-3.noarch.rpm
#yum install http://dl.fedoraproject.org/pub/epel/6/x86_64/epel-release-6-8.noarch.rpm
#yum install openstack-utils
#yum install openstack-selinux
```

（6）安装消息队列。

```
yum install qpid-cpp-server
```

（7）启动服务。

```
service qpidd start
chkconfig qpidd on
```

（8）安装权限认证服务（keystone）。

```
yum install openstack-keystone python-keystoneclient -y
```

（9）创建用户，写入配置文件中。

```
openstack-config --set /etc/keystone/keystone.conf \
database connection mysql://keystone:KEYSTONE_DBPASS@controller/keystone
```

（10）创建 keystone 数据库表。

```
$ mysql -u root -p
mysql>CREATE DATABASE keystone;
mysql>GRANT ALL PRIVILEGES ON keystone.* TO 'keystone'@'localhost' \
```

```
IDENTIFIED BY 'KEYSTONE_DBPASS';
mysql>GRANT ALL PRIVILEGES ON keystone.* TO 'keystone'@'%' \
IDENTIFIED BY 'KEYSTONE_DBPASS';
mysql>exit
```

（11）自动生成表。

```
su -s /bin/sh -c "keystone-manage db_sync" keystone
```

（12）设置用户环境变量。

```
ADMIN_TOKEN=$(openssl rand -hex 10)
echo $ADMIN_TOKEN
openstack-config --set /etc/keystone/keystone.conf DEFAULT \
admin_token $ADMIN_TOKEN
# keystone-manage pki_setup --keystone-user keystone --keystone-group keystone
# chown -R keystone:keystone /etc/keystone/ssl
# chmod -R o-rwx /etc/keystone/ssl
```

（13）启动 keystone 服务。

```
service openstack-keystone start
chkconfig openstack-keystone on
```

（14）将 admin_token 设置到环境变量中去。

```
export OS_SERVICE_TOKEN=$ADMIN_TOKEN
export OS_SERVICE_ENDPOINT=http://controller:35357/v2.0
```

（15）创建管理员用户，默认的用户名为 admin，密码为 ADMIN_PASS，可以自定义修改。

```
[root@controller keystone]# keystone user-create --name=admin --pass=ADMIN_PASS
    --email=ADMIN_EMAIL
[root@controller keystone]# keystone role-create --name=admin
[root@controller keystone]# keystone tenant-create --name=admin --description="Admin
    Tenant"
[root@controller keystone]# keystone user-role-add --user=admin --tenant=admin
    --role=admin
[root@controller keystone]# keystone user-role-add --user=admin --role=_member_
    --tenant=admin
[root@controller keystone]#
```

（16）创建一个权限认证服务，主机名是 controller。

```
[root@controller keystone]# keystone service-create --name=keystone --type=identity \
    > --description="OpenStack Identity"
[root@controller keystone]# keystone endpoint-create \
```

```
>--service-id=$(keystone service-list | awk '/ identity / {print $2}') \
>--publicurl=http://controller:5000/v2.0 \
>--internalurl=http://controller:5000/v2.0 \
>--adminurl=http://controller:35357/v2.0
[root@controller keystone]# keystone user-create --name=demo --pass=DEMO_PASS
    --email=DEMO_EMAIL
[root@controller keystone]# keystone tenant-create --name=demo --description="Demo
    Tenant"
[root@controller keystone]# keystone user-role-add --user=demo --role=_member_
    --tenant=demo
[root@controller keystone]#
```

（17）获取 token，通过 vi admin-openrc.sh，然后添加如下内容。

```
export OS_USERNAME=admin
export OS_PASSWORD=ADMIN_PASS
export OS_TENANT_NAME=admin
export OS_AUTH_URL=http://controller:35357/v2.0
```

在每次关机重启之后都要重新执行下面的命令，让环境变量起作用。

```
source admin-openrc.sh
```

（18）查看 keystone 目前用户。

```
keystone user-list
```

（19）测试效果。打开 restclient-ui-3.5-jar-with-dependencies.jar 来测试效果。若 url 地址是 http://192.168.44.147:5000/v2.0/，观察访问是否成功。

（20）配置镜像服务（glance）。

① 在 controller 服务器中安装服务。

```
yum install openstack-glance python-glanceclient
openstack-config --set /etc/glance/glance-api.conf database \
connection mysql://glance:GLANCE_DBPASS@controller/glance
openstack-config --set /etc/glance/glance-registry.conf database \
connection mysql://glance:GLANCE_DBPASS@controller/glance
```

② 在 MySQL 数据库中创建 glance 数据库。

```
$ mysql -u root -p
mysql>CREATE DATABASE glance;
mysql>GRANT ALL PRIVILEGES ON glance.* TO 'glance'@'localhost' \
IDENTIFIED BY 'GLANCE_DBPASS';
mysql>GRANT ALL PRIVILEGES ON glance.* TO 'glance'@'%' \
IDENTIFIED BY 'GLANCE_DBPASS';
flush privileges;
```

（21）自动生成表。

```
su -s /bin/sh -c "glance-manage db_sync" glance
```

（22）在 keystone 上创建用户。

```
keystone user-create --name=glance --pass=GLANCE_PASS --email=glance@example.com
$ keystone user-role-add --user=glance --tenant=service --role=admin
```

（23）配置授权服务。

```
openstack-config --set /etc/glance/glance-api.conf keystone_authtoken \
    auth_uri http://controller:5000
openstack-config --set /etc/glance/glance-api.    conf keystone_authtoken \
    auth_host controller
openstack-config --set /etc/glance/glance-api.    conf keystone_authtoken \
    auth_port 35357
openstack-config --set /etc/glance/glance-api.conf keystone_authtoken \
    auth_protocol http
openstack-config --set /etc/glance/glance-api.conf keystone_authtoken \
    admin_tenant_name service
openstack-config --set /etc/glance/glance-api.conf keystone_authtoken \
    admin_user glance
openstack-config --set /etc/glance/glance-api.conf keystone_authtoken \
    admin_password GLANCE_PASS
openstack-config --set /etc/glance/glance-api.conf paste_deploy \
    flavor keystone
openstack-config --set /etc/glance/glance-registry.conf keystone_authtoken \
    auth_uri http://controller:5000
openstack-config --set /etc/glance/glance-registry.conf keystone_authtoken \
    auth_host controller
openstack-config --set /etc/glance/glance-registry.conf keystone_authtoken \
    auth_port 35357
openstack-config --set /etc/glance/glance-registry.conf keystone_authtoken \
    auth_protocol http
openstack-config --set /etc/glance/glance-registry.conf keystone_authtoken \
    admin_tenant_name service
openstack-config --set /etc/glance/glance-registry.conf keystone_authtoken \
    admin_user glance
openstack-config --set /etc/glance/glance-registry.conf keystone_authtoken \
    admin_password GLANCE_PASS
openstack-config --set /etc/glance/glance-registry.conf paste_deploy \
    flavor keystone
```

（24）启动服务。

```
service openstack-glance-api start
```

```
# service openstack-glance-registry start
# chkconfig openstack-glance-api on
# chkconfig openstack-glance-registry on
```

(25) 创建服务。

```
$ keystone service-create --name=glance --type=image \ --description="OpenStack Image
    Service"
$ keystone endpoint-create \--service-id=$(keystone service-list | awk '/ image / {print $2}') \
--publicurl=http://controller:9292 \
--internalurl=http://controller:9292 \
--adminurl=http://controller:9292
[root@controller ~]# keystone service-create --name=glance --type=image \
    >--description="OpenStack Image Service"
/usr/lib64/python2.6/site-packages/Crypto/Util/number.py:57: PowmInsecureWarning: Not
    using mpz_powm_sec. You should rebuild using libgmp>=5 to avoid timing attack vulnerability.
    _warn("Not using mpz_powm_sec. You should rebuild using libgmp>=5 to avoid timing attack
    vulnerability.", PowmInsecureWarning)
[root@controller ~]# keystone endpoint-create \
>--service-id=$(keystone service-list | awk '/ image / {print $2}') \
>--publicurl=http://controller:9292 \
>--internalurl=http://controller:9292 \
>--adminurl=http://controller:9292
```

(26) 创建镜像，先将下载好的 cirros-0.3.2-x86_64-disk.img 放置在/root 目录下，然后进行下面的操作。

① 复制代码。

```
glance image-create --name "cirros-0.3.2-x86_64" --disk-format qcow2 \
--container-format bare --is-public True --progress <cirros-0.3.2-x86_64-disk.img
```

② 查看镜像列表。

```
glance image-list
```

(27) 服务器管理(Nova)。对于虚拟机管理需要从 controller 和 computer01 进行配置。

① 先进行 controller 的配置。

```
yum install openstack-nova-api openstack-nova-cert openstack-nova-conductor \
openstack-nova-console openstack-nova-novncproxy openstack-nova-scheduler \
python-novaclient
$ mysql -u root -p
mysql>CREATE DATABASE nova;
mysql>GRANT ALL PRIVILEGES ON nova.* TO 'nova'@'localhost' \
IDENTIFIED BY 'NOVA_DBPASS';
```

```
mysql>GRANT ALL PRIVILEGES ON nova.* TO 'nova'@'%' \
IDENTIFIED BY 'NOVA_DBPASS';
openstack-config --set /etc/nova/nova.conf database connection mysql://nova:NOVA_DBPASS
    @controller/nova

openstack-config --set /etc/nova/nova.conf DEFAULT rpc_backend qpid
openstack-config --set /etc/nova/nova.conf DEFAULT qpid_hostname controller

openstack-config --set /etc/nova/nova.conf DEFAULT my_ip 192.168.44.147
openstack-config --set /etc/nova/nova.conf DEFAULT vncserver_listen 192.168.216.210
openstack-config --set /etc/nova/nova.conf DEFAULT vncserver_proxyclient_address
    192.168.44.147

openstack-config --set /etc/nova/nova.conf DEFAULT auth_strategy keystone
openstack-config --set /etc/nova/nova.conf keystone_authtoken auth_uri http://
    controller:5000
openstack-config --set /etc/nova/nova.conf keystone_authtoken auth_host controller
openstack-config --set /etc/nova/nova.conf keystone_authtoken auth_protocol http
openstack-config --set /etc/nova/nova.conf keystone_authtoken auth_port 35357
openstack-config --set /etc/nova/nova.conf keystone_authtoken admin_user nova
openstack-config --set /etc/nova/nova.conf keystone_authtoken admin_tenant_name service
openstack-config --set /etc/nova/nova.conf keystone_authtoken admin_password NOVA_PASS

$ keystone user-create --name=nova --pass=NOVA_PASS --email=nova@example.com
$ keystone user-role-add --user=nova --tenant=service --role=admin

$ keystone service-create --name=nova --type=compute \--description="OpenStack Compute"
$ keystone endpoint-create \--service-id=$(keystone service-list | awk '/ compute / {print
    $2}') \
--publicurl=http://controller:8774/v2/%\(tenant_id\)s \
--internalurl=http://controller:8774/v2/%\(tenant_id\)s \
--adminurl=http://controller:8774/v2/%\(tenant_id\)s
```

② 在 computer01 的配置。

```
yum install openstack-nova-compute
openstack-config --set /etc/nova/nova.conf database connection mysql://nova:NOVA_DBPASS
    @controller/nova
openstack-config --set /etc/nova/nova.conf DEFAULT auth_strategy keystone
openstack-config --set /etc/nova/nova.conf keystone_authtoken auth_uri
http://controller:5000
openstack-config --set /etc/nova/nova.conf keystone_authtoken auth_host controller
openstack-config --set /etc/nova/nova.conf keystone_authtoken auth_protocol http
openstack-config --set /etc/nova/nova.conf keystone_authtoken auth_port 35357
openstack-config --set /etc/nova/nova.conf keystone_authtoken admin_user nova
```

```
openstack-config --set /etc/nova/nova.conf keystone_authtoken admin_tenant_name service
openstack-config --set /etc/nova/nova.conf keystone_authtoken admin_password NOVA_PASS

openstack-config --set /etc/nova/nova.conf DEFAULT rpc_backend qpid
openstack-config --set /etc/nova/nova.conf DEFAULT qpid_hostname controller

openstack-config --set /etc/nova/nova.conf DEFAULT my_ip 192.168.44.148
openstack-config --set /etc/nova/nova.conf DEFAULT vnc_enabled True
openstack-config --set /etc/nova/nova.conf DEFAULT vncserver_listen 0.0.0.0
openstack-config --set /etc/nova/nova.conf DEFAULT vncserver_proxyclient_address
    192.168.44.148
openstack-config --set /etc/nova/nova.conf DEFAULT novncproxy_base_url
http://controller:6080/vnc_auto.html

openstack-config --set /etc/nova/nova.conf DEFAULT glance_host controller
openstack-config --set /etc/nova/nova.conf libvirtvirt_type kvm
```

（28）启动服务。

```
service libvirtd start
service messagebus start
service openstack-nova-compute start
chkconfig libvirtd on
chkconfig messagebus on
chkconfig openstack-nova-compute on
```

（29）网络服务配置。

① controller 端。

```
openstack-config --set /etc/nova/nova.conf DEFAULT \
network_api_class nova.network.api.API
openstack-config --set /etc/nova/nova.conf DEFAULT \
security_group_api nova
```

② computer01 端。

```
yum install openstack-nova-network openstack-nova-api
#openstack-config --set /etc/nova/nova.conf DEFAULT \
network_api_class nova.network.api.API
#openstack-config --set /etc/nova/nova.conf DEFAULT \
security_group_api nova
#openstack-config --set /etc/nova/nova.conf DEFAULT \
network_manager nova.network.manager.FlatDHCPManager

#openstack-config --set /etc/nova/nova.conf DEFAULT \firewall_drivernova.virt.libvirt.
    firewall.IptablesFirewallDriver
```

```
#openstack-config --set /etc/nova/nova.conf DEFAULT \
network_size 254
#openstack-config --set /etc/nova/nova.conf DEFAULT \
allow_same_net_traffic False
#openstack-config --set /etc/nova/nova.conf DEFAULT \
multi_host True
#openstack-config --set /etc/nova/nova.conf DEFAULT \
send_arp_for_ha True
#openstack-config --set /etc/nova/nova.conf DEFAULT \
share_dhcp_address True
#openstack-config --set /etc/nova/nova.conf DEFAULT \
force_dhcp_release True
#openstack-config --set /etc/nova/nova.conf DEFAULT \
flat_network_bridge br100
#openstack-config --set /etc/nova/nova.conf DEFAULT \
flat_interface eth1
#openstack-config --set /etc/nova/nova.conf DEFAULT \
public_interface eth0
nova network-create demo-net -bridge br100 -multi-host T \
-fixed-range-v4 88.8.8.16/28
```

（30）使用 nova net-list 查看。
（31）创建虚拟机。
（32）配置 ssh 密码登录。

```
ssh-keygen
```

（33）增加公钥到 OpenStack 环境中。

```
nova keypair-add --pub-key ~/.ssh/id_rsa.pub demo-key
```

（34）验证是否配置成功。

```
nova keypair-list
nova flavor-list
```

（35）创建实例。
① 复制代码。

```
nova boot --flavor m1.tiny --image cirros-0.3.2-x86_64 --nic netid=DEMO_NET_ID\
--security-group default --key-name demo-key demo-instance1
```

其中，DEMO_NET_ID 指的是 nova net-list 的 ID。demo-instance1 指的是虚拟机的名字。
② 成功后再执行如下命令。

```
nova boot --flavor m1.tiny --image cirros-0.3.2-x86_64 --nic net-id=55fc305f-570f-4d4f-
89d0-ce303e589f20 \--security-group default --key-name demo-key tfjt
```

（36）使用 nova list 进行查看。从结果中显示有 192.168.44.17，这是个浮动 IP 地址。

（37）配置浮动 IP。

```
nova-manage floating create --ip_range=192.168.44.16/28
```

（38）查看可用地址。

```
nova-manage floating list
nova floating-ip-create
```

（39）给创建的虚拟机绑定浮动 IP，其中，7bc0086…就是之前创建的虚拟机的 ID。后面接上 IP 地址即可。

```
nova add-floating-ip 7bc00086-1870-4367-9f05-666d5067ccff 192.168.44.17
```

（40）监听。

```
cpdump -n -i eth0 icmp
```

（41）在 controller 上配置。

```
nova secgroup-add-rule default icmp -1 -1 0.0.0.0/0
nova secgroup-add-rule default tcp 22 22 0.0.0.0/0
```

（42）使用下面的命令可以输出一个 URL 地址。

```
nova get-vnc-console tfjt novnc
```

（43）在浏览器中进行访问。观察访问是否成功。如果能在浏览器上访问前面设置的云服务器，表明成功。

7. 创建 S3 与基础使用实践。

【实验目的】

（1）了解 S3。

（2）掌握 S3 存储服务使用方法。

【实验环境】

网络上的 AWS 平台。

【实验内容】

（1）提前在 AWS 注册一个账号。

（2）选择 S3 存储服务。登录 AWS 控制台，在窗口菜单栏中选中"服务"选项，在"存储"下选中"S3"。

（3）创建存储桶。选中"＋创建存储桶"。输入存储桶名称（如 mytest），并选中所在区域，然后单击"下一步"按钮；配置选项和权限设置（都默认即可）。

（4）每个存储桶下可以单独创建文件夹。选中"＋创建文件夹"，输入文件夹名称，如 my-test。

（5）上传文件。进入刚才创建的文件夹，单击"上传"按钮。然后按提示选中文件上传。

如果要在服务器上直接将文件传入 S3，实验过程如下。

（1）打开 AWS 控制台，在 IAM 中创建一个新用户（例如 test）。

在"用户"中选中"添加用户"，输入用户名 test，在"访问类型"中选中"编程访问"，并单击"下一步"按钮。

（2）选中刚创建的用户，单击"权限"标签下的"附加权限"后，在列表中找到一个名为 Amazon S3 Full Access 的权限，勾中后单击"附加权限"。

（3）标签是可选的，写不写都行，然后审核创建用户即可（创建时它会自动创建一个用户安全凭证，是由"访问密钥 ID"和"私有访问密钥"组成的，请记住它并下载该凭证，后面会用到）。

（4）此时到要上传文件到 S3 的服务器操作。

① 安装 pip。

```
#yum -y install python-pip
```

② 安装 awscli。

```
#pip install awscli
```

③ 初始化配置。执行至该环节时，系统会要求输入"访问密钥 ID""私有访问密钥""默认区域名称""默认输出格式"，前两个在创建 IAM 用户时会自动生成，"默认区域名称"最好选择 EC2 所在的区域，如果不清楚自己的 EC2 所在区域对应的字符串是什么，它会自动选择最近的区域，"默认输出格式"可以填 json 和 text 格式，默认是 json 格式。

```
#aws configure
AWS Access Key ID [****************3IEA]:      #输入前面创建用户时记录的访问密钥 ID
AWS Secret Access Key [****************CKdE]:   #输入前面创建用户时记录的私有访问密钥
Default region name [None]:                     #不知道就空着
Default output format [None]:
```

④ 查看 S3。

```
#aws s3 ls
```

⑤ 往 S3 上上传文件。

```
#aws s3 cp access.log s3://test
```

⑥ 上传后查看。

```
#aws s3 ls s3://test
```

参 考 文 献

[1] 牛艺霏,刘嵩岩,陈妍霖,等.固态存储技术研究概述[J].计算机产品与流通,2019(7):22.

[2] TAKAI Y,FUKUCHI M,MATSUIC,et al. Analysis on Hybrid SSD Configuration with Emerging Non-Volatile Memories Including Quadruple-Level Cell(QLC)NAND Flash Memory and Various Types of Storage Class Memories(SCMs)[J]. IEICE Transactions on Electronics,2020,E103. C(4):171-180.

[3] LIU S,ZOU X,WANG B. Quad-Level Cell NAND Design and Soft-Bit Generation for Low-Density Parity-Check Decoding in System-Level Application[J]. Wuhan University Journal of Natural Sciences,2018,23(1):75-83.

[4] 华山. RAID 技术综述[J].武钢技术,2003(6):45-49.

[5] 林森.面向 NTFS 的已损坏文件恢复技术研究[D].哈尔滨:哈尔滨工程大学,2016.

[6] 杨光.盘点虚拟化存储应用及注意事项[J].计算机与网络 2014(2):42-43.

[7] 王雪涛,刘伟杰.分布式文件系统[J].科技信息(学术研究),2006(11):406-407.

[8] WANG X,ZHOU B,LI W. A Streaming Protocol for Memcached[J]. Information Technology Journal,2012,11 (12):1776-1780.

[9] GHEMAWAT S,Gobioff H,Leung S T. The Google file system[J]. Acm Sigops Operating Systems Review,2003, 37(5):29-43.

[10] LEE S et al. F2FS:A New File System for Flash Storage,FAST'15[C]//Proceedings of the 13th Usenix conference on File And Storage Technologies(FAST'15),2015:273-286.

[11] LEE S,LIU M,JUN S,et al. Application-Managed Flash[C]//USENIX Conference on File and Storage Technologies. USENIX Association,2016.

[12] 夏磊.基于无共享架构并行文件系统的云计算研究[D].成都:成都理工大学,2013.

[13] 李棋.基于闪存文件系统的存储技术研究[D].重庆:重庆大学,2019.

[14] 王盛邦.网络存储技术课程普适型实验探索[J].现代计算机(专业版),2017,(31):31-35.

[15] 许豪.云计算导论[M].西安:西安电子科技大学出版社,2015.

[16] 胡文波,徐造林.分布式存储方案的设计与研究[J].计算机技术与发展,2010,20(4):65-68.

[17] 胡至洵.面向分布式文件存储系统的数据恢复策略[J].能源与环保,2018,40(3):131-137.

[18] 王盛邦,尹冬生.数据存储技术课程创新实验探索[J].实验室研究与探索,2011,30(2):55-58,120.

[19] 刘彬.云存储中的数据迁移分析[J].硅谷,2012,5(15):172,179.

[20] 宫婧,王文君.大数据存储中的容错关键技术综述[J].南京邮电大学学报(自然科学版),2014,34(4):20-25.

[21] BOETTIGER C. An introduction to Docker for reproducible research,with examples from the R environment[J]. ACM SIGOPS Operating Systems Review,2014,49(1):71-79.

[22] 包振山,陈振,张文博.基于联合文件系统的 Docker 容器迁移方案[J].北京工业大学学报,2019,45(8):749-753.

[23] DHAKATE S,GODBOLE A. Distributed cloud monitoring using Docker as next generation container virtualization technology[C]//2015 Annual IEEE India Conference(INDICON). IEEE,2015.

[24] 刘孙发,林志兴.基于虚拟化技术的服务器端数据整合系统设计研究[J].现代电子技术,2020,43(2):77-79,83.

[25] 邹理贤.基于云原生环境的云存储在线应用系统[J].电子技术与软件工程,2020(8):190-192.

[26] 欧阳代富.私有云与公有云协同的集群管理系统的设计与实现[D].成都:电子科技大学,2020.

[27] 仇德成,徐德启.网格计算的应用与发展[J].甘肃联合大学学报(自然科学版),2005,19(4):24-27.

[28] 肖蓉.分布式文件系统负载均衡技术探讨[J].电子世界,2020(9):51-52.

[29] 刘晗. OpenStack 云平台的软件老化建模方法研究[D].西安:西安理工大学,2020.